Die Bonus-Seite

Ihr Vorteil als Käufer dieses Buches

Auf der Bonus-Webseite zu diesem Buch finden Sie zusätzliche Informationen und Services. Dazu gehört auch ein kostenloser **Testzugang** zur Online-Fassung Ihres Buches. Und der besondere Vorteil: Wenn Sie Ihr **Online-Buch** auch weiterhin nutzen wollen, erhalten Sie den vollen Zugang zum **Vorzugspreis**.

So nutzen Sie Ihren Vorteil

Halten Sie den unten abgedruckten Zugangscode bereit und gehen Sie auf **www.sap-press.de**. Dort finden Sie den Kasten **Die Bonus-Seite für Buchkäufer**. Klicken Sie auf **Zur Bonus-Seite / Buch registrieren**, und geben Sie Ihren **Zugangscode** ein. Schon stehen Ihnen die Bonus-Angebote zur Verfügung.

Ihr persönlicher **Zugangscode**

x8ye-gdwc-7j2m-9z6u

Der SAP®-Grundkurs für Einsteiger und Anwender

SAP PRESS

SAP PRESS ist eine gemeinschaftliche Initiative von SAP und Galileo Press. Ziel ist es, Anwendern qualifiziertes SAP-Wissen zur Verfügung zu stellen. SAP PRESS vereint das fachliche Know-how der SAP und die verlegerische Kompetenz von Galileo Press. Die Bücher bieten Expertenwissen zu technischen wie auch zu betriebswirtschaftlichen SAP-Themen.

Olaf Schulz

Der SAP®-Grundkurs für Einsteiger und Anwender

Galileo Press

Bonn • Boston

Liebe Leserin, lieber Leser,

vielen Dank, dass Sie sich für ein Buch von SAP PRESS entschieden haben.

Aller Anfang ist schwer? Nicht mit diesem Buch. Ob Sie SAP-Know-how benötigen, weil in Ihrem neuen Job SAP-Kenntnisse gefordert sind, Ihr Arbeitgeber SAP einführen möchte oder Sie nach dem Studium eine Karriere in der SAP-Welt anstreben – dieses Buch macht Ihnen den Einstieg leicht.

Unser Grundkurs führt Sie durch die vielfältigen Möglichkeiten der Systembedienung, erklärt Ihnen, was eigentlich das Besondere an SAP ist und gibt Ihnen einen Überblick über die wichtigsten Komponenten der Software. Das Einzigartige an diesem Buch sind die gut nachvollziehbaren Schritt-für-Schritt-Anleitungen, mit denen Sie sich schnell und sicher in die Bedienung des SAP-Systems einarbeiten können. Ich bin mir sicher, dass sich das Buch außerdem als Nachschlagewerk in Ihrer täglichen Arbeit bewähren wird.

Wir freuen uns stets über Lob, aber auch über kritische Anmerkungen, die uns helfen, unsere Bücher zu verbessern. Falls Sie nach der Lektüre Fragen, Anregungen oder konstruktive Kritik haben, so freue ich mich, wenn Sie mir schreiben.

Ihre Eva Tripp
Lektorat SAP PRESS

Galileo Press
Rheinwerkallee 4
53227 Bonn

eva.tripp@galileo-press.de
www.sap-press.de

Auf einen Blick

Teil I Das Unternehmen SAP

1 Eine kurze Geschichte des Unternehmens SAP ... 21
2 Wie funktioniert SAP-Software? ... 27
3 Die wichtigsten SAP-Produkte im Überblick ... 35

Teil II Grundlagen der Systembedienung

4 Organisationsstrukturen und Stammdaten ... 55
5 So melden Sie sich am SAP-System an ... 71
6 Im SAP-System navigieren ... 87
7 System-Layout und Benutzerdaten pflegen ... 103
8 Auswertungen und Berichte erstellen ... 123
9 Drucken ... 135
10 Aufgaben automatisieren ... 145
11 Mit Nachrichten und dem Business Workplace arbeiten ... 165
12 Hilfefunktionen nutzen ... 177
13 Das Rollen- und Berechtigungskonzept ... 189

Teil III Die wichtigsten SAP-Komponenten

14 Materialwirtschaft ... 197
15 Vertrieb ... 229
16 Finanzbuchhaltung ... 251
17 Controlling ... 281
18 Personalwirtschaft ... 305
19 Fallbeispiel ... 327

Teil IV Anhang

A Abkürzungen ... 355
B Glossar ... 358
C Menüpfade und Transaktionscodes ... 369
D Schaltflächen, Tastenkombinationen und Funktionstasten ... 379
E Literaturverzeichnis ... 385
F Der Autor ... 386

Der Name Galileo Press geht auf den italienischen Mathematiker und Philosophen Galileo Galilei (1564–1642) zurück. Er gilt als Gründungsfigur der neuzeitlichen Wissenschaft und wurde berühmt als Verfechter des modernen, heliozentrischen Weltbilds. Legendär ist sein Ausspruch *Eppur si muove* (Und sie bewegt sich doch). Das Emblem von Galileo Press ist der Jupiter, umkreist von den vier Galileischen Monden. Galilei entdeckte die nach ihm benannten Monde 1610.

Lektorat Eva Tripp
Korrektorat Osseline Fenner, Troisdorf
Einbandgestaltung Nadine Kohl
Titelbild iStock, Skynesher, 000009040043
Typografie und Layout Vera Brauner
Herstellung Steffi Ehrentraut
Satz SatzPro, Krefeld
Druck und Bindung Kösel, Altusried-Krugzell

Gerne stehen wir Ihnen mit Rat und Tat zur Seite:
eva.tripp@galileo-press.de bei Fragen und Anmerkungen zum Inhalt des Buches
service@galileo-press.de für versandkostenfreie Bestellungen und Reklamationen
thomas.losch@galileo-press.de für Rezensionsexemplare

Bibliografische Information der Deutschen Nationalbibliothek
Die Deutsche Nationalbibliothek verzeichnet diese Publikation in der Deutschen Nationalbibliografie; detaillierte bibliografische Daten sind im Internet über *http://dnb.d-nb.de* abrufbar.

ISBN 978-3-8362-1682-1

1. Auflage 2011, 1., korrigierter Nachdruck 2011

Inhalt

Über dieses Buch 13

Teil I Das Unternehmen SAP

1 Eine kurze Geschichte des Unternehmens SAP 21
1.1 Die Anfänge: Von RF zu SAP R/3 21
1.2 SAP von der Jahrtausendwende bis heute 24

2 Wie funktioniert SAP-Software? 27
2.1 Was bedeutet »Standardsoftware«? 27
2.2 So wird das SAP-System an ein Unternehmen angepasst 28
2.3 Was tun, wenn der Standard nicht reicht? 30
2.4 Orientierung am Prozess 31
2.5 Echtzeit 32
2.6 Zentrale Daten – dezentrales Arbeiten 32

3 Die wichtigsten SAP-Produkte im Überblick 35
3.1 Das Gesamtpaket: SAP Business Suite 35
3.2 Die zentrale Komponente: SAP ERP 36
Rechnungswesen 38
Personalwirtschaft 39
Logistik 41
3.3 Kundenbeziehungen pflegen: SAP CRM 43
3.4 Lieferantenbeziehungen optimieren: SAP SRM 44
3.5 Die gesamte Lebenszeit eines Produktes: SAP PLM 44
3.6 Für alle Elemente der Logistikkette: SAP SCM 45
3.7 Lösungen für Branchen 47
3.8 Spezielle Software für den Mittelstand 48
SAP Business One 48
SAP Business All-in-One 48
SAP Business ByDesign 49
3.9 Die technische Basis: SAP NetWeaver 50

Teil II Grundlagen der Systembedienung

4 Organisationsstrukturen und Stammdaten 55
4.1 Organisationsstrukturen 55
4.2 Stammdaten 61
4.3 Probieren Sie es aus! 69

5 So melden Sie sich am SAP-System an 71
5.1 SAP Logon 71
Eine Verbindung zum SAP-System herstellen 71
Verbindungseinstellungen zum SAP-System verändern 73
5.2 Wenn Sie sich das erste Mal anmelden 75
5.3 So melden Sie sich am System an 78
5.4 Die SAP-Benutzeroberfläche 78
Die Menüleiste 79
Die Systemfunktionsleiste 80
Die Titelleiste 82
Das Befehlsfeld 82
Die Statusleiste 83
5.5 So melden Sie sich vom SAP-System ab 84
5.6 Probieren Sie es aus! 85

6 Im SAP-System navigieren 87
6.1 Navigationsmöglichkeiten im Überblick 87
6.2 Navigieren über das SAP Easy Access Menü 89
6.3 Navigieren über Transaktionscodes 91
6.4 So geben Sie Daten im SAP-System ein 94
Registerkarte 96
Bildschirmbereich 96
Feld 96
Schaltfläche 97
Funktionstasten 97
Ankreuzfeld 98
Auswahlknopf 98
Dialogfenster 98
6.5 Die Eingabesuchhilfe 99
6.6 Arbeiten mit Modi 100
6.7 Probieren Sie es aus! 102

7 System-Layout und Benutzerdaten pflegen 103
7.1 Verknüpfungen auf dem Desktop erstellen 103
7.2 Eigene Benutzerdaten pflegen 104
7.3 Das lokale Layout anpassen 108
7.4 Favoriten erstellen 112
Transaktionen zu den Favoriten hinzufügen 113
Eine Webseite zu den Favoriten hinzufügen 115
Dateien oder Programm zu den Favoriten hinzufügen 116
Favoriten löschen 116
7.5 Felder mit Parametern vorbelegen 116
7.6 Daten halten, setzen und löschen 120
7.7 Probieren Sie es aus! 121

8 Auswertungen und Berichte erstellen 123
8.1 Standardberichte im SAP-System nutzen 123
8.2 Standardberichte suchen und finden 127
Berichte suchen 127
Berichte im SAP Easy Access Menü aufrufen 129
8.3 Listen in Microsoft Excel exportieren 129
8.4 Mit Varianten arbeiten 131
8.5 Weitere Reporting-Möglichkeiten in SAP ERP 133
8.6 Probieren Sie es aus! 134

9 Drucken 135
9.1 Die Druckfunktionen im Überblick 135
9.2 Mit Spool-Aufträgen arbeiten 137
9.3 Standarddrucker ändern 141
9.4 Bildschirmabzüge erstellen 143
9.5 Probieren Sie es aus! 144

10 Aufgaben automatisieren 145
10.1 Hintergrundjobs 145
10.2 Stapelverarbeitung (Batch-Input) 157
Batch-Input-Mappe erstellen 157
Batch-Input-Mappe abspielen 161
10.3 Probieren Sie es aus! 163

11 Mit Nachrichten und dem Business Workplace arbeiten ... 165
11.1 Überblick über den Business Workplace ... 165
11.2 Kurznachrichten versenden ... 167
11.3 SAP Business Workflow ... 170
11.4 Ablage ... 171
11.5 Büroorganisation ... 173
Auto Reply einrichten ... 173
Termine verwalten ... 174
11.6 Probieren Sie es aus! ... 175

12 Hilfefunktionen nutzen ... 177
12.1 Feldhilfen und Suchfenster ... 177
Hilfe über die Funktionstasten F1 und F4 ... 177
Suchfenster ... 179
12.2 Das Hilfe-Menü ... 180
Hilfe zur Anwendung ... 181
SAP-Bibliothek ... 181
Glossar ... 182
Release-Informationen ... 183
SAP Service Marketplace ... 183
Support-Meldung erfassen ... 184
12.3 Die Hilfe anpassen ... 185
12.4 Probieren Sie es aus! ... 186

13 Das Rollen- und Berechtigungskonzept ... 189
13.1 Berechtigungen ... 189
13.2 Rollen ... 191
13.3 Probieren Sie es aus! ... 193

Teil III Die wichtigsten SAP-Komponenten

14 Materialwirtschaft ... 197
14.1 Aufgabenbereiche der Materialwirtschaft ... 197
14.2 Organisationsstrukturen ... 201
14.3 Stammdaten ... 203
Materialstamm ... 203
Lieferantenstamm ... 209
Einkaufsinfosatz ... 212

14.4 Bestellung ... 215
14.5 Bestandsführung ... 217
14.6 Rechnungsprüfung ... 222
14.7 Auswertungen ... 226

15 Vertrieb ... 229
15.1 Aufgabenbereiche des Vertriebs ... 229
15.2 Organisationsstrukturen ... 232
15.3 Stammdaten ... 233
Kundenstammsatz (Debitorenstammsatz) anlegen ... 233
Materialstammsatz anlegen ... 236
Konditionsstammsatz anlegen ... 238
15.4 Kundenauftragsabwicklung ... 240
Kundenauftrag erfassen ... 241
Auslieferung anlegen ... 242
Rechnung stellen ... 244
15.5 Verfügbarkeitsprüfung ... 246
15.6 Reklamationsbearbeitung (Retouren) ... 247
15.7 Auswertungen ... 249

16 Finanzbuchhaltung ... 251
16.1 Aufgaben der Finanzbuchhaltung ... 251
16.2 Organisationsstrukturen in der Finanzbuchhaltung ... 255
16.3 Hauptbuchhaltung ... 256
16.4 Kreditorenbuchhaltung ... 260
16.5 Debitorenbuchhaltung ... 273
16.6 Auswertungen ... 279

17 Controlling ... 281
17.1 Aufgabenbereiche des Controllings ... 281
17.2 Organisationsstrukturen ... 286
17.3 Gemeinkostencontrolling ... 287
17.4 Produktkostencontrolling ... 293
17.5 Ergebnisrechnung ... 297
17.6 Auswertungen ... 302

18 Personalwirtschaft ... 305
18.1 Aufgaben der SAP-Personalwirtschaft ... 305
18.2 Organisationsmanagement ... 308

18.3 Personalbeschaffung ... 311
18.4 Personaladministration ... 314
18.5 Personalplanung und -entwicklung ... 319
18.6 Personalzeitwirtschaft ... 321
18.7 Personalabrechnung ... 323
18.8 Auswertungen ... 325

19 Fallbeispiel ... 327
19.1 Das Beispielunternehmen ... 328
19.2 Die Unternehmensstruktur ... 329
19.3 Materialstammsätze anlegen ... 330
19.4 Lieferantenstammsätze anlegen ... 332
19.5 Einkaufsinfosätze anlegen ... 333
19.6 Bestellung anlegen ... 334
19.7 Wareneingang durchführen ... 336
19.8 Rechnungsprüfung durchführen ... 337
19.9 Offene Posten anzeigen (optional) ... 338
19.10 Zahlungsausgang buchen ... 339
19.11 Kundenstammsatz anlegen ... 341
19.12 Materialstammsatz um Vertriebsdaten erweitern ... 342
19.13 Konditionen anlegen ... 344
19.14 Terminauftrag anlegen ... 345
19.15 Auslieferung und Warenausgang durchführen ... 346
19.16 Faktura erstellen ... 347
19.17 Zahlungseingang buchen ... 348
19.18 Ergebnisbericht erstellen (optional) ... 350
19.19 Telefonverzeichnis erstellen (optional) ... 351

Teil IV Anhang
A Abkürzungen ... 355
B Glossar ... 358
C Menüpfade und Transaktionscodes ... 369
D Schaltflächen, Tastenkombinationen und Funktionstasten ... 379
E Literaturverzeichnis ... 385
F Der Autor ... 386

Index ... 387

Über dieses Buch

Dieser SAP-Grundkurs richtet sich an alle, die sich in die Bedienung des SAP-Systems einarbeiten oder sich einen Überblick über die wichtigsten Funktionen und Komponenten verschaffen möchten. Wir zeigen Ihnen, welche Prinzipien die Software auszeichnen, wie Sie sich im SAP-System bewegen können und welche zentralen Funktionen es für die unterschiedlichen Unternehmensbereiche in Logistik, Rechnungswesen und Personalwirtschaft gibt.

Wenn Sie bereits mit der Bedienung des SAP-Systems vertraut sind, sich in einer der vielen SAP-Komponenten spezialisieren möchten und dazu Detailwissen suchen, ist dieses Buch wahrscheinlich nicht das richtige für Sie. In diesem Fall sollten Sie zu einem anderen Buch über Ihr spezielles Interessensgebiet greifen (siehe zum Beispiel unter *www.sap-press.de*).

Wie ist dieses Buch aufgebaut?

Das Buch ist in drei Teile und in 19 Kapitel gegliedert:

Teil I skizziert die Geschichte des Unternehmens SAP und gibt einen Überblick über seine Produkte und Besonderheiten.

Kapitel 1, »Eine kurze Geschichte des Unternehmens SAP«, beschreibt die Unternehmensgeschichte der SAP AG – von der Gründung bis zur Gegenwart.

In **Kapitel 2**, »Wie funktioniert SAP-Software?«, lernen Sie, wie die Software an die Anforderungen und Bedürfnisse der Unternehmen angepasst werden kann.

Kapitel 3, »Die wichtigsten SAP-Produkte im Überblick«, stellt die Produkte der SAP Business Suite – SAP ERP, SAP SCM, SAP PLM und SAP SRM – im Überblick vor.

Teil II ist das Herzstück des Buches. Hier erklären wir Ihnen Schritt für Schritt, wie Sie das SAP-System bedienen.

Kapitel 4, »Organisationsstrukturen und Stammdaten«, zeigt, welch wichtige Rolle Stammdaten für alle Geschäftsprozesse haben und wie über Organisationseinheiten die Unternehmensstruktur in SAP-Systemen abgebildet werden kann.

In **Kapitel 5**, »So melden Sie sich am SAP-System an«, lernen Sie, wie Sie eine Verbindung von einem Arbeitsplatzrechner zu einem SAP-System aufbauen.

Kapitel 6, »Im SAP-System navigieren«, macht Sie mit der Navigation der Programmoberfläche vertraut.

Kapitel 7, »System-Layout und Benutzerdaten pflegen«, zeigt Ihnen, wie Sie das SAP-System an Ihre Bedürfnisse anpassen können.

Kapitel 8, »Auswertungen und Berichte erstellen«, widmet sich den Themen Auswertung und Reporting. Die im SAP-System gespeicherten Daten werden häufig für Auswertungen genutzt, die dann zur unternehmerischen Entscheidungsfindung herangezogen werden.

Kapitel 9, »Drucken«, beschreibt, was beim Druckprozess im SAP-System geschieht, wie Sie Dokumente zu Papier bringen und wie Sie Screenshots aus dem SAP-System erstellen.

In **Kapitel 10**, »Aufgaben automatisieren«, erfahren Sie, wie Sie das SAP-System für sich arbeiten lassen, indem Sie Aufgaben mit Hintergrundjobs automatisieren.

Kapitel 11, »Mit Nachrichten und dem Business Workplace arbeiten«, zeigt Ihnen, wie Sie mit dem SAP-System verschiedene Aufgaben der Büroorganisation erledigen können. Über den Business Workplace können Sie Kurznachrichten verschicken, Dokumente verwalten und mit Workflows arbeiten.

In **Kapitel 12**, »Hilfefunktionen nutzen«, werden die verschiedenen Hilfefunktionen beschrieben: die Onlinehilfe von SAP, die [F1]- und [F4]-Hilfe sowie einiges mehr.

In **Kapitel 13**, »Das Rollen- und Berechtigungskonzept«, erhalten Sie grundlegende Informationen über die Berechtigungssteuerung und das Rollenkonzept in SAP ERP.

Teil III dieses Buches stellt Ihnen schließlich die wichtigsten SAP-Komponenten im Überblick vor.

In **Kapitel 14**, »Materialwirtschaft«, erfahren Sie, wie Prozesse des Einkaufs im SAP-System in der Komponente MM abgebildet werden. Sie beschäftigen sich mit den notwendigen Stammdaten, Organisationsstrukturen und dem Beschaffungsprozess mit Bestellung, Wareneingang und Rechnungsprüfung.

Kapitel 15, »Vertrieb«, beschäftigt sich mit den Abläufen rund um den Verkauf von Waren und zeigt den Vertriebsprozess im SAP-System mit der Komponente SD. Sie lernen Stammdaten, Organisationsstrukturen sowie Kundenauftrag, Warenausgang, Rechnungsstellung etc. kennen.

In **Kapitel 16**, »Finanzbuchhaltung«, erhalten Sie einen Überblick über die zentralen Funktionen der SAP-Komponente FI. Sie beschäftigen sich hier mit der Hauptbuchhaltung sowie der Debitoren- und Kreditorenbuchhaltung.

Kapitel 17, »Controlling«, behandelt Grundlagen und Funktionen der SAP-Komponente CO. Dazu gehören: die Aufgaben des Controllings, Gemeinkosten- und Produktkostencontrolling sowie die Ergebnisrechnung.

In **Kapitel 18**, »Personalwirtschaft«, lernen Sie Aufgaben und Prozesse der Komponente HCM im SAP-System kennen, zum Beispiel das Organisationsmanagement, die Personalbeschaffung und -administration sowie die Zeitwirtschaft.

In einem Fallbeispiel haben Sie in **Kapitel 19** die Gelegenheit, Ihr Wissen zu den grundlegenden SAP-Abläufen zu festigen und zu vertiefen. Sie bearbeiten dabei selbstständig einen durchgehenden Prozess im SAP-System.

Im **Anhang** dieses Buches finden Sie wichtige Informationen zum schnellen Nachschlagen: Abkürzungen, ein Glossar mit den wichtigsten SAP-Begriffen, eine Übersicht über Transaktionscodes, Menüpfade, Tastenkombinationen, Schaltflächen und Funktionstasten.

Noch mehr Inhalt finden Sie auf der Website des Verlags: *www.sap-press.de*. Auf der Bonusseite zum Buch können Sie sich Lösungshinweise zu den Übungen, zusätzliche Informationen sowie einige Übersichten aus dem Anhang zum Ausdrucken herunterladen. Geben Sie dazu einfach auf der Bonusseite (*https://ssl.galileo-press.de/bonus-seite/*) den vorne im Buch abgedruckten Zugangscode ein.

So arbeiten Sie mit diesem Buch

Sie können dieses Buch sowohl als Grundkurs als auch als Nachschlagewerk verwenden. Zu jedem Kapitel von Teil II sowie in Kapitel 19 von Teil III finden Sie Übungen, mit denen Sie das Gelernte ausprobieren können. Die Übungen können Sie direkt in einem Standard-IDES-System durcharbeiten.

Lassen Sie sich dabei Zeit, und achten Sie darauf, alles nachzuvollziehen. So werden Sie am SAP-System schnell sicher. Ein wichtiger Hinweis: Üben Sie niemals in einem produktiven SAP-System; wenn Sie unsicher sind, fragen Sie Ihren Vorgesetzten oder Administrator.

Für die Lektüre dieses Buches benötigen Sie keine Vorkenntnisse, nur grundlegende PC-Kenntnisse und eine Vorstellung von den Abläufen in Wirtschaftsunternehmen.

Einsteiger sollten das Buch von Anfang an durcharbeiten, da die einzelnen Kapitel aufeinander aufbauen. Zu jedem Thema finden Sie Hintergrundwissen zu Konzepten und Prozessen. Anschließend stellen wir die Abläufe im System Klick für Klick und mit vielen Screenshots dar.

Das IDES-System von SAP

Den größten Lernerfolg erzielen Sie mit diesem Buch, wenn Sie ein Test- oder Schulungssystem von SAP ERP zur Verfügung haben. Alle Beispiele aus diesem Buch basieren auf dem IDES-System, was bedeutet, dass Sie keine Customizing-Einstellungen durchführen müssen, um die Beispiele und Übungen nachzuvollziehen.

IDES (International Demonstration and Evaluation System) ist das SAP ERP-Schulungssystem der SAP AG. Hier bewegen Sie sich in einem virtuellen Unternehmen. Es ist nicht nur eine vollständige Unternehmensstruktur abgebildet, sondern es stehen auch Stammdaten aus jedem Bereich zur Verfügung. Das IDES-System ist SAP-Kunden kostenfrei zugänglich.

Haben Sie keine Möglichkeit, eine IDES-Umgebung in Ihrem Unternehmen oder Ihrem Trainingszentrum zu nutzen, können Sie andere verfügbare Systeme verwenden. Beispielsweise bietet die Consolut GmbH einen kostenfreien Zugriff auf ein IDES-System an (*http://www.consolut.com* bzw. *http://www.consolut.com/s/sap-ides-zugriff/kostenloser-sap-ides-zugriff.html* – Angaben ohne Gewähr).

Vorbereitung auf die Anwenderzertifizierung

Dieses Buch ist auch zur Unterstützung bei der Vorbereitung zur SAP-Anwenderzertifizierung *Foundation Level* geeignet, wiewohl es nicht den Anspruch erhebt, eine Präsenzschulung mit Trainer und Schulungssystem komplett zu ersetzen.

Wir können Ihnen aber einige Tipps zur Vorbereitung auf die Prüfung geben, da der Autor dieses Buches selbst Lehrgänge auf SAP-Zertifizierungen vorbereitet hat. Weitere Informationen zur Anwenderzertifizierung sind auf der Website des Verlags und dort auf der Bonusseite zum Buch unter *https://ssl.galileo-press.de/bonus-seite/* zu finden. Dort können Sie den im Buch abgedruckten Zugangscode eingeben.

Welche SAP-Zertifizierungen gibt es, und für wen sind sie geeignet? Man kann zwischen Anwender- und Beraterzertifizierungen unterscheiden. Dieses Buch deckt das Wissensspektrum ab, das für die Anwenderzertifizierung *Foundation Level – System Handling* benötigt wird.

Aktuelle Informationen zu dieser Zertifizierung finden Sie auf der SAP-Internetseite unter *http://www.sap.com/germany/services/education/anwenderschulungsprojekte/grundwissen.epx*.

Beispielfragen zur Zertifizierungsprüfung können Sie sich auf der Internetseite des Trainers Dr. Ralph Harich unter *http://www.it-spurt.de* ansehen.

Danksagung

So ein Fachbuch ist wirklich nicht einfach zu schreiben. Das gilt insbesondere dann, wenn ein breites Spektrum von Themenbereichen abgedeckt werden soll, damit für jeden Leser etwas dabei ist.

Beim Schreiben dieses Buches hat mich eine Reihe von Personen unterstützt. Bedanken möchte ich mich an dieser Stelle besonders bei meiner Frau Nicole für ihre Unterstützung und bei Frau Eva Tripp, Lektorin bei SAP PRESS, für die gute Zusammenarbeit und die unendliche Geduld. Außerdem bedanke ich mich bei Frau Renata Munzel und Frau Anja Junold für die konstruktiven Reviews der Kapitel zu Finanzbuchhaltung und Controlling bzw. Personalwirtschaft.

Teil I

Das Unternehmen SAP

1 Eine kurze Geschichte des Unternehmens SAP

SAP produziert Software zur Unterstützung der Abläufe – der Geschäftsprozesse – in Unternehmen verschiedener Branchen und Größen. Seit seiner Gründung in den 1970er-Jahren hat sich das Unternehmen zum größten europäischen und weltweit viertgrößten Softwarehersteller entwickelt. Dieses Kapitel skizziert die wichtigsten Meilensteine in der Entwicklung von SAP von den Anfängen bis heute.

In diesem Kapitel behandeln wir,

- wo die SAP-Geschichte ihren Anfang nahm,
- wie das Unternehmen SAP wurde, was es heute ist,
- was unter den Produkten SAP R/3 und SAP ERP zu verstehen ist.

1.1 Die Anfänge: Von RF zu SAP R/3

Die Geschichte von SAP beginnt in den frühen 1970er-Jahren in Weinheim: Fünf ehemalige IBM-Mitarbeiter – Hans-Werner Hektor, Dietmar Hopp, Hasso Plattner, Klaus Tschira und Claus Wellenreuther – gründeten 1972 die Firma *Systemanalyse und Programmentwicklung*, die später in *Systeme, Anwendungen und Produkte in der Datenverarbeitung* umbenannt wurde. In der Anfangszeit programmierten sie in den Rechenzentren von Kunden, weil ihnen keine eigenen Systeme zur Verfügung standen: So entstand das erste Produkt an den Rechnern des ersten Kunden, Imperial Chemical Industries (ICI).

Dieses erste Produkt von SAP war das System RF (Realtime Financials), das Geschäftsprozesse im Finanzwesen unterstützte. Die damaligen Rechenanlagen sind nicht mit heutigen IT-Systemen vergleichbar. Die Software lief auf Großrechenanlagen, als Datenträger wurden Lochkarten eingesetzt, und es standen lediglich Speicherkapazitäten von wenigen Kilobytes zur Verfügung.

Datenträger früher – Lochkarten (Quelle: SAP AG)

RF bildete die Basis für weitere Softwarebestandteile, sogenannte Module. RF wurde später auch als SAP R/1 bezeichnet. Der Buchstabe »R« steht für Realtime (Echtzeit) und war noch Jahrzehnte später im Namen der SAP-Kernprodukte enthalten.

INFO

Echtzeitverarbeitung

Unter Realtime Processing (Echtzeitverarbeitung) versteht man, dass Aktionen im System sofort ausgeführt werden und sich unmittelbar auf die betreffenden Prozesse auswirken.

Die Software von SAP wies von Anfang an die folgenden drei Eigenschaften auf:

- **Echtzeitverarbeitung**
  Die Verarbeitung sollte in Echtzeit (Realtime) erfolgen, das heißt, eine Eingabe ist sofort im gesamten System verfügbar.
- **Standardsoftware**
  Die Software sollte weitgehend standardisiert sein, das heißt, jedes Unternehmen erhält die gleiche Software, die während des Einführungsprojektes angepasst wird.
- **Integration**
  Die verschiedenen Module sollten integriert sein, das heißt, die Daten aus einer Anwendung stehen auch anderen Anwendungen zur Verfügung.

Mehr Informationen zu diesen Eigenschaften finden Sie in Kapitel 2, »Wie funktioniert SAP-Software?«.

BEISPIEL

Integration

Der Zahlungsausgleich für einen abgeschlossenen Beschaffungsprozess (Materialwirtschaft, SAP-Komponente MM) wird in der Finanzbuchhaltung (SAP-Komponente FI) durchgeführt. Dabei werden von den beteiligten Abteilungen die während des Vorgangs im SAP-System entstandenen oder gespeicherten Belege verwendet.

Zwei Jahre nach der Unternehmensgründung etablierte sich SAP bei über 40 weiteren Kunden unterschiedlicher Branchen. Die *SAP GmbH Systeme, Anwendungen und Produkte in der Datenverarbeitung* wurde 1976 gegründet. Ein Jahr später wurde der Firmensitz von Weinheim nach Walldorf verlegt.

1979 konzipierte SAP ihre Anwendungen neu und überarbeitete Technologien in der System- und Datenbankentwicklung; diese flossen in das System SAP R/2 ein, den Nachfolger von SAP R/1. Der nächste Sprung in der Entwicklung des Unternehmens war der Börsengang: Aus der SAP GmbH wurde 1988 die SAP AG.

Auf der CeBIT in Hannover stellte die SAP AG 1991 erste Anwendungen des Systems SAP R/3 vor. SAP R/3 ist ein System mit einer neuen Client-Server-Architektur und grafischer Benutzeroberfläche für die Anwender. Die drei Schichten der Client-Server-Architektur (Datenbankschicht, Anwendungsschicht und Präsentationsschicht) werden durch die »3« im Produktnamen versinnbildlicht. Intern werden relationale Datenbanken verwendet, und das System kann auf unterschiedlichen Plattformen eingesetzt werden. Mehr dazu erfahren Sie in Kapitel 2, »Wie funktioniert SAP-Software?«, und in Kapitel 3, »Die wichtigsten SAP-Produkte im Überblick«.

HINWEIS

Relationale Datenbanken

Bei relationalen Datenbanken werden die Informationen in Form von Tabellen gespeichert. Die Tabellen werden untereinander verknüpft, daher müssen die Informationen nicht mehrmals im System gespeichert werden. Es entstehen Relationen, das heißt Beziehungen zwischen den Tabellen. Bekannte relationale Datenbanksysteme sind heute MaxDB von SAP, Microsoft SQL Server, mySQL, Oracle oder DB2 von IBM.

Der Client-Server-Architektur liegt das sogenannte Drei-Schichten-Konzept zugrunde, das die technische Aufgabenverteilung des Systems beschreibt: Die Präsentationsschicht ist ein Anwender-PC (Frontend) in einem Netzwerk, auf dem die Bildschirmbilder dargestellt werden. Fällt ein Anwender-PC aus, hat dies keinen Einfluss auf andere Benutzer. Die Anwendungen werden hier »nur« dargestellt. In der Anwendungsschicht werden die Programme des Systems abgearbeitet und die Eingaben der Anwender verarbeitet. Mehrere Anwender-PCs sind mit einem Server verbunden. Der (oder mehrere) Server greift auf die Datenbanken zu. Die Datenbanken können auf separaten Maschinen installiert sein. In Kapitel 2 wird das Client-Server-Prinzip noch genauer behandelt.

Das R/3-System war äußerst erfolgreich: Die erforderliche Hardware in einem Client-Server-System war sehr viel schlanker und preiswerter; gleichzeitig wurde es möglich, dass eine größere Anzahl von Anwendern mit dem System arbeitete. SAP R/3 bestand aus einer technischen Basis, gewissermaßen dem »Betriebssystem« von SAP, und den Anwendungen, die wiederum in verschiedene Module (heute: Komponenten) für die unterschiedlichen Unternehmensbereiche aufgeteilt waren.

Funktional gab es in SAP R/3 nun Software für alle Schritte in der Wertschöpfungskette eines Unternehmens. Diese Schritte – zum Beispiel Bestellung, Versand und Rechnungsstellung – werden von der SAP-Software abgebildet. Alle wesentlichen Abteilungen eines Unternehmens konnten somit das SAP-System für ihre Arbeit nutzen: Buchhaltung, Controlling, Vertrieb, Einkauf, Produktion, Lagerhaltung und Personalwirtschaft.

INFO

Enterprise Resource Planning

Ein System, mit dem Unternehmensprozesse unterstützt werden, bezeichnet man als ERP-System. ERP steht dabei für Enterprise Resource Planning, übersetzt etwa »Planung der im Unternehmen zur Verfügung stehenden Mittel«. Es gilt, diese Mittel möglichst effizient einzusetzen und das Unternehmen effektiv zu steuern.

1.2 SAP von der Jahrtausendwende bis heute

Im Jahr 2000 gab es weltweit bereits über zehn Millionen SAP-Anwender. Die Software, die die klassischen Unternehmensbereiche abdeckt, besteht weiterhin. Doch darüber hinaus brach in den 1990er-Jahren die Ära des Internets an: Mit den neuen Technologien gingen neue Möglichkeiten in der Kommunikation von Kunden und Unternehmen einher, beispielsweise der Verkauf über das Web. Auf der anderen Seite arbeiteten auch Unternehmen anders zusammen und kommunizierten vermehrt über Webtechnologien.

Das letzte SAP-System, das ein »R« für »Realtime« im Namen trug, war SAP R/3 Enterprise (Release 4.7): Im Jahr 2003 wurde die Produktbezeichnung SAP R/3 durch mySAP ERP abgelöst, jetzt SAP ERP. Damit wurde der Einsatzzweck der SAP-Software, das Enterprise Resource Planning, stärker in das Blickfeld der Kunden gerückt.

Das heute, im Jahr 2011, aktuelle Release ist SAP ERP 6.0. Auf diesem Release basiert auch dieses Buch. Neue Funktionen werden über sogenannte Erweiterungspakete (Enhancement Packages, kurz EHP) eingespielt. Den Kern des Systems bilden weiterhin die Anwendungen, die schon aus R/3-Zeiten bekannt sind; das Produktangebot enthält aber auch weitere Lösungen, die den Funktionsumfang von SAP ERP verfeinern oder Unterstützung für Prozesse bieten, die in SAP ERP nicht abgedeckt werden. Diese Lösungen stellen wir in Kapitel 3, »Die wichtigsten SAP-Produkte im Überblick«, detaillierter vor.

Eine wichtige Neuerung war die Einführung von SAP NetWeaver als technologische Plattform. In SAP NetWeaver finden sich unter anderem auch die Funktionen wieder, die zuvor in der SAP-Basis verortet waren. Im Hinblick auf SAP NetWeaver kommt wieder einmal das Schlagwort *Integration* ins Spiel: Dies betrifft zum Beispiel die Möglichkeit, über das Internet auf das SAP-System zuzugreifen, Prozesse über verschiedene Softwareanwendungen hinweg zu unterstützen und Informationen zusammenzuführen. Ein Kurzüberblick über SAP NetWeaver ist in Kapitel 3 zu finden.

In den letzten Jahren hat SAP sich zum Beispiel auch darauf konzentriert, neue Märkte zu erschließen: Verschiedene Softwareprodukte für den Mittelstand wenden sich an die Zielgruppe der kleinen und mittelgroßen Unternehmen (KMU). Des Weiteren machte SAP mit einigen großen Firmenübernahmen von sich reden (zum Beispiel der Kauf von Business Objects im Jahr 2007 oder von Sybase im Jahr 2010).

INFO

SAP in Zahlen

Um den Markterfolg von SAP zu verdeutlichen, lassen wir zum Abschluss dieses Kapitels Zahlen sprechen: Rund 47.000 Mitarbeiter sind heute bei SAP beschäftigt – in Deutschland, aber zum Beispiel auch in den USA oder Indien. SAP ist ein weltumspannendes Unternehmen, das in 120 Ländern bei mehr als 97.000 Kunden im Einsatz ist. Der Hauptsitz befindet sich trotzdem noch immer im badischen Walldorf.

SAP-Hauptgebäude am Firmensitz in Walldorf (Quelle: SAP AG)

In diesem Kapitel haben Sie die Geschichte des Unternehmens SAP und seines wichtigsten Produktes, SAP ERP, kennengelernt. Einige wichtige Merkmale von SAP-Software kamen bereits zur Sprache, zum Beispiel die Trennung von Client, Server und Datenbank sowie die Integration. Im folgenden Kapitel tauchen wir tiefer in die Funktionsweise des SAP-Systems ein.

2 Wie funktioniert SAP-Software?

In Kapitel 1, »Eine kurze Geschichte des Unternehmens SAP«, haben Sie bereits einige der Eigenschaften von SAP-Systemen kennengelernt. Neben den Merkmalen Standardisierung, Echtzeitverarbeitung und Integration gehören dazu auch Anpassbarkeit und Erweiterbarkeit.

In diesem Kapitel lernen Sie,

- welche Grundprinzipien SAP-Software auszeichnet,
- was eine Standardsoftware ist,
- wie das SAP-System an das Unternehmen angepasst wird,
- was man unter einer Client-Server-Architektur versteht,
- wie Geschäftsprozesse durchgängig (integriert) dargestellt werden,
- was es mit der Echtzeitverarbeitung auf sich hat.

2.1 Was bedeutet »Standardsoftware«?

SAP bietet Standardsoftware an. Das bedeutet, diese Software kann (nahezu) so, wie sie ausgeliefert wird, viele Unternehmensprozesse in verschiedenen Branchen abbilden. Der Einsatz von Standardsoftware hat viele Vorteile: Der Kunde kann von ständigen Optimierungen, Weiterentwicklungen und neuen Techniken profitieren. Anforderungen anderer Benutzer fließen in die neuen Versionen mit ein, da die Entwickler mit ihren Kunden zusammenarbeiten.

Das Gegenteil von Standardsoftware ist eine Individualsoftware. Diese wird für einen einzigen Kunden entwickelt und soll dessen spezielle Anforderungen abdecken. Der Kunde trägt hier jedoch die gesamten Entwicklungs- und Folgekosten allein.

Für den Einsatz spezieller Branchen hat SAP vorgefertigte Pakete geschnürt, sogenannte Branchenlösungen. Derzeit (im Jahr 2011) sind ca. 24 Branchenlösungen verfügbar, zum Beispiel für Energieversorger (SAP for Utilities, kurz IS-U), für die Automobilindustrie (SAP for Automotive, kurz IS-A), für die innere und äußere Sicherheit (SAP for Defense & Security, kurz DFPS), um nur einige zu nennen (siehe auch Kapitel 3, »Die wichtigsten SAP-Produkte im Überblick«). Bei den Branchenlösungen handelt es sich um Standardsoftware, mit einem erweiterten Funktionsumfang, um die Prozesse des Branchenunternehmens abzubilden.

2.2 So wird das SAP-System an ein Unternehmen angepasst

Im vorangegangenen Abschnitt 2.1 haben wir von SAP als Standardsoftware gesprochen. Dennoch unterscheiden sich natürlich die Bedürfnisse und Abläufe der einzelnen Unternehmen voneinander. SAP-Produkte können an die Anforderungen und Geschäftsprozesse der Kunden, die diese einsetzen, angepasst werden. Zum einen besteht SAP-Software aus Bausteinen mit unterschiedlichen Funktionen, aus denen der Kunde diejenigen auswählt, die er benötigt. Zum anderen wird das SAP-System während des Einführungsprojektes angepasst.

Diese Anpassungen des Systems sind durch das sogenannte Customizing möglich. Das Customizing erlaubt es, das System ohne Programmierungen einzustellen (dies wird auch konfigurieren genannt). Zum Beispiel wird bei der Einführung eines neuen Systems die Struktur des Unternehmens im System abgebildet, die sogenannte Organisationsstruktur mit Mandanten, Buchungskreisen etc. (Mehr zu Organisationsstrukturen erfahren Sie in Kapitel 4, »Organisationsstrukturen und Stammdaten«.) In der Finanzbuchhaltung wird zum Beispiel eingestellt, wie die Umsatzsteuer ermittelt wird, denn in jedem Land, in dem SAP-Produkte eingesetzt werden können, gelten unterschiedliche Steuersätze, und die Umsatzsteuer wird auf andere Weise berechnet.

Die Anpassung des SAP-Systems im Customizing ist auch der Grund dafür, dass die Bildschirmbilder in Ihrem System nicht immer exakt mit den in diesem Buch abgebildeten Screenshots identisch sind.

Das Customizing wird im SAP-System über den sogenannten Einführungsleitfaden (Implementation Guide, kurz IMG) durchgeführt: Dort sind die Einstellungsmöglichkeiten nach Bereichen geordnet in einer Baumstruktur dargestellt. Die folgenden beiden Abbildungen zeigen Bildschirmbilder aus dem Customizing des SAP-Systems.

Im Customizing muss die Struktur des Unternehmens und seiner einzelnen Bereiche und Abteilungen über die sogenannte Organisationsstruktur im SAP-System abgebildet werden. Die Abbildung zeigt, wie im SAP-System die

Organisationsstruktur eines Unternehmens eingerichtet wird und welche organisatorischen Einheiten miteinander verknüpft sind. Im Customizing der Organisationsstrukturen wird eine Customizing-Tabelle verwendet, in der beispielsweise die organisatorische Zuordnung von Werken zu einer Einkaufsorganisation eingestellt wird.

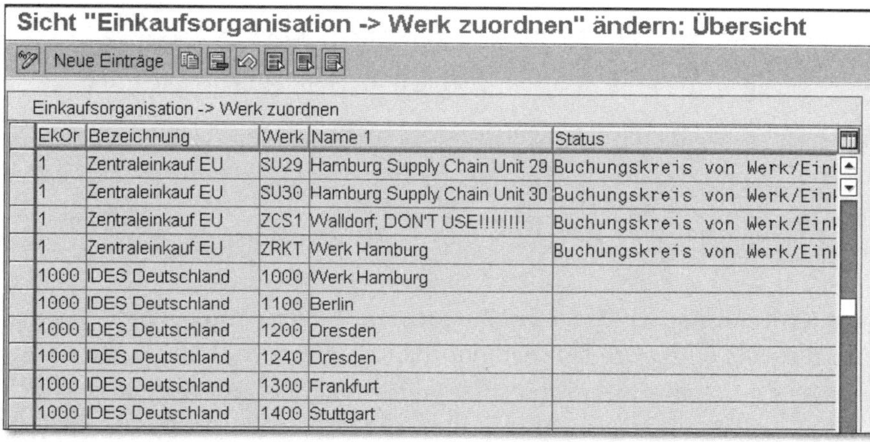

Customizing von Organisationsstrukturen (Beispiel Einkaufsorganisation – Werk)

Auch die Geschäftsprozesse des Unternehmens werden individuell im Customizing dargestellt. In der Abbildung sehen Sie, wie über den Einführungsleitfaden verschiedene Einstellungen im SAP-System definiert werden. In diesem Beispiel aus dem Bereich Organisationsstrukturen sehen Sie, wie im Customizing ein Werk einem Buchungskreis zugeordnet wird.

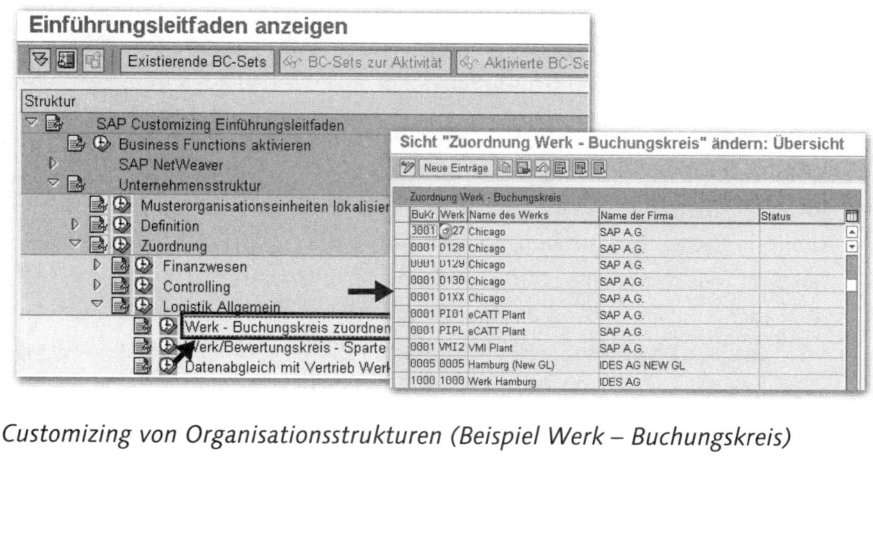

Customizing von Organisationsstrukturen (Beispiel Werk – Buchungskreis)

BEISPIEL

Aktivitäten im Customizing

- Anlegen von Organisationsstrukturen
- Abbilden von Geschäftsprozessen
- Grundeinstellungen des Systems
- Ergänzen von Auswahllisten
- Anlegen von Materialarten, die nicht im Standard enthalten sind
- Einstellen von Genehmigungsverfahren
- Einstellen, ob Felder ausgeblendet werden sollen
- Einstellen von Bereichen für automatische Nummernvergaben

Beim Customizing werden Einstellungen am System vorgenommen, ohne auch nur eine einzige Zeile Programmcode zu schreiben. Können die Anforderungen mit dem Customizing allein nicht realisiert werden, muss jedoch auf die Programmierung zurückgegriffen werden. Im SAP-System ist die Entwicklung in den Programmiersprachen ABAP und Java möglich, wie Sie im nächsten Abschnitt sehen werden.

2.3 Was tun, wenn der Standard nicht reicht?

Sollte das Standardsystem mit den Möglichkeiten im Customizing nicht mehr ausreichen, um die Anforderungen eines Unternehmens abzudecken, kann das System durch eigene Entwicklungen oder mit Produkten von SAP-Partnern erweitert werden. Die sogenannten Nicht-SAP-Produkte von SAP-Partnern können über die technische Plattform SAP NetWeaver integriert werden (siehe Kapitel 3, »Die wichtigsten SAP-Produkte im Überblick«).

HINWEIS

Programmieren für das SAP-System

Programmieranforderungen können durch die im SAP-System mitgelieferte Entwicklungsumgebung und in der Programmiersprache ABAP (Advanced Business Application Programming Language) oder auch in Java realisiert werden. ABAP-Programmierer arbeiten mit der ABAP Workbench, einer Entwicklungsumgebung aus SAP NetWeaver (siehe Kapitel 3).

2.4 Orientierung am Prozess

Geschäftsprozesse sind festgelegte Abfolgen von Arbeitsschritten im Unternehmen: Wenn Sie eine Ware bestellen, geht unter Umständen eine Bestellanforderung voraus, nach Eingang der Ware muss diese verbucht werden, und zum Schluss wird die Rechnung geprüft. Im SAP-System steht der Geschäftsprozess im Vordergrund, da die Abläufe durchgängig im System abgebildet werden müssen.

Es ist wichtig, dass Sie sich als Anwender bei der Arbeit im System den Prozess vor Augen halten: Was soll im Prozess erreicht, wo begonnen und wo geendet werden?

In der folgenden Abbildung ist der Vertriebsprozess aus der Sicht des SAP-Systems veranschaulicht. Anhand der Prozessdarstellung können Sie die einzelnen Teilschritte einfach nachvollziehen: Der Kunde fragt an, ob ein Produkt vorrätig ist und was es kostet. Anschließend erteilt er Ihrem Unternehmen einen Auftrag. Dieser wird von Ihrem Unternehmen ausgeführt, die Rechnung (Faktura) erstellt und verbucht.

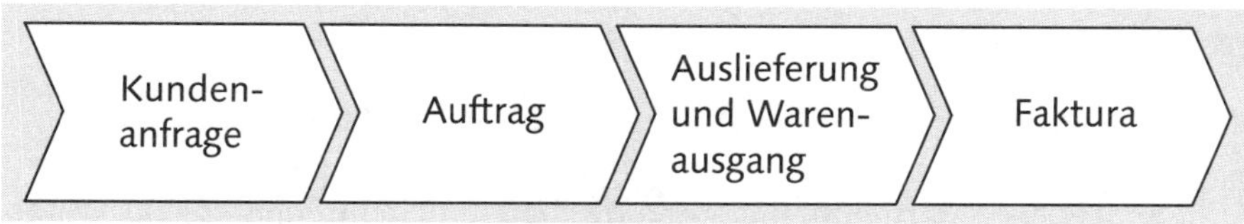

Prozess im Vertrieb, wie er sich im SAP-System darstellt

In Unternehmen, die SAP-Software einsetzen, ist im Regelfall immer mehr als eine Abteilung an einem Geschäftsprozess beteiligt. Beispielsweise arbeiten am Vertriebsprozess die Vertriebsabteilung, das Lager und die Rechnungserstellung mit, die in der Regel in die Debitorenbuchhaltung als Teil der Finanzbuchhaltung integriert ist. Das SAP-System stellt sicher, dass die einzelnen Prozessschritte nahtlos ineinander übergehen und verarbeitet werden können.

Alle Prozesse, Arbeitsschritte und Benutzeraktivitäten werden im System festgehalten und sind somit durchgängig, transparent und jederzeit nachvollziehbar. Auch in IT-Systemen gilt der Grundsatz: keine Buchung ohne Beleg. Das hat nicht nur den Hintergrund, dass Arbeiten im Unternehmen effektiv erledigt werden müssen, sondern auch dass der Prüfer bei Audits alle Bearbeitungsschritte und Belege eindeutig nachvollziehen können muss.

2.5 Echtzeit

Da das SAP-System hochintegriert ist, müssen Änderungen schnell für alle Verantwortlichen sichtbar sein. Anderenfalls könnte es geschehen, dass Kollegen aus einer anderen Abteilung mit veralteten Informationen arbeiten. Hier kommt das Prinzip der Echtzeit ins Spiel. Unter dem Begriff *Echtzeit* (Realtime) versteht man zum einen, wie viel Zeit für eine Systemaktivität benötigt wird, und zum anderen, dass Änderungen sofort systemweit für alle Benutzer verfügbar sind. So ist gewährleistet, dass alle Informationen im Unternehmen aktuell gehalten werden. Auf abgeschlossene Prozessschritte kann unmittelbar aufgebaut werden.

BEISPIEL

Echtzeit

Sie ergänzen im SAP-System den Lieferantenstammsatz um einen Ansprechpartner. Nach dem Speichern ist diese Änderung im gesamten SAP-System unmittelbar verfügbar. Jeder Benutzer, der über die Berechtigung verfügt, kann auf den Stammsatz und somit auf die geänderten Informationen zugreifen.

2.6 Zentrale Daten – dezentrales Arbeiten

In den meisten Unternehmen werden die Daten nicht auf den PCs der Mitarbeiter, sondern auf einem zentralen Rechner gespeichert. Solche Systeme sind sogenannte Client-Server-Architekturen, in denen vom Arbeitsplatzrechner (Client = der Kunde) auf einen zentralen Rechner (Server = der Dienstleister) zugegriffen wird.

SAP setzt eine dreistufige Client-Server-Architektur ein, die aus den folgenden Schichten besteht (siehe auch Kapitel 1, »Eine kurze Geschichte des Unternehmens SAP«):

- Client (Präsentationsschicht, etwa Ihr Arbeitsplatzrechner)
- Server (Anwendungsschicht)
- Datenbank (Datenbankschicht)

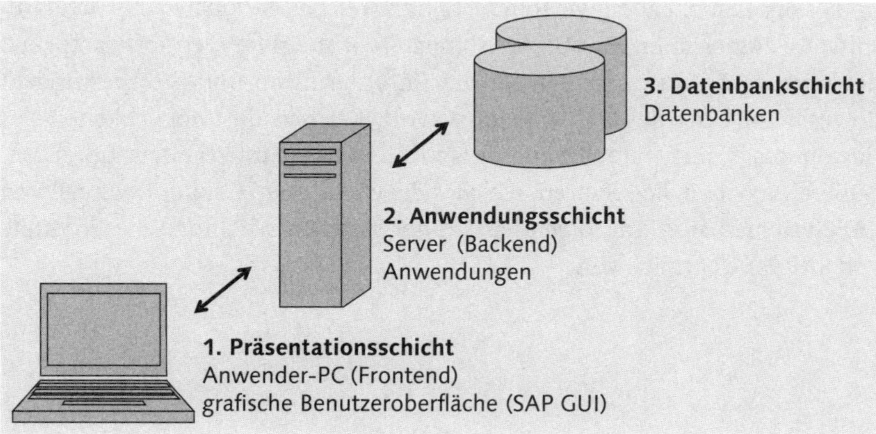

Die dreistufige Client-Server-Architektur

Wenn Sie daher an Ihrem Arbeitsplatzrechner mit dem SAP-System arbeiten und zum Beispiel Kundendaten aufrufen, wird diese Anforderung von Ihrem Rechner an den Server weitergereicht. Die Daten werden auf dem Datenbankserver verarbeitet (zum Beispiel bearbeitet, gelöscht oder angefragt). Das Ergebnis einer Aufgabe wird wiederum vom Server an den Client weitergegeben, sodass Sie die Daten sehen und bearbeiten können.

Viele professionelle Geschäftsanwendungen (ERP-Systeme), an die mehr als eine einzelne Person angeschlossen ist, arbeiten nach diesem Konzept. Der Einsatz einer Client-Server-Architektur hat zahlreiche Vorteile:

- Es können unterschiedliche Hardware und Betriebssysteme sowohl auf der Server- als auch auf der Client-Seite eingesetzt werden.
- Fällt ein Client aus, können die anderen Benutzer weiterarbeiten.
- Eine zentrale Datensicherung ist möglich.
- Die Datenhaltung kann zentral erfolgen.

Den Vorteilen stehen jedoch auch einige Nachteile der Client-Server-Architektur gegenüber:

- Fällt der Server aus, kann kein Client arbeiten.
- Die Netzwerkinfrastruktur muss stabil und sicher sein.

Bei einer Client-Server-Architektur ist es nicht relevant, ob der Client über ein lokales Netzwerk (Local Area Network, LAN) auf die Anwendungen des Servers zugreift oder über eine Internetverbindung.

In diesem Kapitel haben wir Ihnen gezeigt, welche Merkmale eine Standardsoftware auszeichnen: Ein Unternehmen erwirbt ein fertiges Softwarepaket, das mithilfe des Customizings an die Anforderungen und die spezifischen Prozesse im Unternehmen angepasst wird. Reichen die Möglichkeiten des Customizings nicht aus, können eigene Lösungen programmiert werden. Außerdem haben Sie erfahren, welches die wichtigsten Grundprinzipien von SAP-Systemen sind. Im folgenden Kapitel 3 stellen wir Ihnen die Produkte von SAP im Überblick vor.

3 Die wichtigsten SAP-Produkte im Überblick

SAP bietet Software für unterschiedliche Unternehmensgrößen und betriebswirtschaftliche Anforderungen an. Bevor wir in den folgenden Kapiteln praktisch in das SAP-System einsteigen, stellen wir Ihnen zunächst die wichtigsten Produkte von SAP im Überblick vor. Neben den hier präsentierten Produkten gibt es noch eine Vielzahl von Softwarelösungen für Spezialanforderungen, die wir aus Platzgründen außen vor lassen müssen.

In diesem Kapitel zeigen wir Ihnen,

- welche SAP-Software es für Finanzwesen, Personal und Logistik gibt,
- aus welchen Anwendungen die SAP Business Suite besteht,
- auf welcher Technologie diese Lösungen aufbauen,
- was sich hinter SAP NetWeaver verbirgt.

3.1 Das Gesamtpaket: SAP Business Suite

Seit den Anfangsjahren ist das Softwareangebot von SAP weiter ausgebaut und differenziert worden, um die unterschiedlichsten Geschäftsanforderungen abzudecken. Die SAP Business Suite ist das Kernprodukt von SAP: Sie stellt jedoch keine einzelne Anwendung dar, sondern besteht aus mehreren Lösungen. Diese Lösungen können einzeln oder als Gesamtpaket erworben (lizenziert) werden.

Die SAP Business Suite enthält folgende Bestandteile:

- SAP ERP
- SAP Customer Relationship Management (CRM)
- SAP Supplier Relationship Management (SRM)
- SAP Product Lifecycle Management (PLM)
- SAP Supply Chain Management (SCM)

All diesen Produkten liegt SAP NetWeaver als technische Basis zugrunde.

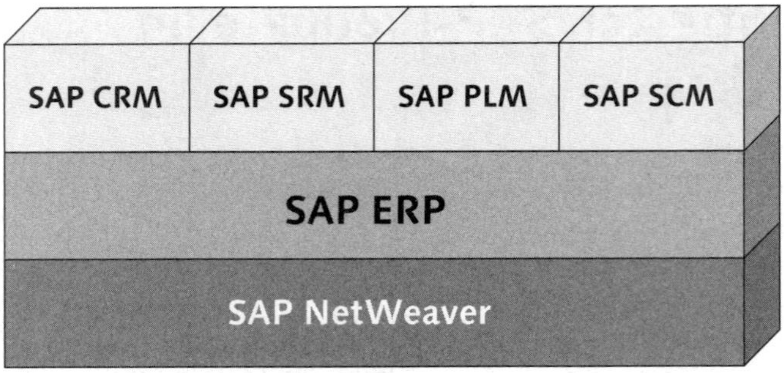

Bestandteile der SAP Business Suite

Die einzelnen Bestandteile und ihre wichtigsten Funktionen stellen wir in den folgenden Abschnitten vor.

3.2 Die zentrale Komponente: SAP ERP

SAP ERP bildet den Kernbestandteil der SAP Business Suite. Mit SAP ERP lassen sich operative und administrative Geschäftsprozesse fachbereichsübergreifend abbilden.

SAP ERP enthält diese Anwendungen:

- Rechnungswesen (SAP ERP Financials)
- Personalwirtschaft (SAP ERP Human Capital Management)
- Logistik (SAP ERP Operations sowie SAP ERP Corporate Services)

Innerhalb dieser Anwendungen finden sich die Komponenten (früher Module genannt) wieder, die Sie bereits aus SAP R/3 kennen. Die folgende Tabelle zeigt eine Auswahl dieser Komponenten. Die Wichtigsten werden in Teil III dieses Buches im Detail behandelt.

Anwendung	Funktion	Komponente (Akronym)
Rechnungswesen	Finanzbuchhaltung/externes Rechnungswesen	FI
	Controlling/internes Rechnungswesen	CO

Die wichtigsten Komponenten von SAP ERP

Anwendung	Funktion	Komponente (Akronym)
Rechnungswesen (Forts.)	Financial Supply Chain Management	FSCM
	Treasury	TR
	Unternehmenscontrolling	EC
	Unternehmenscontrolling	SEM
	Projektsystem	PS
Personal-wirtschaft (HCM)	Personaladministration	PA
	Personalbeschaffung	PR
	Personalplanung und -entwicklung	PD
	Personalabrechnung	PY
	Veranstaltungsmanagement	PE
	Personalzeitwirtschaft	PT
	Organisationsmanagement	OM
	Reisemanagement	TM
Logistik	Einkauf	MM
	Produktionsplanung und -steuerung	PP
	Vertrieb	SD
	Kundenservice	CS
	Lagerverwaltung	WM
	Transport und Versand	LE
	Qualitätsmanagement	QM
	Immobilienmanagement	RE
	Instandhaltung	EAM (PM)
	Umwelt-, Gesundheits- und Arbeits-schutz	EH&S

Die wichtigsten Komponenten von SAP ERP (Forts.)

Die folgende Abbildung zeigt das SAP GUI (Graphical User Interface, das heißt die grafische Benutzeroberfläche des SAP-Systems) direkt nach der Anmeldung. Die durch SAP ERP abgedeckten Unternehmensbereiche sind hier gut zu erkennen.

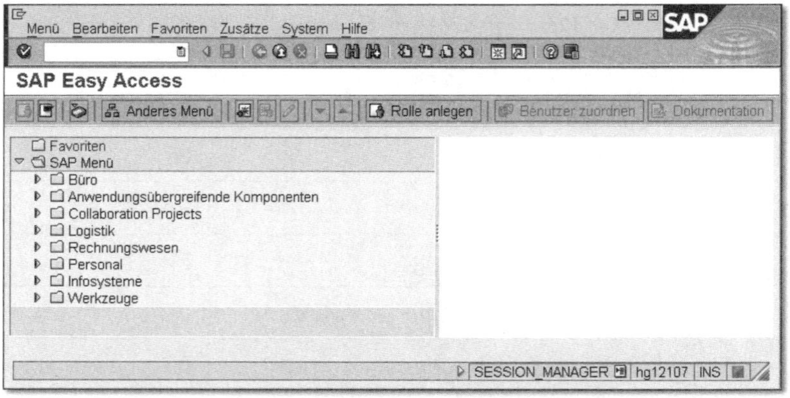

Die grafische Benutzeroberfläche (SAP GUI) des SAP-Systems

Im Folgenden finden Sie eine kurze Vorstellung der Abläufe, die in SAP ERP abgebildet werden können, und der zugehörigen SAP-Komponenten. Es ist niemals so, dass ein Bereich eines Unternehmens für sich allein betrachtet werden kann. Viele Funktionen aus unterschiedlichen Bereichen sind miteinander verzahnt.

Rechnungswesen

SAP ERP Financials beinhaltet Anwendungen für das betriebliche Finanz- und Rechnungswesen sowie für das Controlling. Seit den Ursprüngen von SAP R/3 sind neue Anwendungen wie SAP Financial Supply Chain Management (für das Management von Geldflüssen) hinzugekommen, außerdem hat SAP die Hauptbuchhaltung im System komplett überarbeitet (neues Hauptbuch oder engl. New General Ledger).

Mit den Komponenten für das Finanzwesen können die für viele Länder geltenden Anforderungen der Finanzberichterstattung sowie zahlreiche Sprachen und Währungen abgebildet werden. Wichtige Bereiche des Rechnungswesens sind unter anderem:

- Finanzbuchhaltung (externes Rechnungswesen)
- Controlling (internes Rechnungswesen)
- Corporate Governance

- Treasury
- Financial Supply Chain Management

Die Aufgaben der Finanzbuchhaltung, die von der SAP-Komponente FI unterstützt wird, umfassen im Wesentlichen die betriebliche Buchführung. Hier werden alle Geschäftsvorfälle erfasst, dokumentiert und Konten zugeordnet. Auf der Basis dieser Daten werden am Ende eines Geschäftsjahres die gesetzliche Bilanz sowie die Gewinn- und Verlustrechnung (GuV) erstellt.

Im internen Rechnungswesen oder Controlling (SAP-Komponente CO) steht der unternehmerische Erfolg im Vordergrund. Betriebliche Prozesse sollen hinsichtlich der Gewinnmaximierung optimiert werden. Hilfsmittel im internen Rechnungswesen sind Kosten-, Leistungs- und Investitionsrechnung. Die gewonnenen Informationen bilden die Basis für wichtige betriebswirtschaftliche Entscheidungen und Unternehmensausrichtungen. Im Gegensatz zur Finanzbuchhaltung sind im internen Rechnungswesen gesetzliche Bestimmungen für das Unternehmen nicht bindend.

Darüber hinaus können mit SAP noch weitere Anforderungen im Finanzbereich erfüllt werden: SAP ERP enthält Funktionen, die Unternehmen dabei helfen, nationale und international gültige Regeln und Vorschriften einzuhalten. Dabei wird zwischen gesetzlich bindenden und freiwilligen Maßnahmen unterschieden. Diese Maßnahmen fasst man unter dem Begriff Corporate Governance zusammen, was sich sinngemäß mit verantwortungsvolle Unternehmensführung und Kontrolle übersetzen lässt.

Für das Anlegen und Disponieren von finanziellen Mitteln sowie für die Absicherung der Zahlungen sind ebenfalls Funktionen verfügbar. Dieser Bereich wird Treasury genannt.

Eine weitere, zunehmend wichtige Aufgabe im Finanzwesen ist die Sicherstellung der Liquidität, das heißt der Zahlungsfähigkeit des Unternehmens. Bei der Sicherstellung der Liquidität spielt das Forderungsmanagement eine wichtige Rolle. Die Aufgaben, die für dieses Ziel notwendig sind, reichen von der Bonitätsprüfung von Kunden über die Bearbeitung von Klärungsfällen bis hin zur elektronischen Fakturierung und zum Online-Zahlungsverkehr. Die transparente Abbildung von Geldflüssen heißt auch Financial Supply Chain Management (SAP-Komponente FSCM).

Personalwirtschaft

Ein wichtiger Bereich, in dem das SAP-System eingesetzt wird, ist das Personalwesen. SAP ERP Human Capital Management (HCM) hat das frühere HR (Human Resources) in SAP R/3 abgelöst.

Mit HCM können Unternehmen zum Beispiel:

- Mitarbeiter verwalten (Personaladministration)
- Lohn- und Gehaltsabrechnungen erstellen
- Qualifizierungsmaßnahmen und Schulungen planen
- Arbeitszeiten erfassen und abrechnen
- Bewerberdaten verwalten

In der Personaladministration findet im Wesentlichen die Verwaltung der Mitarbeiter statt. Die Daten werden in Form von sogenannten Infotypsätzen dargestellt. Darin enthalten sind Informationen über organisatorische Zuordnungen, Daten zur Person, Anschriften, Soll-Arbeitszeit, Basisbezüge und Bankverbindung.

Mithilfe der Komponente Personalabrechnung werden die Gehaltsnachweise der Mitarbeiter erstellt und die Abrechnungsergebnisse an die Buchhaltung übermittelt.

Aus- und Weiterqualifizierungsmaßnahmen für Mitarbeiter werden mithilfe der Personalentwicklung geplant und umgesetzt. Der Entwicklungsbedarf des Mitarbeiters leitet sich vom Vergleich der aktuellen Qualifikation mit dem Stellenprofil ab. Das Veranstaltungsmanagement ist ein integrativer Bereich von HCM und ermöglicht die Planung, Durchführung und Verwaltung von Schulungen und anderen Events im Unternehmen.

Die Verwaltung von Anwesenheitszeiten, Gleitzeit, Jahresurlaub und Fehlzeiten ist Bestandteil der Zeitwirtschaft. Die Erfassung erfolgt online im System durch einen verantwortlichen Mitarbeiter, durch Employee-Self-Service-Anwendungen oder Zeiterfassungssysteme.

Der gesamte Personalbeschaffungsprozess, von der Erfassung der Bewerberdaten bis zur endgültigen Besetzung einer Stelle, wird durch das System unterstützt. Die Erfassung der Bewerberdaten kann durch den Bewerber selbst (er nutzt in diesem Fall ein Internetportal) oder durch Mitarbeiter des Personalmanagements erfolgen.

Im Organisationsmanagement werden die Mitarbeiter den entsprechenden Stellen im Unternehmen zugeordnet. Vom System werden Organisationseinheiten zur Verfügung gestellt, um Aufbauorganisationen im System abzubilden.

Logistik

Das SAP-System unterstützt alle Unternehmensbereiche, die zur Logistikkette (engl. Supply Chain) gehören. Das sind im Wesentlichen die folgenden Unternehmensbereiche:

- Einkauf (Materialwirtschaft)
- Produktion und Produktentwicklung
- Vertrieb und Kundenservice

Die Logistikkette beinhaltet alle Geschäftsprozesse, die Lieferanten und Kunden sowie die Herstellung von Produkten betreffen.

In der Materialwirtschaft (SAP-Komponente MM) geht es um Güter oder Dienstleistungen, die beschafft (eingekauft) und anschließend verwaltet und bezahlt werden müssen. Der Prozess beginnt mit der Bearbeitung von Bestellanforderungen, die aus verschiedenen Abteilungen des Unternehmens im Einkauf eintreffen und die Bestellung selbst anstoßen. In den Verantwortungsbereich der Materialwirtschaft gehört überdies die Bestandsführung von Materialien mit der Materialbewertung für die Bilanz. Außerdem müssen die Informationen darüber, wie viel Bestand noch vorrätig ist, durch Inventuren festgestellt werden. Eine weitere wichtige Aufgabe innerhalb der Materialwirtschaft ist die Rechnungsprüfung, in der die Rechnungen für die bestellten Waren oder Dienstleistungen auf ihre Richtigkeit hin geprüft werden. Darüber hinaus ist die Materialwirtschaft für die Pflege der Materialstammdaten verantwortlich. Die Materialwirtschaft behandeln wir in Kapitel 14 im Detail.

Die in der Materialwirtschaft beschafften Materialien können zum Beispiel für die Produktion verwendet werden. Die Produktionsplanung und -steuerung (SAP-Komponente PP) im SAP-System umfasst die Absatz- und Produktionsgrobplanung sowie die Produktionsplanung selbst (sowohl für die diskrete Fertigung, also die Fertigung von sogenannten Stückgütern, als auch für die Prozessfertigung, die Fertigung nicht zählbarer Einheiten, zum Beispiel Flüssigkeiten in der chemischen Industrie). Dieser Prozess beinhaltet die Kapazitäts- und Bedarfsplanung, Fertigungsaufträge, Kanban (eine Methode der Produktionsablaufsteuerung, die nach dem Pull- oder Hol-Prinzip funktioniert), Einzel- und Serienfertigung sowie die Montageabwicklung.

Im Vertrieb (SAP-Komponente SD) unterstützt das SAP-System alle Prozesse rund um den Verkauf von Waren oder Dienstleistungen. In diesem Zusammenhang müssen Angebote und Verkaufsaufträge bearbeitet, die Verfügbarkeit von Waren ermittelt sowie Lieferpläne erstellt werden. Zum Vertrieb gehören die Prüfung von Kreditlimits im Verkauf, die Findung von Preisen und Konditionen sowie die Fakturierungs- und Rechnungsstellung. Exportiert das Unternehmen viele Waren, sind außerdem die Außenhandels- und Zollabwicklung ein wichtiges Thema.

Ganz am Schluss des logistischen Prozesses steht der Bereich Kundenservice (SAP-Komponente CS), mit dessen Hilfe Kunden betreut werden. Dazu gehören die Verwaltung und Abwicklung von Kundendienstaufträgen, zum Beispiel Gewährleistung, Wartung oder Instandsetzung.

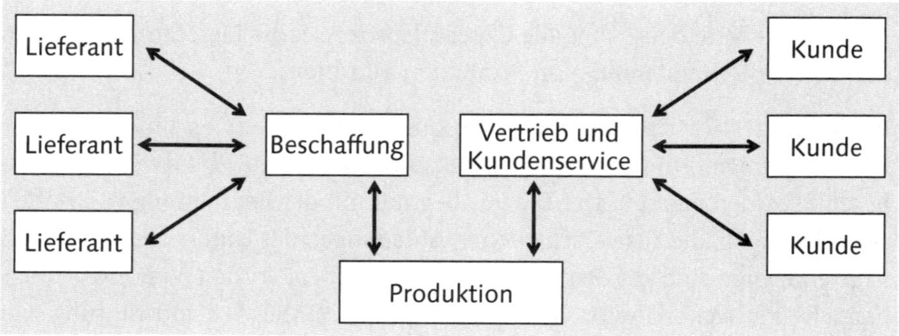

Die Logistikkette

BEISPIEL

Die Logistikkette

Die Prozesse im Einkauf, der Produktentwicklung, der Fertigung und des Vertriebs können mit SAP abgebildet werden. In unserem Beispiel stellt eine Maschinenbaufirma unterschiedliche Typen von Pumpen her. Da die Lagerkosten so gering wie möglich gehalten werden sollen, können nur Kundenanfragen mit Mengen bis zu zehn Stück sofort bedient werden. Größere Mengen werden in den eigenen Fertigungsanlagen produziert. Im Lager wird für jeden Pumpentyp ein Sicherheitsbestand von drei Stück für Garantiefälle vorgehalten.

Entsprechend den Auftragseingängen werden von den Lieferanten Materialien beschafft und in den eigenen Produktionsanlagen zu den Endprodukten weiterverarbeitet. Die bestellten Pumpen werden an die Kunden geliefert und diesen in Rechnung gestellt. Alle hier beschriebenen Geschäftsabläufe zwischen den Lieferanten und dem Kunden der Maschinenbaufirma fallen in den Bereich Logistik. Sie sehen hier wieder, dass mithilfe der Integration die Daten aus der Logistik automatisch in die Finanzbuchhaltung übergeleitet werden können.

Über die hier beschriebenen Kernprozesse im Unternehmen hinaus enthält SAP ERP noch einige weitere Komponenten, die SAP unter dem Dach SAP ERP Corporate Services zusammenfasst. Dazu gehören unter anderem Qualitätsmanagement sowie Umwelt-, Gesundheits- und Arbeitsschutz, auf die wir in diesem Buch nicht näher eingehen.

3.3 Kundenbeziehungen pflegen: SAP CRM

Unter CRM – kurz für Customer Relationship Management – versteht man ein aktives Kundenbeziehungsmanagement. SAP CRM unterstützt alle Phasen, in denen Mitarbeiter eines Unternehmens mit den Kunden kommunizieren und in Kontakt treten:

- Marketing
- Vertrieb
- Service

Im Vergleich zu den im Folgenden beschriebenen Komponenten von SAP ERP, die ähnliche Geschäftsabläufe abdecken, sind die Funktionen von SAP CRM weiter aufgefächert und dienen zur Abbildung komplexerer Prozesse.

Informationen zum Kunden, die sonst nur Vertriebsmitarbeitern mit direkten Kundenkontakten zur Verfügung stehen, werden im System gespeichert. Diese Daten sind auch für Mitarbeiter aus den Bereichen Marketing oder Produktentwicklung relevant. So kann auf der Basis dieser Daten eine Marketingaktion durchgeführt werden, oder die Produktentwicklung kann gezielt auf Kundenwünsche eingehen. Ohne ein IT-System gehen für das Unternehmen wichtige Informationen verloren, wenn zum Beispiel ein Mitarbeiter mit engem Kundenkontakt das Unternehmen verlässt. Die Bereiche Vertrieb, Marketing und Service können auf zentrale Informationen über Kunden und Interessenten zugreifen, um auf deren Bedürfnisse zu reagieren. Das CRM-System kann auch zur Terminplanung und Ressourcensteuerung dienen. Zunehmend werden im Kundenbeziehungsmanagement das Berichtswesen und analytische Funktionen wichtiger, mit denen Erkenntnisse über das Kundenverhalten für zukünftige Marketingaktionen genutzt werden können.

HINWEIS

Mobile Anwendungen im CRM-Bereich

In den letzten Jahren ist zu beobachten, dass CRM-Anwendungen vermehrt auf mobilen Endgeräten wie RIM Blackberry oder Apple iPhone eingesetzt werden.

3.4 Lieferantenbeziehungen optimieren: SAP SRM

Der Einkauf eines Unternehmens ist daran interessiert, mit guten Lieferanten langfristig zusammenzuarbeiten. Natürlich besteht immer der Wunsch, die benötigte Ware oder Dienstleistung möglichst kostengünstig zu beschaffen. Es kann aber durchaus Gründe dafür geben, sich nicht immer für den günstigsten Lieferanten zu entscheiden: zum Beispiel dann, wenn ein teurerer Lieferant selbst bei Engpässen eine schnelle und unkomplizierte Lieferung gewährleisten kann und einen hohen Lieferservicegrad bietet.

SAP Supplier Relationship Management (SRM) dient zur Optimierung der Geschäftsbeziehungen mit bestehenden und potenziellen Lieferanten. Es ermöglicht eine strategische Planung und Steuerung der Beziehungen mit diesen Lieferanten, indem diese enger in die Einkaufsprozesse eingebunden werden. SAP SRM unterstützt das Vertrags- und Lieferantenmanagement, die Lieferantenauswahl, Lieferantenqualifizierung sowie Bestellung, Bezugsquellenfindung, Rechnungs- und Gutschrifterstellung.

3.5 Die gesamte Lebenszeit eines Produktes: SAP PLM

Mit SAP Product Lifecycle Management (PLM) wird der gesamte Ablauf während der »Lebenszeit« eines Produktes unterstützt: von der ersten Produktidee über Entwürfe und Ausrichtung der Produktion bis hin zum Kundenservice.

Zu SAP PLM gehören alle Funktionen, die mit diesen Aufgaben in Verbindung stehen. Dies umfasst die Verwaltung von Anlagen und Ausrüstung sowie die Produktdokumentationen: In Produktentwicklungsprojekten ist es beispielsweise wichtig, alle Produktstammdaten und Produktstrukturen, Rezepte und Spezifikationen im Blick zu behalten. Darüber hinaus werden die Qualitätskontrolle sowie das Projekt- und Ressourcenmanagement unterstützt. Mithilfe eines Produktportfoliomanagements können sogar mehrere Projekte gesteuert werden.

Im Hinblick auf die Kooperation mit Kollegen und Entwicklungspartnern wird der Austausch von Informationen wie Projektplänen, technischen Zeichnungen, Produktstrukturen, Produktdokumentationen, Wartungsanleitungen etc. ermöglicht.

BEISPIEL

Einsatz von SAP PLM

SAP PLM wird häufig in der Automobilindustrie eingesetzt. Das könnte zum Beispiel so aussehen:

Ein Automobilkonzern entwirft das Nachfolgemodell *Typ 2* eines Kompaktwagens, während sich das aktuelle Modell *Typ 1* gut verkauft. Prototypen werden getestet und optimiert, bis das neue Modell *Typ 2* reif für die Serienproduktion ist. Währenddessen werden alle Vorkehrungen für die Produktion und die Markteinführung getroffen. Das neue Modell *Typ 2* löst seinen Vorgänger *Typ 1* ab und stößt bei den Kunden der Marke auf eine hohe Nachfrage.

Nach einigen Jahren nimmt die Nachfrage des aktuellen *Typs 2* ab. Um das Modell für potenzielle Kunden attraktiver zu gestalten, nimmt man auch bei diesem Modell kleine Veränderungen vor und startet Sonderaktionen. Prototypen des Nachfolgermodells *Typ 3* existieren bereits.

Typ 3 löst *Typ 2* ab. Aber die Käufer von *Typ 2* erhalten bei ihrem Händler weiterhin Service und Ersatzteile. Werden irgendwann keine Ersatzteile mehr für *Typ 2* produziert, ist der Produktlebenszyklus beendet.

3.6 Für alle Elemente der Logistikkette: SAP SCM

SAP Supply Chain Management (SCM) enthält Funktionen für die gesamte Lieferkette vom Lieferanten bis zum Kunden. Die Software umfasst fortgeschrittene Funktionen für komplexe Geschäftsprozesse in der Logistik.

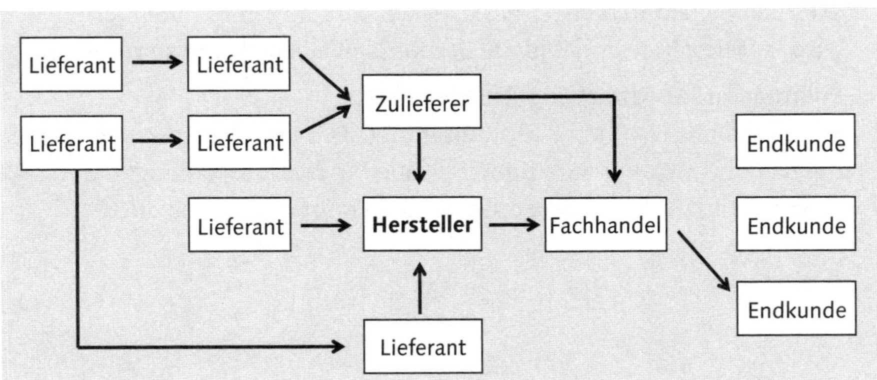

Erweiterte Logistikkette

SAP SCM ist eine äußerst mächtige Softwarelösung mit breit gefächerten Einzelkomponenten. Aufgrund des großen Funktionsumfangs können wir hier nur einen kurzen Überblick über SAP SCM geben:

- **Lagerverwaltung**
  SAP SCM enthält eine Lösung für die Lagerverwaltung, die in ihren Möglichkeiten weit über die WM-Komponente (Warehouse Management) in SAP ERP hinausgeht. SAP Extended Warehouse Management (EWM) wird für alle Prozesse in der Lagerverwaltung verwendet.
- **Transportmanagement**
  Auch im Bereich Transport hat SAP SCM eine eigene Lösung zu bieten, SAP Transportation Management (TM), die – im Gegensatz zum Logistics Execution System (LES) in SAP ERP – zum Beispiel auch für Transportdienstleister entwickelt wurde.
- **Nachverfolgung von Logistikprozessen**
  SAP Event Management (EM) ist für Tracking- und Statusmanagementaufgaben konzipiert worden.
- **Unterstützung von RFID-Prozessen**
  Radio Frequency Identification (RFID) ermöglicht die berührungslose Identifizierung und Lokalisierung von Gegenständen, die mit einem sogenannten RFID-Etikett versehen sind, durch RFID-Lesegeräte. Dies erleichtert die Datenerfassung. Die SAP-Komponente SAP Auto-ID Infrastructure (AII) stellt dabei das Bindeglied zwischen dem RFID-Lesegerät und dem SAP-System dar.
- **Lieferantenzusammenarbeit**
  Über SAP Supply Network Collaboration (SNC) kann die Kooperation mit externen Lieferanten enger gestaltet werden, indem es diesen ermöglicht wird, auf Bestände und Bedarfe der Kunden eigenständig zu reagieren.
- **Planung und Optimierung der Lieferkette**
  SAP Advanced Planning & Optimization (APO) umfasst einen sehr breiten Aufgabenbereich mit Funktionen für die Produktionsplanung, die Absatzplanung, die Verfügbarkeitsprüfung, die Transportplanung etc.

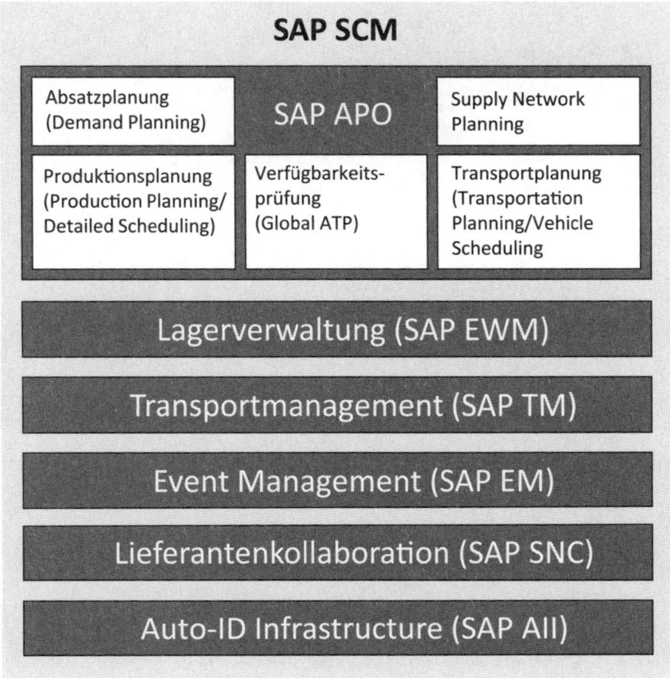

Die Komponenten von SAP SCM im Überblick

Wenn Sie sich die Einsatzbereiche von SAP SCM genau anschauen, finden Sie einige Überschneidungen mit Komponenten von SAP ERP. Beispielsweise existiert jeweils eine Komponente für die Lagerverwaltung innerhalb von SAP ERP und SAP SCM; letztere verfügt aber über deutlich ausgefeiltere Möglichkeiten als erstere.

3.7 Lösungen für Branchen

SAP bietet neben seinen Standardlösungen auch Lösungen für verschiedene Branchen an. Ein Energieversorger muss andere Geschäftsprozesse abbilden als ein Unternehmen in der Maschinenbaubranche. Branchenlösungen kombinieren Standardprozesse mit speziellen Anforderungen und Funktionen. Es werden unter anderem Pakete für folgende Bereiche angeboten:

- Fertigungsindustrie
  - SAP for Automotive (Automobilindustrie)
  - SAP for Aerospace and Defence (Luftfahrt und Verteidigung)
  - ...

- Prozessindustrie
  - SAP for Oil & Gas (Öl- und Gasindustrie)
  - SAP for Chemicals (Chemieindustrie)
  - ...
- Finanzdienstleister und öffentliche Verwaltung
  - SAP for Banking (Banken)
  - SAP for Healthcare (Gesundheitsbereich)
  - SAP for Defense & Security (Streitkräfte, Polizei, Hilfsorganisationen)
  - ...
- Dienstleistungsbranche
  - SAP for Utilities (Energieversorger)
  - SAP for Retail (Einzelhandel)
  - SAP for Consumer Products (Konsumgüterindustrie)
  - ...

Insgesamt gibt es zurzeit 24 Branchenlösungen (Stand 2011).

3.8 Spezielle Software für den Mittelstand

Neben den Lösungen für große Unternehmen, der SAP Business Suite mit ihrem Kernbestandteil SAP ERP, bietet SAP auch Lösungen für mittlere und kleinere Unternehmensgrößen an, die wir Ihnen im Folgenden kurz vorstellen.

SAP Business One

Mit SAP Business One spricht SAP auch Kunden an, denen SAP ERP oder die Softwareprodukte der SAP Business Suite zu komplex und zu teuer sind. Mit SAP Business One können zum einen Kernfunktionen wie Finanzwesen, Personalwesen und Materialwirtschaft abgebildet werden. Zum anderen kann das Produkt mit dem Unternehmen »mitwachsen« und innerhalb weniger Tage relativ kostengünstig in einem Unternehmen eingeführt werden.

SAP Business All-in-One

Mit SAP Business All-in-One wird eine Lösung für mittlere Betriebsgrößen angeboten, in der verschiedene branchenspezifische Ausprägungen zur Verfügung stehen. Dazu wird je nach Bedarf auf unterschiedliche Lösungen aus der SAP Business Suite zurückgegriffen. Die technologische Plattform für SAP Business All-in-One ist SAP NetWeaver.

SAP Business ByDesign

SAP Business ByDesign ist eine On-Demand-Lösung. Das bedeutet, dass das Unternehmen, das die Lösung einsetzt, nur die Funktionen auswählt, die es braucht. Der Applikationsserver, den die Kunden verwenden, wird von SAP gehostet und ist über eine gesicherte Internetverbindung erreichbar: Die Server mit den Anwendungen werden in Rechenzentren der SAP betreut und administriert. Über einen Internetbrowser (zum Beispiel den Microsoft Internet Explorer) kann der Anwender auf die benötigten Funktionen zugreifen. Der Zugriff der Anwender auf die Server erfolgt über eine mehrstufig abgesicherte VPN-Verbindung.

HINWEIS

Virtual Private Network

Bei einem Virtual Private Network (VPN) handelt es sich um eine sichere Verbindung über das Internet. Die Datenpakete zwischen Sender und Empfänger werden verschlüsselt übertragen.

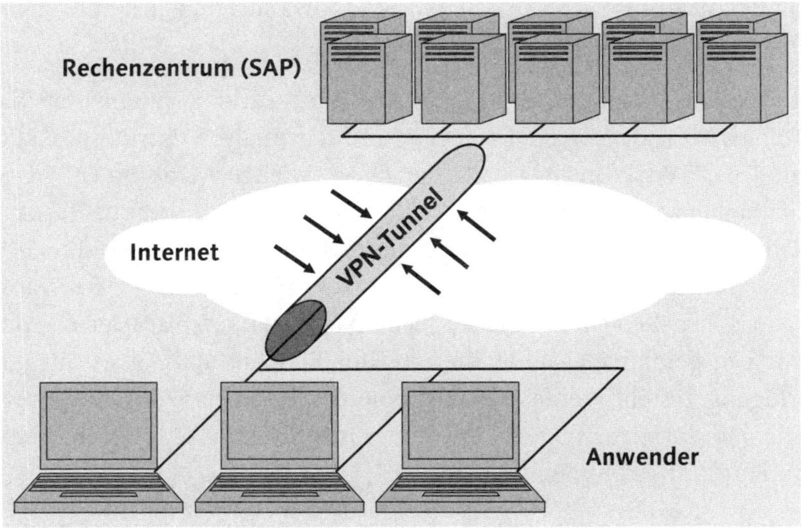

SAP Business ByDesign – Systeminfrastruktur

SAP Business ByDesign deckt im Prinzip alle in diesem Kapitel genannten Geschäftsabläufe ab: Finanz- und Rechnungswesen, Logistik, Personalwirtschaft, Kundenbeziehungsmanagement etc.

3.9 Die technische Basis: SAP NetWeaver

SAP NetWeaver bildet die technische Basis für SAP-Anwendungen und Geschäftsprozesse – gewissermaßen das Betriebssystem, auf dem alle Anwendungen laufen, die Sie als Anwender nutzen. SAP NetWeaver ist für die folgenden Aufgaben zuständig:

- Benutzerintegration
- Informationsintegration
- Prozessintegration
- Anwendungsbasis (Applikationsserver)

Was heißt das konkret?

Die Funktionen, die in den Bereich Benutzerintegration fallen, erlauben es, dass Anwender die Funktionen und Informationen nutzen können, die sie für ihre Arbeit benötigen. Dazu gehört zum Beispiel die Möglichkeit, über verschiedene Kanäle, das heißt auch über sogenannte mobile Geräte (wie ein Smartphone) oder über ein Portal (meist über eine Internetverbindung), auf das SAP-System zugreifen zu können. Das bedeutet, dass Sie mittels verschiedener Frontends Zugriff auf das System haben. So ist es neben der Verwendung der Benutzeroberfläche SAP GUI für Windows auch möglich, mit einem Internetbrowser auf ein SAP-System zuzugreifen.

Die Informationsintegration umfasst in SAP NetWeaver Komponenten für das Stammdatenmanagement, Reporting und die Analyse (Business Intelligence und das Wissensmanagement, engl. Knowledge Management). Das Stammdatenmanagement (engl. Master Data Management) sorgt dafür, dass redundante und fehlerhafte Daten eliminiert werden. Die Komponente SAP NetWeaver Business Warehouse (kurz BW) ist ein sogenanntes Data Warehouse, gewissermaßen ein Datenlager, in dem Informationen aus verschiedenen Systemen gesammelt, aufbereitet und für Berichte und Auswertungen zur Verfügung gestellt werden. BW ist eine der wenigen SAP NetWeaver-Komponenten, mit denen Sie als Anwender möglicherweise in Ihrer Arbeit direkt in Berührung kommen.

Prozessintegration bedeutet zum einen, dass Informationen aus verschiedenen Bereichen über Schnittstellen verbunden werden können. Zum anderen bezieht sich der Begriff auf die Möglichkeit, Geschäftsabläufe über System- und Unternehmensgrenzen hinweg zu automatisieren. Das wiederum bedeutet, dass Sie in Ihrem Unternehmen Ihre Aufgaben ungehindert erfüllen können, auch wenn IT-Systeme unterschiedlicher Hersteller (Nicht-SAP-Systeme) eingesetzt werden oder andere Firmen in die Prozesse eingebunden sind.

Der Applikationsserver stellt die technische Grundlage für alle anderen SAP-Produkte dar. Seine Aufgaben umfassen neben der Kommunikation mit den Anwendungen grundlegende Funktionen, wie zum Beispiel Benutzermanagement, Datenaustausch, Monitoring und Transportwesen. Darüber hinaus ermöglicht SAP NetWeaver, dass Kunden ihre Systeme selbst erweitern können: Mit den Programmiersprachen ABAP und Java (J2EE) können individuelle Softwareanwendungen entwickelt werden.

SAP NetWeaver bildet demnach in erster Linie die technische Basis für ein SAP-System und die benötigten Anwendungen, sodass Geschäftsprozesse bereichsübergreifend abgebildet werden können. Alle beteiligten Abteilungen werden so integriert. SAP NetWeaver kann in heterogenen IT-Umgebungen eingesetzt werden, das heißt in Umgebungen, in denen Softwareprodukte unterschiedlicher Hersteller verwendet werden. Somit kann Software von anderen Herstellern und SAP-Partnern (Softwarehäuser, die Add-ons zum SAP-System anbieten) in die Systemlandschaften integriert werden.

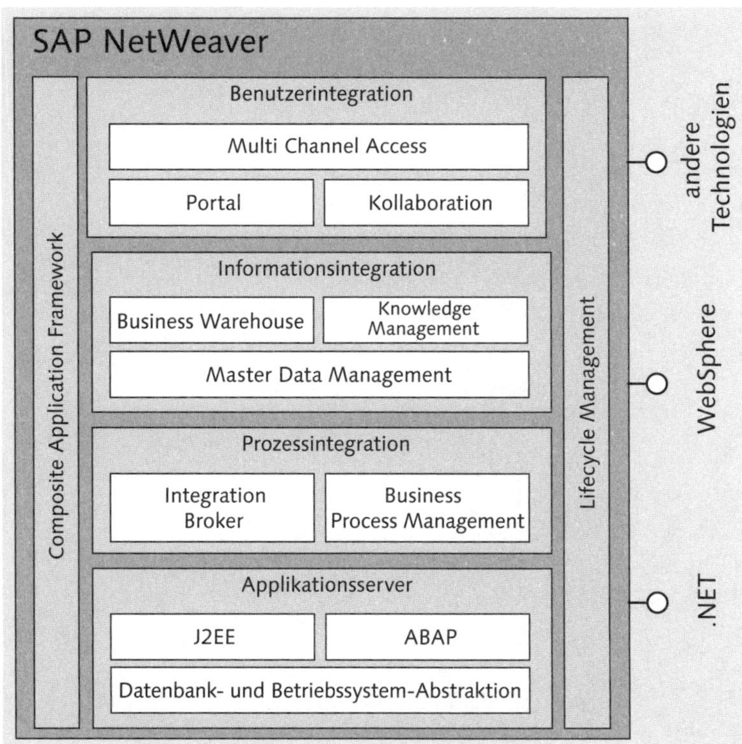

Überblick über SAP NetWeaver

In diesem Kapitel haben wir einen Überblick über die Produkte von SAP gegeben. SAP bietet, wie Sie erfahren haben, Softwarelösungen für alle Unternehmensgrößen an. Dabei unterscheidet man zwischen branchenspezifischer und branchenneutraler Lösung. Die Komponenten von SAP ERP stammen aus dem Rechnungswesen, der Personalwirtschaft und der Logistik. Es werden auch Produkte angeboten, bei denen der Kunde keine Systeminfrastruktur bereitstellen muss, sondern über das Internet auf Systeme zugreifen kann. SAP NetWeaver bildet die technische Basis für alle beschriebenen Produkte und Lösungen und stellt Komponenten bereit, damit das System optimal in die Unternehmensstruktur eingefügt und bei Bedarf erweitert werden kann.

Im nächsten Teil dieses Buches wenden wir uns der konkreten Arbeit am System zu und zeigen Ihnen, wie Sie SAP grundlegend bedienen können.

Teil II

Grundlagen der Systembedienung

4 Organisationsstrukturen und Stammdaten

Bevor Sie mit dem SAP-System arbeiten können, benötigen Sie noch etwas Hintergrundwissen: Es gibt einige grundlegende Einstellungen im SAP-System, die über einen längeren Zeitraum relativ unverändert bleiben und die eine Grundvoraussetzung für Ihre tägliche Arbeit darstellen. Dazu gehören Organisationsstrukturen, die im Customizing angelegt werden, sowie Stammdaten. Wenn Sie als Anwender in einer Abteilung arbeiten, müssen Sie dem System »mitteilen«, für welchen Bereich des Unternehmens eine bestimmte Aktion durchgeführt wird. Dafür sind Kenntnisse in den Organisationseinheiten erforderlich.

In diesem Kapitel lernen Sie,

- wie Unternehmensstrukturen im System abgebildet werden,
- welche Stammdaten Sie für die Arbeit mit SAP benötigen.

4.1 Organisationsstrukturen

Jedes Unternehmen hat einen individuellen Aufbau und eigene Abläufe, das heißt Geschäftsprozesse – zum Beispiel im Einkauf, im Vertrieb und im Rechnungswesen. Die Struktur der Organisation spiegelt diese Abläufe wider und lässt sich in einem sogenannten Organigramm darstellen. In diesem Organigramm bildet jeder Bereich seine Struktur ab. Häufig werden nicht alle Ebenen und Funktionsbereiche des Unternehmens in einem Gesamtorganigramm dargestellt, sondern man beschränkt sich auf einzelne Bereiche, etwa nur den Einkauf mit seinen Strukturen.

In der folgenden Abbildung ist ein solcher Teil eines Organigramms zu sehen, der Einheiten aus der Logistik darstellt. Bei diesem Beispiel handelt es sich um den fiktiven Fahrradhersteller *Sportbikes International*. Die Unternehmen von Sportbikes International sind unter einer Holding zusammengefasst. Produziert wird an zwei Produktionsstätten in Deutschland und an einer in England. Die Lager in diesen Niederlassungen sind in die Bereiche Fertigwaren und Qualitätssicherung (QS) unterteilt. Konzernweit übernimmt eine Einkaufsabteilung die Beschaffung für alle Produktionsstätten (es wird ein Zentraleinkauf durchgeführt); ein spezialisiertes Team ist für die Beschaffung von Fertigteilen und eine andere Gruppe von Mitarbeitern für den Einkauf von Dienstleistungen zuständig.

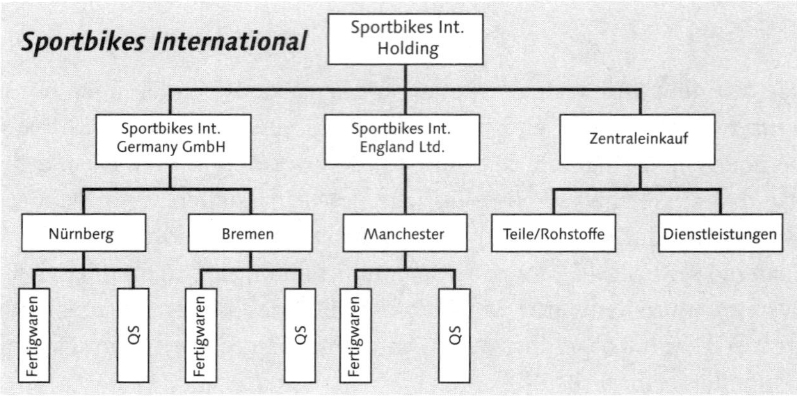

Beispiel einer Unternehmensstruktur aus logistischer Sicht

Im SAP-System werden solche Organisationsstrukturen mithilfe von Organisationseinheiten abgebildet und untereinander zugeordnet. Bevor Sie als Anwender mit dem SAP-System arbeiten können, müssen Ihre verschiedenen Aufgaben im SAP-System mit den entsprechenden Organisationseinheiten verknüpft werden. Die Organisationseinheiten werden im Customizing des Systems angelegt und zugeordnet. (Siehe Kapitel 2, »Wie funktioniert SAP-Software?«). Hat diese Zuordnung einmal stattgefunden, ist eine Änderung sehr aufwendig – ein Problem, das zum Beispiel bei Firmenübernahmen oder -zusammenschlüssen auftritt.

Um die Unternehmensstruktur aus der Abbildung in das System zu übertragen, ist eine Reihe von Organisationseinheiten erforderlich, die im Folgenden näher beschrieben werden. Diese Organisationseinheiten stammen im Wesentlichen aus dem Bereich Einkauf. Andere Bereiche im Unternehmen – Finanzbuchhaltung, Personalwirtschaft, Vertrieb etc. – verwenden andere, jeweils eigene und auf ihre Tätigkeit zugeschnittene Organisationseinheiten. Da in SAP ERP komplette Unternehmen abgebildet werden, müssen bestimmte zentrale Organisationseinheiten mehreren Fachbereichen oder Abteilungen zur Verfügung stehen. So ist ein Werk beispielsweise die entscheidende Organisationseinheit für die Finanzbuchhaltung, den Vertrieb und die Materialwirtschaft (Einkauf). In der Finanzbuchhaltung werden unter anderem Zahlungseingänge und -ausgänge überwacht und durchgeführt, die aus Kundenaufträgen (Vertrieb) und Bestellungen (Einkauf) resultieren. Diese werden in den Kapiteln zu den jeweiligen SAP-Komponenten genauer vorgestellt (Teil III dieses Buches). Im Einzelnen finden Sie in diesem Buch Informationen zu den Organisationseinheiten von Materialwirtschaft (MM), Vertrieb (SD), Finanzbuchhaltung (FI), Controlling (CO) und Personalwirtschaft (HCM).

In den folgenden Abschnitten lernen Sie die wichtigsten Organisationseinheiten der einzelnen Unternehmensbereiche von Sportbikes International genauer kennen, die für den Einkauf relevant sind. Übertragen wir die Struktur der Beispielfirma Sportbikes International auf die SAP-Organisationseinheiten, sieht das Ergebnis so aus, wie in der Abbildung gezeigt.

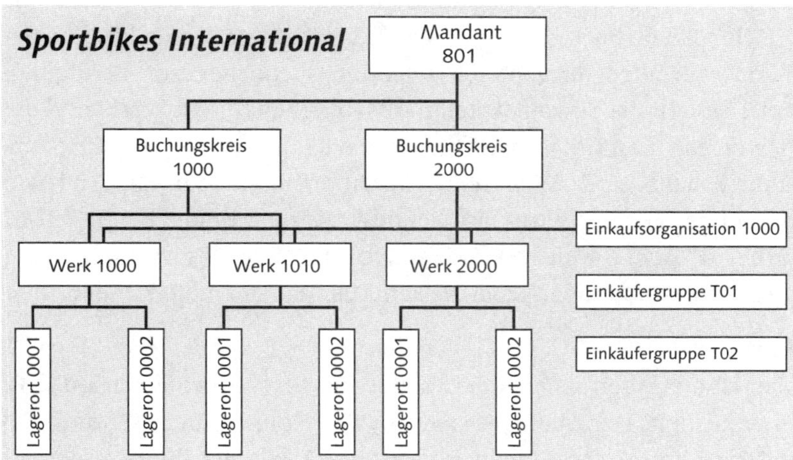

Organisationseinheiten von Sportbikes International im SAP-System (Bereich Einkauf)

Der Mandant steht für den Konzern oder die Konzernzentrale und ist die oberste Organisationseinheit. Ganz oben befindet sich somit der Mandant 801, das heißt der Konzern. Darunter sind die Buchungskreise 1000 und 2000 angesiedelt, die die Firmen (Töchter) in Deutschland und England repräsentieren. In Deutschland gibt es zwei Produktionsstätten, die Werke 1000 und 1010 mit entsprechenden Lagerorten. In England existiert die Produktionsstätte Werk 2000 mit eigenen Lagerorten. Der Einkauf wird mit der Einkaufsorganisation 1000 zentral abgewickelt. Deshalb wird die Einkaufsorganisation keinem Buchungskreis zugeordnet. Für Einkäuferteams mit unterschiedlichen Aufgabenbereichen sind die Einkäufergruppen T01 und T02 vorgesehen. Einkäufergruppen werden keinem anderen Organisationselement direkt zugeordnet.

HINWEIS

Schlüssel der verwendeten Organisationseinheiten

Die Schlüssel 801, 1000 etc. wurden in unserem Beispiel rein willkürlich vergeben. In der Praxis sollten Sie jedoch sinnvolle, zuordenbare Schlüssel benutzen. Beispielsweise werden vorhandene interne Nummern und Bezeichnungen wie Betriebs-, Werks- oder Lagernummern oder Kostenstellen verwendet. Hier gibt es zahlreiche unterschiedliche Herangehensweisen und Variationen, allerdings gelten grundlegende Regeln für Schlüssel bestimmter Organisationseinheiten, wie Sie in den folgenden Abschnitten sehen werden.

Im Folgenden beschreiben wir die in diesem Beispiel notwendigen Organisationseinheiten im Detail. Die Organisationseinheiten werden jeweils für einen Bereich – Finanzbuchhaltung, Einkauf, Vertrieb etc. – angelegt, stehen anschließend aber allen relevanten Anwendungsbereichen zur Verfügung; zum Beispiel bestellt die Einkaufsabteilung Materialien für ein Werk, und die interne Bewertung dieses Materials fließt in die Bilanz ein, die in der Finanzbuchhaltung erstellt wird. Weitere Organisationen, die für Bereiche wie Finanzwesen oder Personalwirtschaft benötigt werden, finden Sie in Teil III dieses Buches (Kapitel 14 bis 18). So verkauft die Vertriebsorganisation im Vertrieb die zugekauften oder produzierten Materialien an die Kunden.

- **Mandant**
  Den Mandanten geben Sie ein oder wählen ihn aus, wenn Sie sich am SAP-System anmelden. Der Mandant steht für den Konzern und ist somit die höchste organisatorische Einheit im System. Alle Einstellungen, die für den Mandanten vorgenommen werden, gelten auch für die darunterliegenden Einheiten. Der Schlüssel für den Mandanten ist immer dreistellig und numerisch, zum Beispiel 801.
- **Buchungskreis**
  Auf der Ebene des Buchungskreises wird die Buchhaltung abgebildet. Der Buchungskreis steht für eine selbstständige, bilanzierende Einheit. Ein Mandant kann mehrere Buchungskreise beinhalten, aber ein Buchungskreis ist mandantenweit eindeutig. Der Schlüssel für den Buchungskreis ist vierstellig und alphanumerisch.
- **Werk**
  Ein Werk produziert Güter oder vertreibt Dienstleistungen. Es ist damit eine zentrale Organisationseinheit der Logistik. Ein Werk kann aber auch in einer dieser Rollen verwendet werden:

  - Produktionsstätte (Materialwirtschaft, Produktionsplanung)
  - Vertriebsbüro (Vertrieb)
  - Auslieferungslager (Vertrieb)

  Ein Werk muss einem einzigen Buchungskreis zugeordnet werden. Mandantenweit ist ein Werk immer eindeutig; das heißt, eine Werksnummer kann nur ein einziges Mal vergeben werden. In einem Mandanten können aber durchaus ein Buchungskreis und ein Werk mit demselben Schlüssel bestehen. Der Schlüssel für das Werk ist vierstellig und alphanumerisch.

- **Lagerort**
  Der Lagerort ermöglicht die Unterscheidung von Materialbeständen (Bestandsarten) innerhalb eines Werkes. Für den Lagerort sind aber nur Mengen von Materialien relevant und keine Werte. Diese werden auf der Ebene des Werkes oder des Buchungskreises berücksichtigt. Ein Lagerort ist direkt einem Werk zugeordnet. Innerhalb eines Werkes ist der Schlüssel des Lagerortes eindeutig. In einem anderen Werk kann derselbe Schlüssel existieren. Der Schlüssel für das Werk ist vierstellig und alphanumerisch.
- **Einkaufsorganisation**
  Die Einkaufsorganisation bildet den Einkauf des Unternehmens im System ab. So kann, je nach Anforderung, entweder ein zentraler oder ein dezentraler Einkauf abgebildet werden. Ein Mandant kann auch mehrere Einkaufsorganisationen enthalten, und eine Einkaufsorganisation kann einem Buchungskreis zugeordnet sein. Sie kann aber auch buchungskreisübergreifend, das heißt keinem bestimmten Buchungskreis zugewiesen sein. Die Zuordnung der Werke, für die beschafft werden soll, muss in jedem Fall erfolgen. Soll ein Zentraleinkauf abgebildet werden, wird die Einkaufsorganisation keinem Buchungskreis zugeordnet. Der Schlüssel für die Einkaufsorganisation ist vierstellig und alphanumerisch.
- **Einkäufergruppe**
  Ein Team von Mitarbeitern bildet in der Regel eine Einkäufergruppe. Die Einkäufergruppe selbst wird keiner anderen Organisationseinheit zugeordnet. Der Schlüssel für die Einkäufergruppe ist dreistellig und alphanumerisch.

Organisationseinheiten sind nicht nur eine zwingende Voraussetzung, um das Unternehmen im System abbilden zu können, sondern auch notwendig, wenn Sie im System Prozesse durchführen. Wenn Ware beschafft wird, benötigt das System die Informationen, wem die Belege zugeordnet werden sollen. Im Klartext: Wer beschafft für welchen Buchungskreis und für welches Werk? Die Abbildung zeigt als Beispiel die Organisationseinheiten in der Transaktion zum Anlegen einer Bestellung im SAP-System. (Transaktionen im

SAP-System sind vom Anwender über einen alphanumerischen Code, den Transaktionscode, aufrufbare Funktionen; mehr dazu in Kapitel 5 und 6.

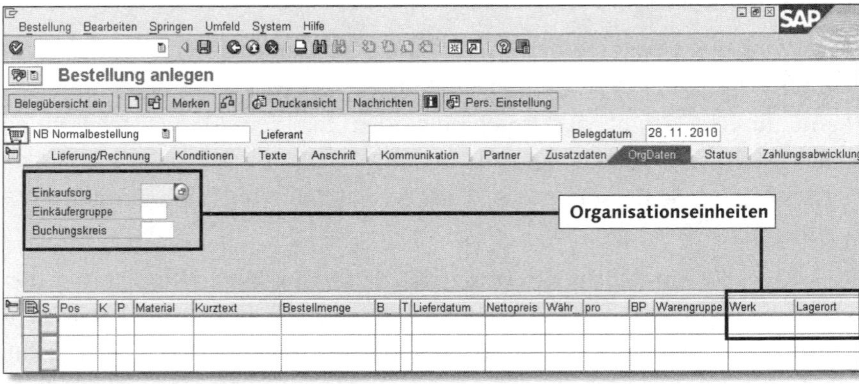

Organisationseinheiten in der Bestellung (Transaktion ME21N)

Ein Beispiel für die Verwendung von Organisationseinheiten zeigt die abgebildete Transaktion ME21N, die Bestellung. Hier wird angegeben, welche Einkaufsorganisation und Einkäufergruppe für die Beschaffung zuständig sind und für welchen Buchungskreis bestellt werden soll. Außerdem muss in der Bestellung angegeben werden, für welches Werk beschafft werden soll. Die Definition und die Zuordnung von Organisationsstrukturen erfolgen über das Customizing im SAP-System. Oder anders gesagt: Die Abbildung des Unternehmens mit seinen Fachbereichen findet im Customizing statt.

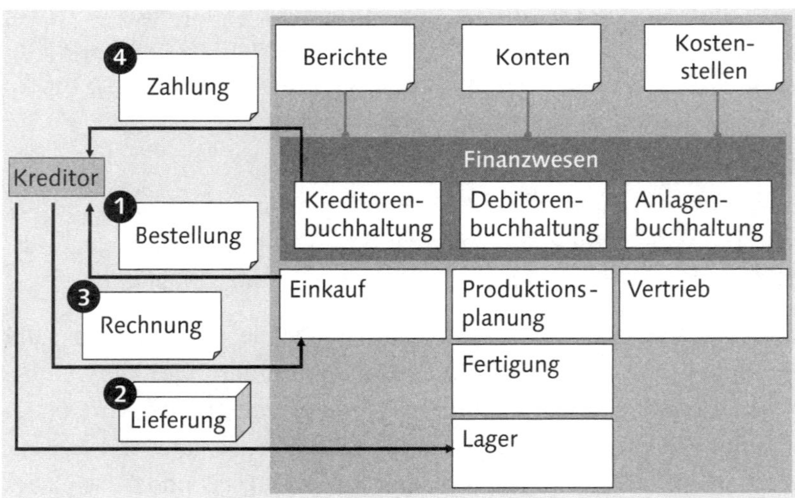

Beispiel für die gemeinsame Nutzung von Organisationseinheiten

Welche Organisationseinheiten für die einzelnen Komponenten relevant sind, wird anhand der Abbildung und der Tabelle deutlich.

	Buchungskreis	Einkaufsorganisation	Verkaufsorganisation	Werk	Lagerort
Einkauf (MM)	×	×	–	×	(×)
Kreditorenbuchhaltung (FI)	×	–	–	–	–
Vertrieb (SD)	×	–	×	×	–

Beispiele für die Verzahnung von SAP-Komponenten und Organisationseinheiten

BEISPIEL

Organisationseinheiten in Prozessen

Bei der Erfassung einer Bestellung müssen Sie entsprechende Felder ausfüllen:

- Für welchen Buchungskreis beschaffen Sie?
- Welche Einkaufsorganisation und welche Einkäufergruppe beschafft?
- Für welches Werk beschaffen Sie?
- An welchem Lagerort soll das Material eingelagert werden?

Bei der Erfassung eines Auftrages im Vertrieb müssen Sie angeben:

- Welche Vertriebsorganisation ist zuständig?
- Welcher Vertriebsbereich ist zuständig? Aus welchem Werk wird geliefert (Auslieferungswerk)?

Nachdem wir das Prinzip der Organisationseinheiten im SAP-System vorgestellt haben, wenden wir uns im folgenden Abschnitt den Stammdaten zu. Wenn Sie die einzelnen Organisationseinheiten in den verschiedenen SAP-Komponenten kennenlernen möchten, blättern Sie direkt zu den Kapiteln 14 bis 18.

4.2 Stammdaten

Stammdaten (engl. Master Data) sind Informationen, die über einen längeren Zeitraum unverändert bleiben und die immer wieder in den Geschäftsabläufen benötigt werden. Einmal angelegt, stehen diese Daten verschiedenen Benutzern in unterschiedlichen Bereichen zur Verfügung. Ein Stammsatz könnte zum Beispiel die Adresse eines Kunden oder eine Information zu einem Material sein. Stammdaten spielen sowohl bei der SAP-Einführung als auch bei der täglichen Arbeit eine entscheidende Rolle.

Um mit dem SAP-System bestmöglich arbeiten zu können, sind gut gepflegte Stammdaten entscheidend. Beim Anlegen einer Bestellung müssen Sie beispielsweise nur die Lieferantennummer eingeben, um automatisch die Adresse und weitere Informationen abrufen zu können.

BEISPIEL

Beispiele für Stammdaten

- Kreditoren (Lieferanten): Name, Anschrift etc.
- Debitoren (Kunden): Name, Anschrift, Kundennummer, Lieferbedingungen etc.
- Material (Artikel): Materialnummer, Kurztext, Größe und Gewicht, Bewertung etc.
- Dienstleistungen: Leistungsart, Beschreibung, Leistungsnummer etc.
- Mitarbeiter: Name, Anschrift, Personalnummer, Abteilungszugehörigkeit etc.

Neben den Stammdaten gibt es außerdem Bewegungsdaten (engl. Transaction Data). Bewegungsdaten sind veränderlich und meist nur für einen festgelegten Zeitraum für einen bestimmten Geschäftsvorfall gültig. Bewegungsdaten entstehen während eines Geschäftsprozesses und werden in einem begrenzten Zeitraum von Anwendern oder von anderen Anwendungen bearbeitet.

BEISPIEL

Beispiele für Bewegungsdaten

- Rechnung: Belegnummer, Betrag, Material, Menge etc.
- Bestellanforderung: Material, Menge, Wunschlieferant etc.
- Bestellung: Belegnummer, Lieferant, Material, Menge, Konditionen etc.
- Terminauftrag: Debitor, Konditionen, Lieferdatum, Material, Menge etc.
- Materialbeleg: angelieferte Menge, Material, Lagerort etc.

Die Abbildung verdeutlicht den Unterschied zwischen Stamm- und Bewegungsdaten.

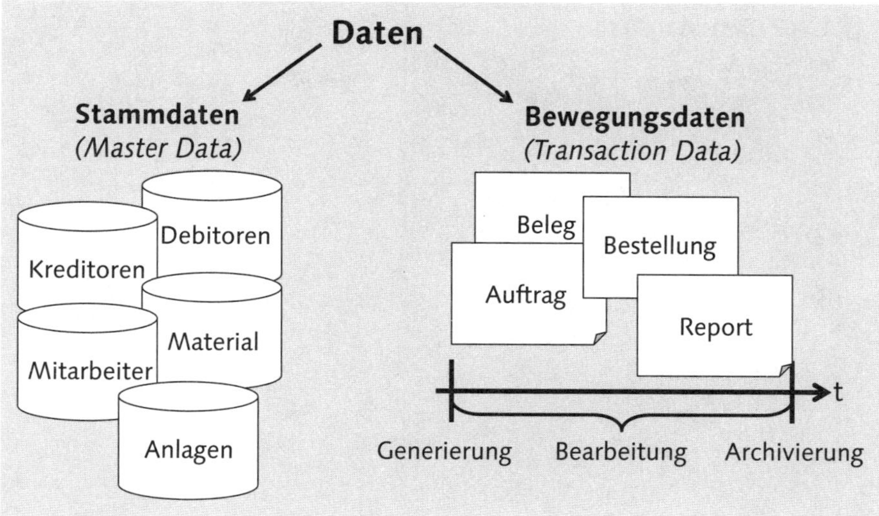

Stammdaten und Bewegungsdaten

Dadurch, dass viele Anwendungen und Benutzer (sofern sie die Berechtigungen dafür haben) auf dieselben Stammdaten zugreifen können, werden innerhalb des SAP-Systems Redundanzen – eine mehrfache Datenhaltung – vermieden. Redundanzen sind jedoch häufig unvermeidbar, wenn Systeme unterschiedlicher Hersteller im Unternehmen verwendet werden.

Die wichtigsten Stammdaten im SAP-System stellen wir Ihnen – jeweils im Kontext einer bestimmten SAP-Komponente – in Teil III dieses Buches vor.

Im folgenden Beispiel zeigen wir Ihnen am SAP-System, wie ein Materialstammsatz angelegt wird. Ein Materialstammsatz enthält Informationen über das Material, die beispielsweise für buchhalterische und logistische Vorgänge relevant sind. In anderen Komponenten wird ein Material oft als Artikel bezeichnet. Wenn Sie das Beispiel selbst am System nachvollziehen möchten, empfehlen wir Ihnen zuvor die Lektüre von Kapitel 5 und 6, die die Anmeldung und die Navigation im SAP-System darstellen.

1. Rufen Sie im SAP Easy Access Menü über den Pfad **SAP Menü ▸ Logistik ▸ Materialwirtschaft ▸ Materialstamm ▸ Material ▸ Anlegen allgemein** die Transaktion **MM01** auf, und klicken Sie doppelt auf den Menüpunkt **MM01 – Sofort**. Alternativ können Sie die Transaktion direkt über das Befehlsfeld starten.

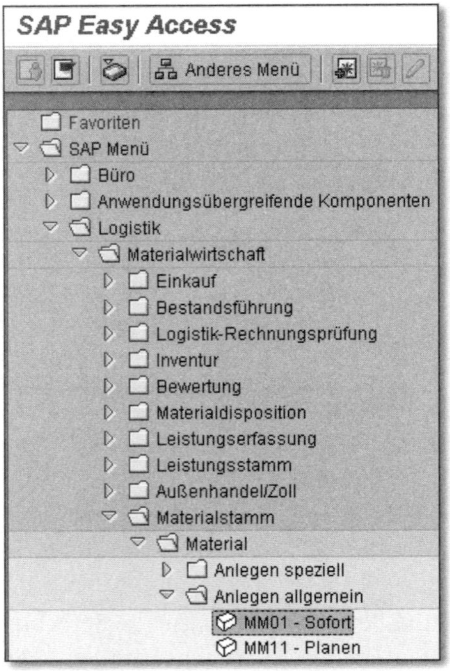

2 Sie befinden sich im Einstiegsbild der Transaktion MM01. Geben Sie hier folgende Testdaten ein:

- **Material**: ZZTM02
- **Branche**: Maschinenbau
- **Materialart**: Rohstoffe

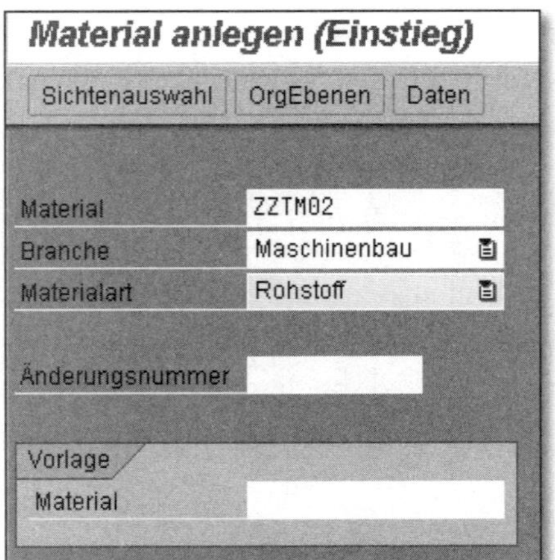

3 Klicken Sie anschließend auf die Schaltfläche **Sichtenauswahl**. Ein Materialstammsatz erscheint, der sich in verschiedene Sichten gliedert, die dem jeweiligen Fachbereich zugeordnet sind. Wählen Sie per Mausklick die Sichten **Grunddaten 1**, **Einkauf** und **Buchhaltung 1**.

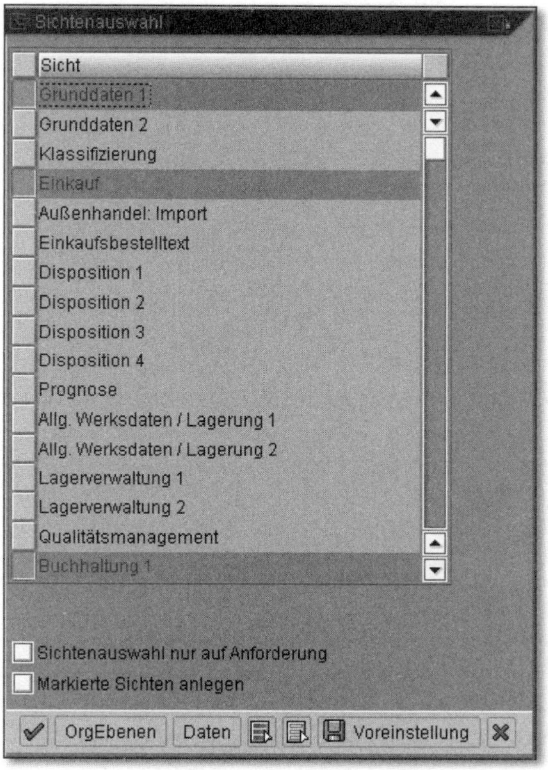

4 Klicken Sie auf die Schaltfläche **OrgEbenen** (Organisationsebenen), und pflegen Sie das Werk, in dem das Material geführt werden soll: Im Feld **Werk** geben Sie 1000 ein und bestätigen dies mit [↵] oder klicken auf die Schaltfläche **Weiter** ✔. Alternativ dazu können Sie das Werk 1000 über die Feldhilfe rechts neben dem Feld auswählen.

5 Nun wird die Registerkarte **Grunddaten 1** des neuen Materialstammsatzes angezeigt. Geben Sie die folgenden Werte in die genannten Felder ein:

- **Material** (Kurztext): TFT Monitor 22 Zoll Widescreen
- **Basismengeneinheit**: ST
- **Warengruppe**: 103
- **Bruttogewicht**: 12
- **Gewichtseinheit**: kg
- **Nettogewicht**: 10

Diese einzelnen Stammdaten repräsentieren wichtige Eigenschaften des Materials, die für die Beschaffung und die interne Bewertung benötigt werden.

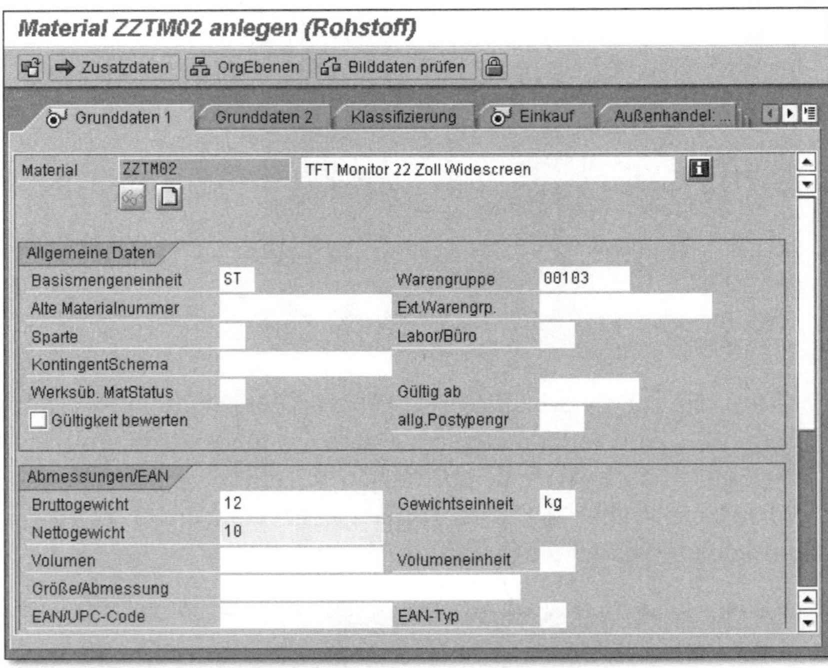

6 Durch einen Klick auf die Schaltfläche navigieren Sie zur Registerkarte **Einkauf**. Hier werden relevante Einkaufsinformationen gepflegt, wie zum Beispiel Basismengeneinheit, Warengruppe, Einkaufswerteschlüssel, Wareneingangsbearbeitungszeit sowie Unter- und Überlieferungstoleranzen. Sie können die Registerkarte auch durch einen Klick auf den Titel öffnen. Geben Sie anschließend im Feld **Einkäufergruppe** den Wert 000 ein.

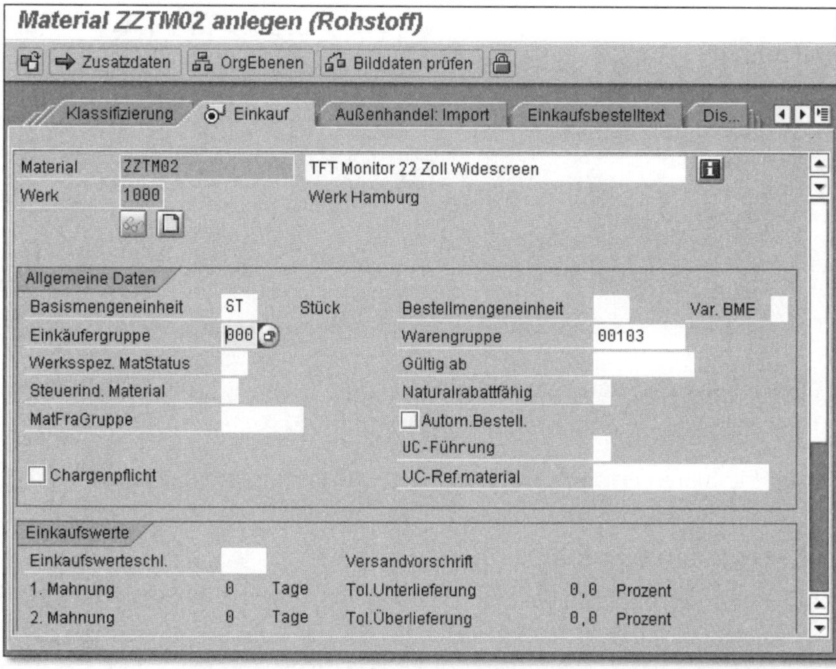

7 Klicken Sie auf die Schaltfläche , um zur Registerkarte **Buchhaltung 1** zu navigieren, oder öffnen Sie sie durch einen Klick auf den Titel. Wie der Name schon sagt, werden auf dieser Registerkarte Daten gepflegt, die für die Buchhaltung von Bedeutung sind, nämlich, wie das Material intern bewertet wird. Dazu müssen die Bewertungsklasse, der Bewertungspreis und die Preissteuerung angegeben werden. Geben Sie die im Folgenden genannten Werte ein:

- **Bewertungsklasse:** 3000
- **Preissteuerung:** V (gleitender Durchschnittspreis)
- **Gleitender Preis:** 150 EUR

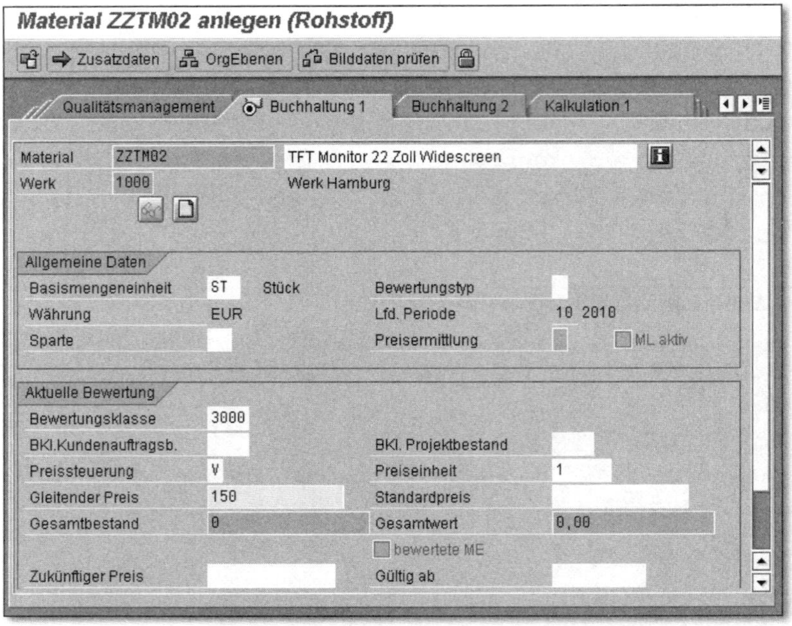

8 Speichern Sie den Stammsatz ab, indem Sie auf die Schaltfläche (**Speichern**) am oberen Bildschirmrand klicken.

Fertig! Sie haben erfolgreich einen Materialstammsatz angelegt.

> HINWEIS
>
> **Stammdatenqualität**
>
> Gehen Sie sorgfältig bei der Erfassung von Stammdaten vor. Der Stammdatenqualität wird häufig nicht die nötige Aufmerksamkeit geschenkt. Halten Sie sich jedoch immer vor Augen, dass in nahezu allen Geschäftsprozessen vom SAP-System auf Stammdaten zugegriffen wird. Fehlt ein Feldwert, kann der Prozess nicht – oder zumindest nicht korrekt – ausgeführt werden.

Sie haben in diesem Kapitel zwei grundlegende Elemente im SAP-System kennengelernt: Die Struktur eines Unternehmens wird im SAP-System mit Organisationseinheiten abgebildet. Alle Organisationseinheiten werden im Customizing definiert und zugeordnet. Außerdem haben wir Ihnen gezeigt, was Stamm- und Bewegungsdaten unterscheidet: Stammdaten bleiben in der Regel langfristig im System und stehen allen Anwendungen im System sowie allen berechtigten Benutzern zur Verfügung. Bewegungsdaten entstehen in den verschiedenen Geschäftsvorfällen und ändern sich häufig.

Im folgenden Kapitel 5 lernen Sie, wie Sie sich am SAP-System anmelden.

4.3 Probieren Sie es aus!

Aufgabe 1

Sie sollen für die Maschinenbau Bayern Holding GmbH eine Organisationsstruktur erstellen. Der Fokus liegt dabei auf den produzierenden und beschaffenden Einheiten. Das Unternehmen verfügt über drei Produktionsstätten: eine in München, eine in Nürnberg und eine andere in Würzburg.

Die Produktionsstätte in München ist finanztechnisch eigenständig. Nürnberg und Würzburg dagegen gehören zusammen. An jedem Standort sind je ein Lager für Rohstoffe und ein Lager für Fertigerzeugnisse vorhanden. Im Unternehmen beschafft eine Einkaufsabteilung für alle Standorte (Zentraleinkauf).

Skizzieren Sie, wie man diese Struktur im System abbilden könnte. Verwenden Sie dabei folgende Organisationseinheiten.

Organisatorische Einheit	Schlüssel
Mandant	805
Buchungskreis München	1000
Buchungskreis Nürnberg und Würzburg	2000
Werk München	1010
Werk Nürnberg	2010
Werk Würzburg	2020
Fertigwarenlager	0001
Rohstofflager	0002

Aufgabe 2

Worin unterscheiden sich Stammdaten und Bewegungsdaten? Nennen Sie jeweils drei Beispiele aus unterschiedlichen Unternehmensbereichen.

5 So melden Sie sich am SAP-System an

Nachdem Sie in den vorangegangenen Kapiteln Überblickswissen über SAP-Systeme gewonnen und die Bedeutung von Organisationsstrukturen und Stammdaten kennengelernt haben, steigen wir in diesem Kapitel in die Bedienung des SAP-Systems ein.

In diesem Kapitel lernen Sie,

- wie Sie mit dem SAP Logon eine Verbindung zum Server herstellen,
- wie der SAP-Bildschirm aufgebaut ist,
- wie Sie sich am SAP-System an- und abmelden,
- welche Informationen Sie der Statuszeile entnehmen können.

5.1 SAP Logon

Sicherlich haben Sie auf dem Desktop Ihres PCs bereits einige Verknüpfungen zu Anwendungen, die Sie besonders häufig benutzen, zum Beispiel zu Office-Anwendungen wie Microsoft Word oder Outlook. Eine solche Verknüpfung ist auch für das SAP Logon möglich: Auf Ihrem Desktop finden Sie dann das Icon für das SAP Logon, nachdem die Installation des SAP GUI (Graphical User Interface) durch den SAP-Administrator in Ihrem Unternehmen abgeschlossen wurde.

Das SAP Logon

Eine Verbindung zum SAP-System herstellen

Mithilfe des SAP Logons wird von Ihrem Windows-PC aus über das Netzwerk eine Verbindung zum SAP-System aufgebaut. Um mit dem SAP Logon eine Verbindung zum SAP-System herzustellen, müssen Sie folgende Schritte durchlaufen:

1. Klicken Sie doppelt auf das Icon **SAP Logon** auf Ihrem Desktop, um das SAP Logon zu starten. Alternativ gehen Sie über das Windows-Startmenü und folgen dem Pfad **Start ▸ Programme ▸ SAP Front End ▸ SAP Logon**.

2. Im geöffneten SAP Logon sind auf der Registerkarte **Systeme** die konfigurierten SAP-Systeme zu sehen. Um sich am gewünschten System anzumelden, markieren Sie die Bezeichnung (hier **Prod** für das Produktivsystem) und klicken auf die Schaltfläche **Anmelden**.

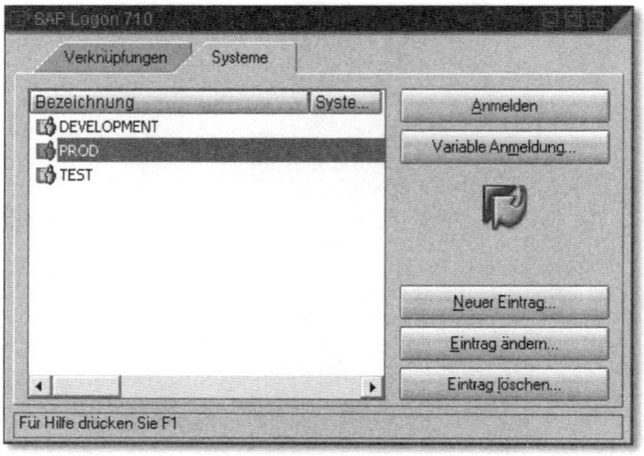

3. Kann das SAP Logon eine Verbindung zum SAP-System herstellen, erscheint der Anmeldebildschirm.

HINWEIS

Verschiedene SAP-Systeme im Unternehmen

Neben dem SAP-System, mit dem Sie als Anwender täglich arbeiten, dem sogenannten Produktivsystem, verfügen die meisten Unternehmen noch über weitere SAP-Systeme. In der Abbildung sehen Sie daneben das Entwicklungssystem (**Development**) sowie das Testsystem (**Test**).

Um sich am SAP-System anzumelden, benötigen Sie folgende Informationen:

- Nummer des Mandanten (engl. Client)
- Anmeldename (engl. User)
- Kennwort (engl. Password)

Sie haben im SAP Logon nicht nur die Möglichkeit, sich an einem System anzumelden, sondern Sie können auch die Parameter verändern oder die Verbindung zu einem neuen SAP-System hinzufügen. Um ein neues System im SAP Logon zu hinterlegen, benötigen Sie einige Parameter des SAP-Systems.

HINWEIS

Einstellungen im SAP Logon

Die Parameter für ein SAP-System erhalten Sie vom SAP-Administrator im Unternehmen. Nicht jeder Benutzer hat die Berechtigung, diese Parameter auf seinem Arbeitsplatz-PC in der Firma zu verändern bzw. neue Systeme hinzuzufügen. Sie benötigen unter Windows Schreibrechte für die Datei *saplogon.ini* im Windows-Systemverzeichnis.

Verbindungseinstellungen zum SAP-System verändern

Wenn Sie sich im SAP Logon angemeldet haben, können Sie eine Verbindung überprüfen oder verändern. Dies kann der Fall sein, wenn Sie aus irgendwelchen Gründen auf ein anderes System zugreifen müssen oder wenn die Parameter eines Testsystems verändert werden. Dazu gehen Sie so vor:

1. Über die Schaltfläche **Eintrag ändern** können die Einstellungen eines markierten Systems angepasst werden. Dies setzt die entsprechende Berechtigung auf dem Arbeitsplatzrechner voraus.

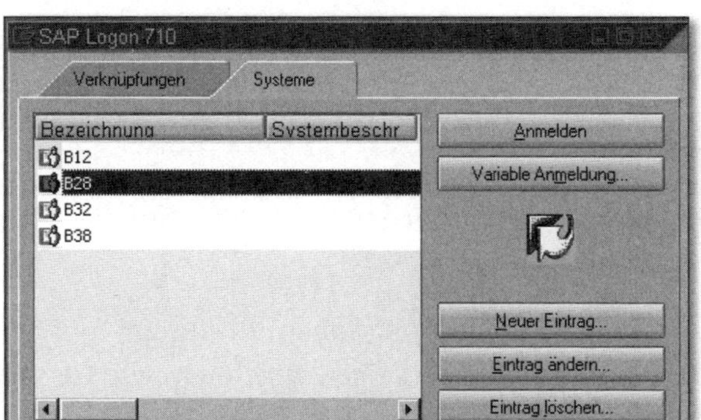

2 Ihnen steht eine Reihe von Parametern für die Systemverbindung zur Verfügung. Die folgenden Felder sind obligatorisch, das heißt, Sie müssen sie ausfüllen:

- **Beschreibung**: alphanumerisch und dient der Anwenderinformation
- **Anwendungsserver**: IP-Adresse oder DNS-Name
- **Systemnummer**: zweistellig, numerisch
- **System-ID**: dreistellig, alphanumerisch

Ob das Feld **SAProuter-String** ausgefüllt werden muss, ist von der Netzwerkinfrastruktur abhängig. Hier werden die IP-Adresse oder der DNS-Name eingegeben.

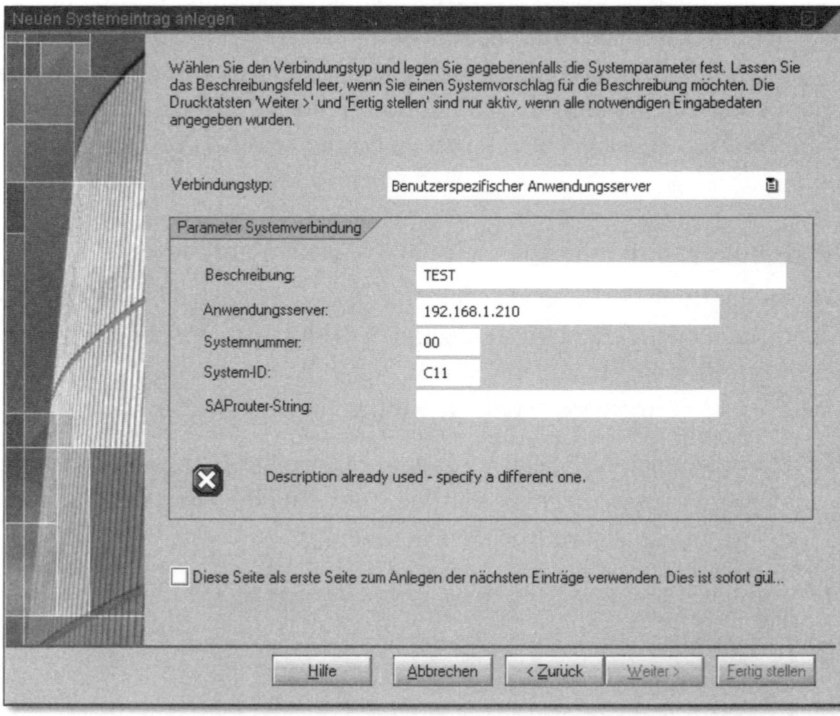

3 Nachdem Sie die Parameter geändert haben, klicken Sie auf die Schaltfläche **Fertigstellen**.

Anschließend sind die Verbindungsinformationen zu Ihrem SAP-System gespeichert. In den folgenden Abschnitten zeigen wir Ihnen, wie Sie sich am SAP-System anmelden.

5.2 Wenn Sie sich das erste Mal anmelden

Wenn Sie sich das erste Mal am SAP-System anmelden, gibt es einige Besonderheiten zu beachten. Erstanmeldung kann heißen, dass Sie sich, zum Beispiel bei einem neuen Arbeitgeber, das erste Mal in das System einloggen möchten. Die im Folgenden beschriebenen Schritte durchlaufen Sie aber auch, wenn Sie ein neues Kennwort erhalten.

Für die erste Anmeldung sind folgende Informationen notwendig, die Ihnen in der Regel von der SAP-Administration mitgeteilt werden:

- Mandant (engl. Client)
- Benutzername (engl. User)
- Kennwort (engl. Password)

Der Mandant (dreistelliger numerischer Schlüssel) ist zwingend erforderlich. Ihr Benutzerkonto ist mandantenabhängig. Möchten Sie sich beispielsweise am Testsystem anmelden, benötigen Sie einen anderen Mandanten als zur Anmeldung am Produktivsystem. In einer Firma können durchaus mehrere Mandanten, für unterschiedliche Aufgaben, zur Verfügung stehen.

HINWEIS

Regeln für Kennwörter

Beachten Sie die folgenden wichtigen Regeln für Kennwörter im SAP-Standard:

- Sie können Buchstaben, Zahlen und Sonderzeichen verwenden.
- Das Kennwort muss mindestens drei Zeichen und kann maximal 40 Zeichen lang sein, im Standard sind mindestens sechs Zeichen erforderlich.
- Das erste Zeichen des Kennwortes darf kein Frage- und kein Ausrufezeichen sein.
- Die ersten drei Zeichen müssen sich von denen des Benutzernamens unterscheiden und dürfen nicht drei gleiche Zeichen sein.
- Keines der ersten drei Zeichen darf ein Leerzeichen (engl. Blank) sein.
- Das Kennwort darf nicht SAP* oder PASS lauten, da diese von SAP reserviert sind.
- Das Kennwort muss sich von den letzten fünf verwendeten Kennwörtern unterscheiden.

Beim Kennwort wird zwischen Groß- und Kleinschreibung unterschieden. Während der Eingabe ist das Kennwort nicht sichtbar. Für die erste Anmeldung, oder wenn Sie Ihr Kennwort vergessen sollten, erhalten Sie vom Administrator ein sogenanntes Initialisierungskennwort. Sie können dieses Kennwort nur einmal verwenden und müssen nach erfolgreicher Anmeldung sofort ein neues Kennwort vergeben.

Sie benötigen für die erste Anmeldung folgende Informationen:

- Mandant
- Anmeldename
- Initialisierungskennwort (Dieses Kennwort erhalten Sie von Ihrem Systemadministrator und müssen es nach der ersten Anmeldung ändern!)

Um sich am System anzumelden und Ihr Kennwort das erste Mal zu ändern, gehen Sie folgendermaßen vor:

1. Starten Sie das SAP Logon durch einen Doppelklick auf das Icon auf Ihrem Windows-Desktop oder über das Startmenü (wie im Abschnitt »Eine Verbindung zum SAP-System herstellen« auf Seite 72 beschrieben).
2. Das SAP Logon wird geöffnet. Stellen Sie sicher, dass Sie sich auf der Registerkarte **Systeme** befinden.
3. Markieren Sie den gewünschten **Systemeintrag**. Klicken Sie anschließend auf die Schaltfläche **Anmelden**.
4. Konnte die Verbindung von Ihrem Arbeitsplatz-PC zum SAP-System über das Netzwerk erfolgreich hergestellt werden, erscheint der Anmeldebildschirm.

5. Auf dem Anmeldebildschirm geben Sie die Anmeldedaten ein, die Sie von Ihrem Systemverwalter oder Trainer erhalten haben. Im Feld **Anmel-**

desprache geben Sie »DE« ein, um sicher zu sein, dass Sie nach der Anmeldung mit einer deutschen Oberfläche arbeiten.

6 Achten Sie darauf, dass Sie die Anmeldedaten so übertragen, wie Sie diese erhalten haben! Das System unterscheidet zwischen Groß- und Kleinschreibung und verzeiht nicht den geringsten Fehler – schon gar nicht, wenn es um die Sicherheit geht. Wenn Sie sicher sind, dass alle Angaben richtig sind, klicken Sie auf die Schaltfläche **Weiter** (grüner Haken), oder drücken Sie auf die Taste ↵.

7 Sie haben sich nun erfolgreich erstmalig angemeldet! Als Nächstes werden Sie durch eine Meldung aufgefordert, ein neues Kennwort einzugeben. Bestätigen Sie die Meldung durch einen Klick auf die Schaltfläche **OK**.

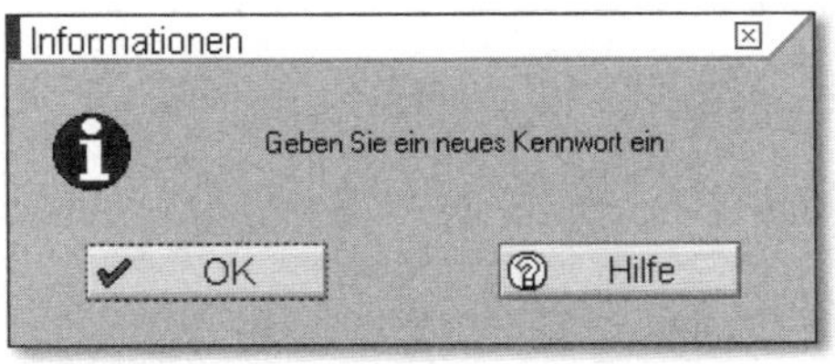

8 Geben Sie das neue Kennwort zweimal ein, jeweils unter **Neues Kennwort** und **Kennwort wiederholen**. Die Zeichen sind während der Eingabe nicht sichtbar.

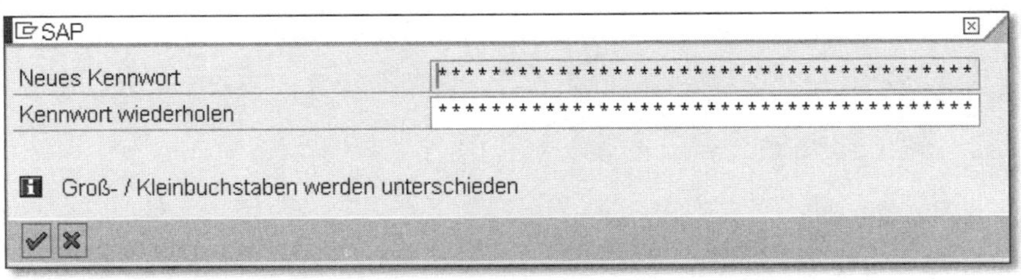

9 Bestätigen Sie Ihre Eingabe wieder durch Drücken der ↵-Taste oder durch Anklicken der Schaltfläche **Weiter** .

10 Das neue Kennwort ist nun für Sie im System hinterlegt.

> TIPP
>
> **Anmeldesprache hinterlegen**
>
> Wie Sie die Anmeldesprache im System hinterlegen, um diese nicht jedes Mal bei der Anmeldung eingeben zu müssen, lernen Sie in Kapitel 7, »System-Layout und Benutzerdaten pflegen«.

5.3 So melden Sie sich am System an

Möchten Sie sich nach der ersten Anmeldung – also z. B. ganz regulär, wenn Sie morgens zur Arbeit kommen – wieder am SAP-System anmelden, gehen Sie so vor:

1. Markieren Sie im SAP Logon das System, an dem Sie sich anmelden möchten. Klicken Sie dann auf die Schaltfläche **Anmelden**.
2. Geben Sie im Feld **Client** den Namen Ihres Mandanten ein.
3. Geben Sie im Feld **User** Ihren Benutzernamen ein.
4. Unter **Password** geben Sie Ihr Kennwort ein.
5. Im Feld **Language** geben Sie DE ein.
6. Sind alle Eingaben richtig, klicken Sie auf die Schaltfläche **Weiter** .

HINWEIS

Falsche Kennworteingabe

Wird das Kennwort dreimal hintereinander falsch eingegeben, wird die Anmeldung geschlossen. Sie können die Anmeldung aber unmittelbar wieder starten. Bei fünfmaliger Falscheingabe wird der Benutzer gesperrt. Im Standard wird die Sperre um 0:00 Uhr aufgehoben; sie gilt demnach für höchstens 24 Stunden. Der gesperrte Benutzer kann aber jederzeit durch den SAP-Administrator entsperrt werden, wobei jedoch die Vergabe eines neuen Initialisierungskennwortes notwendig ist. Ein falsches Kennwort wird in der Statusleiste so angezeigt:

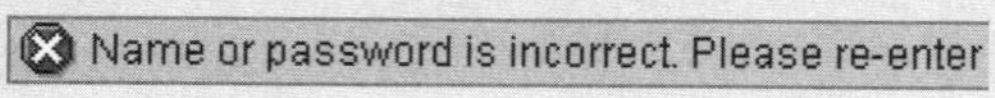

Im nächsten Abschnitt werfen wir einen Blick auf die Benutzeroberfläche des SAP-Systems, die Sie nach der Anmeldung sehen.

5.4 Die SAP-Benutzeroberfläche

Die Benutzeroberfläche, auf der Sie arbeiten, wird als SAP GUI bezeichnet; GUI steht für Graphical User Interface. Mit dem SAP GUI werden die Anwendungen, die auf dem Server ablaufen, auf Ihrem Arbeitsplatz-PC dargestellt. Haben Sie sich erfolgreich am System angemeldet, erscheint das in der folgenden Abbildung gezeigte Bildschirmbild.

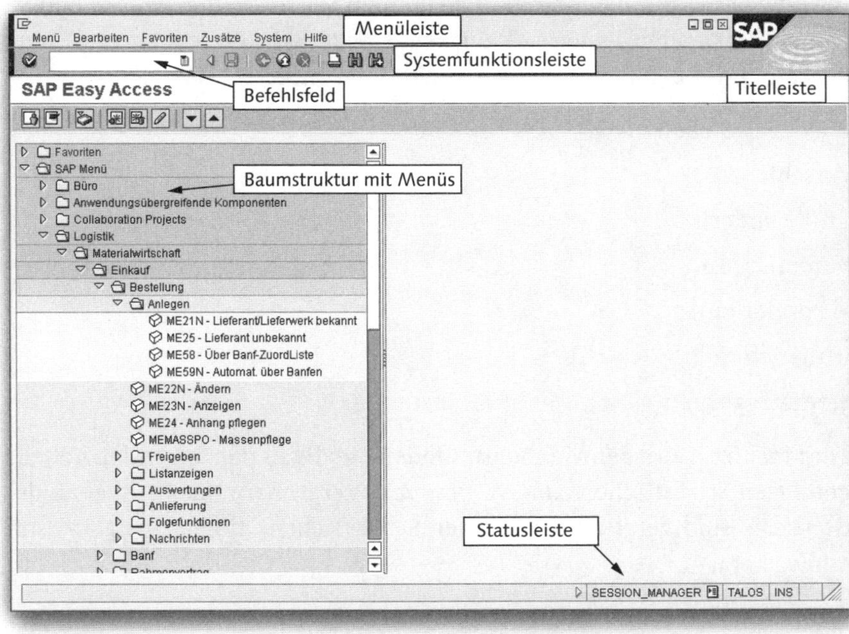

SAP Easy Access (Einstiegsbild nach der Anmeldung)

Das Anwendermenü nennt man auch SAP Easy Access Menü, weil Sie mit seiner Hilfe leicht zu der gewünschten Anwendung navigieren können.

Der SAP-Bildschirm enthält zahlreiche Schaltflächen (Buttons) und Felder. Damit Sie sich bei der täglichen Arbeit mit SAP zurechtfinden, beschreiben wir in diesem Abschnitt die verschiedenen Bereiche der SAP-Bildschirmoberfläche im Detail. Die Elemente, die Sie auf dem SAP-Bildschirmbild anklicken können, sind in diesem Buch in der Schriftart **halbfett** dargestellt.

Die Menüleiste

Die Menüleiste befindet sich ganz oben auf dem Bildschirmbild. Welche Menüs angezeigt werden, hängt von der jeweiligen Anwendung – der Transaktion – sowie der Ebene ab, auf der Sie sich innerhalb der Anwendung befinden. Die Menüpunkte **System** und **Hilfe** sind immer in der Menüleiste verfügbar, gleichgültig, in welcher Transaktion Sie arbeiten.

Die Menüleiste

Durch einen Klick auf die Menüpunkte können Sie diese aufrufen. Sie enthalten unter Umständen weitere Untermenüs. Mit  können Sie ein Menü aktivieren, das Ihnen die folgenden Funktionen anbietet:

- Wiederherstellen
- Verschieben
- Größe ändern
- Minimieren
- Maximieren
- Schließen
- Modus erzeugen

Auf der rechten Seite der Menüleiste finden Sie die in der folgenden Tabelle aufgeführten Schaltflächen zum Minimieren, Vergrößern oder Schließen des Fensters. Sie sind vergleichbar mit den Schaltflächen, die Sie aus Microsoft Windows kennen.

Schaltfläche	Name	Verwendung
	Minimieren	Das Anwendungsfenster erscheint verkleinert unten auf dem Bildschirm und kann durch einen Klick wieder vergrößert werden.
	Vergrößern	Das Anwendungsfenster wird in voller Größe dargestellt.
	Schließen	Das geöffnete Anwendungsfenster wird geschlossen.

Symbole in der Menüleiste

Die Systemfunktionsleiste

Die Systemfunktionsleiste, auch Symbolleiste genannt, steht unterhalb der Menüleiste. Sie enthält Icons (Schaltflächen mit Symbolen) für die wichtigsten Funktionen, wie zum Beispiel **Sichern** oder **Abbrechen**. Die Schaltflächen werden auf allen Bildschirmbildern angezeigt – inaktive Schaltflächen werden grau hinterlegt dargestellt. Sie können demnach nur die farbig angezeigten Schaltflächen verwenden. Bewegt man den Mauszeiger ohne zu klicken auf eine Schaltfläche, wird eine kurze Hilfe zur Funktion angezeigt, die sogenannte Quick-Info.

Die Systemfunktionsleiste

Einige Funktionen können Sie auch über die sogenannten Funktionstasten aufrufen, die Sie auf Ihrer Tastatur ganz oben finden ([F1] bis [F12]). Beachten Sie dabei, dass einige Funktionstasten je nach Anwendung unterschiedlich belegt sein können. Die Tabelle listet die wichtigsten Schaltflächen und Funktionstasten auf.

Schalt-fläche	Taste/Tasten-kombination	Name	Verwendung
	[↵]	Weiter	Bestätigt die eingegebenen/ausgewählten Daten; *keine* Speicherfunktion.
	[Strg]+[S]	Sichern	Änderungen speichern; gleiche Funktion wie **Sichern** im Menü **Bearbeiten**
	[F3]	Zurück	einen Bildschirm zurückspringen
	[⇧]+[F3]	Verlassen	eine Transaktion beenden, ohne Daten oder Änderungen zu sichern
	[F12]	Abbrechen	Transaktion abbrechen; gleiche Funktion wie **Abbrechen** im Menü **Bearbeiten**
	[Strg]+[P]	Drucken	einen Beleg oder eine Liste ausdrucken
	[Strg]+[F]	Suchen	einen Wert in einer Liste finden
	–	Neuen Modus erzeugen	ein Fenster mit einem neuen Modus öffnen
	–	Eine Verknüpfung erstellen	Erstellt eine neue Verknüpfung auf dem SAP GUI.

Die wichtigsten Schaltflächen der Systemfunktionsleiste

Schalt-fläche	Taste/Tasten-kombination	Name	Verwendung
	F1	Hilfe	Zeigt Erläuterungen zu einem Feld, in dem der Cursor platziert ist.
	Alt+F12	Lokales Layout anpassen	Ermöglicht das benutzerspezifische Einstellen der Anzeigeoptionen.

Die wichtigsten Schaltflächen der Systemfunktionsleiste (Forts.)

Informationen zur Arbeit mit Modi finden Sie in Kapitel 6, »Im SAP-System navigieren«, zu Verknüpfungen und der Anpassung des lokalen Layouts in Kapitel 7, »System-Layout und Benutzerdaten pflegen«, und zur Hilfe in Kapitel 12, »Hilfefunktionen nutzen«.

Die Titelleiste

Der Aufbau der Titelleiste ist immer abhängig von der Transaktion, die Sie gerade verwenden. Sie kann neben der jeweiligen Transaktionsbezeichnung auch weitere Schaltflächen enthalten.

Beispiel für eine Titelleiste

Das Befehlsfeld

Sie könnten im SAP-System auch ohne Maus navigieren und das SAP Easy Access Menü über die Tastatur bedienen. Transaktionen können Sie dementsprechend über die direkte Eingabe des Transaktionscodes starten. Im Befehlsfeld (auch als Kommandofeld bezeichnet) können sogenannte Transaktionscodes eingegeben werden (mehr dazu in Kapitel 6, »Im SAP-System navigieren«).

Befehlsfeld

Die Statusleiste

Die Statusleiste befindet sich am unteren Bildschirmrand und erstreckt sich über die gesamte Bildbreite. Links finden Sie einen Bereich zur Anzeige von Systemmeldungen. Rechts befinden sich vier Felder, die Informationen über den Status des Systems geben.

Über die Statusleiste werden aktuelle Informationen zum System angezeigt. Durch Anklicken der Schaltfläche im ersten Statusfeld erhalten Sie eine Reihe von Informationen: an welchem System und an welchem Mandanten (Client) Sie angemeldet sind sowie mit welchem Benutzer Sie arbeiten. Außerdem entnehmen Sie der Statusleiste, welches Programm und welche Transaktion aktiv sind. Des Weiteren erfahren Sie etwas über die Antwort- und Interpretationszeit des SAP-Systems.

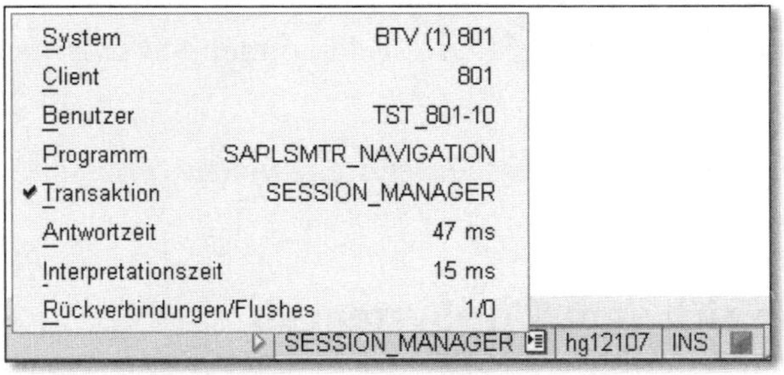

Informationen in der Statusleiste

Die Tabelle erklärt die wichtigsten Informationen, die Sie der Statusleiste entnehmen können.

Bezeichnung	Erklärung
System	System und Mandant, an denen Sie gerade angemeldet sind
Client	Mandant
Benutzer	Anmeldename
Programm	Programm, das gerade aktiv ist
Transaktion	Bezeichnung der Transaktion, die gerade aktiv ist
Antwortzeit	Zeit in Millisekunden, in der das SAP-System antwortet

Erklärung der Statusleiste

Bezeichnung	Erklärung
Interpretationszeit	Zeit in Millisekunden, in der Kommandos an das System ausgeführt werden
Rückverbindungen/ Flushes	Verbindungen zu einem oder mehreren SAP-Systemen

Erklärung der Statusleiste (Forts.)

Im zweiten Statusfeld sehen Sie den Namen des Servers, mit dem Sie verbunden sind (hier hg12107).

Im dritten Statusfeld sehen Sie, ob Sie im Überschreibmodus (OVR) oder im Einfügemodus (INS) arbeiten. Ist OVR eingestellt, überschreiben Sie beim Eingeben von Daten die bestehenden Daten rechts vom Cursor; bei INS ergänzen Sie Daten. Durch einen Klick auf dieses Feld können Sie zwischen den Modi wechseln.

Im nächsten Abschnitt lesen Sie, wie Sie das SAP-System wieder verlassen.

5.5 So melden Sie sich vom SAP-System ab

Sie haben mehrere Möglichkeiten, das SAP GUI zu beenden. Entweder gehen Sie so vor:

1. Klicken Sie auf die Schaltfläche oben links, und wählen Sie den Menüpunkt **Schließen**, oder drücken Sie Alt + F4.

2 Den Hinweis »Nicht gesicherte Daten werden verloren gehen. Möchten Sie sich abmelden?« bestätigen Sie mit der Schaltfläche **ja**.

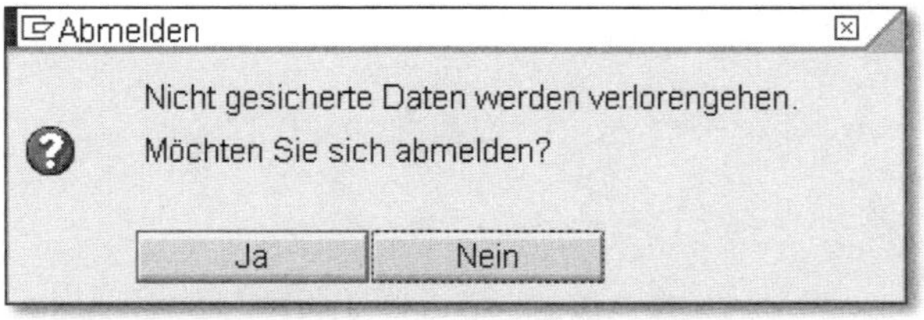

Alternativ können Sie sich auch folgendermaßen abmelden:

1 Klicken Sie auf die Schaltfläche **Schließen** (oben rechts).

2 Den Hinweis »Nicht gesicherte Daten werden verloren gehen. Möchten Sie sich abmelden?« bestätigen Sie mit der Schaltfläche **Ja**.

Die Meldung, dass nicht gesicherte Daten verloren gehen, erscheint aus Sicherheitsgründen bei jeder üblichen Abmeldung.

In diesem Kapitel haben Sie erfahren, wie Sie sich am SAP-System an- und abmelden: Über das SAP Logon konfigurieren Sie eine Verbindung zu einem SAP-System oder starten den Verbindungsaufbau. Um sich an einem SAP-System anzumelden, benötigen Sie einen Mandanten, einen Benutzernamen und ein Kennwort. Die Eingabe einer Anmeldesprache ist optional. Das SAP GUI (Graphical User Interface) ist auf Ihrem PC installiert: Hier werden Anwendungen dargestellt und eine Interaktion mit dem System ermöglicht.

Im folgenden Kapitel 6 zeigen wir Ihnen, welche Möglichkeiten es für die Navigation und die Dateneingabe im SAP-System gibt.

5.6 Probieren Sie es aus!

Aufgabe 1

Beschreiben Sie, wie Sie eine Verbindung zu einem SAP-System herstellen.

Aufgabe 2

Welche Angaben sind beim Anmelden am System zwingend erforderlich und welche sind optional?

Aufgabe 3

Welches sind gültige Kennwörter?

a) SAP*

b) q7

c) meier#1

d) demo#2010

e) swordfish

Aufgabe 4

Was geben Sie im Befehlsfeld ein, um die Sitzung ohne Rückfrage zu beenden?

6 Im SAP-System navigieren

Im vorangegangenen Kapitel 5 haben Sie erfahren, wie Sie sich am SAP-System an- und abmelden. Nach der Anmeldung bewegen Sie sich in den Anwendungen, die zu Ihrem Aufgabenbereich gehören. Sie erfüllen verschiedene Aufgaben, indem Sie alle Bildschirmbilder, die zu dem entsprechenden Vorgang gehören, bearbeiten und die notwendigen Felder mit Inhalt füllen.

In diesem Kapitel zeigen wir Ihnen,

- wie Sie sich im SAP-System bewegen können,
- wie Sie Transaktionscodes verwenden,
- wie Sie Daten im System eingeben können,
- welche Möglichkeiten Ihnen zur Verfügung stehen, um eine Anwendung aufzurufen.

6.1 Navigationsmöglichkeiten im Überblick

Direkt nach der Anmeldung am SAP-System gelangen Sie zu dem bereits in Kapitel 5 gezeigten Startbildschirm.

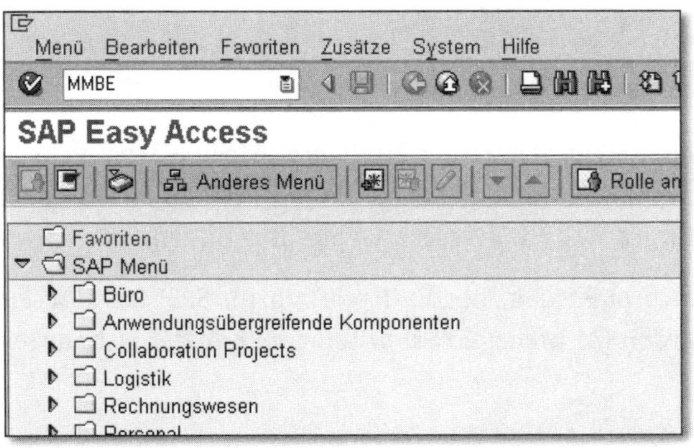

Startbildschirm des SAP-Systems

Im SAP-System haben Sie anschließend drei Möglichkeiten, um zu der gewünschten Anwendung zu navigieren:

- über das SAP Easy Access Menü
- über Transaktionscodes
- über Favoriten und Verknüpfungen

Das SAP Easy Access Menü können Sie individuell anpassen und beispielsweise einstellen, ob Transaktionscodes im Menübaum oder Favoriten angezeigt werden. Um diese Anpassungen vorzunehmen, navigieren Sie über den Pfad **Zusätze ▸ Einstellungen** in der Menüleiste. Alternativ können Sie die Tastenkombination [⇧]+[F9] verwenden. Dort können Sie Folgendes einstellen:

- Transaktionscodes im SAP Easy Access Menü anzeigen
- das SAP-Logo ein- und ausblenden
- die Favoriten am Ende des Menüs anzeigen
- das SAP Easy Access Menü ausblenden und nur die Favoriten anzeigen

Damit die Transaktionscodes im SAP Easy Access Menü dargestellt werden, gehen Sie folgendermaßen vor:

1 Wählen Sie im Menü **Zusätze** den Menüpunkt **Einstellungen**.

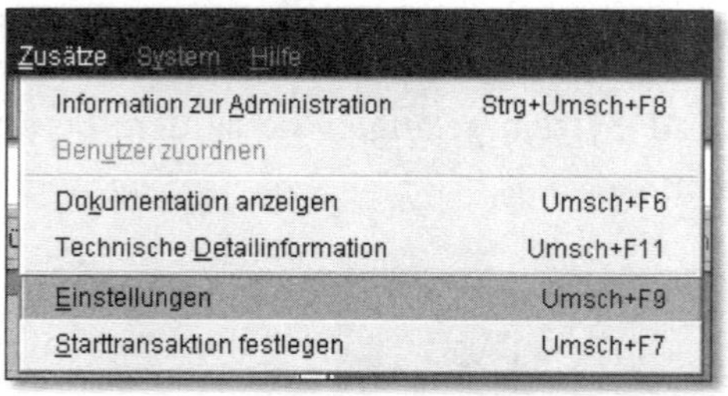

2 Das Fenster **Einstellungen** wird geöffnet. Aktivieren Sie in diesem Fenster das Ankreuzfeld **Technische Namen anzeigen**, um die Transaktionscodes in der Baumstruktur des SAP Easy Access Menüs abzubilden.

Hier können Sie auch einstellen, ob die Favoriten im SAP Easy Access Menü angezeigt werden (Ankreuzfeld **Favoriten am Ende der Liste anzeigen**).

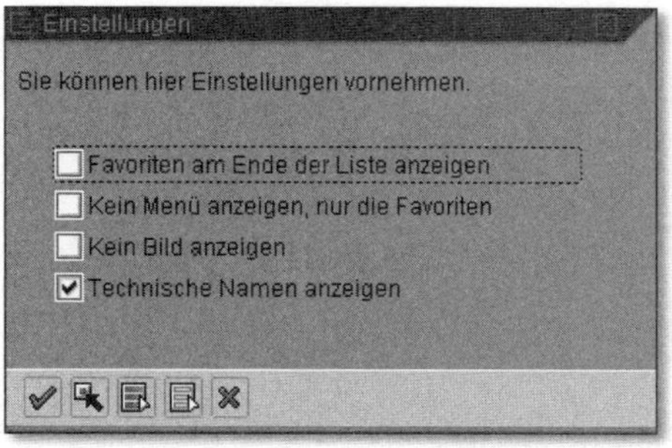

Die Navigationsmöglichkeiten über das SAP Easy Access Menü und über Transaktionscodes lernen Sie in den folgenden beiden Abschnitten genauer kennen. Favoriten und Verknüpfungen werden in Kapitel 7, »System-Layout und Benutzerdaten pflegen«, behandelt.

6.2 Navigieren über das SAP Easy Access Menü

Nachdem Sie sich am SAP-System angemeldet haben, erscheint das SAP Easy Access Menü auf der linken Seite des Bildschirms als Baumstruktur.

Das SAP Easy Access Menü bietet eine benutzerspezifische Einstiegsstelle und Navigationsmöglichkeiten im SAP-System. Benutzerspezifisch heißt in diesem Zusammenhang, dass die Baumstruktur in Ihrem Arbeitsalltag im Unternehmen nur die Transaktionen anzeigt, mit denen Sie entsprechend Ihrer Rolle auch arbeiten dürfen (Details zu Rollen finden Sie in Kapitel 13, »Das Rollen- und Berechtigungskonzept«).

Über das SAP Easy Access Menü können Sie die Baumstruktur, die die einzelnen Ordner (Knotenpunkte) enthält, durch Anklicken der Schaltfläche ▷ ausklappen und mit ▽ wieder schließen.

Die Ordner selbst sind mit den Schaltflächen (**geöffneter Ordner**) oder (**geschlossener Ordner**) gekennzeichnet. Die ausführbaren Transaktionen sind mit einem Baustein markiert.

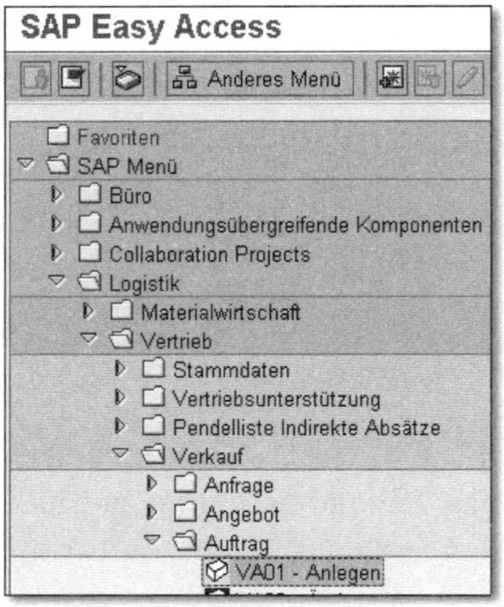

SAP Easy Access Menü – Knotenpunkte und Transaktionen

Um eine Transaktion über das SAP Easy Access Menü zu starten, gehen Sie wie folgt vor:

1. Öffnen Sie den jeweils darunterliegenden Ordner, indem Sie auf ▷ klicken. Ein geöffneter Ordner ist durch ein nach unten geklapptes Dreieck ▽ dargestellt. In diesem Ordner sind möglicherweise weitere untergeordnete Ordner enthalten.

2. Starten Sie die gewünschte Transaktion durch einen Doppelklick auf die Schaltfläche . Es öffnet sich das Einstiegsbild der jeweiligen Transaktion.

HINWEIS

Darstellung von Menüpfaden in diesem Buch

In diesem Buch (wie auch in anderen SAP-Büchern) werden nicht jedes Mal Bildschirmbilder des SAP Easy Access Menüs gezeigt, wenn beschrieben wird, wie Sie zu einer bestimmten Transaktion gelangen. Stattdessen werden die einzelnen Etappen des Menüpfads aufgeführt. In unserem Beispiel lautet der Pfad **Logistik ▸ Vertrieb ▸ Verkauf ▸ Auftrag ▸ anlegen**.

TIPP

So schließen Sie alle Ordner im SAP Easy Access Menü (Baumstruktur)

Sollten mehrere Ordner und Unterordner im SAP Easy Access Menü geöffnet sein, können Sie alle in einem Arbeitsschritt schließen. Wählen Sie dazu **Menü ▸ Auffrischen** oder `Strg` + `F1`.

6.3 Navigieren über Transaktionscodes

Transaktionscodes helfen Ihnen dabei, schnell auf die gewünschte Anwendung zuzugreifen, ohne über das SAP Easy Access Menü navigieren zu müssen. Transaktionscodes sind alphanumerische Codes, die jeder Anwendung im SAP-System zugewiesen sind. Allerdings müssen Sie für die Navigation den Transaktionscode der gewünschten Anwendung wissen. Eine Übersicht über die wichtigsten Transaktionscodes finden Sie im Anhang dieses Buches.

> TIPP
>
> **Übersichten zum Download**
>
> Alle Übersichten aus dem Anhang können Sie unter *www.sap-press.de/2488* kostenlos herunterladen. Sie brauchen dort auf der Bonusseite zum Buch nur den vorne im Buch eingedruckten individuellen Code einzugeben.

Um Transaktionscodes im Kommandofeld zu verwenden, gehen Sie wie folgt vor:

1. Klicken Sie nach der Anmeldung in das Befehlsfeld. Der blinkende Cursor zeigt Ihnen, dass dieses Feld aktiv und für eine Eingabe bereit ist.

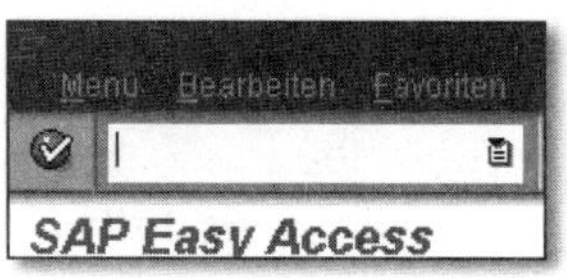

2. Jetzt geben Sie einen Transaktionscode ein. Durch einen Klick auf den grünen Haken oder Drücken der Taste [↵] bestätigen Sie anschließend Ihre Eingabe.

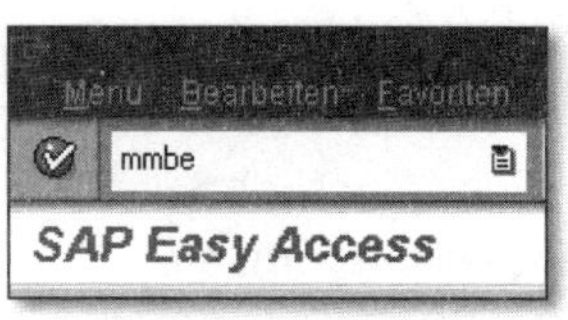

Transaktionscodes ohne vorangestellten Parameter können nur im Einstiegsbild des SAP Easy Access Menüs eingetragen werden. Befinden Sie sich bereits in einer anderen Transaktion, müssen Sie zusammen mit dem Transaktionscode einen Parameter eingeben.

Das Befehlsfeld können Sie durch einen Klick auf das Dreieck aus- und einblenden.

Befehlsfeld (Kommandofeld)

Die wichtigsten Parameter finden Sie in der folgenden Tabelle.

Parameter	Erklärung
/nend	Meldet vom System ab, mit Rückfrage.
/nex	Meldet vom System ab, ohne Rückfrage.
MMBE	Beispiel für einen Transaktionscode ohne zusätzlichen Parameter. Er startet die Transaktion MMBE. Dies ist in dieser Form nur im SAP Easy Access Menü möglich.
/nMMBE	Schließt die aktuelle Transaktion und startet die Transaktion MMBE (Beispiel). Geben Sie /n und ohne Leerschritt den gewünschten Transaktionscode ein.
/oMMBE	Startet die Transaktion MMBE (Beispiel) in einem neuen Modus. Geben Sie /o und ohne Leerschritt den gewünschten Transaktionscode ein.
/n	Beendet die aktuelle Transaktion.
/i	Löscht den aktuellen Modus.
/o	Zeigt eine Liste mit den aktiven Modi.
/*MMBE	Startet die Transaktion MMBE (Beispiel), überspringt aber das Einstiegsbild. Geben Sie /* und ohne Leerschritt den gewünschten Transaktionscode ein.

Parameter zur Verwendung im Befehlsfeld

Um Ihnen die Navigation über Transaktionscodes näher zu erläutern, gehen wir mit Ihnen ein Beispiel am System durch. Die Aufgabe: Sie sollen sich die Einzelposten ihrer Kunden (Debitoren) zum heutigen Tag im Buchungskreis 1000 ermitteln. Gehen Sie dazu folgendermaßen vor:

1 Melden Sie sich, wie in Kapitel 5 beschrieben, am SAP-System an. Öffnen Sie im SAP Easy Access Menü die Debitoren Einzelpostenliste über den Pfad **Rechnungswesen ▸ Finanzwesen ▸ debitoren ▸ Konto ▸ Posten**. Sie können alternativ den Transaktionscode FBL5N direkt über das Befehlsfeld eingeben.

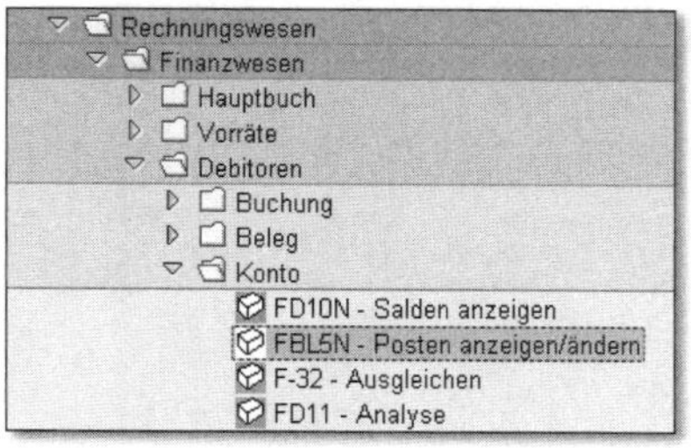

2 Unter **Konto** finden Sie die Transaktion FBL5N (Posten anzeigen/ändern). Vor dieser Transaktion befindet sich ein Bausteinsymbol, das anzeigt, dass die Transaktion ausgeführt werden kann. Klicken Sie doppelt auf die Schaltfläche . Anschließend öffnet sich das Einstiegsbild der Transaktion FBL5N.

3 Nehmen Sie hier folgende Eingaben vor:

- **Buchungskreis**: 1000
- **Offen zum Stichtag**: Datum des heutigen Tages (TT.MM.JJJJ)

Anschließend klicken Sie auf die Schaltfläche **Ausführen** oder drücken die Funktionstaste F8.

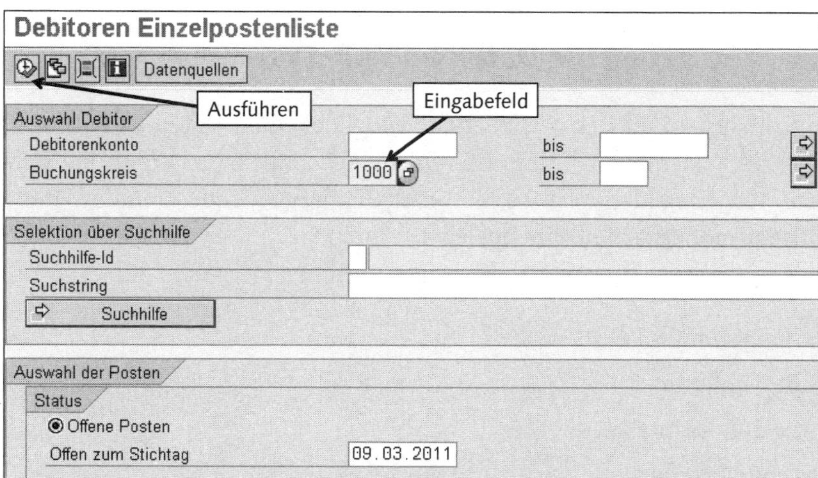

4 Jetzt wird die Einzelpostenliste angezeigt, und Sie können der Anzeige entnehmen, Umsatz mit dem jeweiligen Kunden erreicht wurde.

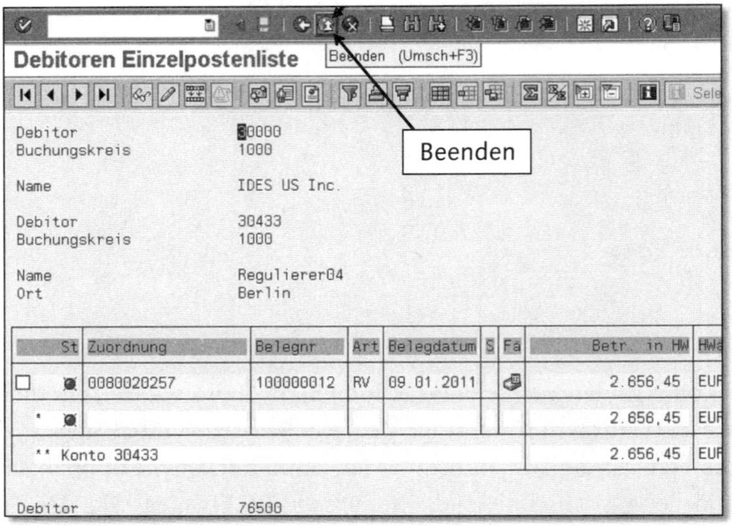

5 Klicken Sie auf die Schaltfläche **Beenden**, um die Debitoren-Einzelpostenliste zu schließen. Sie gelangen anschließend wieder zurück in das SAP Easy Access Menü.

Der Transktionscode ist zum einen im SAP Easy Access Menü zu sehen und wird zum anderen in der Statusleiste am unteren rechten Bildschirmrand angezeigt.

6.4 So geben Sie Daten im SAP-System ein

Im SAP-System gibt es verschiedene Möglichkeiten, Daten einzugeben und mit dem System zu kommunizieren. In Abschnitt 5.2, »Wenn Sie sich das erste Mal anmelden«, haben Sie bereits einige wichtige Elemente der SAP-Bildschirmoberfläche kennengelernt:

- die Menüleiste
- die Systemfunktionsleiste
- die Titelleiste
- die Statusleiste
- das Befehlsfeld

In diesem Abschnitt stellen wir Ihnen die zentralen Oberflächenelemente im Überblick vor, denen Sie innerhalb einer Transaktion begegnen. Zwischen diesen Elementen können Sie – über die Bedienung mit der Maus hinaus – mithilfe verschiedener Tasten auf Ihrer Tastatur navigieren.

Bestimmte Funktionen (zum Beispiel Kopieren und Einfügen) können Sie auch ausführen, indem Sie auf Ihrer Tastatur eine Tastenkombination gleichzeitig drücken (zum Beispiel [Strg]+[C] und [Strg]+[V]). Meistens benutzen Sie die Tasten [Strg], [⇧] oder [Alt] in Kombination mit einem Buchstaben. Eine ausführliche Übersicht über nützliche Tastenkombinationen finden Sie im Anhang.

Aktion	Tastenkombination
Aktionen Schritt für Schritt abbrechen	[Esc]
Alles markieren	[Strg]+[A]
Ausschneiden	[Strg]+[X]
Einfügen	[Strg]+[V]
In der Liste der auswählbaren Einträge navigieren	[←], [↓], [→], [↑]
Kopieren	[Strg]+[C]
Suchen	[Strg]+[F]
Zum Menü springen	[Alt]
Zum nächsten Element navigieren	[⇥]
Zum vorigen Element navigieren	[⇧]+[⇥]
Zum nächsten Bildschirmbereich navigieren	[Strg]+[⇥]
Zum vorigen Bildschirmbereich navigieren	[⇧]+[Strg]+[⇥]
Zurücknehmen	[Strg]+[Z]

Übersicht über die wichtigsten Tastenkombinationen in der Navigation

Nachdem Sie Ihre Daten eingegeben haben, müssen Sie sie in der Regel sichern, damit das System die neuen oder veränderten Informationen in die Datenbank übernimmt.

Registerkarte

Über Registerkarten können Sie in komplexen Inhalten leicht navigieren, zwischen den einzelnen Registerkarten können Sie wechseln. Wenn Sie den Titel der Registerkarte anklicken, erscheint diese im Vordergrund.

Beispiel für eine Registerkarte

Bildschirmbereich

Bildschirmbilder, die zahlreiche Eingabemöglichkeiten enthalten, sind oft in mehrere Bereiche unterteilt. In einem Bildschirmbereich, häufig auch Feldgruppe oder Gruppenrahmen genannt, werden verschiedene Eingabemöglichkeiten zu einem bestimmten Thema zusammengefasst.

Beispiel für einen Bereich

Feld

Über Felder können Sie Informationen im SAP-System eingeben. Es gibt im SAP-System Eingabe- (weiß) und Anzeigefelder (grau).

Beispiel für ein Eingabefeld

In einigen Fällen muss ein Feld ausgefüllt werden; solche Felder heißen Mussfelder und sind durch ein Häkchen ☑ gekennzeichnet. Haben Sie ein Mussfeld vergessen, erhalten Sie eine Fehlermeldung.

Kannfelder müssen Sie nicht ausfüllen; es handelt sich dabei häufig um Informationsfelder.

Außerdem gibt es Felder mit einer Wertehilfe. Die Wertehilfe [F4] verwenden Sie vor allem, wenn Sie unsicher sind, welche Eingaben im Feld erwartet werden. Die Feldwerte können aber auch manuell eingegeben werden.

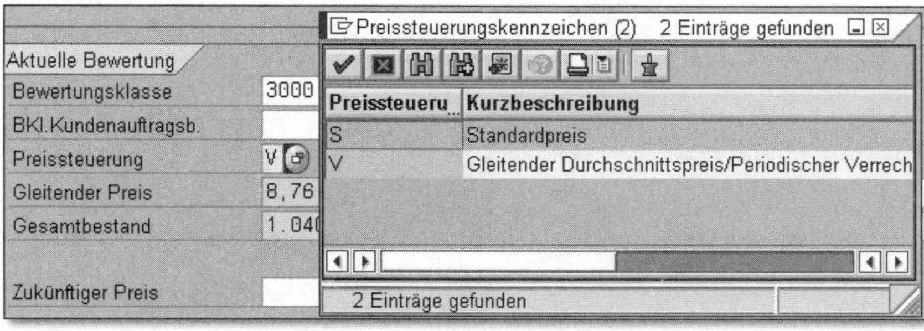

Auswahlliste in der Wertehilfe

Sie können den Inhalt von Feldern mithilfe der Zwischenablage kopieren und so Übertragungsfehler vermeiden. Dazu gehen Sie folgendermaßen vor:

1. Füllen Sie das entsprechende Feld aus, zum Beispiel den Kundennamen Hans Maier.
2. Markieren Sie den Eintrag mit der links gedrückten Maustaste, und drücken Sie die Tastenkombination [Strg]+[C] zum Kopieren.
3. Navigieren Sie zu dem Feld, in das Sie den Inhalt einfügen möchten, und drücken Sie die Tastenkombination [Strg]+[V] zum Einfügen.

Schaltfläche

Über Schaltflächen, zum Beispiel 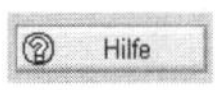

, können Sie zahlreiche Funktionen ausführen, zum Beispiel Anlegen oder Sichern. Einige Schaltflächen sind beschriftet, andere tragen ein Symbol/Icon. Die Funktion dieser Schaltflächen erfahren Sie, wenn Sie den Cursor über der Schaltfläche positionieren. Diese Quick-Info können Sie auch mit der Tastenkombination [Strg]+[Q] aufrufen.

Quick-Info zu einer Schaltfläche

Funktionstasten

Auf der Tastatur Ihres Computers befindet sich ganz oben eine Reihe von Tasten von [F1] bis [F12]. Die Tabelle gibt Ihnen einen Überblick über die wichtigsten Funktionstasten. Beachten Sie, dass einige Funktionstasten je nach Anwendung unterschiedlich belegt sein können.

Aktion	Funktionstaste
Zurück	F3
Transaktion abbrechen	⇧+F3
Abbrechen	F12
Lokales Layout anpassen	Alt+F12
Hilfe	F1

Funktionstasten im Standard

Ankreuzfeld

Mithilfe von Ankreuzfeldern, oft auch Checkboxen oder Kennzeichen genannt, können Sie aus verschiedenen Möglichkeiten mehrere auswählen, indem Sie auf die rechteckigen Kästchen klicken. Nach dem Klick sind diese mit einem Häkchen markiert. Es ist möglich, mehrere Ankreuzfelder zu markieren.

Beispiel für ein Ankreuzfeld

Auswahlknopf

Mithilfe der Auswahlknöpfe, häufig auch Radiobuttons genannt, können Sie aus verschiedenen Möglichkeiten eine einzige auswählen, indem Sie auf das runde Feld klicken. Nach dem Klick sind diese mit einem schwarzen Punkt markiert.

Beispiel für einen Auswahlknopf

Dialogfenster

Wenn Sie weitere Eingaben machen müssen oder Sie auf bestimmte Informationen hingewiesen werden sollen, erscheint ein Dialogfenster. Das Ursprungsfenster bleibt dahinter erhalten.

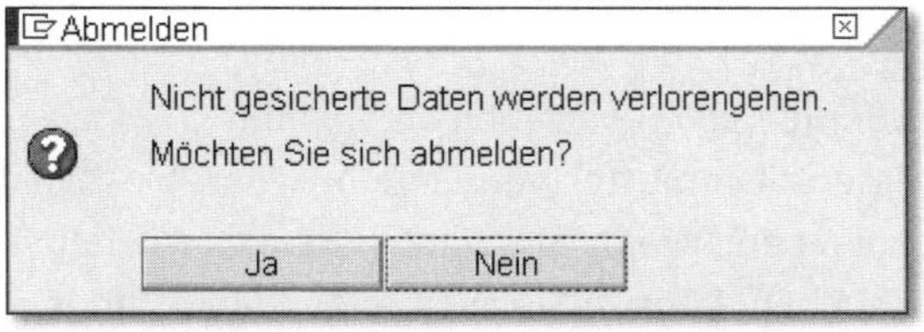

Beispiel für ein Dialogfenster (hier eine Warnmeldung bei der Abmeldung)

6.5 Die Eingabesuchhilfe

Bei der Suche nach bestimmten Kriterien stellt SAP an einigen Stellen die Eingabesuchhilfe zur Verfügung. Diese wird mit der Funktionstaste [F4] aufgerufen und bezieht sich auf das jeweilige Feld. Kann keine Eingabesuchhilfe angezeigt werden, wird eine Auswahlliste dargestellt.

Wie Sie die Eingabesuchhilfe einsetzen, zeigen wir nun anhand der Transaktion MMBE:

1. Starten Sie die Transaktion MMBE (Materialbestandsliste).
2. Lassen Sie den Cursor im Feld **Material** stehen, und drücken Sie die Funktionstaste [F4]. Daraufhin öffnet sich ein Suchfenster, in dem Sie verschiedene Kriterien eingeben können, nach denen Sie suchen möchten. Drücken Sie die Taste [⇧], um die Suche auszuführen.

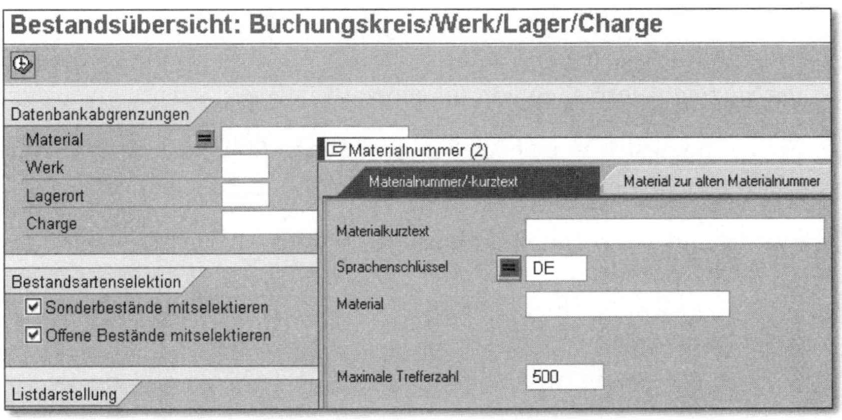

HINWEIS

Suchmuster

Es ist nicht unbedingt erforderlich, den vollständigen Suchbegriff einzugeben. Sie können stattdessen Suchmuster verwenden, wenn Sie den vollständigen Begriff nicht kennen. Wenn Sie zum Beispiel nach dem Materialkurztext »Rohling« suchen, können Sie auch folgende Suchmuster anwenden:

- *ohling*: Findet alle Kriterien, die »ohling« enthalten.
- *ohling: Findet alle Kriterien, die beliebig beginnen und auf »ohling« enden.

6.6 Arbeiten mit Modi

SAP bietet die Möglichkeit, mehrere Sitzungen gleichzeitig im System zu öffnen und damit zu arbeiten: die Modi. Auf diese Weise können Sie mit bis zu sechs zusätzlichen anderen Transaktionen als der aktuellen arbeiten.

BEISPIEL

Verwendung mehrerer Modi

Sie legen gerade einen Stammsatz für einen Kreditor an. Währenddessen benötigt eine Kollegin dringend den Lagerbestand eines Materials und bittet Sie um Hilfe. Sie brauchen die Transaktion für die Anlage des Stammsatzes nicht abzubrechen, sondern prüfen den Lagerbestand in einem anderen Modus.

Gehen Sie folgendermaßen vor, um einen weiteren Modus zu erzeugen:

1. Sie befinden sich in einer beliebigen Transaktion, zum Beispiel MMBE. Klicken Sie in der Menüleiste auf **System**.
2. Wählen Sie den Menüpunkt **Erzeugen Modus**.

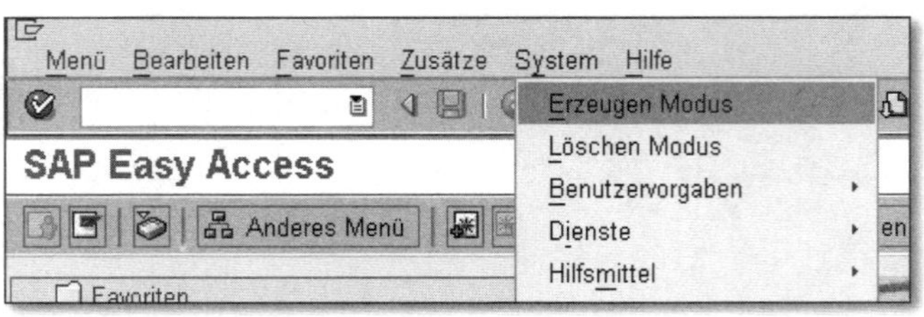

Alternativ können Sie auch durch einen Klick auf die Schaltfläche [icon] in der Systemfunktionsleiste einen neuen Modus erzeugen.

Um zwischen den Modi zu wechseln, haben Sie folgende Möglichkeiten:

- Drücken Sie die Tastenkombination [Alt]+[⇆]. Das System schaltet zwischen den Modi um. Die inaktiven Modi werden grau dargestellt.
- Klicken Sie in der Windows-Taskleiste den gewünschten Modus an.

Modi in der Windows-Taskleiste

- Geben Sie den Parameter /o im Befehlsfeld ein, und wählen Sie den gewünschten Modus aus der Modusliste aus.

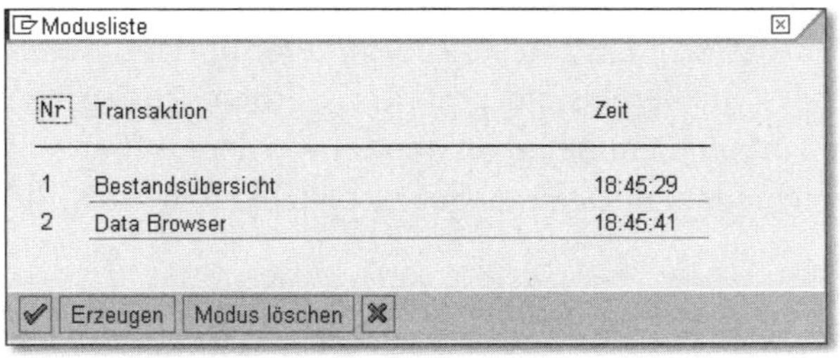

Modusliste

HINWEIS

Wie viele Modi sind erlaubt?

Vom SAP-Systemadministrator kann die Anzahl der zulässigen Modi eingestellt werden: Zwischen zwei und 16 Modi können ausgewählt werden. Im Standard sind sechs Modi zulässig.

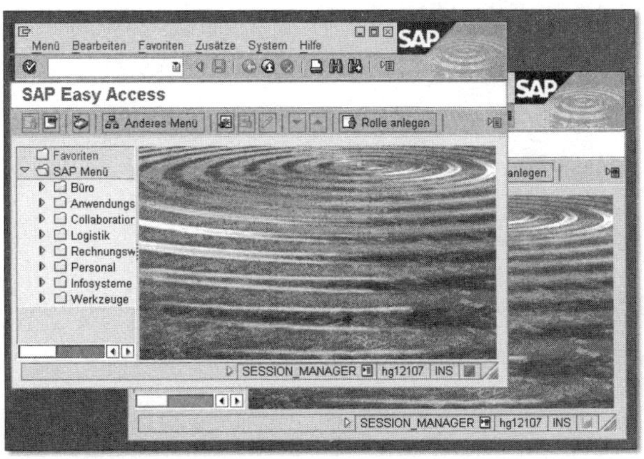

Mehrere offene Modi

Es gibt drei Alternativen, einen Modus zu schließen:

- Wählen Sie auf der Menüleiste **System ▸ Löschen Modus.**
- Klicken Sie auf die Schaltfläche (**Schließen**) auf der Menüleiste.
- Geben Sie den Parameter /i im Befehlsfeld ein.

> HINWEIS
>
> **Performance**
> Geöffnete Modi wirken sich negativ auf die Systemperformance (Arbeitsgeschwindigkeit des Benutzer-PCs) aus. Achten Sie deshalb darauf, nicht benötigte Modi wieder zu schließen.

In diesem Kapitel haben Sie gelernt, wie Sie im SAP-System navigieren und mit Transaktionen, das heißt Anwendungen eines SAP-Systems, arbeiten können. Diese können über das SAP Easy Access Menü oder durch die Eingabe eines Transaktionscodes im Befehlsfeld gestartet werden. Zusammen mit dem Transaktionscode können Parameter verwendet werden. Außerdem haben wir Ihnen die verschiedenen Dateneingabemöglichkeiten und die Arbeit mit Modi gezeigt.

6.7 Probieren Sie es aus!

Aufgabe 1
Was ist ein Modus?

Aufgabe 2
Was geben Sie im Befehlsfeld ein, um die Transaktion ME21 in einem neuen Modus zu starten?

Aufgabe 3
Nennen Sie mehrere Möglichkeiten, zwischen Modi zu wechseln.

Aufgabe 4
Zu welchem Ergebnis führt die Eingabe des Parameters /o im Befehlsfeld?

Aufgabe 5
Welche Einstellungen können Sie im Menü unter **Zusätze ▸ Einstellungen** am SAP-System vornehmen?

7 System-Layout und Benutzerdaten pflegen

So wie Sie sich Ihren Schreibtisch am Arbeitsplatz einrichten, so können Sie auch im SAP-System individuelle Einstellungen vornehmen, um sich die Arbeit angenehmer zu gestalten. Diese persönlichen Einstellungen beziehen sich auf den Benutzer, mit dem Sie am System angemeldet sind. Andere Benutzerkonten bleiben hingegen von diesen Einstellungen unberührt.

In diesem Kapitel lernen Sie,

- Verknüpfungen zu erstellen,
- die Oberfläche des SAP-Systems an Ihre Bedürfnisse anzupassen,
- mit Favoriten zu arbeiten,
- zur Eingabereduzierung Felder vorzubelegen.

7.1 Verknüpfungen auf dem Desktop erstellen

Wenn Sie vor allem mit einer oder wenigen Transaktionen arbeiten und nicht jedes Mal über das SAP Easy Access Menü navigieren möchten, können Sie eine Verknüpfung zu einer Transaktion auf Ihrem Windows-Desktop erstellen. Gehen Sie so vor:

1. Markieren Sie im SAP Easy Access Menü die Transaktion, die Sie auf den Windows-Desktop legen möchten (hier die Bestandsübersicht MMBE).
2. Klicken Sie auf der Menüleiste auf **Bearbeiten ▸ Verknüpfung erstellen auf dem Desktop**, oder drücken Sie die Tastenkombination [Strg]+[F3].

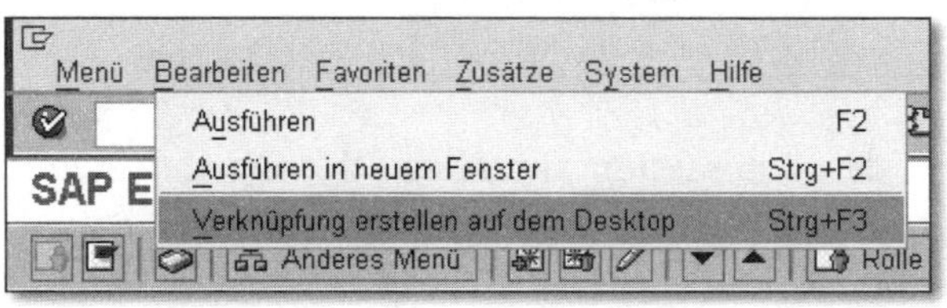

3 Sie erhalten daraufhin eine Meldung, die besagt, dass die Verknüpfung erfolgreich erstellt wurde.

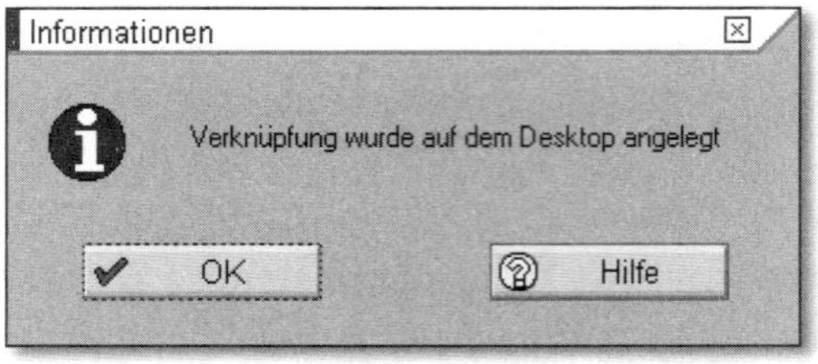

4 Auf dem Windows-Desktop wurde die Verknüpfung erstellt. Die Transaktion können Sie bei der nächsten Anmeldung auch direkt verwenden, indem Sie auf die Verknüpfung doppelklicken.

7.2 Eigene Benutzerdaten pflegen

In den Benutzereinstellungen können Sie benutzerspezifische Einstellungen wie die Anmeldesprache, Druckereinstellungen und Parameter im System hinterlegen. Eigene Benutzerdaten pflegen Sie folgendermaßen:

1 Starten Sie die Transaktion SU3 über das Befehlsfeld, oder wählen Sie auf der Menüleiste **System ▸ Benutzervorgaben ▸ Eigene Daten**.

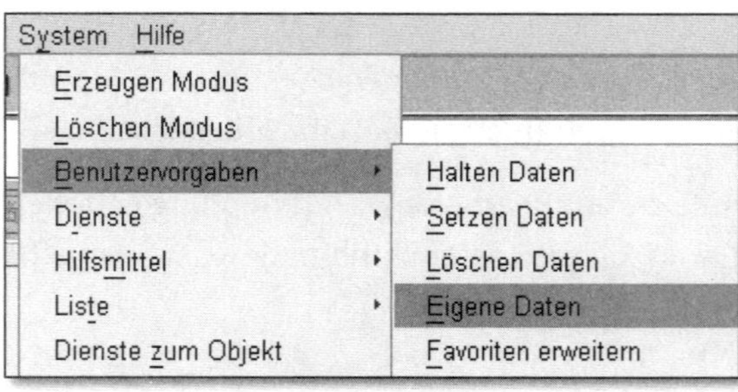

2 Nach dem Aufrufen der Transaktion zur Pflege der eigenen Benutzerdaten wird die Registerkarte **Adresse** angezeigt. Hier können Sie verschiedene Angaben pflegen:

- Im Bereich **Person** können Sie in den jeweiligen Feldern Ihre persönlichen Daten wie **Anrede**, **Name** oder **Abteilung** pflegen. Jede Feldänderung in dieser Transaktion speichern Sie über die Schaltfläche .
- Im Bereich **Festwerte** können Sie unter anderem die Sprache ändern, die im System nach der Anmeldung verwendet wird. Suchen Sie dazu im Auswahlfeld **Anmeldesprache DE Deutsch** aus. Außerdem können Sie im Bereich **Adresse** weitere Informationen pflegen, wie zum Beispiel Telefonnummern und E-Mail-Adresse. Auch hier müssen Sie jede Feldänderung über die Schaltfläche speichern.

3 Sie haben überdies die Möglichkeit, Ihr Kennwort über die Schaltfläche Kennwort links oben auf dem Bildschirmbild zu ändern.

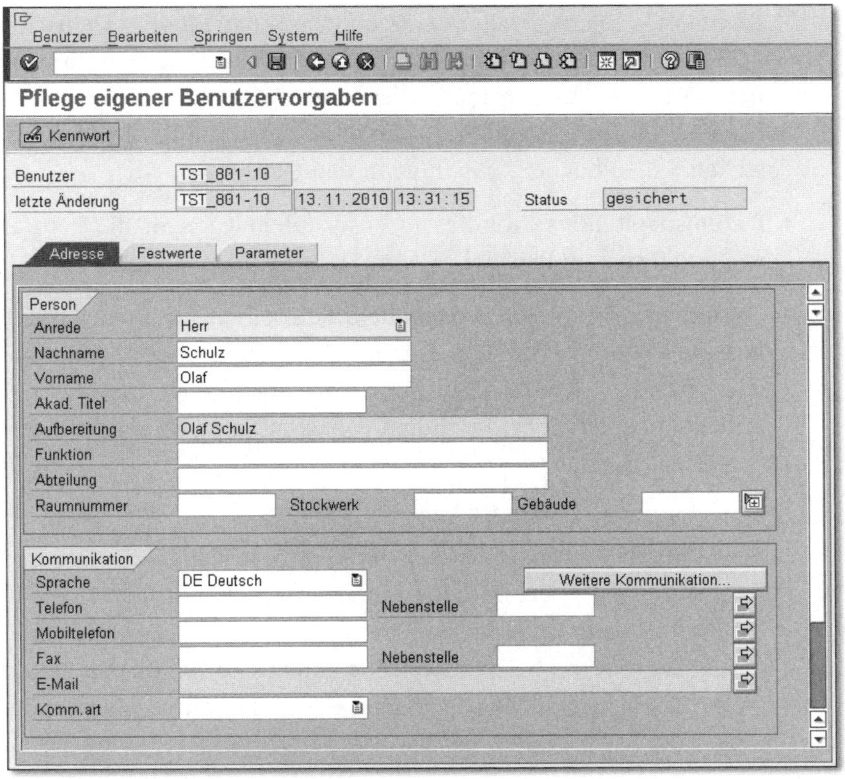

4 Öffnen Sie nun durch einen Klick die Registerkarte **Festwerte**, auf der Sie die Darstellung von Zahlen und Daten pflegen können. Folgende Informationen können Sie hier angeben:

- **Startmenü**: Hier können Sie Ihrem Benutzer ein unternehmensspezifisches Bereichsmenü zuordnen. In diesem können Transaktionen für Ihren Aufgabenbereich übersichtlich zusammengefasst werden. In der Praxis werden solche Parameter in der Regel von der SAP-Administration eingestellt.
- **Anmeldesprache**: Wird auf dem Anmeldebildschirm keine Sprache angegeben, wird die hier festgelegt Sprache verwendet. Wenn Sie hier eine Sprache (zum Beispiel DE für Deutsch) hinterlegen, müssen Sie bei der Anmeldung keine Sprache angeben.
- **Dezimaldarstellung**: Mit diesem Auswahlfeld legen Sie fest, wie im SAP-System Dezimalzahlen dargestellt werden, zum Beispiel: 1.234.567,89 (mit einem Punkt für die Tausendertrennung und einem Komma für Dezimalstellen = die übliche Darstellung in Deutschland), 1 234567,89 (mit einem Leerschritt für die Tausendertrennung und einem Komma für Dezimalstellen) oder 1,234,567.89 (mit einem Komma für die Tausendertrennung und einem Punkt für die Dezimalstellen = die übliche Darstellung in den USA).
- **Datumsdarstellung**: Mit diesem Auswahlfeld legen Sie die Datumsdarstellung fest, zum Beispiel TT.MM.JJJJ oder MM/TT/JJJJ.
- **Zeitformat**: Mit diesem Auswahlfeld wird eingestellt, welches Zeitformat verwendet wird, zum Beispiel 11:10:15 (Stunden, Minuten, Sekunden) oder 11:10:15 PM. Dieses Format AM (ante meridiem = vormittags) und PM (post meridiem = nachmittags) ist beispielsweise in den USA üblich.
- **Ausgabegerät**: LOCL oder LP01 sind Bezeichner im SAP-System für einen Windows-Standarddrucker (mehr dazu in Kapitel 9, »Drucken Sie im SAP-System«). Der Windows-Standarddrucker bezieht sich auf den am Arbeitsplatzrechner installierten Drucker. Die Zeitzone ist dann einzustellen, wenn beispielsweise in einem internationalen Unternehmen Mitarbeiter in Deutschland arbeiten und andere Kollegen in den USA.

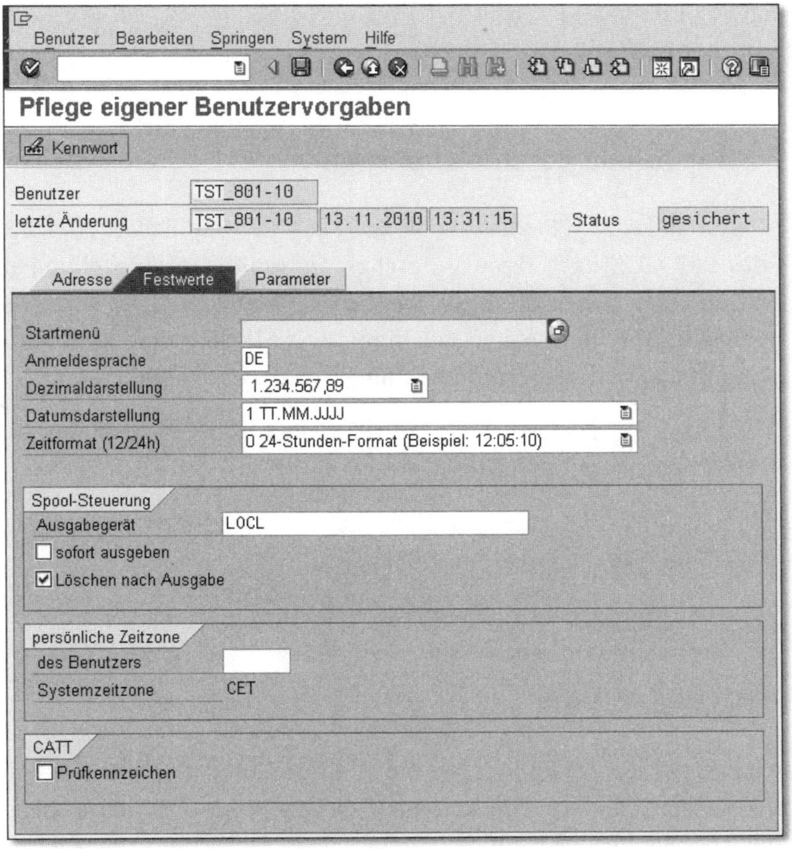

5 Auf der Registerkarte **Parameter** können Sie Vorschlagswerte für Felder in Transaktionen einstellen. Das bedeutet, dass diese Felder in den jeweiligen Transaktionen mit Vorschlagswerten vorbelegt werden, um dem Anwender unnötige Eingaben zu ersparen. Wie das funktioniert, sehen Sie in Abschnitt 7.5, »Felder mit Parametern vorbelegen«. Arbeiten Sie überwiegend im Buchungskreis 1000, können Sie Felder in Transaktionen mit diesem Schlüssel vorbelegen.

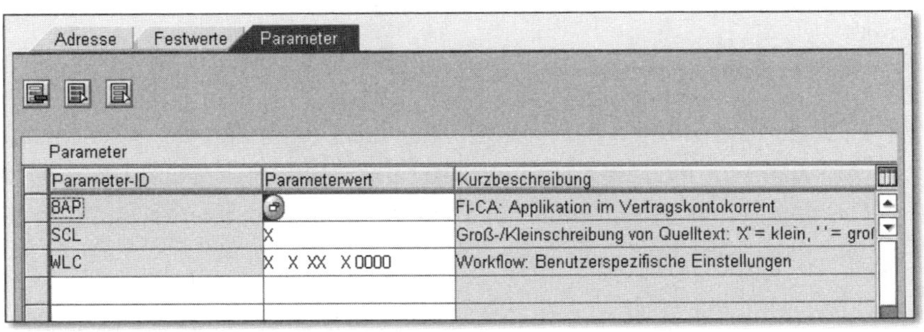

Im folgenden Abschnitt zeigen wir Ihnen, wie Sie das Layout des SAP-Systems auf Ihrem PC anpassen können.

7.3 Das lokale Layout anpassen

Im SAP-System können Sie das »Look and Feel« der Benutzeroberfläche, das heißt des SAP GUI, nach Ihren Wünschen ändern. Diese Einstellungen des lokalen Layouts beziehen sich ausschließlich auf das SAP GUI für Ihren Benutzer. In diesem Abschnitt zeigen wir Ihnen, wie Sie die Darstellung des SAP GUI, des Cursors und der Systemmeldungen anpassen können.

Zum Layout-Menü gelangen Sie über die Schaltfläche (**Lokales Layout anpassen**) in der Systemfunktionsleiste.

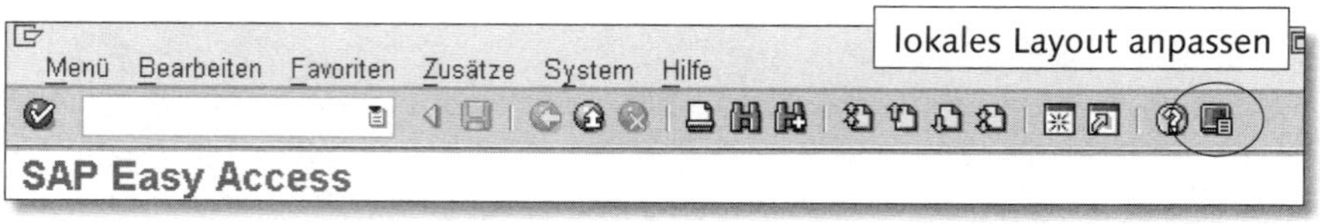

Das lokale Layout anpassen

Zunächst zeigen wir Ihnen, wie Sie einige Einstellungen für die Darstellung des SAP-Fensters ändern: Sie können Quick-Infos über Schaltflächen ein- oder ausschalten, beeinflussen, wie Meldungen (Nachrichten) angezeigt werden und welche Eigenschaften der Cursor hat. So geht's:

1. Klicken Sie in der Systemfunktionsleiste auf die Schaltfläche **Lokales Layout anpassen**, und wählen Sie den Menüpunkt **Optionen**.

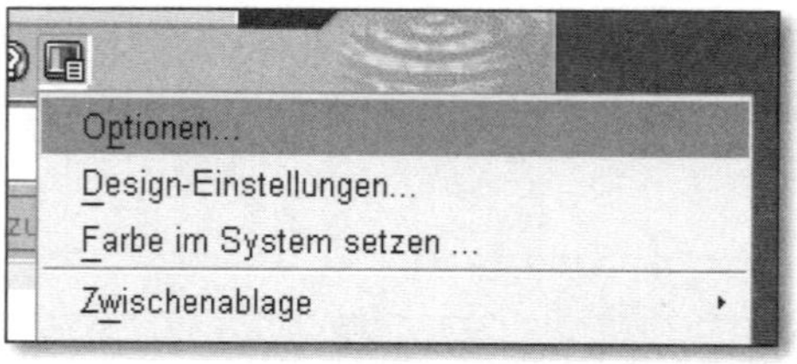

2. Das Menü **Optionen** öffnet sich. Hier klicken Sie auf die Schaltfläche (**Auswahl**) und verzweigen dort über den Menüpunkt **Optionen** (gleicher Name wie im vorhergehenden Schritt) auf die Registerkarte **Optionen**.

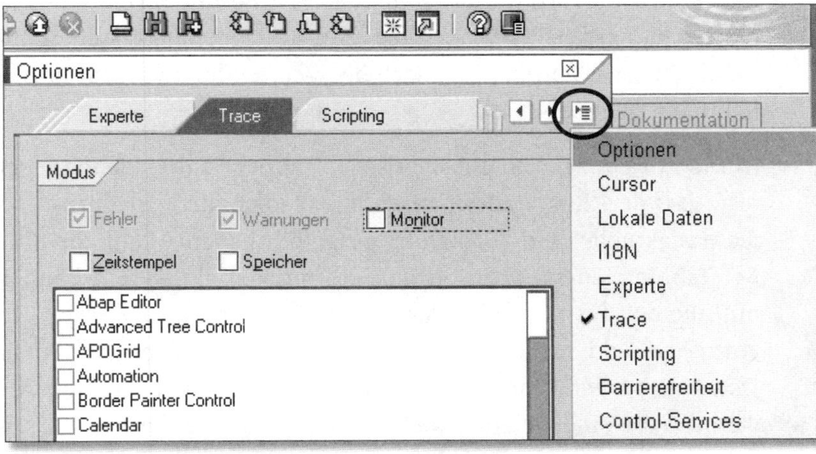

3 Auf der Registerkarte **Optionen** haben Sie folgende Einstellungsmöglichkeiten:

- Im Bereich **Quick-Info** legen Sie fest, ob bzw. wie schnell ein kurzer Hilfetext angezeigt wird, wenn Sie den Mauszeiger ohne zu klicken über eine Schaltfläche bewegen.
- Im Bereich **Nachrichten** stellen Sie ein, ob vom System neben den Informationen in der Statusleiste Dialogfenster auf dem Bildschirm angezeigt werden oder ob ein akustisches Signal ausgegeben wird. Dies legen Sie fest, indem das entsprechende Ankreuzfeld neben der Option aktiviert wird.

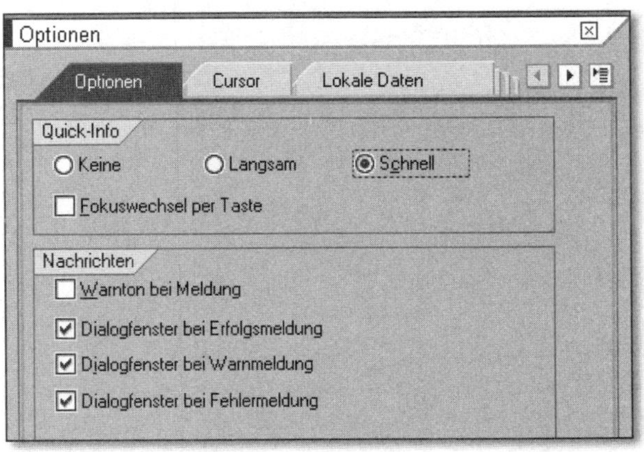

4 Außerdem ist es möglich, die Eigenschaften des Cursors zu verändern. Klicken Sie dazu auf die Registerkarte **Cursor** oder auf die Schaltfläche . Dort haben Sie folgende Einstellungsmöglichkeiten:

- Im Bereich **Cursorposition** können Sie die Positionierung des Cursors einstellen. Setzen Sie das Kennzeichen **Beschleunigertasten benutzen**, um den Cursor automatisch nach der Verwendung von Tastaturbefehlen in ein Feld zu setzen.
- Mit dem Kennzeichen **automatisches Tabbing am Feldende** legen Sie fest, dass der Cursor automatisch in das folgende Feld springt, sobald Sie das aktuelle Feld vollständig ausgefüllt haben. Wenn Sie das Feld **Bei Tabbing Cursor-Position im Feld merken** aktivieren, können Sie mithilfe der Taste [Tab] in das nächste Feld und mit [⇧]+[Tab] in das vorherige Feld springen. Aktivieren Sie das Kennzeichen **Cursor an Textende stellen**, wird der Cursor hinter das letzte Zeichen gesetzt, wenn Sie an eine beliebige Stelle innerhalb des Feldes klicken.
- Im Bereich **Cursorbreite** können Sie auswählen, ob der Cursor auf Ihrem Bildschirm schmal oder breit erscheinen soll. Das Ankreuzfeld **Block-Cursor im Überschreibmodus** markiert einen Block-Cursor. Die Breite des Cursors ist dabei von der Einstellung abhängig.
- Im Bereich **Sonstiges** können Sie das Ankreuzfeld **Cursor in Listen** markieren, um nur ein Zeichen zu markieren. Ist das Feld deaktiviert, wird eine komplette Spalte oder ein gesamtes Feld markiert.

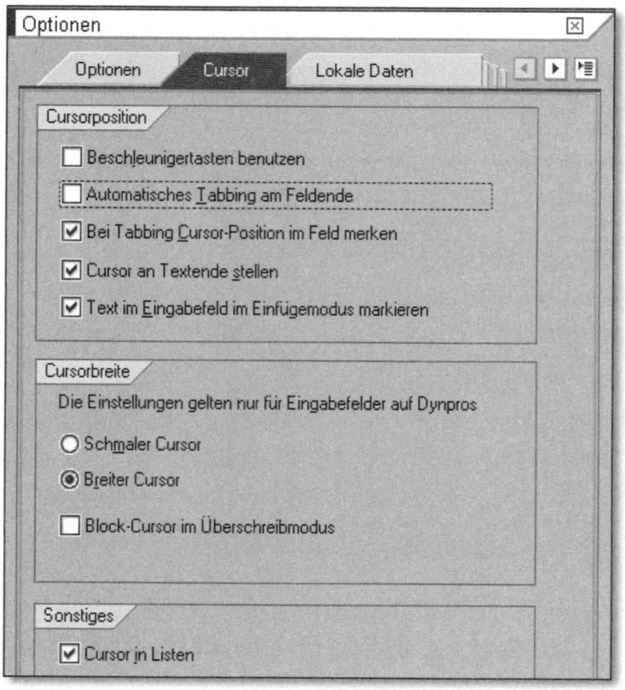

5 Haben Sie alle Änderungen vorgenommen, klicken Sie auf **OK**, um Ihre Änderungen zu übernehmen und die Registerkarte zu schließen (auf der Abbildung nicht gezeigt). Über die Schaltfläche **Hilfe** erhalten Sie Informationen zu der jeweiligen Registerkarte.

Die folgende Tabelle führt einige Beispiele für nützliche Tastenkombinationen auf.

Tastenkombination	Ergebnis
Alt + F12	Aufruf der Funktion zum Anpassen des lokalen Layouts
Strg + ⇧ + P	Erstellt einen Bildschirmabzug ohne Dialogfenster, aber mit Statustexten.
Strg + /	Der Cursor springt zum ersten OK-Codefeld.
Strg + ⎕	Der Cursor springt zum ersten Feld oder Element, das zu fokussieren ist.
Strg + +	Erzeugt einen neuen Modus.
Strg + ;	Legt eine SAP-Verknüpfung an.

Überblick über die wichtigsten Tastenkombinationen

Neben den soeben beschriebenen Einstellungen können Sie außerdem noch die Farbeinstellungen für die Benutzeroberfläche im Layout-Menü ändern. Dazu gehen Sie folgendermaßen vor:

1 Rufen Sie wieder das Layout-Menü über die Schaltfläche auf, und wählen Sie den Menüpunkt **Design-Einstellungen**.

2 Als Nächstes klicken Sie auf die Registerkarte **Farbeinstellungen**. Dort können Sie folgende Einstellungen vornehmen:

Im Bereich **Theme-Einstellung** können Sie im Auswahlfeld ein Farbschema bestimmen. Sie können das Erscheinungsbild des SAP GUI auf diese Weise anpassen.

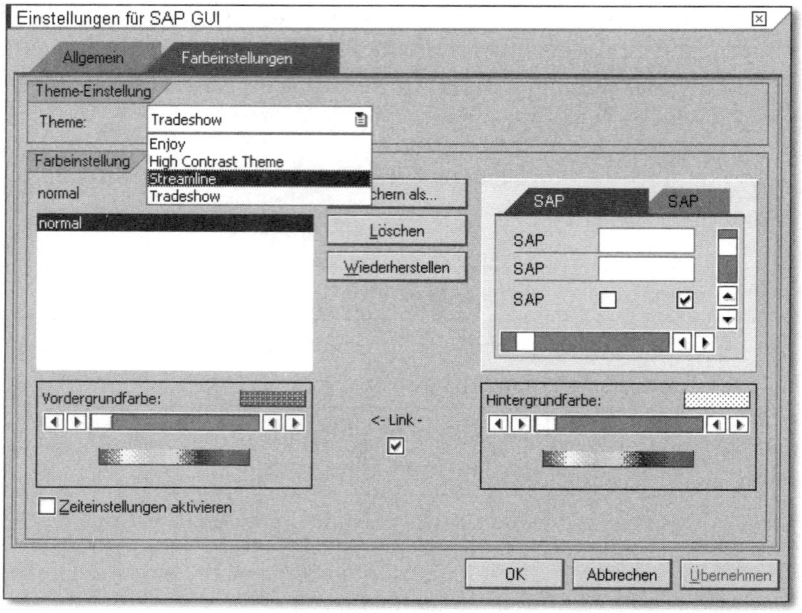

3 Auf der Registerkarte **Allgemein** legen Sie die Schriftgröße fest und können die Soundausgabe ein- und ausschalten.

HINWEIS

GuiXT verwenden

GuiXT ist ein Produkt, das von der Firma Synactive entwickelt und vertrieben wird. Das Erscheinungsbild und das Verhalten von Bildschirmen und Transaktionen können mit diesem Produkt über den Standard hinaus angepasst und verändert werden. Die grundlegenden Features werden bereits mit dem SAP GUI ausgeliefert. Weitere Funktionen werden kostenpflichtig angeboten. Das Add-on GuiXT muss bei der Installation des SAP GUI angewählt werden, damit die Funktionen zur Verfügung stehen.

7.4 Favoriten erstellen

Favoriten kennen Sie bereits aus der Verwendung von Internetbrowsern. Dort legen Sie Favoriten für die Seiten fest, die Sie häufig besuchen. Das gleiche Konzept bietet SAP auf der Benutzeroberfläche SAP GUI an. Transaktionen, mit denen Sie oft arbeiten, können Sie als Favoriten im SAP Easy Access Menü ablegen.

Folgende Objekte können Sie als Favoriten speichern:

- Transaktionen
- Internetseiten
- Dateien oder Programme, die sich auf Ihrem Rechner oder auf einem Netzlaufwerk befinden

Letzteres bietet sich an, wenn Sie zum Beispiel häufig eine Dokumentation (etwa in Form einer PDF-Datei) benötigen. Auf diese Datei können Sie dann bei Bedarf über die Favoriten anstatt mit dem Windows Explorer zugreifen.

Im Folgenden werden wir Ihnen diese Möglichkeiten nacheinander vorstellen.

Transaktionen zu den Favoriten hinzufügen

Es gibt drei Möglichkeiten, Transaktionen zu den Favoriten hinzuzufügen:

- per Drag & Drop
- über die Menüzeile
- mit der rechten Maustaste

Diese Alternativen beschreiben wir im Folgenden nacheinander.

Sie können eine Transaktionen per Drag & Drop zu den Favoriten hinzufügen. Dazu sind folgende Schritte notwendig:

1. Sie öffnen das SAP Easy Access Menü und suchen die Transaktion, die Sie zu den Favoriten hinzufügen möchten.
2. Sie bewegen den Mauszeiger genau auf die Transaktion und halten die linke Maustaste gedrückt.
3. Sie halten die linke Maustaste gedrückt, setzen den Mauszeiger genau auf den Ordner **Favoriten** und lassen die linke Maustaste los. Die Transaktion wurde zu den Favoriten hinzugefügt.

Alternativ können Sie Transaktionen über die Menüzeile zu den Favoriten hinzufügen. Dazu gehen Sie folgendermaßen vor:

1. Markieren Sie im SAP Easy Access Menü die Transaktion, die zu den Favoriten hinzugefügt werden soll.
2. Klicken Sie in der Menüzeile auf **Favoriten ▸ Hinzufügen**. Die gewählte Transaktion wurde zu den Favoriten hinzugefügt.

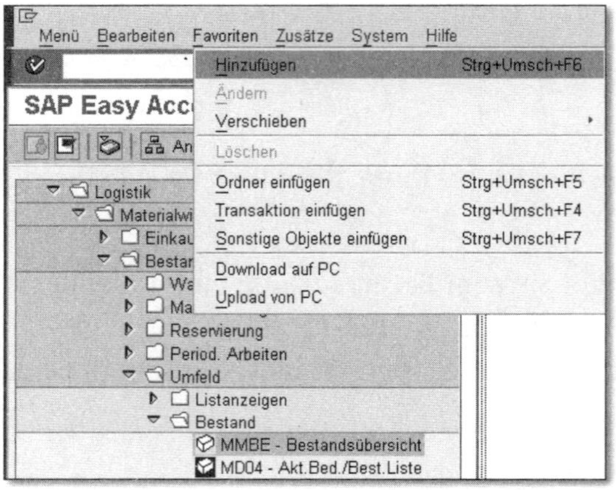

Als dritte Alternative können Sie Transaktionen über die rechte Maustaste in den Ordner **Favoriten** einfügen. So geht's:

1. Klicken Sie mit der rechten Maustaste auf den Ordner **Favoriten.** Es öffnet sich ein Kontextmenü.

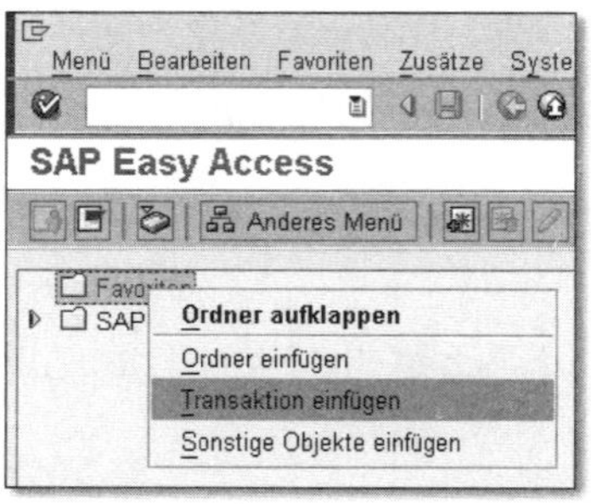

2. Wählen Sie im Kontextmenü **Transaktion einfügen**. Geben Sie dann den Transaktionscode ein. Sie haben die Transaktion zu den Favoriten hinzugefügt.

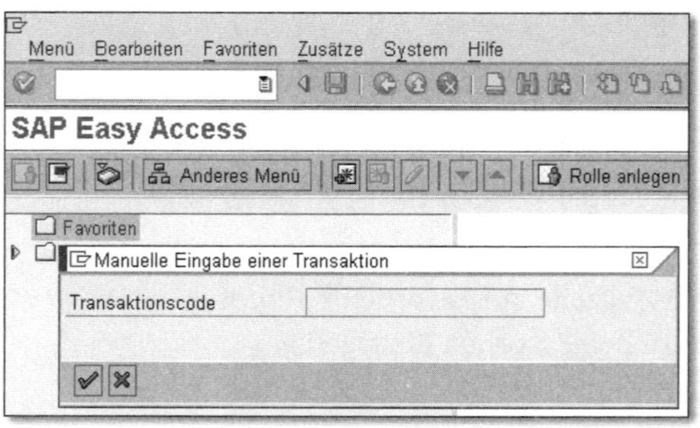

Eine Webseite zu den Favoriten hinzufügen

Sie können auch einen Link zu einer Webseite im Internet in den Favoriten hinterlegen. Das geht so:

1 Klicken Sie mit der rechten Maustaste auf den Ordner **Favoriten.** Es öffnet sich ein Kontextmenü; dort wählen Sie **Sonstige Objekte einfügen.**

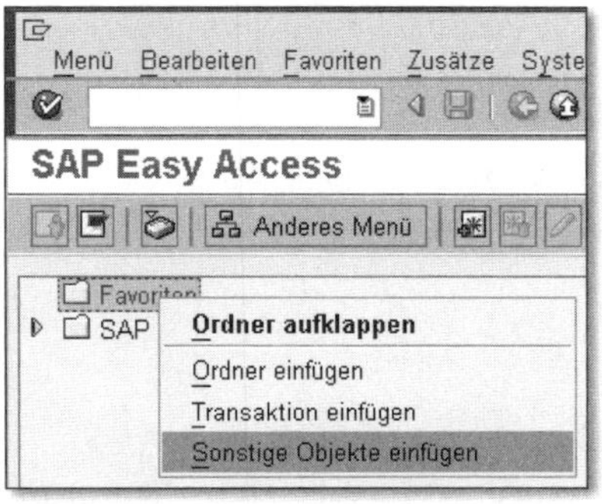

2 Klicken Sie im folgenden Dialogfenster doppelt auf **Webadresse oder Datei.**

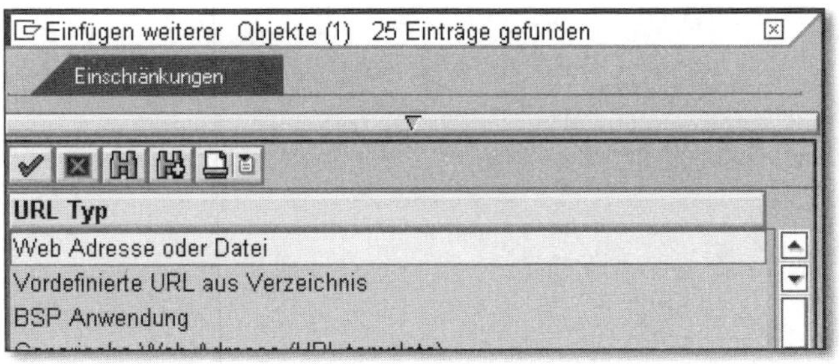

3 Tragen Sie im Feld **Text** eine Beschreibung des Favoriten ein, und geben Sie im Feld **Web-Adresse oder Datei** die URL (Unified Resource Locator, zum Beispiel *http//www.sap-press.de*) ein. Bestätigen Sie Ihre Eingaben durch einen Klick auf  **(Übernehmen).** Die gewünschte Webseite wurde in den Favoriten abgelegt.

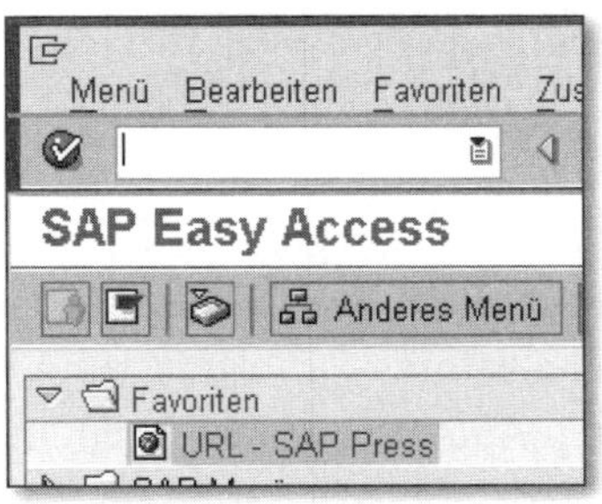

Dateien oder Programm zu den Favoriten hinzufügen

Um Dateien oder Programme von Ihrer lokalen Festplatte oder einem Netzlaufwerk in die Favoriten zu legen, gehen Sie so vor, wie im vorhergehenden Abschnitt beschrieben. Anstelle der Webadresse geben Sie nun im Feld **Web-Adresse o. Datei** den Dateinamen und den Pfad an bzw. wählen ihn aus.

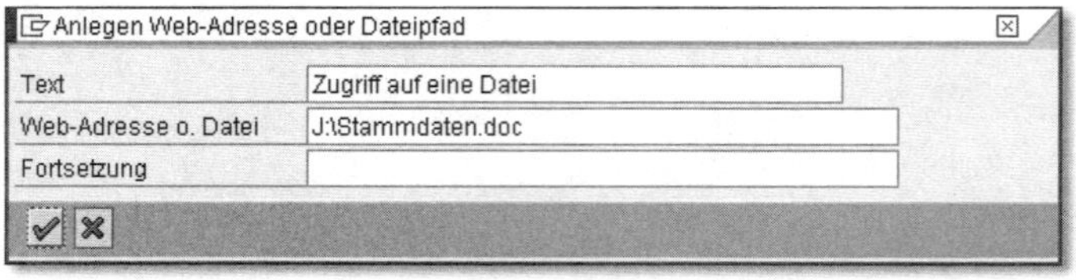

Eine Datei zu den Favoriten hinzufügen

Favoriten löschen

Die hinterlegten Favoriten können Sie auch wieder löschen, wenn Sie sie nicht mehr benötigen, indem Sie auf den zu löschenden Favoriten klicken. Er ist damit markiert. Wählen Sie dann im Kontextmenü (rechte Maustaste) **Favoriten löschen**. Der Favorit ist nun entfernt.

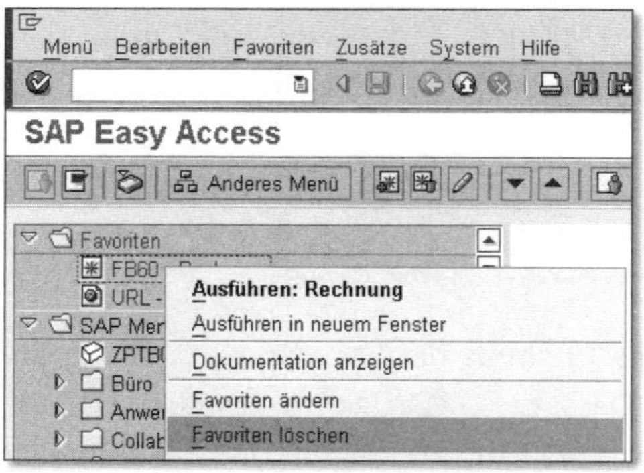

Favoriten löschen

7.5 Felder mit Parametern vorbelegen

In bestimmten Fällen müssen immer wieder dieselben Daten eingegeben werden. Um sich diese wiederholte Eingabe zu sparen, gibt es die Möglichkeit, bestimmte Parameter als Vorschlagswerte zu speichern. Diese Vorschlagswerte stehen Ihnen dauerhaft innerhalb Ihres Benutzers zur Verfügung, das heißt, sie sind auch bei der nächsten Anmeldung am System in den entsprechenden Feldern vorbelegt.

Wie Sie Felder mit Parametern vorbelegen, soll anhand der Transaktion VD03 (Kundenstammdaten) gezeigt werden. Im Feld **Verkaufsorganisation** soll der Schlüssel dieser Organisationseinheit, nämlich 1000, als Vorschlagswert eingesetzt werden.

Zuerst müssen Sie die Parameter-ID für das gewünschte Feld ermitteln. Im Anschluss daran legen Sie über den Menüpfad **System ▸ Benutzervorgaben ▸ Eigene Daten** den Vorschlagswert für das Feld fest. So geht's im Einzelnen:

1 Zunächst navigieren Sie zu dem Feld, in das Sie einen Vorschlagswert einfügen möchten, über die entsprechende Transaktion oder den jeweiligen Menüpfad.

Um dieses konkrete Beispiel nachzuvollziehen, öffnen Sie Transaktion VD03, indem Sie den Transaktionscode im Befehlsfeld eingeben oder im SAP Easy Access Menü über den Pfad **Logistik ▸ Vertrieb ▸ Stammdaten ▸ Geschäftspartner ▸ Kunde ▸ Anzeigen ▸ VD03 – Vertrieb** navigieren.

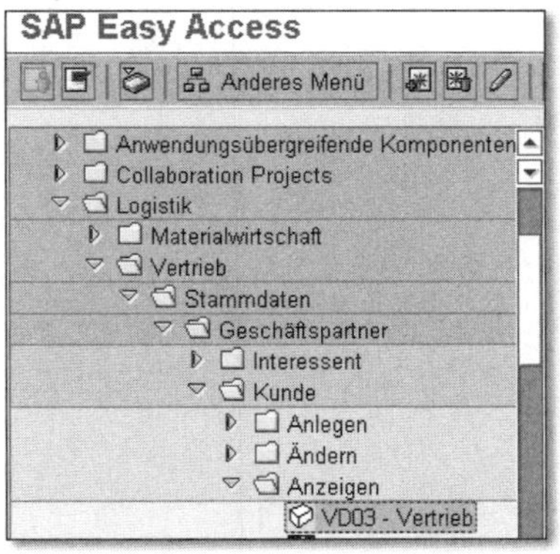

2 Das Einstiegsbild der Transaktion VD03 wird angezeigt. Klicken Sie in das Feld **Verkaufsorganisation**. Danach drücken Sie auf die Funktionstaste [F1] (Feldhilfe).

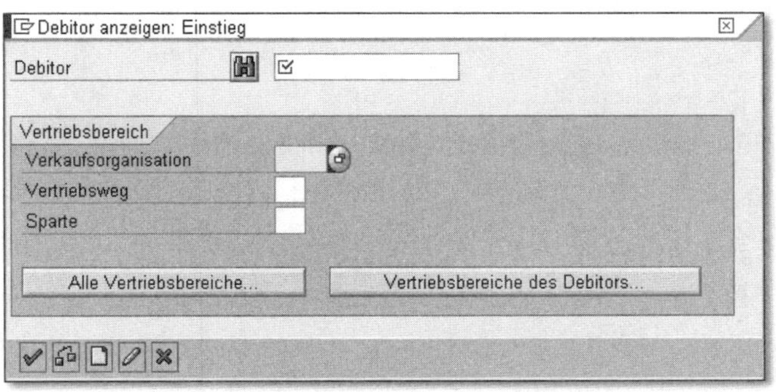

3 Klicken Sie auf die Schaltfläche (**Technische Informationen**), um die Identifikationsnummer zu ermitteln, die sogenannte Parameter-ID. Jedes Feld hat eine eigene Parameter-ID.

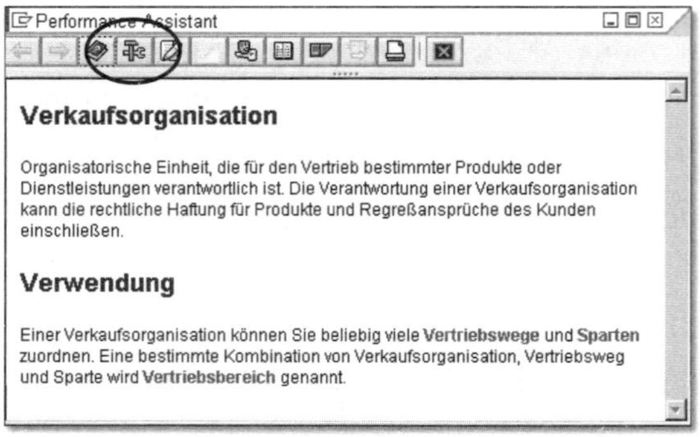

4 Lesen Sie die Parameter-ID ab: Für das Feld **Verkaufsorganisation** lautet die Parameter-ID VKO.

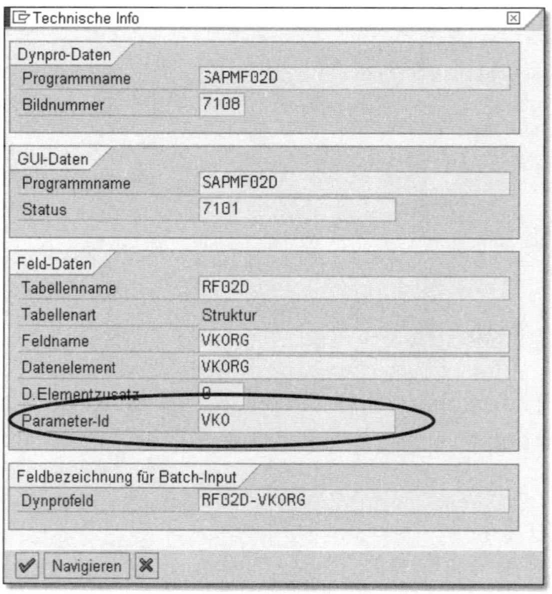

5 Beenden Sie die Transaktion durch einen Klick auf die Schaltfläche (**Beenden**).

6 Als Nächstes ändern Sie Ihre Benutzervorgaben. Öffnen Sie dazu die eigenen Benutzerdaten, indem Sie die Transaktion SU3 (Pflege eigener Benutzerdaten) über das Befehlsfeld starten; oder wählen Sie in der Menüzeile **System ▸ Benutzervorgaben ▸ Eigene Daten**.

7 Klicken Sie auf die Registerkarte **Parameter**, und tragen Sie hier folgende Werte ein: in der Spalte **Parameter-ID** VKO und in der Spalte **Parameterwert** 1000. Wurde eine korrekte (dem System bekannte) Parameter-ID eingegeben und mit [↵] bestätigt, wird die Kurzbeschreibung angezeigt. So können Sie auch prüfen, ob die Parameter-ID korrekt ist.

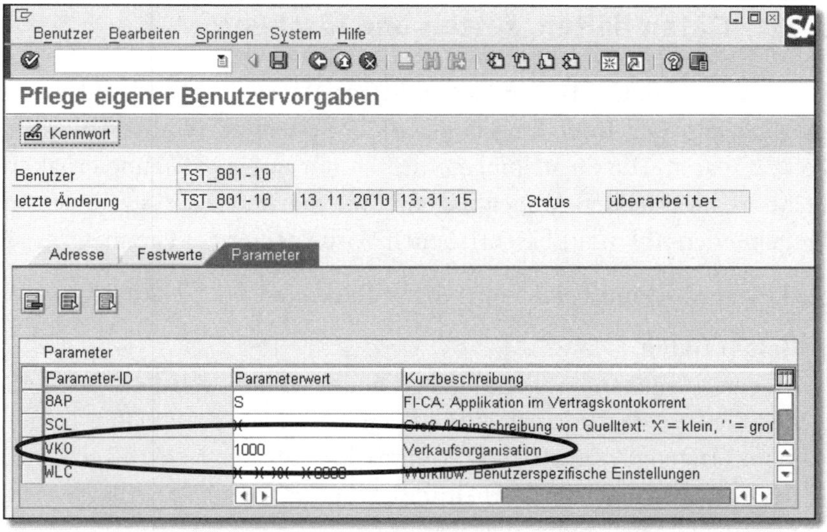

8 Speichern Sie Ihre Einstellungen, indem Sie auf die Schaltfläche [Speichern-Symbol] (**Speichern**) klicken. Sie haben das Feld für die Verkaufsorganisation mit dem Parameterwert 1000 vorbelegt.

9 Testen Sie Ihre Einstellungen, indem Sie Transaktion VD03 erneut starten. Es hat funktioniert: Im Einstiegsbild der Transaktion ist das Feld **Verkaufsorganisation** nun mit dem Wert 1000 vorbelegt.

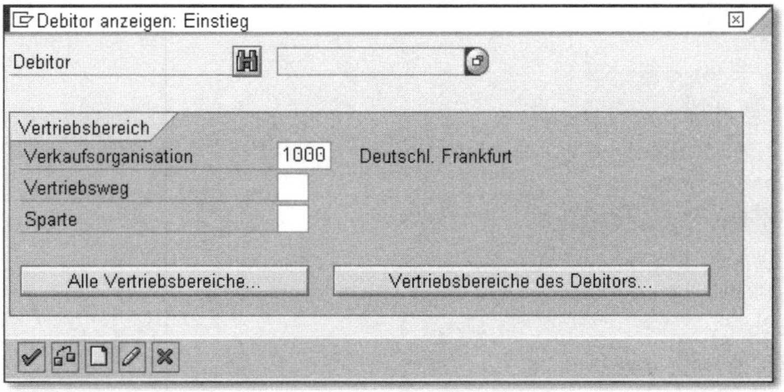

TIPP

Benutzen Sie die Zwischenablage
Sie können die Parameter-ID mit der Maus markieren, mit [Strg]+[C] in die Zwischenablage legen und mit [Strg]+[V] wieder einfügen.

7.6 Daten halten, setzen und löschen

Über die Funktionen **Halten Daten**, **Setzen Daten** und **Löschen Daten** ist es möglich, die Zahl Ihrer Eingaben im SAP-System zu reduzieren und damit Zeit zu sparen. Die Einstellungen bleiben nur in einer Sitzung erhalten, das heißt bis zur erneuten Anmeldung am System – im Gegensatz zu der im vorhergehenden Abschnitt beschriebenen Vorbelegung mit Parametern.

In diesem Abschnitt behandeln wir die folgenden Möglichkeiten:

- **Halten Daten**
  In verschiedenen Transaktionen können Daten gehalten werden. Das heißt, es werden Vorschlagswerte hinterlegt. Die so gefüllten Felder sind beim erneuten Aufrufen der Transaktion mit den Vorschlagswerten aus der vorangegangenen Bearbeitung vorbelegt. Diese Vorschlagswerte können noch überschrieben werden.
- **Setzen Daten**
  Auch bei der Funktion **Setzen Daten** werden Felder automatisch mit Vorschlagswerten gefüllt. Im Gegensatz zu **Halten Daten** können die vorbelegten Felder nach **Setzen Daten** nicht mehr geändert werden.
- **Löschen Daten**
  Mit dieser Funktion setzen Sie sowohl Halten als auch Setzen wieder zurück. Das heißt, die Felder werden nicht mehr automatisch mit Vorschlagswerten gefüllt.

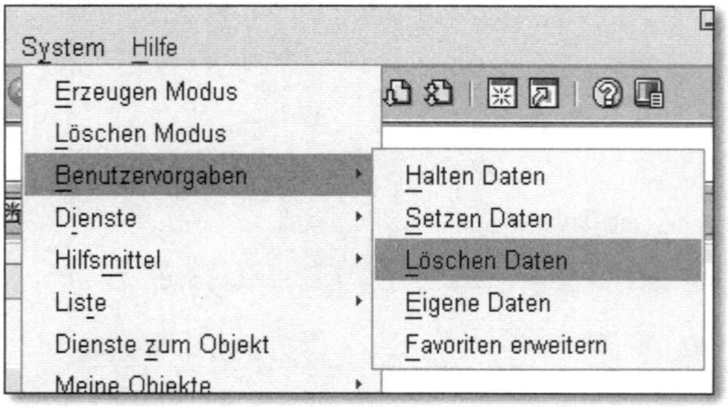

1. Zunächst starten Sie Transaktion VA01 (Terminauftrag anlegen).
2. Im Einstiegsbild suchen Sie im Feld **Auftragsart** TA (Terminauftrag) aus. Im Feld **Verkaufsorganisation** wählen Sie 1000.
3. In den Positionen geben Sie die Artikelnummer ein. Wählen Sie dann aus dem Menü **System ▸ Benutzervorgaben ▸ Halten Daten.**
4. Beenden Sie die Transaktion, und starten Sie diese erneut. Ihre Feldeingaben sollten wieder vorgeschlagen werden.

In diesem Kapitel haben wir Ihnen einige Möglichkeiten gezeigt, wie Sie sich die Arbeit mit dem SAP-System erleichtern können. Benötigen Sie in Ihrer täglichen Arbeit zum Beispiel nur eine oder wenige Transaktionen, können Sie eine Verknüpfung der Transaktion mit dem Windows-Desktop erstellen. So können Sie nach der Anmeldung am System durch einen Doppelklick direkt in die gewünschte Transaktion navigieren. Das SAP GUI bietet außerdem die Möglichkeit, Favoriten zu verwalten. Dadurch können Sie häufig benötigte Transaktionen oder auch Webseiten im Favoritenmenü ablegen. Sehr nützlich ist es auch, eine Parameter-ID zu einem Feld mit einem Vorschlagswert vorzubelegen. Die Parameter-ID kann in den persönlichen Einstellungen hinterlegt werden und gilt nur für den aktuellen Benutzer.

7.7 Probieren Sie es aus!

Aufgabe 1

Beschreiben Sie, wie Sie eine Verknüpfung zu der Transaktion VA01 (Terminauftrag anlegen) auf dem Windows-Desktop erstellen.

Aufgabe 2

Zu welchen vier Objekten können Sie Favoriten anlegen?

Aufgabe 3

Beschreiben Sie drei Alternativen, wie Sie Favoriten erstellen können.

Aufgabe 4

Beschreiben Sie, wie Sie die Parameter-ID zu einem Feld ermitteln können. Dazu starten Sie im System die Transaktion XK01 (Kreditor anlegen) und ermitteln die Parameter-ID der Einkaufsorganisation.

8 Auswertungen und Berichte erstellen

In der täglichen Arbeit besteht häufig die Anforderung, Berichte (Reports) und Listen zu erstellen. Diese Listen können Sie drucken und versenden und für die Entscheidungsunterstützung nutzen. Die Möglichkeiten von SAP für das Reporting sind außerordentlich vielfältig.

Neben den Werkzeugen, die in SAP ERP enthalten sind, gibt es weitere mächtige Werkzeuge (zum Beispiel innerhalb von SAP NetWeaver), die in diesem Buch nicht behandelt werden. In diesem Kapitel beschränken wir uns auf das Informationssystem in SAP ERP.

Sie erfahren in diesem Kapitel,

- wie Sie Standardberichte im SAP-System aufrufen können,
- wie Sie den SAP List Viewer für die Darstellung nutzen,
- wie Sie Ihre Berichte in Microsoft Excel exportieren können,
- wie Sie Varianten verwenden,
- welche weiteren Reporting-Werkzeuge SAP ERP bereitstellt.

8.1 Standardberichte im SAP-System nutzen

Dem Thema Reporting und Analyse kommt in der Praxis eine wichtige Rolle zu. Die Fülle der im SAP-System gespeicherten Informationen lässt sich auswerten und in Berichten darstellen, zum Beispiel in einer Liste.

In den verschiedenen Bereichen und Abteilungen in Ihrem Unternehmen gibt es die unterschiedlichsten Informationsanforderungen. Im Personalbereich benötigen die Mitarbeiter der Personalabteilung sowie Führungskräfte beispielsweise verschiedene Personaldaten, angefangen bei einer einfachen Mitarbeiterliste eines bestimmten Standortes bis hin zu komplexeren Berichten. In der Logistik kann ein Bericht zum Beispiel eine Bestandsliste oder eine Liste mit Aufträgen aus einem bestimmten Zeitraum sein. Im Rechnungswesen können Sie sich alle Posten eines Debitoren (Kunden) oder die Kosten und Erlöse eines bestimmten Bereichs und vieles mehr anzeigen lassen.

Eine Auswahl wichtiger Berichte in den verschiedenen SAP-Komponenten Einkauf, Vertrieb, Personalwirtschaft, Finanzbuchhaltung und Controlling finden Sie in Teil III dieses Buches.

INFO

SAP List Viewer (ALV)

Im SAP-System gibt es verschiedene Möglichkeiten, die abgefragten Daten anzuzeigen. Eines der wichtigsten Werkzeuge dazu ist der SAP List Viewer (ALV). Die Abkürzung ALV steht für ABAP List Viewer, den Namen des Werkzeugs in älteren Release-Ständen. Innerhalb des ALV sind verschiedene Listenoperationen wie Suchen, Filtern, Sortieren etc. möglich. Dazu dient das ALV Grid Control. Mit dem ALV Grid Control stellt SAP den Anwendern ein vereinheitlichtes Werkzeug zur Darstellung von Listen im System zur Verfügung. Grid Control bedeutet so viel wie Einstellung des Rasters – das heißt, welche Informationen in der Liste dargestellt oder nach welchen Kriterien Informationen gefiltert werden können.

Wie Sie Standard-Reports aufrufen, zeigen wir Ihnen anhand eines Beispiels: Sie müssen im SAP-System ermitteln, welcher Umsatz von einer bestimmten Verkaufsorganisation in einem bestimmten Zeitraum erzielt wurde. Für das Beispiel werden folgende Daten verwendet: Die Verkaufsorganisation lautet 1000, und der Zeitraum für die Analyse umspannt die letzten drei Monate. So geht's:

1. Öffnen Sie im SAP Easy Access Menü den Pfad **Logistik ▸ Materialwirtschaft ▸ Logistik-Controlling ▸ Logistikinfosystem ▸ Standardanalysen ▸ Vertrieb ▸ MCTA – Kunde**. Alternativ starten Sie die Transaktion MCTA, indem Sie den Transaktionscode in das Befehlsfeld eingeben.

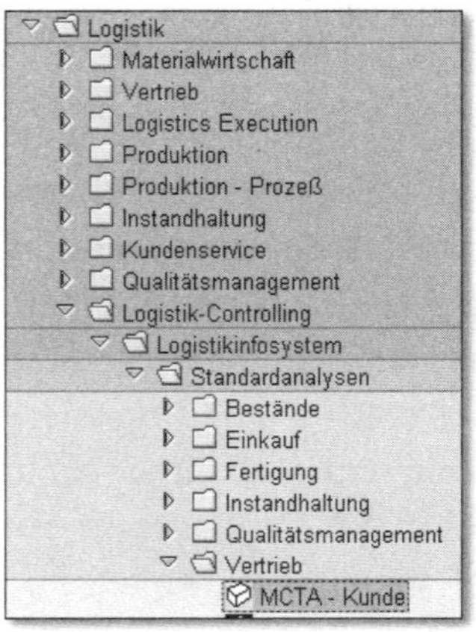

2 Im Einstiegsbild der Kundenanalyse geben Sie im Feld **Verkaufsorganisation** die Verkaufsorganisation ein, für die Sie die Auswertung erstellen möchten. Tragen Sie in diesem Beispiel 1000 ein. Den **Analysezeitraum** schränken Sie auf drei Monate ein (08.10 bis 10.10.). Durch einen Klick auf die Schaltfläche (**Ausführen**) oder durch Drücken der Funktionstaste F8 führen Sie die Auswertung aus.

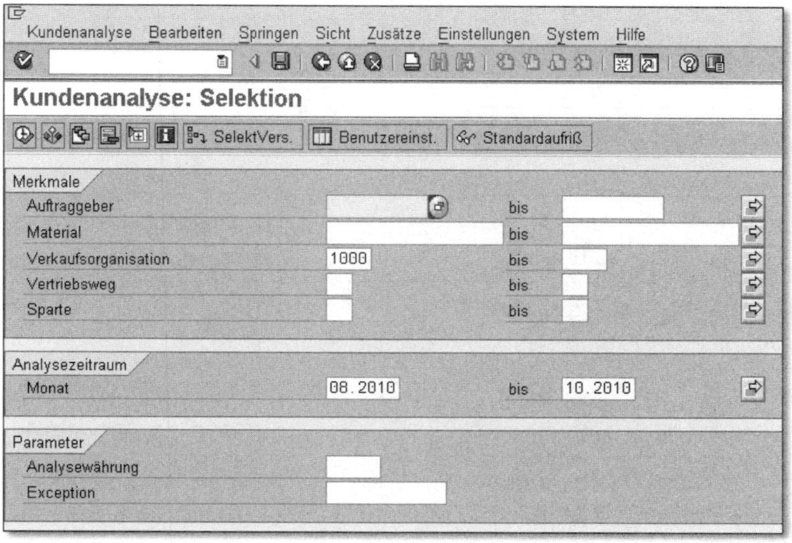

3 Nach Ausführung der Selektion wird die Grundliste angezeigt. Sie können den Report nun auf verschiedene Weise modifizieren. Dazu können Sie Schaltflächen verwenden, die Sie in der Tabelle auf der folgenden Seite finden.

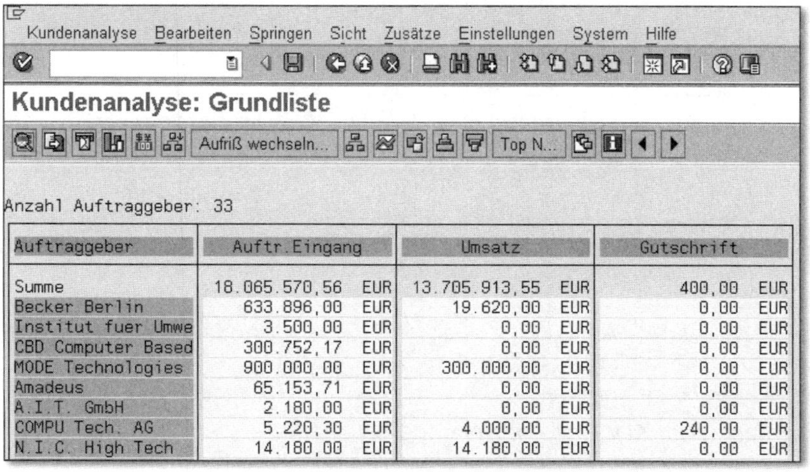

Sie haben nun erfolgreich einen Umsatzbericht erstellt. Die Liste, die im ALV-Format ausgegeben wurde, bietet verschiedene Navigationsmöglichkeiten. Das ALV Grid Control enthält dazu eine eigene Werkzeugleiste. Die wichtigsten Schaltflächen werden in der folgenden Tabelle erklärt.

Schaltfläche	Bedeutung	Tastenkombination	Erläuterung
	Erste Seite	[Strg]+[Bild ↑]	Navigiert an den Anfang der Liste.
	Vorige Seite	[Bild ↑]	Navigiert in der Liste eine Seite zurück.
	Nächste Seite	[Bild ↓]	Navigiert in der Liste eine Seite vor.
	Letzte Seite	[Strg]+[Bild ↓]	Navigiert an das Ende der Liste.
	Auswählen (Details)	[F2]	Zeigt detaillierte Informationen zur Auswahl an.
	Sichern in PC-Datei	[⇧]+[F8]	Exportiert die Liste in eine PC-Datei.
	Senden	[Strg]+[F1]	Versendet einen Link auf diese Liste an einen anderen Systembenutzer.
	Grafik	[F5]	Erstellt eine Grafik.
	Sortieren aufsteigend	[Strg]+[F5]	Sortiert eine markierte Spalte aufsteigend nach den Inhalten.
	Sortieren absteigend	[⇧]+[F4]	Sortiert eine markierte Spalte absteigend nach den Inhalten.
	Andere Infostruktur	[Strg]+[F4]	Ändert die Listenstruktur.
Aufriß wechseln...	Aufriss wechseln	[F7]	Ändert die erste Spalte.

Schaltflächen im ALV Grid Control

Schaltfläche	Bedeutung	Tastenkombination	Erläuterung
	Analysewährung	Strg + F7	Ändert die Währung in die selektierte Währung.
	Aufreißen nach	F8	Weiterer Aufriss eines markierten Kriteriums.
Top N...	Top N Werte	⇧ + F6	Zeigt die höchsten Werte einer markierten Spalte an.

Schaltflächen im ALV Grid Control (Forts.)

Im nächsten Abschnitt zeigen wir Ihnen, wie Sie den für Ihre Auswertungszwecke passenden Bericht finden können.

8.2 Standardberichte suchen und finden

Wenn Sie eine bestimmte Berichtsanforderung erhalten, können Sie im SAP-System prüfen, ob ein Standardbericht existiert, der Ihre Anforderungen abdeckt. Im Folgenden stellen wir Ihnen drei Möglichkeiten vor, um die im SAP-Standard vorhandenen Berichte zu finden.

8.2.1 Berichte suchen

Kennen Sie den Namen des gewünschten Berichtes, können Sie diesen schnell und einfach aufrufen. Um Berichte aufzurufen und über die Suchhilfe zu suchen, können Sie die Reporting-Funktion über die Menüleiste (**System ▸ Dienste ▸ Reporting**) aktivieren. Gehen Sie folgendermaßen vor:

1 Öffnen Sie den Menüpunkt **System ▸ Dienste ▸ Reporting** in der Menüleiste.

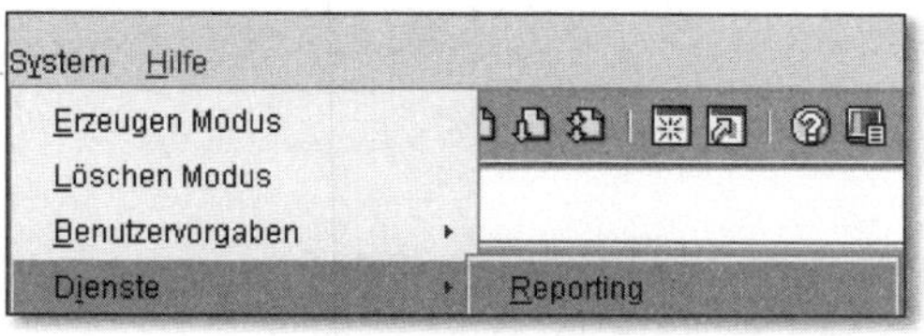

2 Anschließend öffnet sich das Fenster **ABAP: Programmausführung**, in dem Sie den Namen des Reports im Feld **Programm** eingeben und ihn direkt ausführen können. Voraussetzung ist natürlich, dass Sie den Namen kennen. Zusätzlich können Sie über die Schaltfläche **Variantenübers.** zugehörige Varianten auswählen.

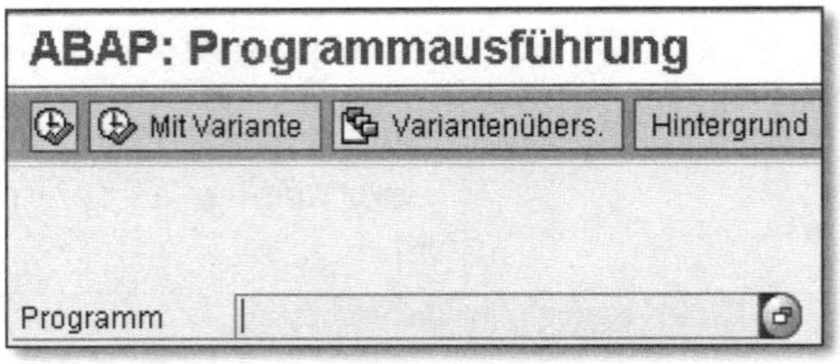

3 Ist Ihnen der Programmname nicht bekannt, können Sie mithilfe eines Suchfensters, dem sogenannten Programmkatalog, nach verschiedenen Selektionskriterien den Programmnamen ermitteln. Öffnen Sie dazu die Wertehilfe über die Schaltfläche im Feld **Programm**.

TIPP

Effektives Suchen

Je ungenauer Ihre Selektionskriterien sind, desto mehr Zeit wird im System für die Suche benötigt. Geben Sie hier im Feld Programm nur * ein, kann es mehrere Minuten dauern, bis Sie ein Ergebnis erhalten.

Geben Sie im Programmkatalog Ihren Suchbegriff ein: Tragen Sie im Feld **Programm** einen beliebigen Teil des Report-Namens ein. Für Ihnen nicht bekannte Zeichen können Sie die folgenden Platzhalter verwenden:

- Stern (*): Zeichenfolge
- Pluszeichen (+): genau ein Zeichen

Wählen Sie anschließend **Ausführen**.

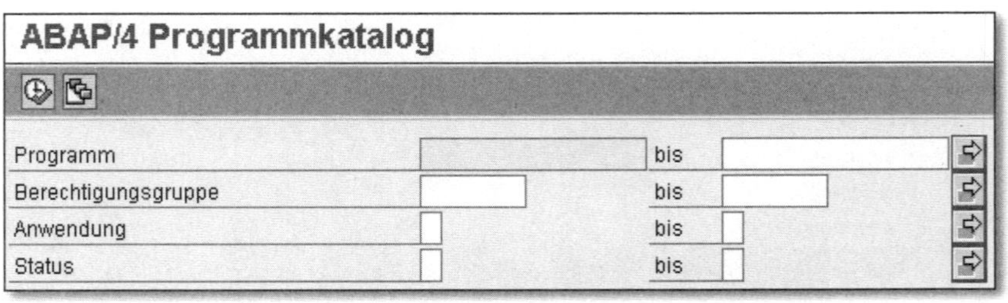

4 Sie erhalten daraufhin eine Liste mit Berichten. Wählen Sie den gewünschten Bericht mit einem Doppelklick aus. Alternativ bewegen Sie den Cursor auf den Report-Namen und wählen **Ausführen**.

Sofern für den Bericht keine Variante erforderlich ist, wird das Selektionsbild des Berichtes angezeigt. Ist eine Variante notwendig, müssen Sie über die Schaltfläche oder die Funktionstaste F3 zum Einstiegsbild zurückkehren, um dort den Programm- und Variantennamen einzugeben. Notieren Sie sich daher zuvor den Namen des Berichtes.

5 Tragen Sie auf dem Selektionsbild Ihre Selektionswerte ein. Wählen Sie **Programm ▸ Ausführen**. Der Bericht wird in einer Liste angezeigt.

8.2.2 Berichte im SAP Easy Access Menü aufrufen

Berichte zu den einzelnen Komponenten finden Sie in den entsprechenden Infosystemen. Sie können auch direkt aus der oberen Ebene des SAP Easy Access Menü in die Berichte des Infosystems navigieren.

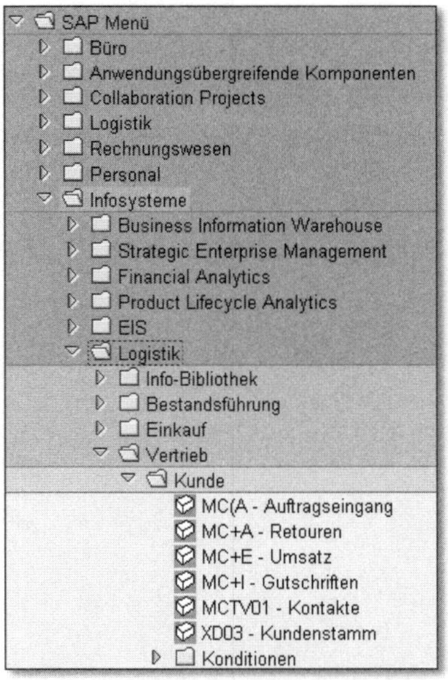

Infosysteme im SAP Easy Access Menü

8.3 Listen in Microsoft Excel exportieren

Sie können Daten auch außerhalb des SAP-Systems weiterverarbeiten, das heißt sie in andere Programme exportieren. So kann zum Beispiel eine Liste als Microsoft Excel-Datei exportiert und dort, wie aus Excel gewohnt, verwendet und verändert werden.

Bleiben wir bei dem Beispiel aus dem vorhergehenden Abschnitt, in dem wir eine Kundenanalyse durchgeführt haben. Die dort erzeugte Liste soll nun als Microsoft Excel-Datei exportiert werden. So geht's:

1. Wählen Sie im SAP Easy Access Menü den Pfad **Kundenanalyse ▸ Exportieren ▸ Sichern in PC-Datei** (⇧+F8).

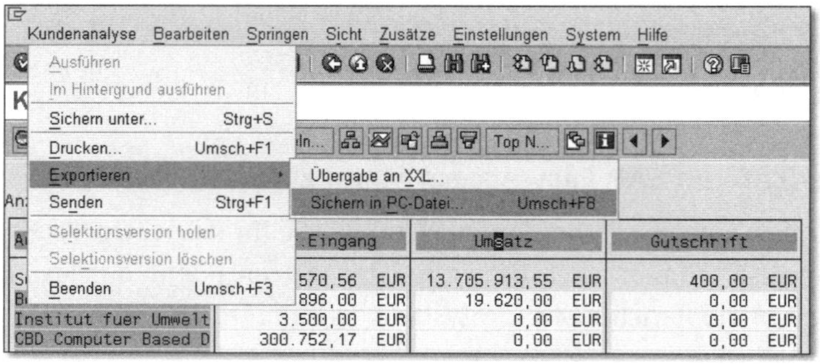

2. Ein Dialogfenster öffnet sich, das Ihnen über Auswahlknöpfe verschiedene Auswahlmöglichkeiten bietet. Markieren Sie hier den Auswahlknopf **Tabellenkalkulation**, und klicken Sie anschließend auf die Schaltfläche **Weiter** ✔, oder drücken Sie die Taste ↵.

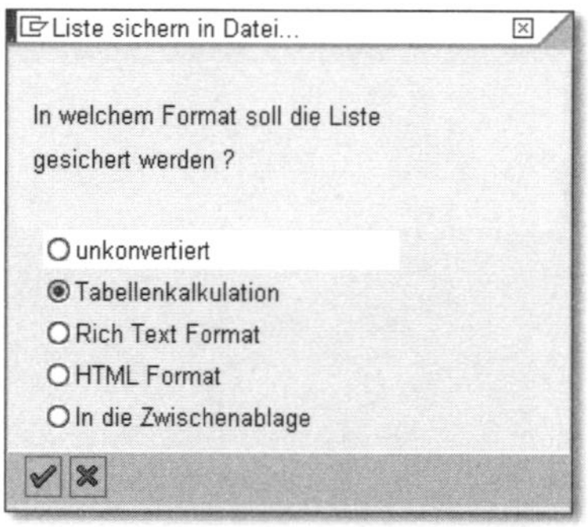

3. Erneut öffnet sich ein Dialogfenster, in dem Sie das Verzeichnis (den Ordner) angeben können, in das die Datei auf Ihrem PC gespeichert werden soll. Hier wählen Sie auch einen Dateinamen.

   Beachten Sie, dass Sie in Ihrem Unternehmen eventuell nicht über Schreibrechte in allen Verzeichnissen verfügen. Haben Sie das Verzeichnis und den Dateinamen angegeben, klicken Sie anschließend auf die Schaltfläche **Erzeugen**.

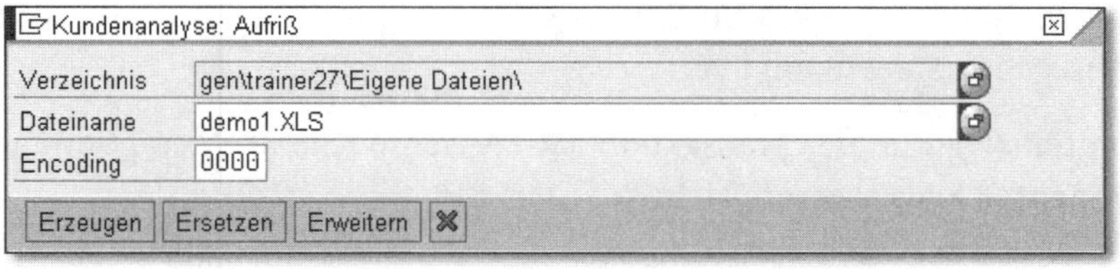

4 Als Nächstes erscheint ein Dialogfenster, das die Anzahl der Bytes anzeigt, die in die Datei übertragen wurden.

5 Die generierte Datei können Sie jetzt mit Microsoft Excel weiterbearbeiten. Dazu starten Sie Microsoft Excel und öffnen die Datei in dem Verzeichnis, in das Sie sie gespeichert haben.

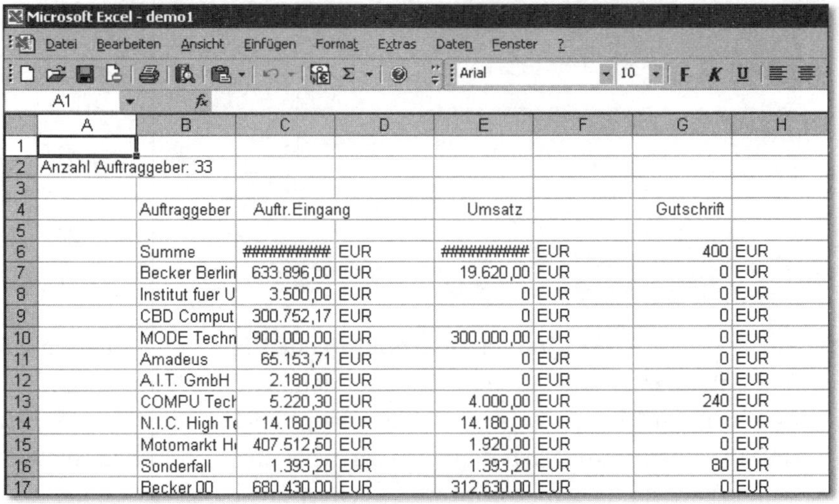

	A	B	C	D	E	F	G	H
1								
2	Anzahl Auftraggeber: 33							
3								
4		Auftraggeber	Auftr.Eingang		Umsatz		Gutschrift	
5								
6		Summe	##########	EUR	##########	EUR	400	EUR
7		Becker Berlin	633.896,00	EUR	19.620,00	EUR	0	EUR
8		Institut fuer U	3.500,00	EUR	0	EUR	0	EUR
9		CBD Comput	300.752,17	EUR	0	EUR	0	EUR
10		MODE Techn	900.000,00	EUR	300.000,00	EUR	0	EUR
11		Amadeus	65.153,71	EUR	0	EUR	0	EUR
12		A.I.T. GmbH	2.180,00	EUR	0	EUR	0	EUR
13		COMPU Tech	5.220,30	EUR	4.000,00	EUR	240	EUR
14		N.I.C. High Te	14.180,00	EUR	14.180,00	EUR	0	EUR
15		Motomarkt H	407.512,50	EUR	1.920,00	EUR	0	EUR
16		Sonderfall	1.393,20	EUR	1.393,20	EUR	80	EUR
17		Becker 00	680.430,00	EUR	312.630,00	EUR	0	EUR

Sie haben beispielsweise die Möglichkeit, die selektierten Daten in Form von Diagrammen in Microsoft Excel grafisch aufzubereiten.

8.4 Mit Varianten arbeiten

Eine Variante beinhaltet gespeicherte Selektionskriterien. Selektionskriterien sind verschiedene Suchkriterien in entsprechenden Feldern, nach denen eine Suche im System eingegrenzt werden kann. Diese Selektionskriterien müssen daher beim wiederholten Aufruf der Transaktion nicht jedes Mal neu eingegeben werden, sondern können gespeichert werden.

Möchten Sie die Eingaben im Einstiegsbild der Kundenanalyse als Variante sichern, gehen Sie wie folgt vor:

1. Im Einstiegsbild der Transaktion MCTA wählen Sie im Menü **Springen ▸ Varianten ▸ Als Variante sichern.**

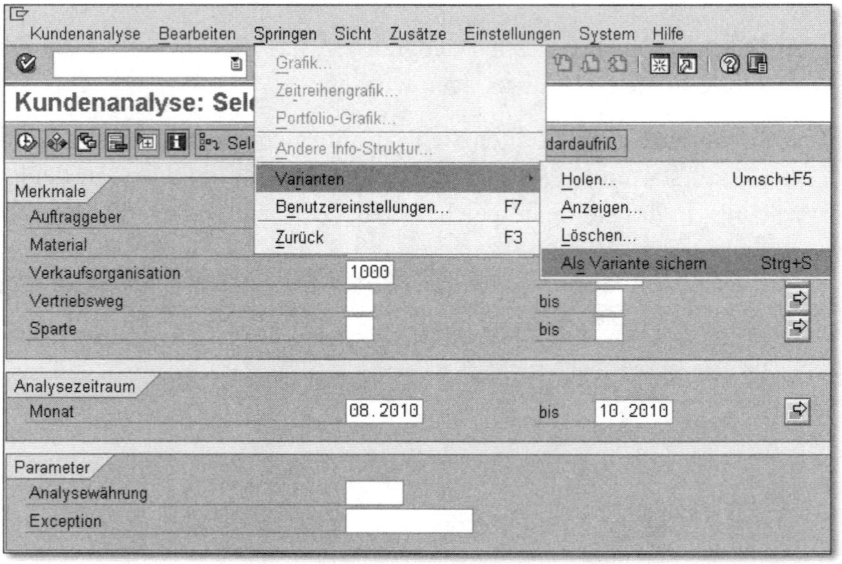

2. Auf dem Bildschirm **Variantenattribute** geben Sie den Variantennamen (**Variantenname**) und einen beschreibenden Text (**Bedeutung**) in die entsprechenden Felder ein. Im Anschluss daran klicken Sie auf die Schaltfläche **(Speichern)**. Nach dem Sichern erhalten Sie vom SAP-System die Meldung: »Die Variante ... wurde gesichert.«

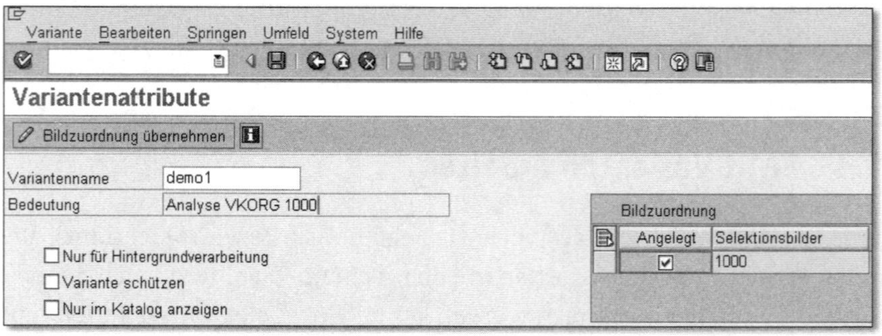

Um eine gesicherte Variante wieder zu laden, gehen Sie wie folgt vor:

1. Im Einstiegsbild der Transaktion **MCTA** wählen Sie im Menü **Springen ▸ Varianten ▸ Holen.**

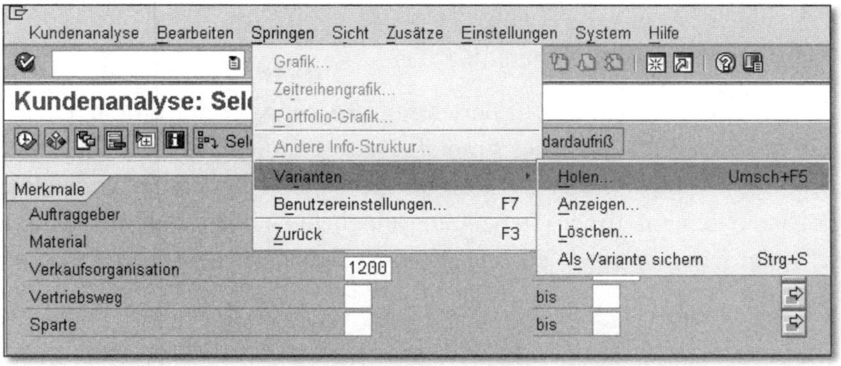

2 Ein Variantenkatalog wird eingeblendet; hier kann die gesicherte Variante selektiert werden, und die Felder werden entsprechend gefüllt.

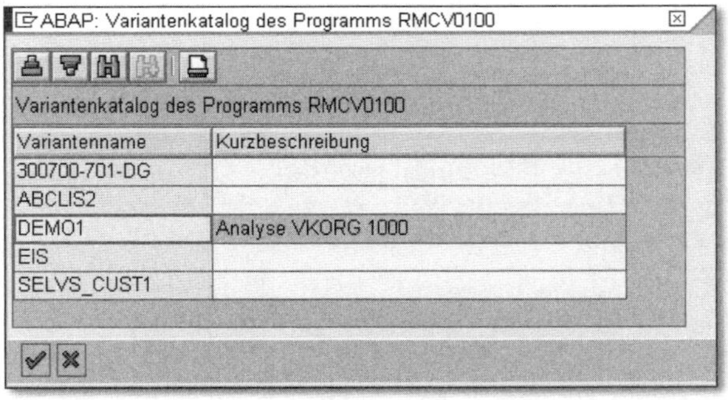

8.5 Weitere Reporting-Möglichkeiten in SAP ERP

Das SAP-System stellt Ihnen eine Reihe von Reports bereit, mit denen Sie auf die gespeicherten Daten zugreifen können. Im SAP-Standard stehen zahlreiche vorbereitete Reports zur Verfügung, die alle direkt ausführbare ABAP-Programme sind.

Für weitergehende Reporting-Anforderungen bietet SAP ERP eigene Reporting-Werkzeuge an, mit denen Sie selbst Auswertungen nach Ihren eigenen Vorstellungen definieren können (auch hierbei handelt es sich im Prinzip um ABAP-Report-Generatoren). Dies sind die wichtigsten Reporting-Werkzeuge in SAP ERP, mit denen Sie individuelle Auswertungen generieren können:

- SAP Query (mit den Bestandteilen SAP Query, InfoSet Query und QuickViewer)
- Report Painter/Report Writer

- Recherche
- Logistikinformationssystem (LIS)

Abhängig von der konkreten Berichtsanforderung, ist der Einsatz des einen oder des anderen Werkzeugs sinnvoll. Faktoren, die dabei zum Tragen kommen, sind beispielsweise das Format der Daten, die Weiterverarbeitungsmöglichkeiten, (grafische) Darstellungsmöglichkeiten etc. Auf die vielfältigen Besonderheiten dieser Werkzeuge können wir in diesem Buch nicht näher eingehen.

Reporting-Werkzeug		Haupteinsatzgebiet
SAP Query	SAP Query	alle SAP-Komponenten (In SAP ERP HCM wird die InfoSet Query als Ad-hoc Query bezeichnet.)
	InfoSet Query	
	QuickViewer	
Recherche		Rechnungswesen (FI, CO, TR, IM, PS)
Report Painter/Report Writer		Rechnungswesen (CO, FI)
Logistikinformationssystem (LIS)		Logistik (SD, MM, QM, PM, PP)

Übersicht über die wichtigsten Reporting-Werkzeuge in SAP ERP

Darüber hinaus enthält SAP NetWeaver Business Warehouse (siehe Kapitel 3) verschiedene Reporting-Werkzeuge, wie zum Beispiel den Business Explorer (kurz BEx), die in diesem Buch ebenfalls nicht behandelt werden. Unlängst sind mit dem Kauf der Firma BusinessObjects weitere Werkzeuge hinzugekommen, mit Crystal Reports als dem bekanntesten.

8.6 Probieren Sie es aus!

Aufgabe 1

Erstellen Sie eine Auswertung, in der die 20 Kunden ersichtlich sind, mit denen Sie in den letzten zwölf Monaten den meisten Umsatz in der Verkaufsorganisation 1000 erzielt haben. Exportieren Sie diese Daten dann in Microsoft Excel.

9 Drucken

Das papierlose Büro ist noch nicht Wirklichkeit geworden: Häufig ist es doch notwendig, Dokumente auszudrucken. Im Prinzip können Sie alles zu Papier bringen, was Sie auf dem SAP-Bildschirm sehen. In der Regel werden Sie Listen und Bestellungen oder Rechnungen ausdrucken müssen. Es ist aber auch möglich, einen Ausdruck des gesamten Bildschirmbildes zu erstellen, das heißt einen Screenshot. In diesem Kapitel lernen Sie die wichtigsten Funktionen und Einstellungen rund um das Drucken kennen.

Wir zeigen Ihnen in diesem Kapitel,

- wie Sie einen Standarddrucker einrichten,
- was ein Spool-Auftrag und ein Ausgabeauftrag ist,
- wie Sie Listen aus dem SAP-System ausdrucken,
- wie Sie Bildschirmabzüge (Screenshots) erstellen.

9

9.1 Die Druckfunktionen im Überblick

Im SAP-System gibt es zwei Möglichkeiten, Dokumente auszugeben: als Sofortdruck oder über das Spool-System. So drucken Sie ein Dokument sofort aus:

1. Öffnen Sie das Dokument, zum Beispiel die Liste, die Sie drucken möchten, und klicken Sie auf die Schaltfläche (**Drucken**). Alternativ können Sie die Tastenkombination Strg+P drücken. Sie können aber auch den Menüpfad **Liste ▸ Drucken** benutzen.

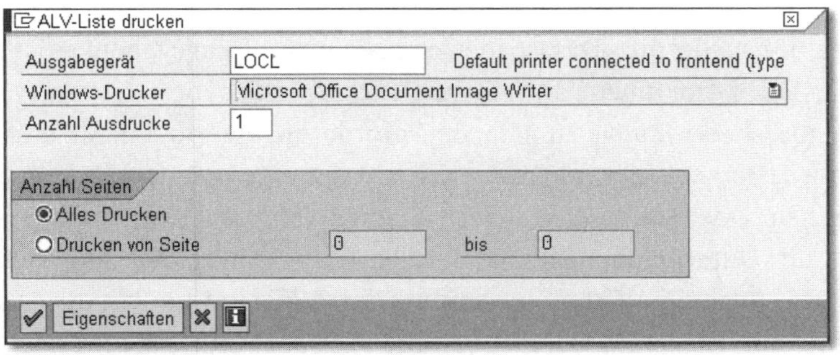

2 Es öffnet sich ein Fenster mit den Druckoptionen. Pflegen Sie hier die weiteren Druckoptionen, und wählen Sie den Drucker aus.

3 Anschließend wird die Liste gedruckt.

Wenn Sie das Spool-System verwenden, werden die Druckaufträge nicht sofort ausgegeben. Stattdessen werden zwei Schritte durchlaufen: Zunächst wird der Druckauftrag in einer sogenannten Spool-Datei abgelegt. Diese Datei kann an einen Drucker oder ein anderes Ausgabegerät (zum Beispiel ein Faxgerät) geschickt werden. Der Druck selbst wird schließlich durch einen Ausgabeauftrag angestoßen.

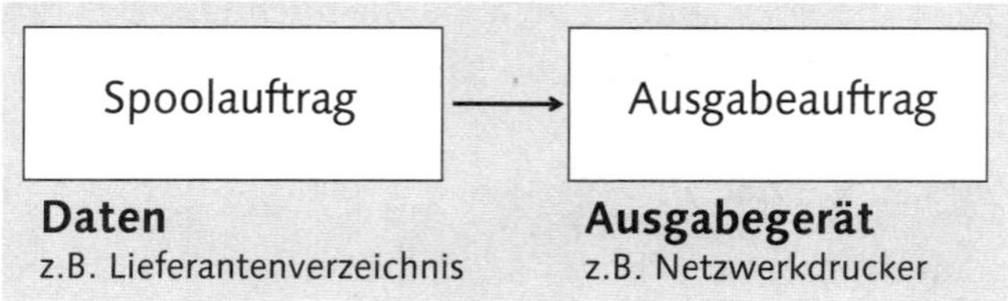

Spool-Auftrag und Ausgabeauftrag

- **Spool-Auftrag**
  Im Spool-Auftrag wird für das Dokument eine Druckfunktion ausgewählt, es wird aber noch nicht auf dem Drucker oder einem anderen Gerät ausgegeben. Stattdessen werden die Ausgabedaten des Druckdokumentes in einer Datenablage aufbewahrt, bis sie an ein bestimmtes Ausgabegerät geschickt werden (Ausgabeauftrag). Über den Spool-Auftrag werden die Druckdaten temporär gespeichert, und Sie können auf diese Daten zugreifen und sie anzeigen lassen.
- **Ausgabeauftrag**
  Mithilfe des Ausgabeauftrags werden die Druckdaten eines Spool-Auftrags an einem bestimmten Ausgabegerät ausgegeben. Zu einem Spool-Auftrag kann es mehrere Ausgabeaufträge geben, die unterschiedliche Drucker nutzen oder andere Druckeinstellungen aufweisen.

Sie denken nun vielleicht: »Das ist aber kompliziert ...«. Zugegeben, es ist einfacher, ein Word-Dokument auf einem Drucker auszugeben. Die Ausgabesteuerung muss jedoch viele zusätzliche Anforderungen erfüllen: Sie müssen Belege oder Listen erneut und dann vielleicht auf einem anderen Gerät ausgeben können. Oder Sie müssen Belege an ein Telefax-Gateway senden können, das im Unternehmensnetzwerk über das SAP-System angesteuert werden kann. Auch die Weiterverarbeitung durch EDI wird durch die Ausgabesteuerung unterstützt. Mit der Aufteilung in Spool-Aufträge und Ausgabeaufträge ermöglicht das Spool-System dies, indem es die Druckdaten temporär ablegt.

INFO

EDI (Electronic Data Interchange)

Unter EDI versteht man einen elektronischen Datenaustausch zwischen Computersystemen. Beispiel: Ein Kunde übermittelt elektronisch eine Bestellung an das SAP-System in Ihrem Unternehmen, in dem diese Bestellung weiterverarbeitet wird. Zwischen SAP-Systemen werden Daten in Form von IDocs (Intermediate Documents) ausgetauscht.

Im folgenden Abschnitt beschreiben wir die Arbeit mit Spool-Aufträgen im Detail.

9

9.2 Mit Spool-Aufträgen arbeiten

Ein Ausdruck im System läuft in zwei Phasen ab: Zuerst wird ein Spool-Auftrag erstellt. Hier werden die für den Druck benötigten Daten vom System aufbereitet. Danach kann ein Ausgabeauftrag generiert werden. Im Ausgabeauftrag wird definiert, wann und auf welchem Gerät die Daten ausgegeben werden sollen.

Sehen wir uns die Druckfunktion am Beispiel des Lieferantenverzeichnisses an:

1 Rufen Sie die Transaktion MKVZ über das SAP Easy Access Menü auf, indem Sie über den Pfad **Logistik ▸ Materialwirtschaft ▸ Einkauf ▸ Stammdaten ▸ Lieferant ▸ Listanzeigen ▸ MKVZ** navigieren. Alternativ rufen Sie Transaktion MKVZ über das Befehlsfeld auf.

2 Im Einstiegsbild des Lieferantenverzeichnisses tragen Sie im Feld **Einkaufsorganisation** den Wert 1000 ein. Demnach sollen alle Lieferanten ausgegeben werden, die der Einkaufsorganisation 1000 zugeordnet sind.

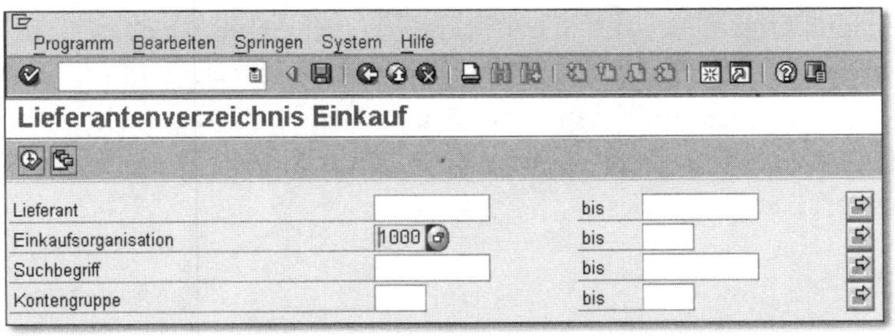

3 Fahren Sie fort, indem Sie die Schaltfläche (**Ausführen**) anklicken. Das Lieferantenverzeichnis wird auf dem Bildschirm angezeigt. Dieses Verzeichnis soll nun ausgedruckt werden.

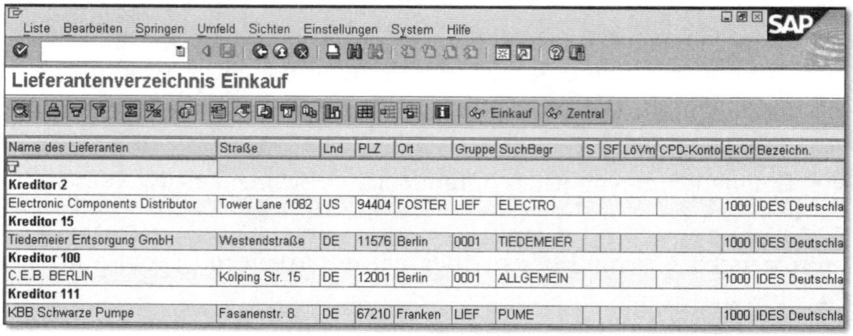

4 Klicken Sie in der Menüleiste auf die Schaltfläche (**Drucken**), oder drücken Sie die Tastenkombination [Strg]+[P]. Es erscheint das Dialogfenster **ALV-Liste drucken**. Je nachdem, in welcher Anwendung Sie sich befinden, kann das Druckfenster unterschiedlich aussehen.

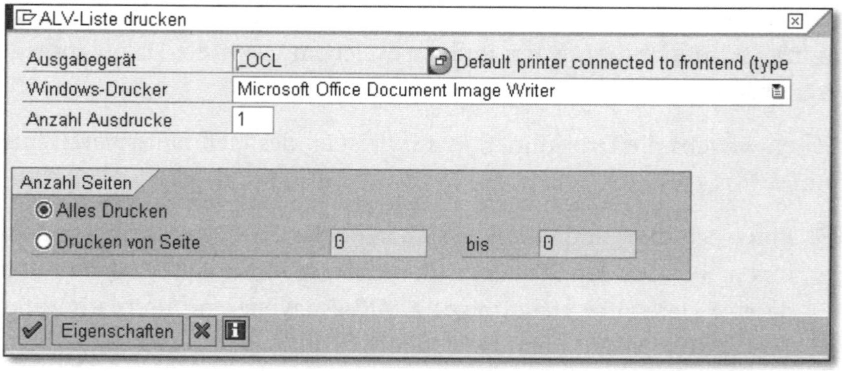

5 In diesem Druckfenster können Sie alle für Ihren Ausdruck notwendigen Einstellungen vornehmen:

- **Ausgabegerät**: Hier können Sie angeben, welchen Drucker Sie benutzen möchten. Über die Schaltfläche (**Wertehilfe**) neben dem Feld können Sie die verfügbaren Drucker anzeigen lassen und durch einen Doppelklick übernehmen. Eine Ausgabe als PDF (Portable Data Format) ist dann möglich, wenn ein PDF-Druckertreiber an Ihrem PC installiert ist.

- **Windows-Drucker**: Hier können Sie einen der an Ihrem Arbeitsplatzrechner installierten Drucker auswählen.
- **Anzahl Ausdrucke**: Hier können Sie einstellen, wie viele Ausfertigungen Sie ausdrucken möchten.
- **Anzahl Seiten**: Über die Auswahlknöpfe **Alles Drucken** oder **Drucken von Seite** können Sie festlegen, ob Sie das gesamte Dokument oder einzelne Seiten ausdrucken möchten.

Drücken Sie anschließend die [↵]-Taste, oder klicken Sie auf den grünen Haken [✔]. Es erscheint eine Statusmeldung, die bestätigt, dass der Spool-Auftrag erstellt wurde. Jeder Spool-Auftrag verfügt über eine Nummer, über die er sich eindeutig identifizieren lässt.

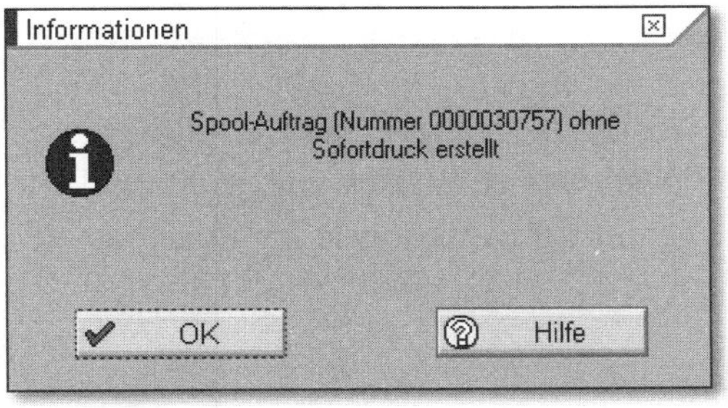

6 Navigieren Sie in der Menüleiste über den Pfad **System ▸ Dienste ▸ Ausgabesteuerung**, um die Ausgabesteuerung zu öffnen.

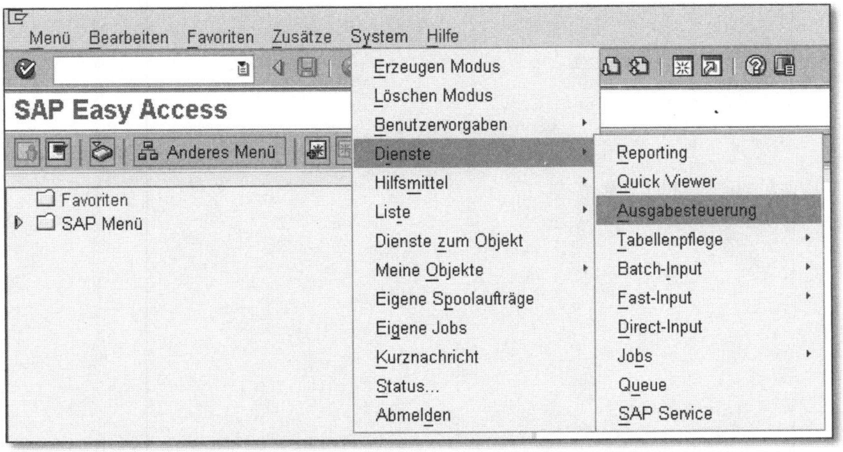

7 Klicken Sie oben in der Ausgabesteuerung auf die Schaltfläche **Weitere Selektionskriterien**, um Ihr Suchergebnis gezielt einzuschränken.

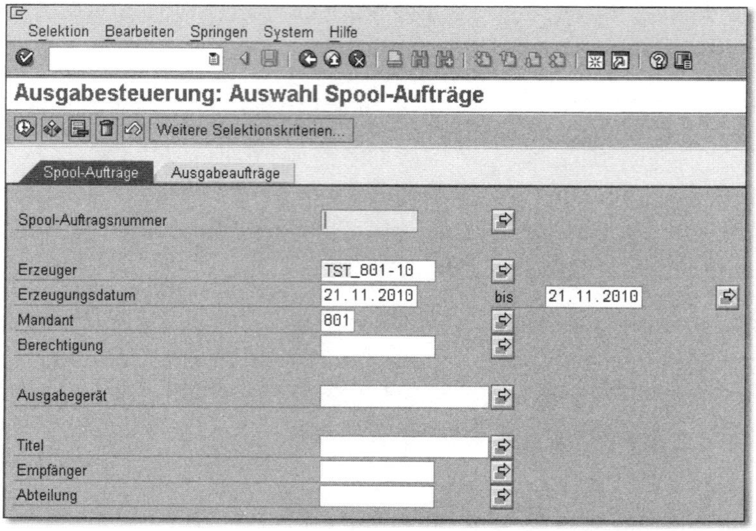

8 Durch einen Klick auf die Schaltfläche **Weitere Selektionskriterien** öffnen Sie ein Fenster, das Ihnen die Selektionskriterien wie gewünscht zur Verfügung stellt. Hier sind die Felder des Selektionskriteriums **Standard** eingeblendet.

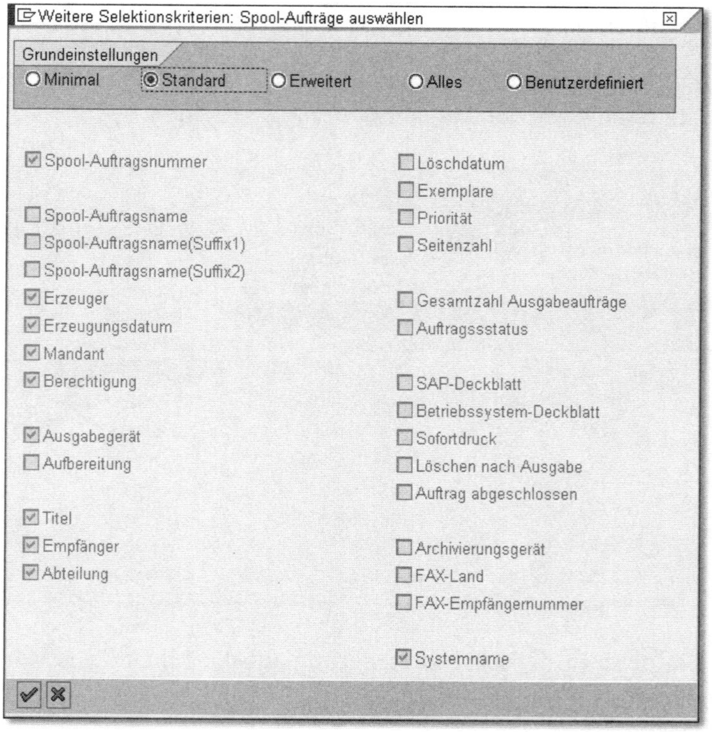

9 Drücken Sie die [↵]-Taste, um zur Ausgabesteuerung zurückzukehren. Klicken Sie auf die Schaltfläche (**Ausführen**). Die Ausgabesteuerung wird angezeigt. Je nach Eingrenzung Ihrer Selektionskriterien können mehrere Aufträge angezeigt werden. Wählen Sie dort den Spool-Auftrag aus, den Sie ausdrucken möchten, indem Sie das Ankreuzfeld neben der Spool-Nummer markieren. Klicken Sie dann auf die Schaltfläche (**Drucken**), oder drücken Sie die Tastenkombination [Strg]+[P].

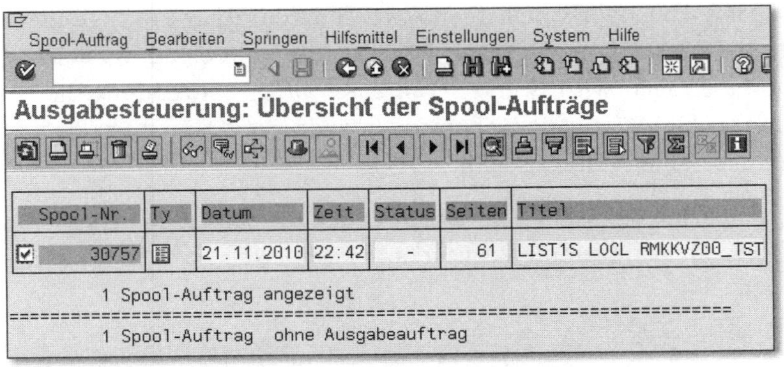

10 Der Ausgabeauftrag wird erzeugt und auf dem Drucker ausgegeben. Sie erhalten die Meldung »Ausgabeaufträge wurden erzeugt«, die Sie mit OK bestätigen. Ihr Dokument wird anschließend auf dem gewählten Drucker ausgegeben.

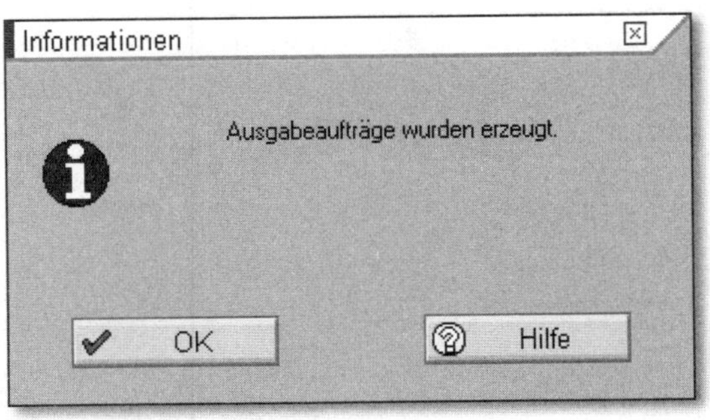

Im folgenden Abschnitt gehen wir darauf ein, wie der Standarddrucker im SAP-System eingestellt wird.

9.3 Standarddrucker ändern

Im SAP-System werden die Drucker zentral angelegt und den einzelnen Benutzern zugeordnet.

HINWEIS

Druckereinrichtung

In einem produktiven SAP-System müssen Sie sich als Anwender im Regelfall nicht um die Druckerkonfigurationen kümmern. Diese Aufgabe fällt dem Administrator Ihres SAP-Systems zu. Zu Testzwecken kann es aber nötig sein, auf einen installierten Windows- oder Netzwerkdrucker auszuweichen.

Es ist aber auch möglich, den Windows-Standarddrucker zu verwenden. Der Windows-Standarddrucker ist der Drucker, der vom Windows-Betriebssystem vorgeschlagen wird, wenn Sie in einer Office-Anwendung die Druckfunktion ausführen, um ein Dokument auszudrucken. So richten Sie im SAP-System den Standarddrucker ein:

1 Öffnen Sie in der Menüleiste **System ▸ Benutzervorgaben ▸ Eigene Daten.** Klicken Sie dann auf die Registerkarte **Festwerte**.

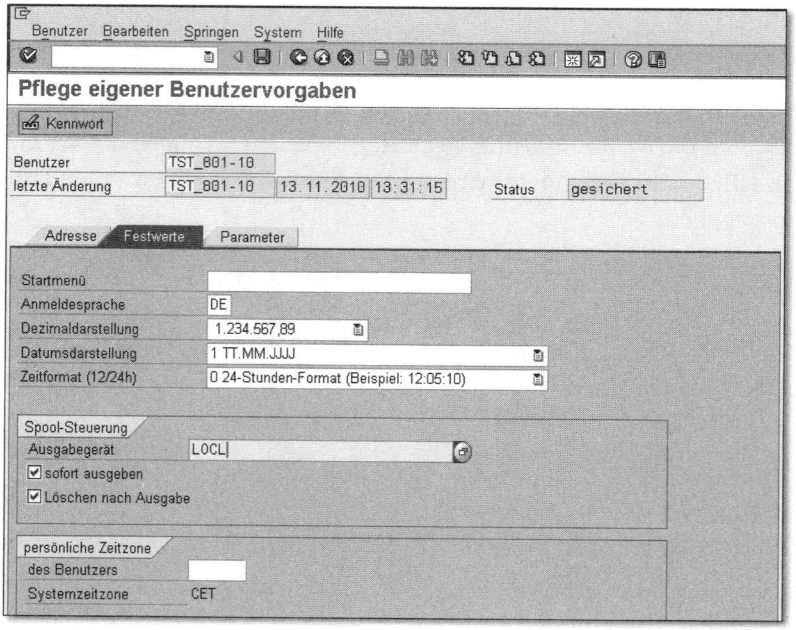

2 Tragen Sie im Feld **Ausgabegerät** das Ausgabegerät **LOCL** (oder LP01) ein, um den Windows-Standarddrucker für den Druck zu verwenden. Sie können das Ausgabegerät auch in der Wertehilfe zum Feld auswählen und durch einen Doppelklick übernehmen.

Stellen Sie sicher, dass die Ankreuzfelder **Sofort ausgeben** und **Löschen nach Ausgabe** markiert sind. Damit gewährleisten Sie, dass sofort nach dem Spool-Auftrag ein Ausgabeauftrag erzeugt wird. Der Ausdruck erfolgt somit unmittelbar nach dem Druckbefehl. Durch die Einstellung **Löschen nach Ausgabe** verbleibt keine Druckaufbereitung (Spool) im SAP-System.

Im nächsten Abschnitt zeigen wir Ihnen nun, wie Sie Bildschirmabzüge (Screenshots) des SAP-Systems erstellen können.

9.4 Bildschirmabzüge erstellen

Wenn Sie zum Beispiel Dokumentationen erstellen müssen, ist es nützlich, Ihren Text mit Abbildungen aus dem SAP-System zu illustrieren, sogenannten Bildschirmabzügen oder Screenshots (im SAP-System auch Hardcopy genannt). Es gibt zwei Möglichkeiten, um Bildschirmabzüge zu erstellen, die wir im Folgenden beschreiben:

- mit Microsoft Office
- über die Funktion **Hardcopy** im SAP-System

So erstellen Sie Bildschirmabzüge über Standard-Microsoft-Funktionen:

1. Öffnen Sie das gewünschte Bildschirmbild, und wählen Sie gegebenenfalls einen Ausschnitt aus.
2. Übernehmen Sie den Bildschirmabzug mit der Tastenkombination [Strg]+[Druck] in die Zwischenablage.
3. Anschließend können Sie den Bildschirmabzug mit der Tastenkombination [Strg]+[V] aus der Zwischenablage in verschiedene Anwendungen einfügen:
   - Öffnen Sie Microsoft Paint über das Windows-Startmenü, drücken Sie [Strg]+[V], um den Bildschirmabzug einzufügen, und speichern Sie ihn als *.tif-Datei ab.
   - Öffnen Sie Microsoft PowerPoint, fügen Sie den Bildschirmabzug per [Strg]+[V] ein, und speichern Sie die Präsentation.
   - Öffnen Sie Microsoft Word, fügen Sie den Bildschirmabzug per [Strg]+[V] ein, und speichern Sie das Word-Dokument.
4. Anschließend können Sie die erstellten Bildschirmabzüge in den genannten Programmen auf verschiedene Art und Weise weiterbearbeiten.

Außerdem ist es möglich, einen Bildschirmabzug im SAP-System direkt auf dem Windows-Standarddrucker auszugeben. Gehen Sie dazu wie folgt vor:

1. Klicken Sie in der Systemfunktionsleiste auf die Schaltfläche **Lokales Layout anpassen** . Klicken Sie dann auf die Schaltfläche **Hardcopy**. Im geöffneten Menü können Sie alternativ die Tastenkombination [⇧]+[H] benutzen.

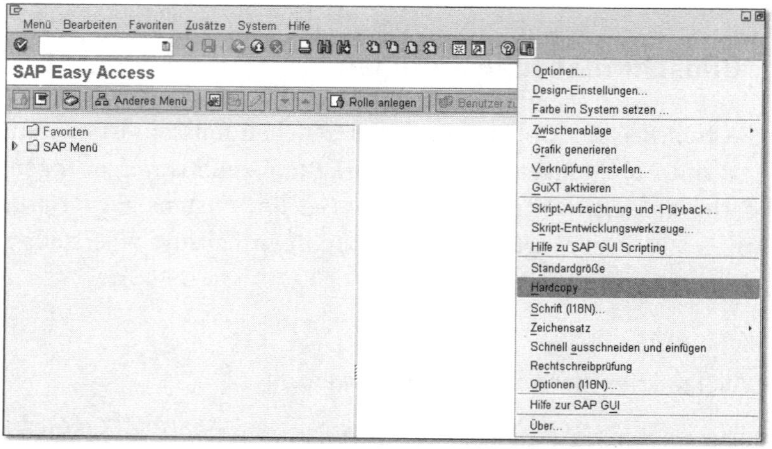

2. Der Bildschirmabzug wird auf dem Drucker ausgegeben.

In diesem Kapitel haben Sie die Druckfunktionen im SAP-System kennengelernt. Drucken in SAP erfolgt im Regelfall in zwei Schritten: Zuerst wird ein Spool-Auftrag erstellt, danach ein Ausgabeauftrag. Sie können Belege, Listen und Reports ausdrucken.

9.5 Probieren Sie es aus!

Aufgabe 1

Beschreiben Sie, wie Sie für Ihren Benutzer einen Standarddrucker im SAP-System festlegen können.

Aufgabe 2

Was ist der Unterschied zwischen Spool- und Ausgabeauftrag?

Aufgabe 3

Drucken Sie die Liste aller Kundenaufträge (Transaktion VA04) aus.

10 Aufgaben automatisieren

In diesem Kapitel zeigen wir Ihnen, wie Sie bestimmte Arbeitsschritte automatisieren und sich dadurch die Arbeit erleichtern können. Dies bedeutet, dass das SAP-System bestimmte Routineaufgaben automatisch im Hintergrund oder in einer Stapelverarbeitung (auch Batch-Verarbeitung oder Batch-Input genannt) ausführt.

Sie lernen in diesem Kapitel,

- was Online- und Hintergrundverarbeitung bedeutet,
- wie Sie sich die Arbeit durch die Nutzung von Jobs erleichtern,
- wie Sie eine Stapelverarbeitung mit Batch-Input-Mappen verwenden.

10.1 Hintergrundjobs

Die Hintergrundverarbeitung im SAP-System dient der Automatisierung von Routineaufgaben. Von einer Hintergrundverarbeitung spricht man, wenn das SAP-System Aufgaben, sogenannte Jobs, ohne das Eingreifen des Benutzers ausführt. Selbstverständlich müssen Sie dem SAP-System jedoch im Vorfeld mitteilen, was es zu tun hat, das heißt: Welches Programm soll wann angestoßen werden? Die Hintergrundjobs werden gemäß dieser Definition im Hintergrund abgearbeitet, ohne weiteres Zutun eines Anwenders.

INFO

Reports

Im SAP-Kontext bezeichnet ein Report ein ABAP-Programm, das Datenbanktabellen ausliest und daraus Ergebnisse nach bestimmten Kriterien ausgibt. Beispiel: Die Vertriebsabteilung benötigt eine Auswertung, in der alle Kunden aus dem Bundesland gelistet sind, die im letzten Geschäftsjahr Ware für 10.000 EUR eingekauft haben. Ein Report ist demnach ein ausführbares Programm. Wird ein solcher Report ausgeführt, kann die Ausgabeliste entweder auf dem Bildschirm angezeigt, gedruckt oder gesichert werden.

Das Gegenteil zur Hintergrundverarbeitung ist die Onlineverarbeitung. Im Gegensatz zu der herkömmlichen Definition des Begriffes *online* in der IT, bezieht er sich hier nicht auf eine Internetverbindung. Vielmehr spricht man in diesem Kontext von online, wenn ein Anwender Transaktionen direkt im SAP-System startet.

Hintergrundjobs eignen sich vor allem dann, wenn sich wiederholende Aktivitäten im SAP-System ausgeführt werden müssen, bei denen keine Interaktion zwischen Anwender und SAP-System erforderlich ist. Der Vorteil von Hintergrundjobs ist, dass die Aufgaben zu Zeiten erledigt werden können, zu denen das SAP-System weniger ausgelastet ist (beispielsweise nachts). Um das System nicht unnötig zu belasten, sollten Sie Hintergrundjobs daher immer dann einplanen, wenn das SAP-System möglichst wenig ausgelastet ist. Diese Zeitfenster sollten Sie mit der SAP-Administration abstimmen.

Folgende Aufgaben werden zum Beispiel oft als Hintergrundjobs ausgeführt:

- Mahnungen drucken
- Reports erstellen
- Daten per EDI (Electronic Data Interchange) übertragen

In diesem Abschnitt zeigen wir Ihnen, wie Sie am besten mit Hintergrundjobs arbeiten.

Zunächst beschreiben wir, wie Sie einen Job anlegen können. Zuerst müssen Sie den Namen des Reports ermitteln, den Sie im Hintergrundjob ausführen möchten. Anschließend definieren Sie den Job mithilfe des Job Wizards im SAP-System. Sie werden im Job Wizard Schritt für Schritt durch das Anlegen des Jobs geführt und machen Angaben zu dem Jobnamen und zu der Jobklasse, der Aufgabe, dem Startzeitpunkt sowie der Ausgabe.

In unserem Beispiel soll ein aktuelles Lieferantenverzeichnis in einem Hintergrundjob erstellt werden. So geht's:

1. Im SAP-System können Sie mit Transaktion MKVZ ein Lieferantenverzeichnis ausgeben. Rufen Sie diese Transaktion über das SAP Easy Access Menü **Logistik ▸ Materialwirtschaft ▸ Einkauf ▸ Stammdaten ▸ Lieferant ▸ Listanzeigen** auf, oder geben Sie im Befehlsfeld den Transaktionscode MKVZ ein.

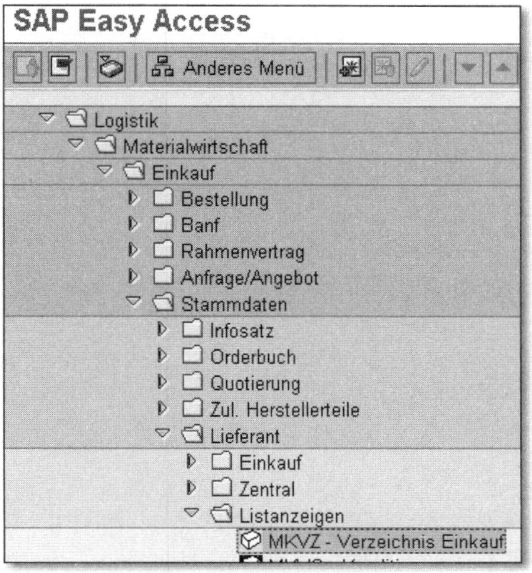

2 Das Einstiegsbild des Lieferantenverzeichnisses öffnet sich. Statt in dieser Transaktion fortzufahren, ermitteln Sie jedoch den Namen des Reports. Diesen Report-Namen benötigen Sie, um später den Schritt automatisieren zu können. Wählen Sie deshalb in der Menüleiste **System ▸ Status**.

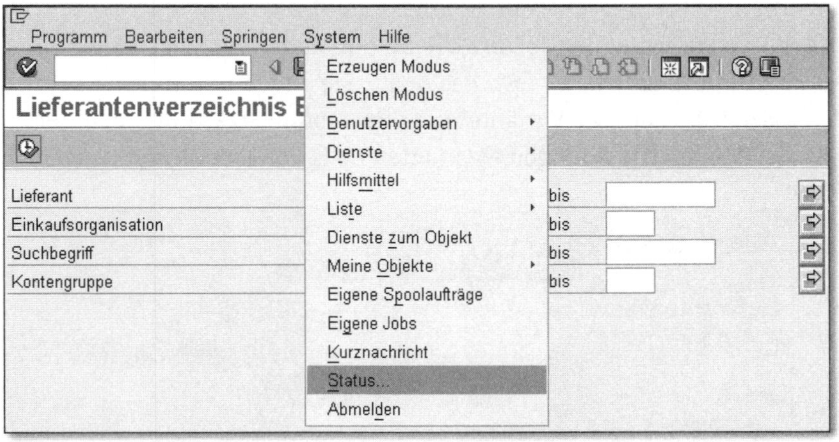

3 Im Fenster **System: Status** können Sie den Namen des Reports ermitteln. In diesem Beispiel heißt er RMKKVZ00. Notieren Sie sich diesen Report-Namen, oder legen Sie ihn in die Zwischenablage, indem Sie ihn mit der Maus markieren und die Tastenkombination [Strg]+[C] drücken.

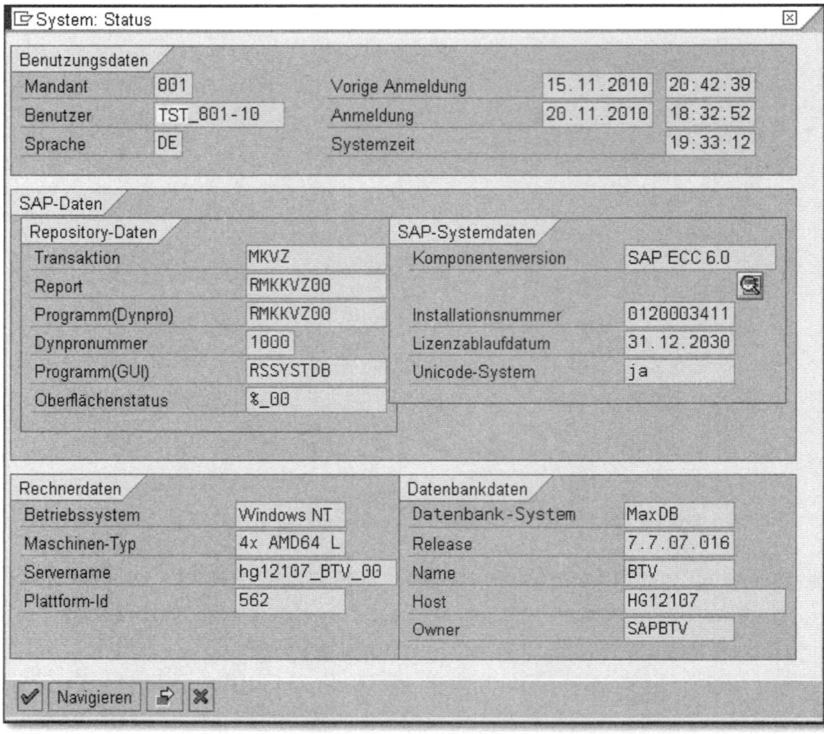

4 Wenn Sie später den Job im SAP-System definieren, legen Sie gleichzeitig bestimmte Parameter fest, das heißt, Sie geben bestimmte Kriterien an. Dazu legen Sie eine Variante zum Lieferantenverzeichnis an, indem Sie in der Menüleiste **Springen ▸ Varianten ▸ Als Variante sichern...** wählen.

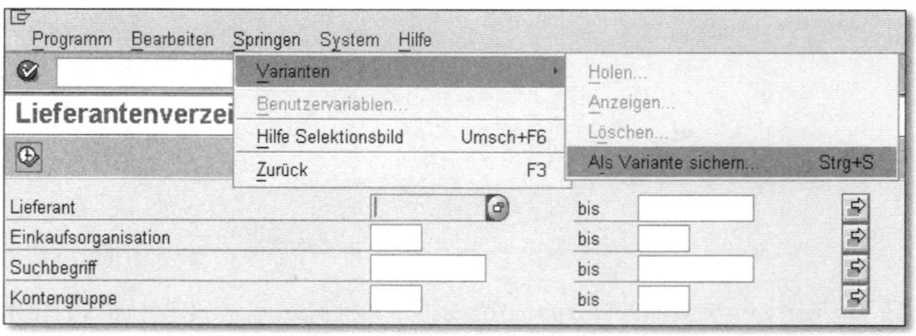

5 Der Bildschirm **Variantenattribute** öffnet sich. Hier müssen Sie einen Variantennamen und eine Bedeutung vergeben, damit Sie die Variante später eindeutig identifizieren und zuordnen können. Pflegen Sie dazu die Felder **Variantenname** (hier mit »zz_liefer_1«) und **Bedeutung** (hier »Lieferantenverzeichnis«).

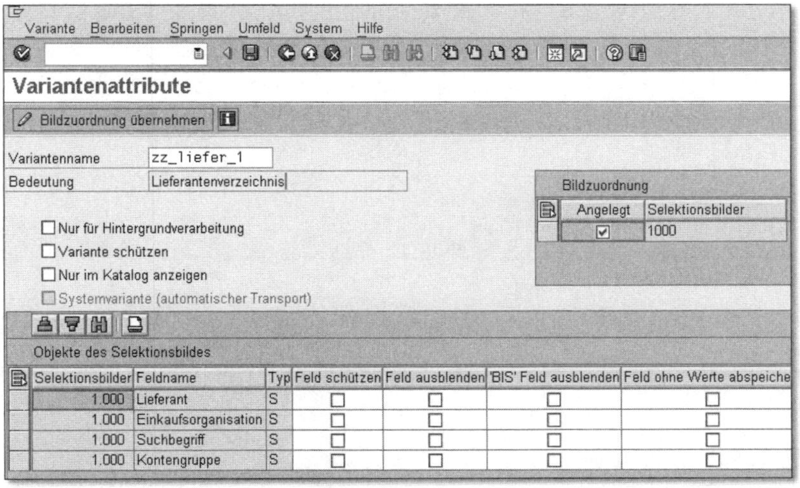

Speichern Sie die Variante, indem Sie auf die Schaltfläche (**Speichern**) in der Systemfunktionsleiste klicken. Nach dem Speichern erhalten Sie vom System die Meldung »Die Variante ZZ_LIEFER_1 wurde gesichert«.

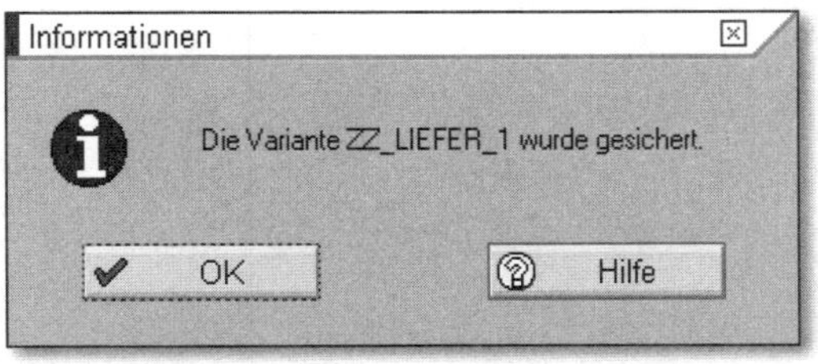

6 Als Nächstes planen Sie den Hintergrundjob im SAP-System ein. Dazu rufen Sie in der Menüleiste **System ▸ Dienste ▸ Jobs ▸ Job-Definition** auf. Alternativ können Sie den Transaktionscode SM36 über das Befehlsfeld eingeben.

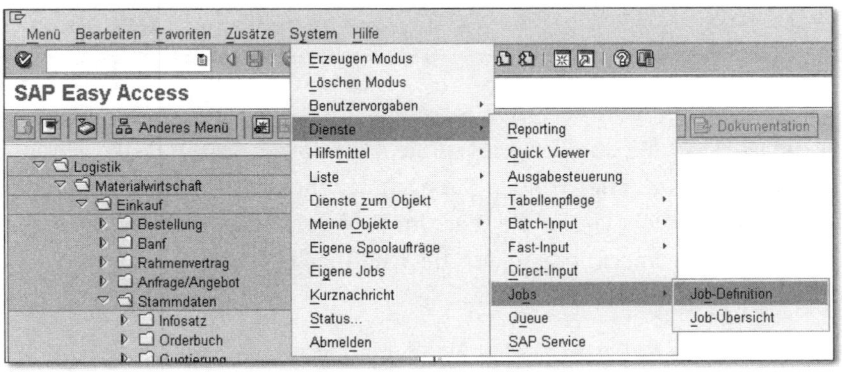

7 In der Transaktion SM36 (Job definieren) rufen Sie den Job Wizard auf. Ähnlich wie ein Assistent aus einer Office-Anwendung führt der Job Wizard Sie durch das Anlegen eines Hintergrundjobs. Klicken Sie dazu auf die Schaltfläche **Job Wizard**.

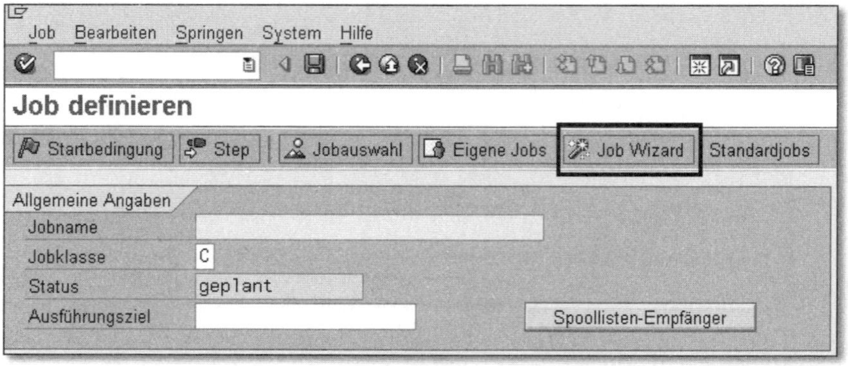

8 Im folgenden Schritt öffnet sich das Einstiegsbild des Job Wizards. Klicken Sie auf die Schaltfläche **Weiter**.

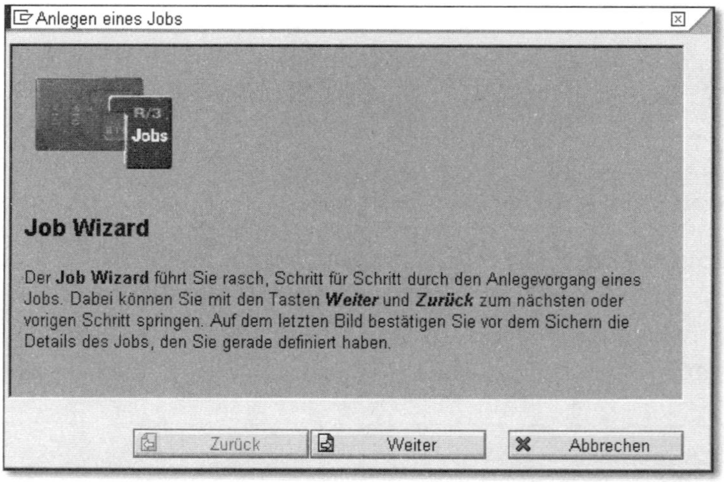

9 Im nächsten Bild vergeben Sie einen Jobnamen und definieren die Jobklasse. Mit der Jobklasse legen Sie die Priorität fest, mit der der Job verarbeitet wird. Hier wählen Sie nach Möglichkeit **A – Prio hoch**. Das Feld des Zielservers lassen Sie leer. Im Feld **Jobstatus** wählen Sie »geplant«. Klicken Sie anschließend auf die Schaltfläche **Weiter**.

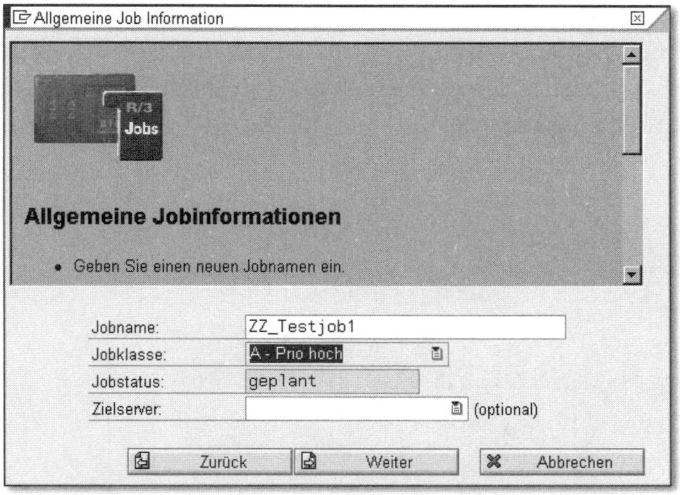

10 Im nächsten Dialogfenster stellen Sie sicher, dass der Auswahlknopf **ABAP-Programm-Step** markiert ist. Danach klicken Sie auf die Schaltfläche **Weiter**.

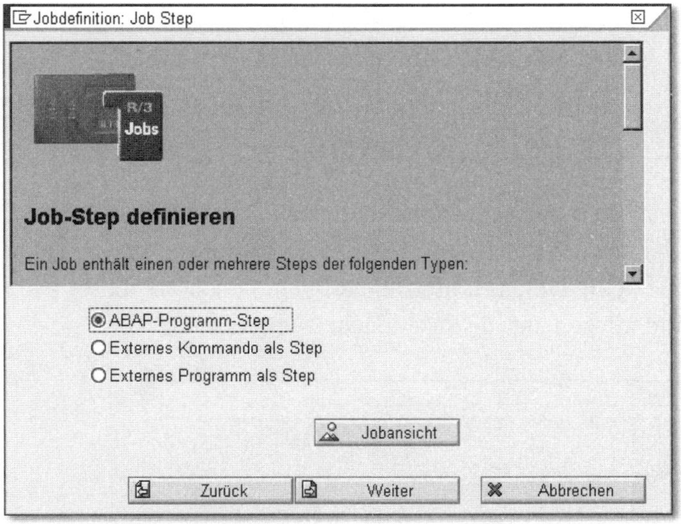

11 Als Nächstes legen Sie fest, welches ABAP-Programm mit welcher Variante verarbeitet werden soll. Im Feld **Programmname** tragen Sie den Report-Namen (**RMKKVZ00**) ein, den Sie im Systemstatus des Lieferantenverzeichnisses abgelesen haben. Wenn Sie den Report-Namen in der Zwischenablage gespeichert haben, setzen Sie den Cursor in das Feld **ABAP-Programmname** und fügen den Namen mit der Tastenkombination [Strg]+[V] ein.

Danach klicken Sie auf die Schaltfläche (Wertehilfe) neben dem Feld **Variante**. Hier sollten Sie Ihre gespeicherte Variante wiederfinden und mit einem Doppelklick übernehmen können. Fahren Sie anschließend mit einem Klick auf **Weiter** fort.

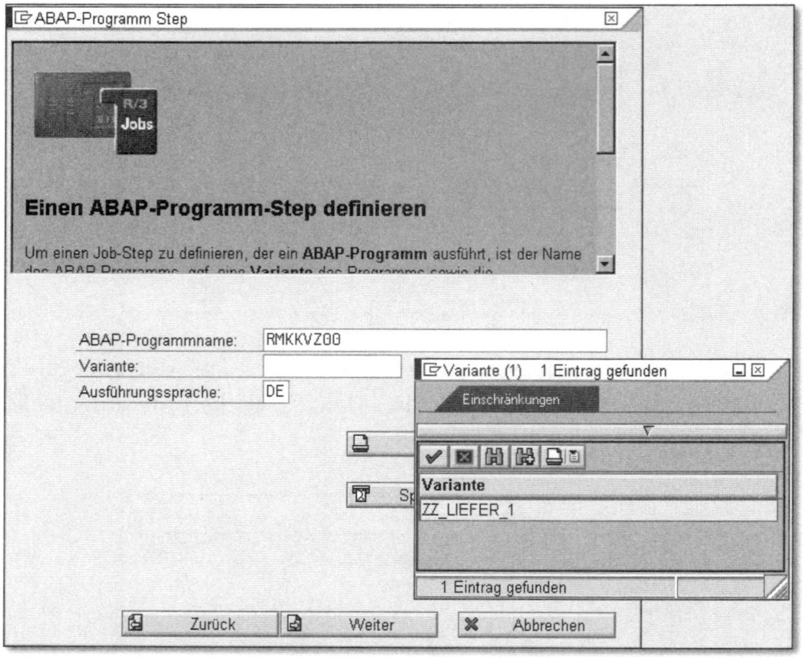

12 Auf dem nächsten Bildschirmbild haben Sie die Möglichkeit, weitere Steps anzuhängen, das heißt ein weiteres ABAP-Programm. Da Sie in diesem Beispiel keine weiteren Steps benötigen, lassen Sie dieses Ankreuzfeld leer und klicken auf die Schaltfläche **Weiter**.

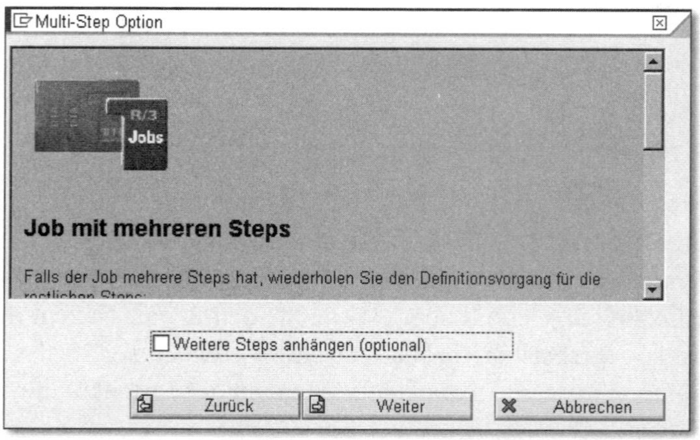

13 Als Nächstes stellen Sie ein, wann und wie der Job gestartet werden soll. Markieren Sie den Auswahlknopf **Sofortstart**, damit Sie für das Beispiel möglichst schnell das Ergebnis im SAP-System nachvollziehen können. In der täglichen Praxis würden Sie einen geeigneteren Zeitpunkt auswählen. Klicken Sie dann auf die Schaltfläche **Weiter**.

14 Als Nächstes erhalten Sie eine Meldung, die Sie darüber informiert, ob der Job sofort ausgeführt werden kann. Die Auslastung des Systems lässt dies zu, der Job startet sofort. Auf diesem Bildschirmbild sehen Sie außerdem, wie viele Prozesse im Hintergrund laufen. Klicken Sie auf **Weiter**.

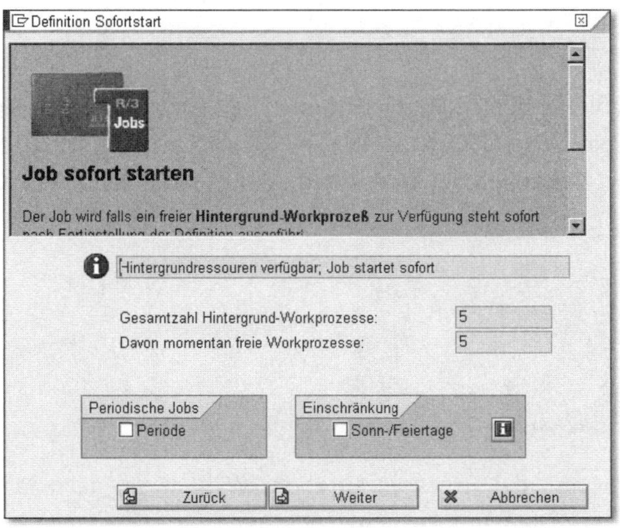

15 Im folgenden Dialogfenster erhalten Sie eine Zusammenfassung des eingeplanten Jobs. Hier können Sie über die Schaltfläche **Zurück** die Jobdefinition überarbeiten oder über die Schaltfläche **Abbrechen** den gesamten Vorgang beenden. Klicken Sie auf die Schaltfläche **Fertigstellen**, um den Job in der vorliegenden Definition im SAP-System anzulegen. Der Job Wizard wird danach geschlossen.

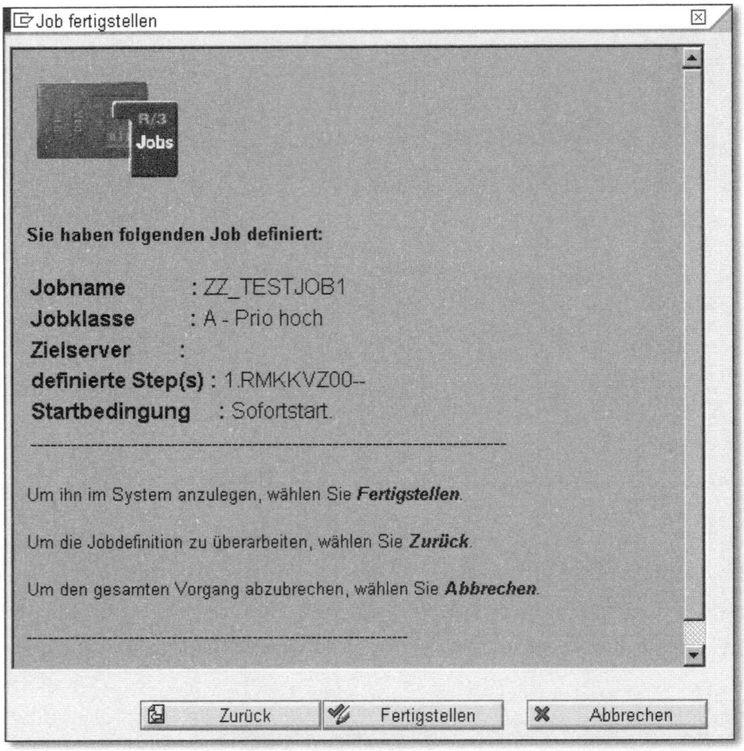

16 Sie erhalten anschließend eine Statusmeldung, die die Sicherung des Jobs bestätigt, in diesem Beispiel »Job ZZ_TEXTJOB1 wurde gesichert mit Status: freigegeben«. Bestätigen Sie diese Meldung mit der Schaltfläche **OK**.

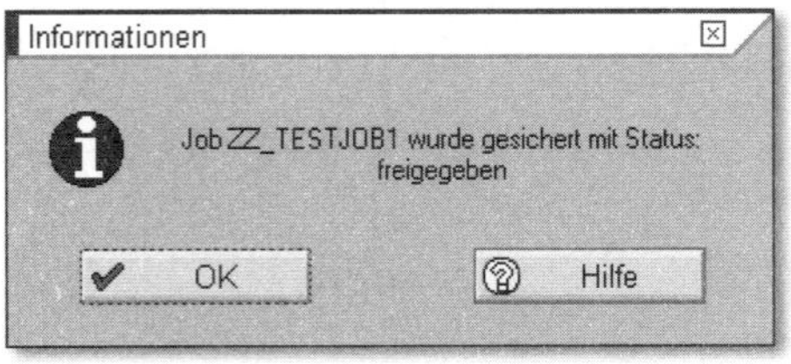

17 Sie möchten sich nun das Ergebnis ansehen. Wählen Sie dazu in der Menüleiste **System ▸ Dienste ▸ Ausgabesteuerung**.

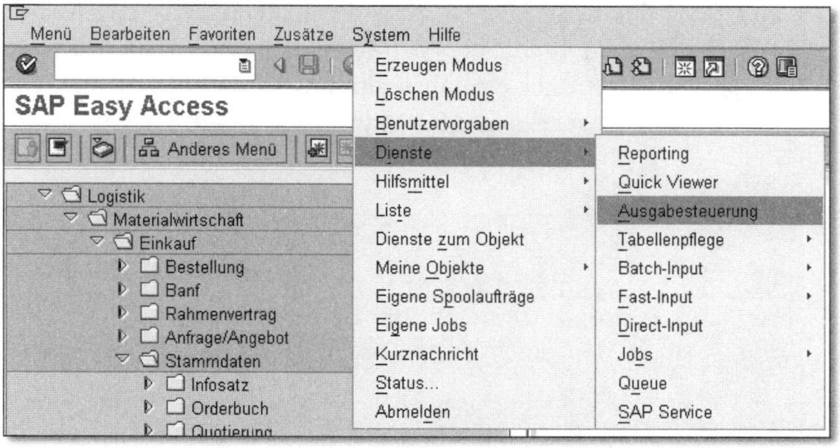

18 Anschließend müssen Sie Ihren Job wieder aufrufen. In der Ausgabesteuerung können Sie die Suche nach den im SAP-System vorhandenen Jobs filtern, indem Sie beispielsweise im Feld **Erzeuger** Ihren Anmeldenamen stehen lassen und das Erzeugungsdatum auf den Tag der Erstellung setzen (beide Werte werden vom SAP-System vorgeschlagen). Prüfen Sie die Felder, und klicken Sie dann auf die Schaltfläche (**Ausführen**).

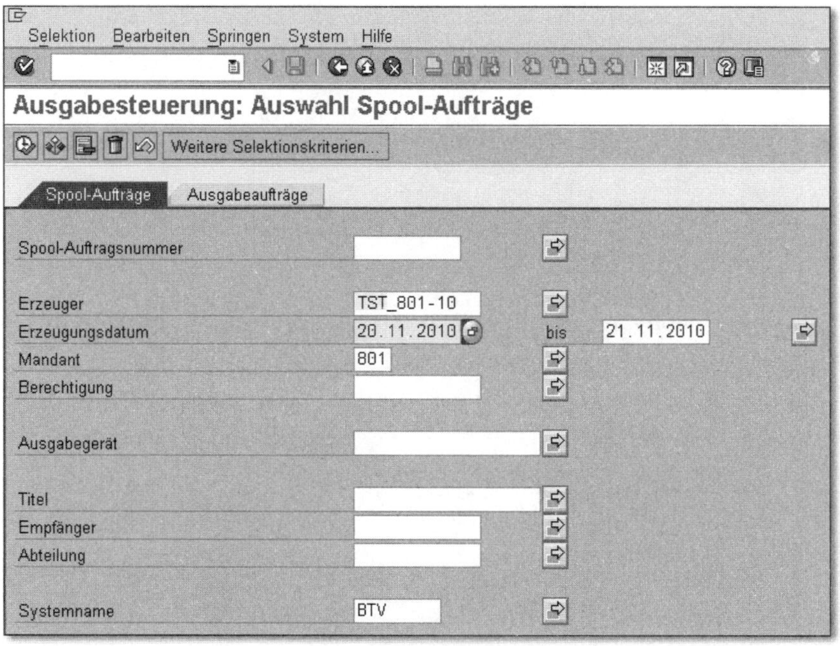

19 Sie erhalten eine Übersicht über alle Spool-Aufträge. Hier sollte die von Ihnen durch den Job generierte Liste zu sehen sein. Anhand des Titels

können Sie Ihren angelegten Job identifizieren. Markieren Sie das Ankreuzfeld neben Ihrem Spool-Auftrag, und lassen Sie sich durch einen Klick auf die Schaltfläche (**Inhalt anzeigen**) die Vorschau des Lieferantenverzeichnisses anzeigen. Alternativ drücken Sie die Funktionstaste [F6].

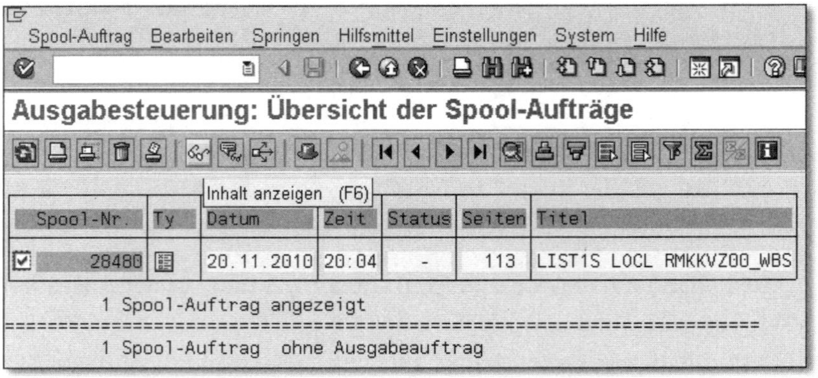

20 Die Vorschau des Lieferantenverzeichnisses wird nun dargestellt.

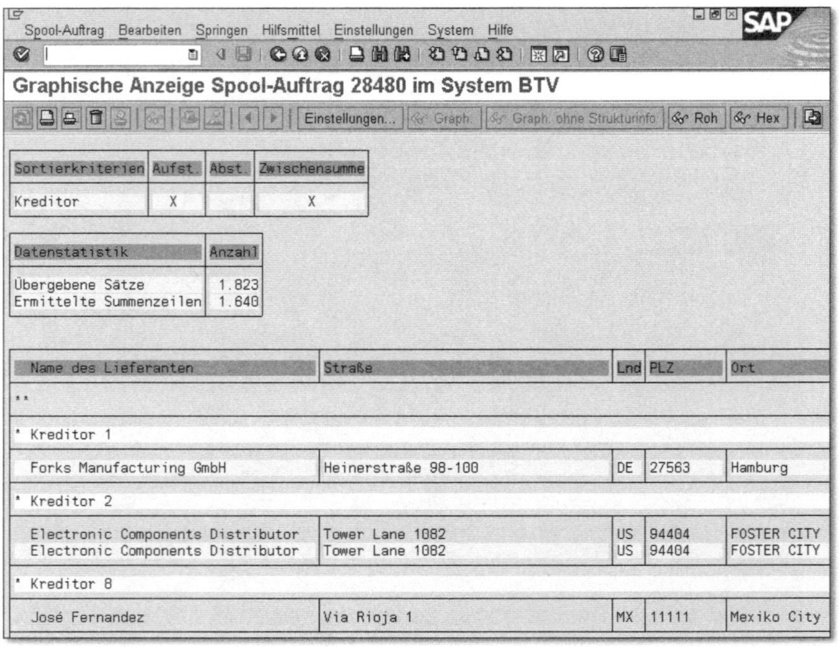

Sie können im SAP-System kontrollieren, welche Jobs Sie dort angelegt haben und ob diese Jobs freigegeben, aktiv oder bereits fertiggestellt sind. Dazu wählen Sie in den Menüleiste **System ▸ Eigene Jobs**.

10.2 Stapelverarbeitung (Batch-Input)

Die Batch-Input-Technik (Batch ist englisch für Stapel) ist nützlich, wenn größere Datenmengen verarbeitet werden müssen (etwa für die sogenannte Massendatenübernahme). So können zum Beispiel Daten von einem SAP-System (oder Drittsystem) in ein anderes SAP-System übertragen werden. Häufig wird ein Batch-Input für den einmaligen Import von Daten aus einem Altsystem in ein neu installiertes SAP-System verwendet.

In einer solchen Stapelverarbeitung laufen Transaktionen automatisiert ab. Die für diese Transaktion benötigten Daten werden in sogenannten Batch-Input-Mappen bereitgestellt, die dann zusammen mit der Transaktion verarbeitet werden. Über Batch-Input-Mappen können Sie somit Daten automatisiert in das SAP-System einspielen, das heißt ohne eine Interaktion des Anwenders mit dem SAP-System während des Einspielens.

Eine Batch-Input-Mappe umfasst den Ablauf einer oder mehrerer Transaktionen und der zugehörigen Daten. In einer Batch-Input-Mappe wurden die Transaktionen und Daten zuvor so aufgezeichnet, dass sie vom SAP-System verarbeitet werden können. Wird die Batch-Input-Mappe abgespielt, arbeitet das SAP-System die Eingaben von Transaktionscodes und Daten ab (so als würden Sie die Transaktion selbst ausführen).

Der Batch-Input verläuft in zwei Schritten:

1. Die Batch-Input-Mappe wird erstellt.
2. Die Batch-Input-Mappe wird verarbeitet, und die enthaltenen Daten werden in das SAP-System eingespielt.

Das Hauptmenü des Batch-Input-Systems erreichen Sie über die Menüleiste **System ▸ Dienste ▸ Batch-Input ▸ Mappen** oder über Transaktion SM35. In den nächsten beiden Abschnitten werden wir das Erstellen und Abspielen einer Batch-Input-Mappe nacheinander vorstellen.

10.2.1 Batch-Input-Mappe erstellen

In diesem Abschnitt geben wir Ihnen ein Beispiel für das Erzeugen einer Batch-Input-Mappe. Wir zeigen, wie Sie mithilfe des Transaktionsrekorders eine »Miniaufzeichnung« einer Transaktion erstellen. Der Transaktionsrekorder ist mit einem Makrorekorder in einer Office-Anwendung vergleichbar. Er zeichnet alle Schritte auf, die Sie durchlaufen. Aus dieser Aufzeichnung heraus können beliebig viele Batch-Input-Mappen zum Testen generiert werden.

In diesem Beispiel zeigen wir eine Transaktion mit wenigen Benutzerinteraktionen, aber natürlich können Sie dieses Vorgehen auch auf komplexere Anwendungen übertragen, zum Beispiel um Materialien oder Debitorenstammsätze anzulegen. Wir verwenden hier der Einfachheit halber eine Transaktion, die Sie bereits kennen: Transaktion MMBE (Bestandsübersicht). So geht's:

1 Um den Transaktionsrekorder zu starten, wählen Sie auf der Menüleiste **System ▸ Dienste ▸ Batch-Input ▸ Recorder** oder geben den Transaktionscode SHDB im Befehlsfeld ein. Klicken Sie dann auf die Schaltfläche **Neue Aufzeichnung.** Im Feld **Aufzeichnung** tragen Sie einen Namen ein, den Sie sich notieren oder merken. Im Feld **Transaktionscode** geben Sie diesen Namen ein (hier MMBE). Alle anderen Einstellungen lassen Sie so, wie sie vorgeschlagen werden. Anschließend klicken Sie auf die Schaltfläche **Aufzeichnung starten.**

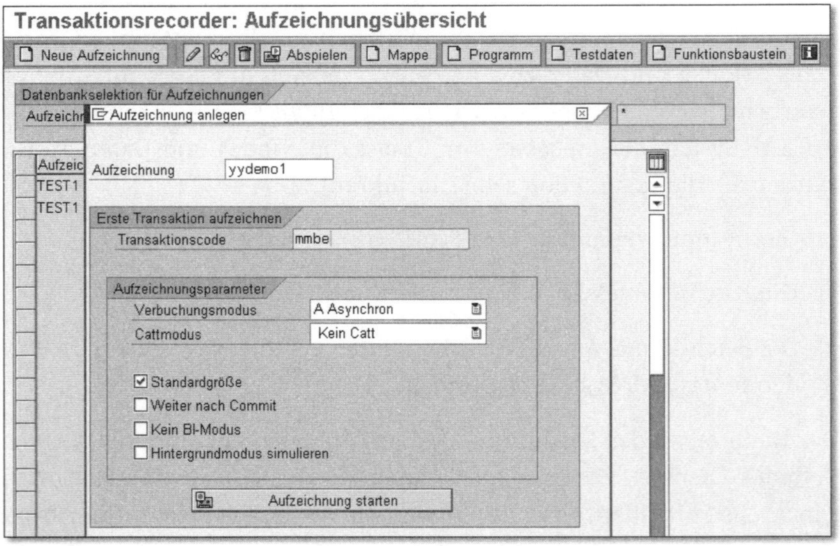

2 Nun läuft die Aufzeichnung der Transaktion. Steht Ihnen ein IDES-System zur Verfügung, können Sie das Material T-T100 und das Werk 1000 verwenden. Führen Sie die Transaktion bis zum Ende durch. Klicken Sie zunächst auf die Schaltfläche (Ausführen) **(Ausführen).**

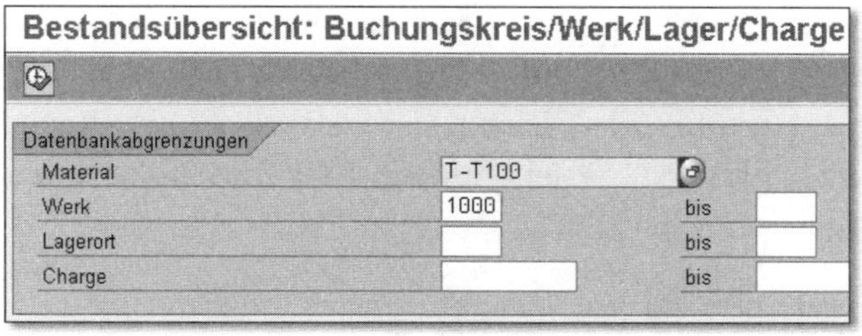

3 In der Bestandsübersicht beenden Sie die Transaktion, indem Sie auf die Schaltfläche (**Beenden**) klicken.

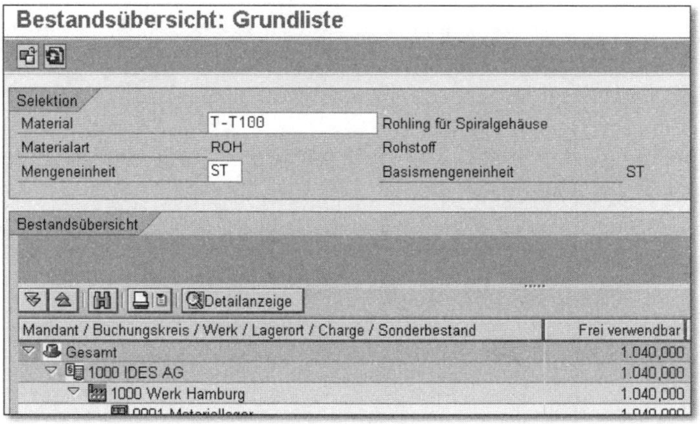

4 Anschließend erhalten Sie eine Meldung, dass die Aufzeichnung jetzt beendet wird. Bestätigen Sie die Meldung, indem Sie auf die Schaltfläche OK klicken.

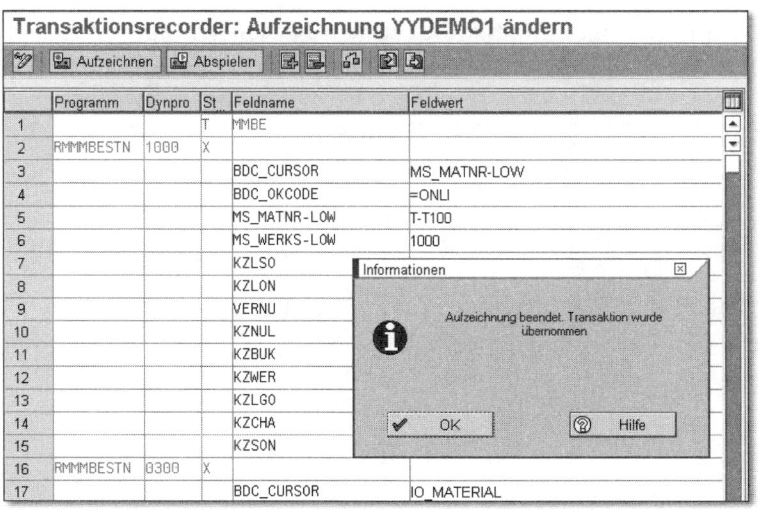

5 Klicken Sie dann auf die Schaltfläche (**Speichern**), um die Aufzeichnung zu sichern. Mit einem Klick auf die Schaltfläche **Abspielen** können Sie die Aufzeichnung testen. Ein Klick auf die Schaltfläche (**Beenden**) bringt Sie zur Aufzeichnungsübersicht zurück. Hier finden Sie nun auch Ihre Aufzeichnung.

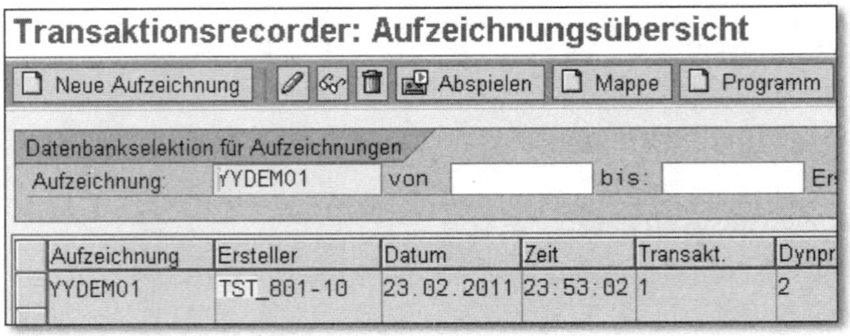

6 Markieren Sie die Aufzeichnung, und wählen Sie auf der Menüleiste **Bearbeiten ▸ Mappe anlegen**.

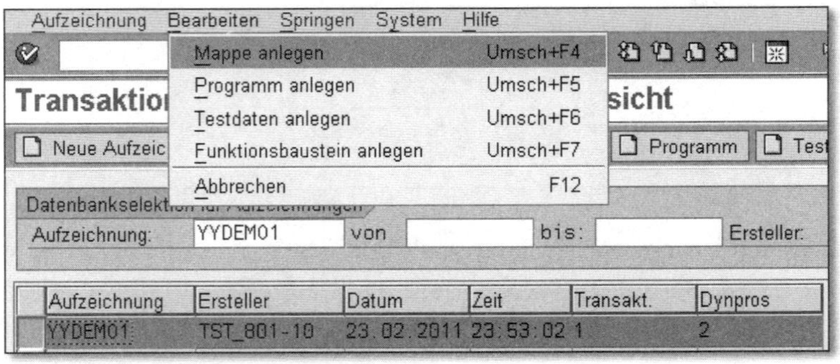

7 Vergeben Sie einen Namen für Ihre neue Batch-Input-Mappe (hier YYDEMO1), und klicken Sie anschließend auf die Schaltfläche **Anlegen**.

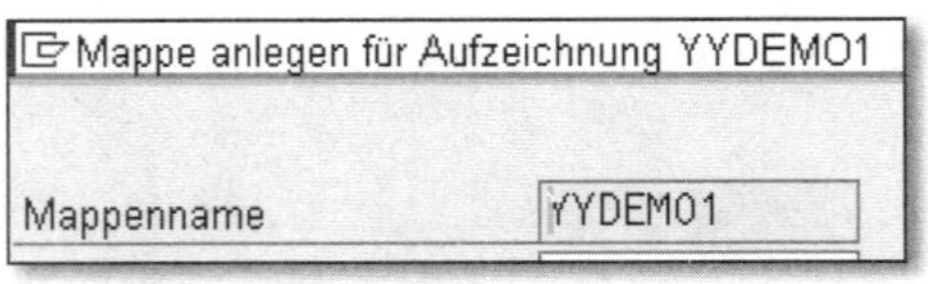

8 Die Batch-Input-Mappe wurde erfolgreich angelegt und kann jetzt gestartet werden. Dazu wählen Sie im Menü **System ▸ Dienste ▸ Batch-Input ▸ Mappen**.

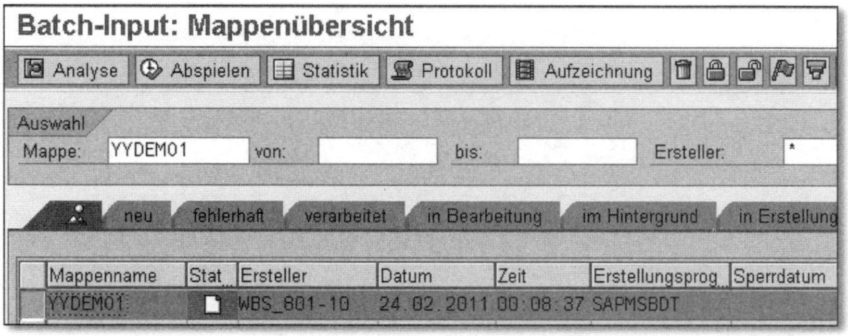

Sie können Sie Mappe testen und jederzeit neu erstellen, indem Sie wieder den Transaktionsrekorder starten.

10.2.2 Batch-Input-Mappe abspielen

In diesem Abschnitt zeigen wir Ihnen, wie Sie eine Batch-Input-Mappe abspielen. Um zu den im SAP-System hinterlegten Mappen zu gelangen, die sich in der sogenannten Mappenübersicht befinden, gehen Sie wie folgt vor:

1. Wählen Sie in der Menüleiste **System ▸ Dienste ▸ Batch-Input ▸ Mappen**.

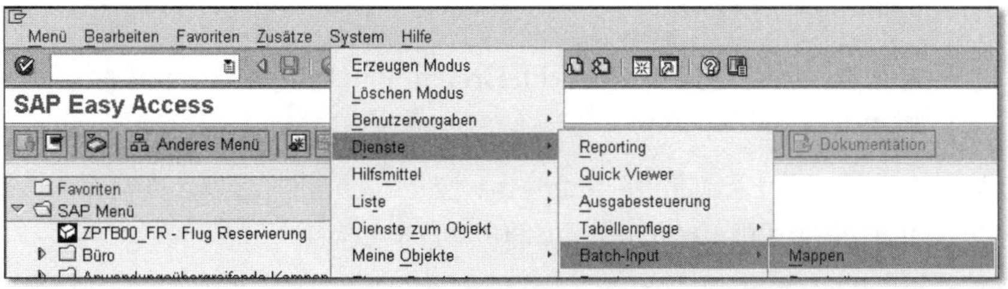

2. Die Batch-Input-Mappenübersicht wird angezeigt. Durch einen Klick auf ▢ können Sie die Zeile und somit die gewünschte Mappe markieren.

   Sie haben in der Mappenübersicht auch die Möglichkeit, nach einer Mappe zu suchen, falls die Übersicht zu viele Mappen enthält. Dazu finden Sie im Bereich **Auswahl** verschiedene Selektionsmöglichkeiten: Geben Sie im Feld **Mappe** den Namen der Mappe ein, die Sie abspielen möchten. Geben Sie in den Feldern **von** und/oder **bis** einen Zeitpunkt oder einen Zeitraum an, für den Sie Mappen finden möchten. Mit dem **Feldersteller** können Sie Mappen eines bestimmten Erstellers selektieren.

   Überprüfen Sie, ob die gewählte Mappe als gesperrt gekennzeichnet ist. Falls ja, klicken Sie auf die Schaltfläche 🔓 (**Mappe entsperren**), oder wählen Sie den Menüpfad **Mappe ▸ entsperren**.

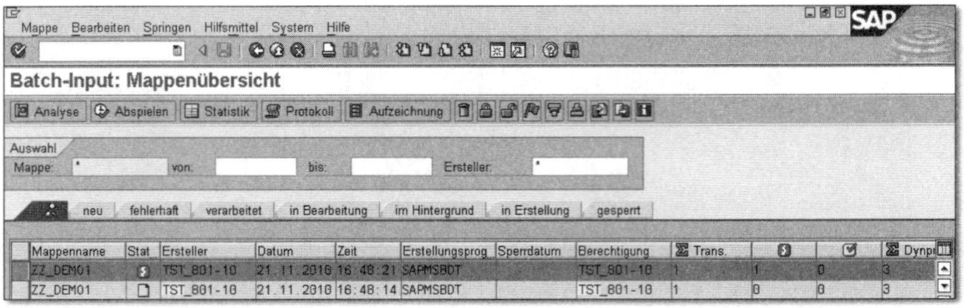

In der Mappenübersicht haben Sie die Möglichkeit, die Batch-Input-Mappe zu bearbeiten. Die folgende Tabelle zeigt Ihnen, wie Sie Ihre Mappe bearbeiten können.

3 Markieren Sie einen Abspielmodus. Abspielmodi für Batch-Input-Mappen sind. Den Abspielmodus können Sie wählen, nachdem Sie die Schaltfläche **Abspielen** angeklickt haben.

- **Sichtbar abspielen**: In diesem Modus werden Interaktionen mit dem Benutzer angezeigt, und einzelne Bildschirmbilder müssen bestätigt werden. Der Benutzer kann daher im Fall eines Fehlers eingreifen.
- **Hintergrund**: Die Batch-Input-Mappe wird vom System im Hintergrund verarbeitet.
- **Nur Fehler anzeigen**: Bei fehlerfreiem Batch-Input kommt es zu keiner Benutzerinteraktion.

4 Geben Sie im Feld **Zielrechner** einen Zielrechner an. Um eine Wertehilfe zu nutzen, drücken Sie die Funktionstaste F4.

5 Durch einen Klick auf die Schaltfläche **Abspielen** können Sie die markierte Mappe abspielen.

Die folgende Tabelle gibt Ihnen eine Übersicht über die Bearbeitungsmöglichkeiten in der Mappenübersicht.

Schaltfläche	Funktion
Analyse	Analysieren
Abspielen	Mappe abspielen
	Mappe entsperren

Bearbeitungsmöglichkeiten von Batch-Input-Mappen

Schaltfläche	Funktion
	Mappe freigeben
	Mappe löschen
	Mappe sperren
	Protokollieren

Bearbeitungsmöglichkeiten von Batch-Input-Mappen (Forts.)

In diesem Kapitel haben Sie zum einen die Arbeit mit Hintergrundjobs kennengelernt, die für ständig wiederkehrende Systemaufgaben verwendet werden können. Außerdem haben wir gezeigt, wie mittels Batch-Input Transaktionen im Ablauf gesteuert werden können.

10.3 Probieren Sie es aus!

Aufgabe 1

Nennen Sie ein Beispiel zur Verwendung von Varianten.

Aufgabe 2

Wie ermitteln Sie einen Report-Namen?

Aufgabe 3

Was ist der Unterschied zwischen Online- und Hintergrundverarbeitung?

Aufgabe 4

Nennen Sie drei Bearbeitungsmöglichkeiten für Batch-Input-Mappen.

Aufgabe 5

Erstellen Sie eine Batch-Input-Mappe zur Anzeige einer Auswertung zu Kundenretouren: Transaktion MC+A (Menüpfad **Infosysteme ▸ Logistik ▸ Vertrieb ▸ Kunde**).

11 Mit Nachrichten und dem Business Workplace arbeiten

Der Business Workplace im SAP-System bietet Ihnen Unterstützung bei Ihrer Arbeit, indem er Ihnen Funktionen für eine effiziente Bürokommunikation zur Verfügung stellt. Sie können Dokumente bearbeiten und verwalten, Terminkalender pflegen und Kurznachrichten verschicken.

In diesem Kapitel erfahren Sie,

- wie Sie eine Kurznachricht im SAP-System versenden,
- wie Sie die Ablage nutzen,
- wie Sie eine automatische Antwort einrichten,
- wie Sie den Terminkalender verwenden können.

11.1 Überblick über den Business Workplace

Der Business Workplace bietet Ihnen eine Arbeitsumgebung innerhalb des SAP-Systems, um Sie mit Funktionen für die Nachrichten-, Dokumenten- und Terminverwaltung bei der Arbeit zu unterstützen. Er steht jedem SAP-Anwender zur Verfügung, unabhängig davon, in welcher Abteilung Sie arbeiten.

Der Business Workplace unterstützt Sie bei den folgenden Aufgaben:

- Workflows erstellen und Workitems bearbeiten
- Kurznachrichten versenden
- Dokumente versenden
- empfangene Dokumente verteilen und beantworten
- Dokumente anlegen, bearbeiten und löschen
- Mappen anlegen und bearbeiten
- Notizen verwalten
- Wiedervorlagefunktionen für Dokumente nutzen

- Terminkalender pflegen
- Abwesenheitsfunktionen nutzen

Eine Auswahl dieser Funktionen stellen wir Ihnen in diesem Kapitel vor. Sie können den Business Workplace über das SAP Easy Access Menü über den Pfad **Büro ▸ Arbeitsplatz** aufrufen oder den Transaktionscode **SBWP** im Befehlsfeld eingeben. Der Bildschirm des Business Workplace teilt sich in drei Bereiche auf:

- **Mappen**
  Die Mappen Ihres Business Workplace werden in einem Menübaum angezeigt. Durch einen Klick auf eine Mappe rufen Sie deren Inhalt auf.
- **Inhaltsliste**
  Die Inhalte der im Menübaum markierten Mappen werden angezeigt: enthaltene Workitems, Dokumente etc.
- **Vorschau**
  In der Vorschau wird Ihnen der Listeneintrag angezeigt, der in der Inhaltsliste markiert ist.

Der Business Workplace (Arbeitsplatz)

Im Einstiegsbild des Business Workplace können Sie die in der Tabelle dargestellten Funktionen direkt nutzen.

Schaltfläche	Funktion
Neue Nachricht	eine neue Nachricht erstellen und versenden (⇧+F4)
Mappe suchen	eine Mappe suchen (⇧+F5)
Dokument suchen	ein Dokument nach bestimmten Kriterien suchen (F5)
Terminkalender	eigener Kalender (⇧+F7)
Verteilerlisten	Verteilerlisten (⇧+F8)

Schaltflächen im Business Workplace

Im nächsten Abschnitt zeigen wir Ihnen, wie Sie Kurznachrichten im SAP-System versenden können.

11.2 Kurznachrichten versenden

Mit dem SAP-System ist es möglich, Kurznachrichten zu verfassen und zu verschicken. Es handelt sich gewissermaßen um ein E-Mail-System mit erweiterten Funktionen: Sie können Kollegen Nachrichten schicken und von ihnen Nachrichten empfangen. Diese Kurznachrichten können innerhalb des SAP-Systems, aber auch über das Internet verwendet werden, wobei Letzteres eine entsprechende Konfiguration der Server voraussetzt. Darüber hinaus können Kurznachrichten auch vom SAP-System an Sie versendet werden, beispielsweise um Sie darüber zu informieren, dass eine bestimmte Aktion im Hintergrund ausgeführt wurde. Zudem ist es möglich, einem anderen Anwender eine solche Systeminformation zukommen zu lassen, über die er direkt in das entsprechende Objekt im SAP-System springen kann.

BEISPIEL

Kurznachrichten nutzen

Sie möchten Ihrer Kollegin eine Auswertung zur Verfügung stellen. Anstatt die Auswertung zu exportieren und als Anlage per E-Mail zu versenden, können Sie dies über eine Kurznachricht tun. Sie senden einen Link auf das Objekt und müssen die Auswertung nicht exportieren und als Anlage verschicken. So stellen Sie sicher, dass auf eine zentrale Datenbasis zugegriffen wird und nicht unterschiedliche Stände der Daten verwendet werden.

Die Nachrichtenfunktionalität ist Bestandteil des Business Workplace. Um eine Nachricht zu versenden, brauchen Sie den Business Workplace jedoch nicht aufzurufen.

Stattdessen können Sie folgendermaßen vorgehen:

1 Wählen Sie in der Menüzeile **System ▸ Kurznachricht**.

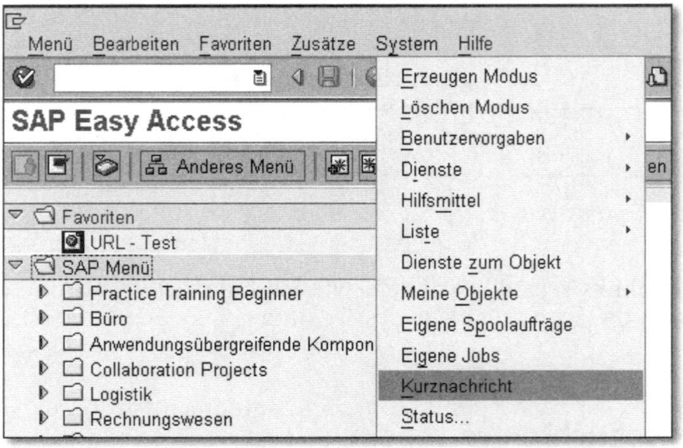

2 Ein Bildschirmbild öffnet sich, auf dem Sie Ihre Kurznachricht verfassen können. Dort haben Sie die folgenden Bearbeitungsmöglichkeiten:

- **Titel**: Im Feld **Titel** können Sie eine Betreffzeile für Ihre Nachricht eintragen, so wie in jedem anderen E-Mail-Programm auch. In unserem Beispiel haben wir »Nachrichten im System versenden« eingetragen.
- **Dokumentinhalt**: Auf der Registerkarte **Dokumentinhalt** können Sie Ihren Nachrichtentext verfassen. Welche Funktionen sich hinter den einzelnen Schaltflächen verbergen, finden Sie in der nachfolgenden Tabelle.
- **Anhänge**: Wenn Sie zu Ihrer Nachricht einen Anhang hinzufügen möchten, klicken Sie auf die Schaltfläche (**Anlage anlegen**). Alternativ können Sie auch die Tastenkombination Strg+⇧+F3 nutzen.
- **Empfänger**: Unten tragen Sie den Empfänger der Kurznachricht ein. Verwenden Sie dazu den Anmeldenamen des Empfängers. Sie können nach dem Empfänger suchen, indem Sie im Feld **Empfänger** auf die Schaltfläche klicken. Dort können Sie verschiedene Suchoptionen verwenden. Wenn Sie die Nachricht an den Anmeldenamen versenden, müssen Sie keinen Empfängertyp angeben. Auf der Registerkarte

Empfänger gibt es weitere Optionen für den Versand: Markieren Sie das Ankreuzfeld (**Expressmail**), um dem Empfänger eine Benachrichtigung auf dem Bildschirm zukommen zu lassen. Dazu muss dieser allerdings am SAP-System angemeldet sein. Markieren Sie das Ankreuzfeld (**als Kopie senden**), um die Nachricht an weitere Kollegen zu versenden. Wenn Sie (**als geheime Kopie senden**) markieren, ist der jeweilige Empfänger für die anderen Empfänger in der Nachricht nicht sichtbar.

- **Eigenschaften**: Auf der Registerkarte **Eigenschaften** können Sie einstellen, ob das Dokument nachträglich verändert und ob es an eine externe Internetadresse weitergeleitet werden kann. Außerdem können Sie die Priorität der Nachricht (mittel, hoch oder niedrig) einstellen.
- **Sendeoptionen**: Auf der Registerkarte **Sendeoptionen** können Sie das Datum einstellen, an dem das Dokument gesendet werden soll, sowie definieren, ob der Empfänger das Dokument weiterleiten darf oder nicht.

Haben Sie alle Felder ausgefüllt, können Sie die Nachricht durch einen Klick auf die Schaltfläche (**Senden**) versenden.

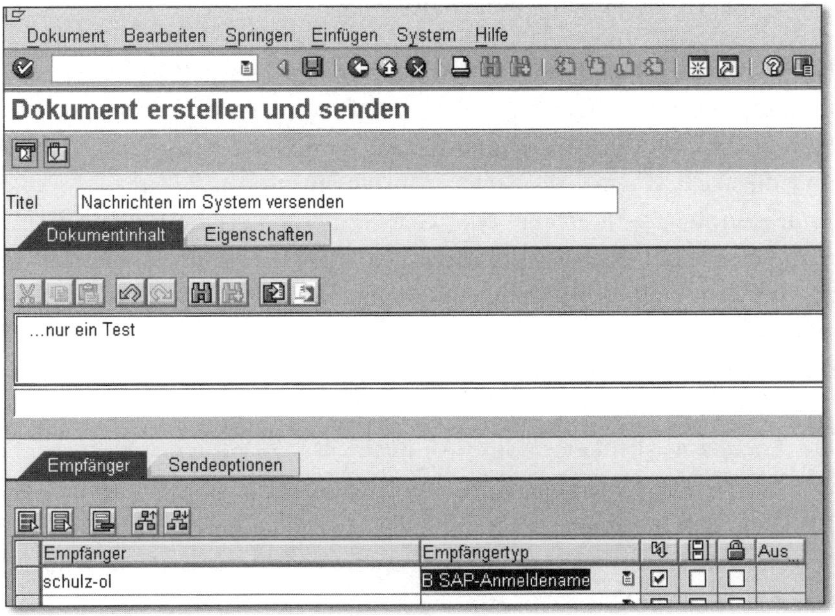

Die folgende Tabelle zeigt die Funktionen der Schaltflächen auf der Registerkarte **Dokumentinhalt** im Detail.

Schaltfläche	Funktion
	Ausschneiden (Strg+X) von markiertem Text
	Kopieren (Strg+C) von markiertem Text
	Einfügen (Strg+V) aus der Zwischenablage
	Rückgängig (Strg+Z) machen der letzten Aktion
	Wiederherstellen (Strg+Y) von gelöschtem Text
	Suchen/Ersetzen (Strg+F) im Text
	Weitersuchen (Strg+G)
	Laden lokaler Datei vom PC
	Sichern als lokale Datei auf dem PC

Schaltflächen auf der Registerkarte »Dokumentinhalt«

11.3 SAP Business Workflow

Der SAP Business Workflow wird eingesetzt, um Geschäftsabläufe zu erleichtern. Ein Workflow steuert den Fluss von Dokumenten oder Belegen im SAP-System, an deren Bearbeitung in der Regel mehrere Personen beteiligt sind und die nach einem festgelegten Muster ablaufen müssen. Ein Workflow kann zum Beispiel Freigabe- oder Genehmigungsverfahren beinhalten, aber auch komplexere Prozesse umfassen, wie etwa das Anlegen eines Stammsatzes, bei dem mehrere Abteilungen involviert sind. Ein Workflow kann auch automatisch gestartet werden, wenn ein bestimmtes Ereignis eintritt, beispielsweise wenn in einem Prozess ein Fehler gefunden wird.

BEISPIEL

Einsatzmöglichkeiten des SAP Business Workflows

Ein Teamleiter schickt einem Mitarbeiter eine Aufgabe; er soll einen Stammsatz anlegen. Der Mitarbeiter nimmt die Aufgabe über ein Workflow-Objekt an. So kann der Teamleiter den Bearbeitungsstatus über den Business Workplace nachvollziehen.

Sie als Anwender nutzen Workflows im Rahmen des Business Workplace. Hier sind alle Tätigkeiten, die Sie im Rahmen des Workflows durchführen müssen, auf einen Blick ersichtlich. Aus dem Business Workplace heraus können Sie mit der Ausführung Ihrer Aufgaben beginnen. In der Abbildung sehen Sie die drei Bildbereiche, die im Rahmen der Bearbeitung von Workflows genutzt werden.

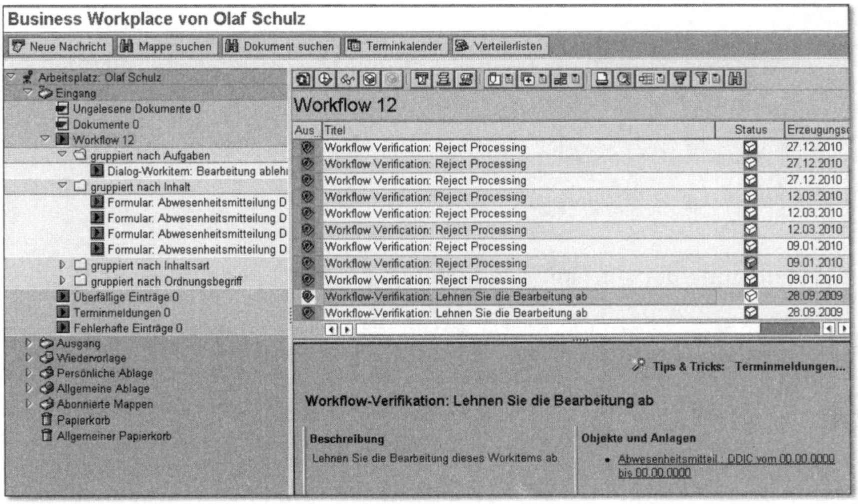

Workflow im Business Workplace

Rechts oben im Business Workplace wird die Worklist angezeigt. Rechts unten sehen Sie ein in der Worklist markiertes Workitem in einer Vorschau. Ein Workitem ist ein Objekt, das eine Aufgabe oder eine Aktion des Workflows darstellt.

11.4 Ablage

In der Ablage können Sie eigene Dokumente und Nachrichten verwalten sowie gruppenspezifische Objekte organisieren. Des Weiteren besteht die Möglichkeit zur Verbindung mit sogenannten Archivierungssystemen. Ebenso ist die Integration von Software von Drittanbietern möglich, auch wenn diese nicht zu SAP gehören, aber für das SAP-System zusätzlich lizenzierbare Software anbieten.

Im Business Workplace stehen Ihnen mehrere sogenannte Arbeitsumfelder zum Bearbeiten von Dokumenten und Nachrichten zur Verfügung. Um den Inhalt eines Arbeitsumfeldes anzuzeigen, klicken Sie im Mappenbaum auf das gewünschte Arbeitsumfeld, und die entsprechende Mappeninhaltsliste wird angezeigt.

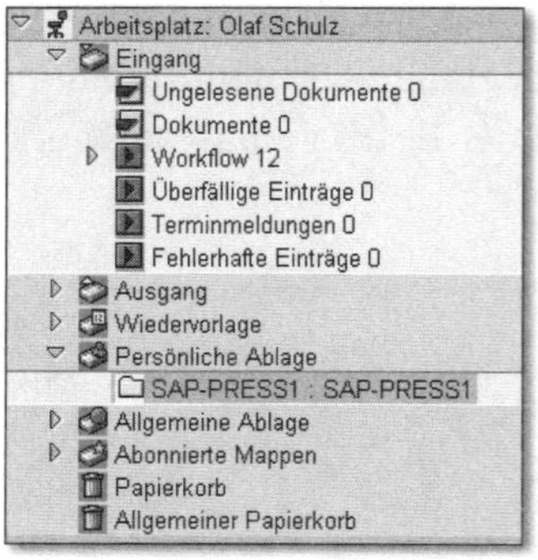

Die Ablage im Business Workplace

Die Arbeitsumfelder sind mit den folgenden Schaltflächen markiert.

Schaltfläche	Arbeitsumfeld	Funktion
	Eingang	Enthält alle Dokumente und Wiedervorlagen, die Sie erhalten haben.
	Ausgang	Enthält alle von Ihnen gesendeten Dokumente.
	Wiedervorlage	Enthält Dokumente, die Ihnen zu einem bestimmten Termin wieder vorgelegt werden.
	Persönliche Ablage	In einer selbst erstellten Mappenstruktur können Sie Dokumente und Nachrichten verwalten.
	Allgemeine Ablage	In diesen Mappen können Sie gruppen- oder unternehmensweit Dokumente und Nachrichten ablegen.
	Abonnierte Mappen	Enthält alle von Ihnen abonnierten Mappen.
	Papierkorb	Enthält vorübergehend alle gelöschten Mappen, Dokumente und Nachrichten.

Arbeitsumfelder im Business Workplace

Durch einen Klick mit der rechten Maustaste auf das Objekt **Persönliche Ablage** können Sie Unterordner zur persönlichen Dokumentenverwaltung erstellen. So können Sie individuell Dokumente und Nachrichten verwalten.

11.5 Büroorganisation

Funktionen der Büroorganisation sind die automatische Nachrichtenweiterleitung an einen Stellvertreter, eine Wiedervorlage oder eine automatische Antwort an einen Nachrichtenversender. Außerdem steht Ihnen ein Terminkalender zur Verfügung. Im Folgenden zeigen wir Ihnen, wie Sie eine automatische Antwort einrichten können und wie Sie die Kalenderfunktionen nutzen.

Auto Reply einrichten

Sie können das SAP-System automatisch auf eine über den Business Workplace eingehende Nachricht antworten lassen (Auto Reply). Diese Funktion ist nützlich, wenn Sie mehrere Tage nicht am Arbeitsplatz erreichbar sind. So können Sie den Absender automatisch über Ihre Abwesenheit informieren. So geht's:

1. Im Business Workplace wählen Sie im Menü **Einstellungen ▸ Büroeinstellungen**. Auf der Registerkarte **Automatische Antwort** können Sie den Aktivierungszeitraum (von Anfangsdatum bis Enddatum) festlegen. In den Feldern **Von** und **bis** geben Sie ein, wie lange die Einstellung der automatischen Aktivierung gültig sein soll.

   Im Feld **Titel** im Bereich **Dokument** tragen Sie ein, was in der Betreffzeile Ihrer automatischen Antwort erscheinen soll.

   Im Textfeld tragen Sie Ihren Benachrichtigungstext ein.

2. Nachdem Sie alle Einstellungen festgelegt haben, drücken Sie [↵] oder klicken auf die Schaltfläche [✔] (**Weiter**), um die Einstellungen zu sichern.

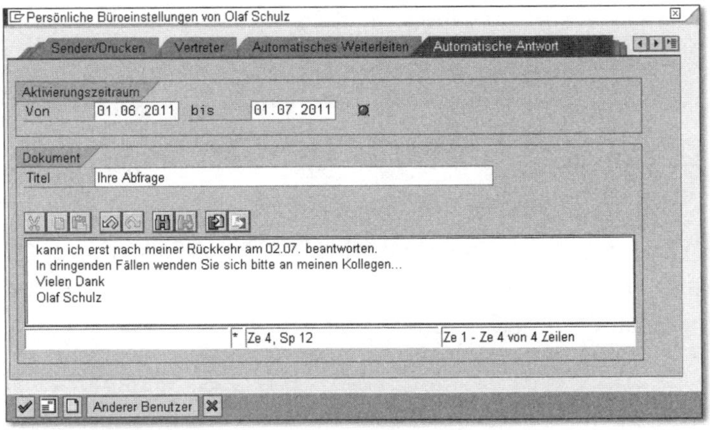

Termine verwalten

Der Business Workplace beinhaltet auch einen Kalender, mit dem Sie persönliche und geschäftliche Termine verwalten können.

So legen Sie einen Eintrag im Kalender an:

1 Den Terminkalender starten Sie über die Schaltfläche **Terminkalender** im Business Workplace oder über das Menü **Umfeld ▸ Eigener Kalender**. Sie können auch die Tastenkombination [⇧]+[F7] drücken. Dort haben Sie die folgenden Einstellungsmöglichkeiten:

- Um einen neuen Kalendereintrag anzulegen, klicken Sie auf die Schaltfläche (**Termin anlegen**).
- Um persönliche Einstellungen zu pflegen, zum Beispiel die Darstellung der angezeigten Wochentage oder Zeitintervalle, klicken Sie auf die Schaltfläche (**Einstellungen**).
- Um die Darstellung des aktuellen Tages (Tagesansicht) zu ändern, klicken Sie auf die Schaltfläche [Heute].
- Um die Darstellung der aktuellen Woche (Wochenansicht) zu ändern, klicken Sie auf die Schaltfläche [Aktuelle Woche].

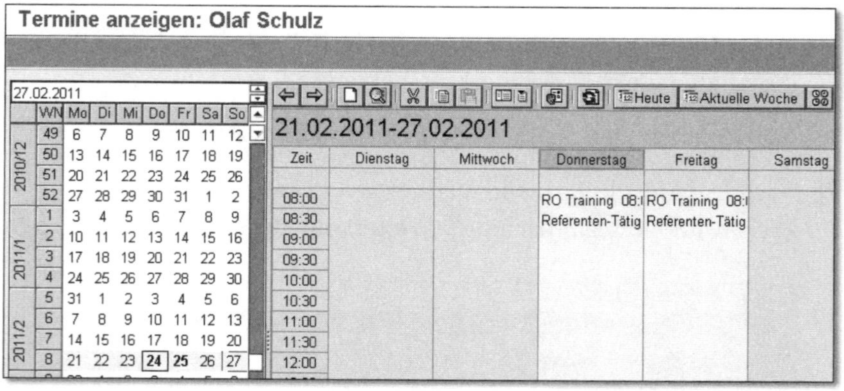

2 Klicken Sie dann auf die Schaltfläche (**Termin anlegen**), um einen neuen Eintrag zu erstellen.

3 Es öffnet sich ein Dialogfenster, in dem Sie Titel, Zeitfenster und Notizen zum Termin erfassen können. Haben Sie die Eingaben beendet, klicken Sie auf die Schaltfläche (**Weiter**) oder drücken die Taste [↵].

In diesem Kapitel haben wir Ihnen gezeigt, wie Sie mithilfe des Business Workplace im SAP-System Nachrichten verschicken sowie Dokumente und Termine verwalten können. Im folgenden Kapitel 12 stellen wir Ihnen die verschiedenen Hilfefunktionen des SAP-Systems vor.

11.6 Probieren Sie es aus!

Aufgabe 1

Senden Sie sich selbst oder einem Kollegen eine Nachricht über das SAP-System zu. Wie gehen Sie vor?

Aufgabe 2

Welches praktische Beispiel könnte es in einem Unternehmen für einen Workflow geben?

12 Hilfefunktionen nutzen

Sollten Sie in Ihrer Arbeit am SAP-System nicht weiterkommen, gibt es verschiedene Möglichkeiten, Informationen zu finden, die Ihnen weiterhelfen. In diesem Kapitel lernen Sie die verschiedenen Hilfefunktionen des SAP-Systems kennen. Im Mittelpunkt stehen dabei die Hilfefunktionen, die Sie über die Funktionstasten [F1] und [F4] aufrufen können, sowie das Hilfe-Menü, das Sie in der Menüleiste finden.

In diesem Kapitel zeigen wir Ihnen,

- wie Sie die Feldhilfen über die Funktionstaste [F1] nutzen,
- wie Ihnen die Wertehilfe über die Funktionstaste [F4] weiterhilft,
- welche Informationen Sie im Hilfe-Menü finden,
- was Sie in der SAP-Bibliothek und dem Glossar erfahren,
- was die Release-Infos aussagen,
- wie Sie den SAP Service Marketplace nutzen,
- wie Sie die Hilfefunktionen anpassen können.

12.1 Feldhilfen und Suchfenster

Im SAP-System können Sie sowohl Hilfe zu einem Feld als auch eine Übersicht über die erwarteten bzw. die vom System akzeptierten Eingaben (Wertehilfe) aufrufen. Außerdem gibt es die Option, ein Suchfenster zu verwenden. Diese Möglichkeiten stellen wir Ihnen im Folgenden vor.

Hilfe über die Funktionstasten F1 und F4

Wenn Sie Informationen zu einem bestimmten Feld im SAP-System benötigen, können Sie eine Feldhilfe und eine Wertehilfe (Eingabehilfe) verwenden:

- **Feldhilfe**
  In der Feldhilfe, die Sie über die Funktionstaste [F1] aufrufen, erhalten Sie eine allgemeine Beschreibung des Feldes, in dem sich der Cursor gerade befindet.

- **Wertehilfe**
  Wenn Sie die Funktionstaste F4 drücken, öffnet sich eine Liste der möglichen Eingabewerte für das Feld, in dem sich der Cursor befindet. Den gewünschten Wert können Sie mit einem Doppelklick in das Feld übernehmen. Alternativ können Sie den Wert auch über die Tastatur eingeben.

HINWEIS

Feldhilfen

Die Feld- und die Wertehilfe beziehen sich immer auf das Feld, in dem sich der Cursor gerade befindet.

Die F1- und die F4-Hilfe sind systemweite Standardfunktionen, denen auch keine anderen Funktionscodes zugeordnet werden können.

In dem in der folgenden Abbildung gezeigten Beispiel befinden Sie sich in der **Pflege Eigener Benutzervorgaben** (Transaktion SU3). Der Cursor steht im Feld **Vorname**. Wenn Sie nun die Funktionstaste F1 drücken, werden allgemeine Informationen zum Feld **Vorname** angezeigt. Da die Informationen in der Hilfe durchaus ausführlich sind, können Sie mithilfe des Bildlaufs rechts im Hilfe-Fenster nach unten navigieren.

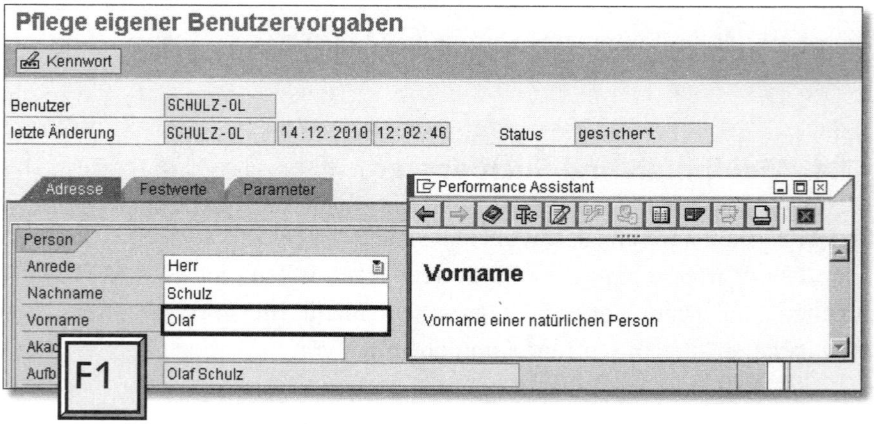

Wertehilfe über die F1-Taste

In dem in der nächsten Abbildung gezeigten Beispiel befinden Sie sich auf der gleichen Registerkarte wie bei der Erläuterung der F1-Hilfe. Setzen Sie den Cursor erneut in das Feld **Vorname**, aber lassen Sie sich mit F4 die möglichen Eingabewerte anzeigen. Den richtigen Wert aus der angezeigten Liste übernehmen Sie mit einem Doppelklick.

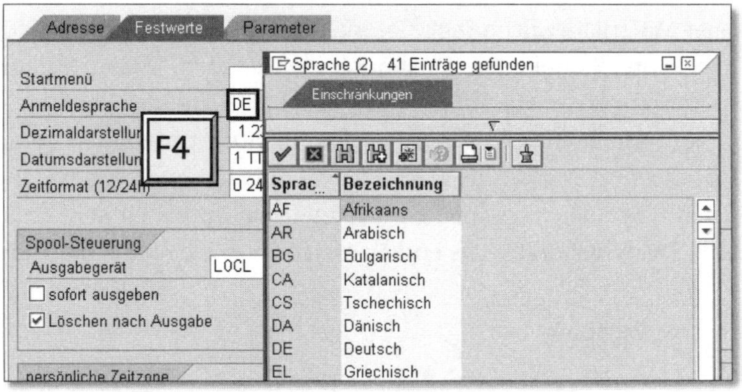

Wertehilfe über die F4-Taste

Nicht für alle Felder steht eine Wertehilfe zur Verfügung. Wie Sie den gesuchten Wert trotzdem ermitteln können, lesen Sie im nächsten Abschnitt.

Suchfenster

Vom jeweiligen Feldtyp ist abhängig, ob eine Liste mit möglichen Eingabewerten verfügbar ist. Ist keine Wertehilfe verfügbar, ist es möglich, einen Wert über ein Suchfenster herauszufinden. Drücken Sie dazu die Funktionstaste F4, um das Suchfenster zu öffnen.

Im folgenden Beispiel befinden Sie sich im Einstiegsbild der Transaktion MM03 (Material ändern). Der Cursor befindet sich in dem Feld **Material**. Drücken Sie auf F4, um das Suchfenster zu öffnen. Das Suchfenster bietet Ihnen nun die Möglichkeit, mit vielen verschiedenen Kriterien nach einem Material zu suchen.

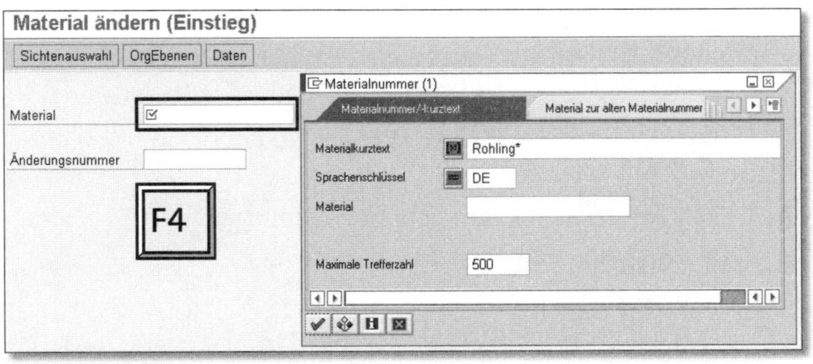

Suchfenster zu einem Feld

In diesem Beispiel suchen wir nach einem bestimmten Rohling, kennen aber nicht die genaue Materialbezeichnung (Materialkurztext). Ist nur ein Teil des Suchbegriffes bekannt, können Sie Suchmuster verwenden. Wenn Sie mit Suchmustern arbeiten, legen Sie ein Muster – das heißt eine Zeichenfolge – fest, mit dem der gesuchte Wert im SAP-System identifiziert werden kann. Das Muster kann sowohl Zeichen als auch Zahlen enthalten und beliebig lang sein. Des Weiteren können verschiedene Metazeichen enthalten sein (zum Beispiel + und *). Die folgende Tabelle enthält einige Beispiele für Suchmuster.

Suchmuster	Ergebnis
Rohling 4711	Sucht exakt nach »Rohling 4711«.
Rohling*	Gibt alle Treffer aus, die mit »Rohling« beginnen.
hling	Gibt alle Treffer aus, die die Zeichenfolge »hling« enthalten, gleich, welche Zeichenfolgen davor oder danach enthalten sind.
+ohling 4711	Gibt alle Treffer aus, die mit einem einzigen beliebigen Zeichen beginnen, dann aber »ohling 4711« beinhalten.

Beispiele für Suchmuster

12.2 Das Hilfe-Menü

Über das Menü **Hilfe** in der Menüleiste stehen Ihnen weitere Möglichkeiten zur Verfügung, um Unterstützung zu finden. Dort gibt es eine ganze Reihe von Informationsquellen:

- Hilfe zur Anwendung
- SAP-Bibliothek
- Glossar
- Release-Infos
- SAP Service Marketplace
- eine Möglichkeit zur Erfassung von Support-Meldungen
- Hilfe anpassen (**Einstellungen**)

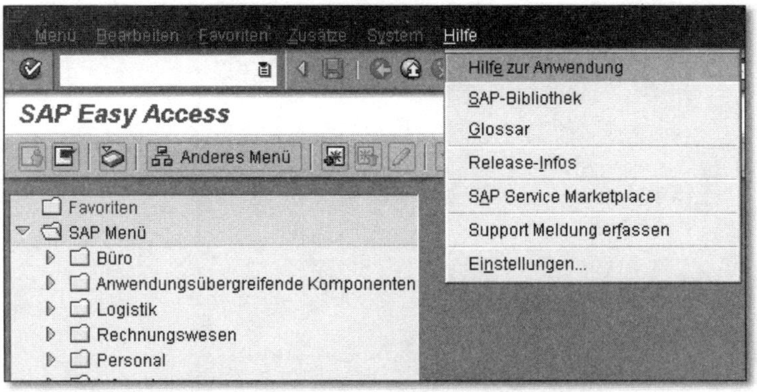

Auswahlmöglichkeiten im Hilfe-Menü

Die verschiedenen Optionen, die Ihnen im Hilfe-Menü zur Verfügung stehen, beschreiben wir in den folgenden Abschnitten.

Hilfe zur Anwendung

Hier erhält der Benutzer eine kontextsensitive Hilfe, das heißt, er befindet sich in einer Transaktion und führt dann die Hilfe zur Anwendung aus. Sensitiv bedeutet, dass keine allgemeine Hilfe angezeigt wird, sondern Hilfethemen, die sich auf die aktuelle Transaktion bzw. den Geschäftsprozess beziehen.

12

SAP-Bibliothek

Die SAP-Bibliothek stellt die gesamte Dokumentation des SAP-Systems zur Verfügung. Über die Menüleiste können Sie direkt nach der Anmeldung am SAP-System über den Pfad **Hilfe ▸ SAP-Bibliothek** zu dieser Dokumentation navigieren. Hier finden Sie zum Beispiel eine Anleitung zur Bedienung des SAP-Systems und zu den Funktionen der einzelnen Komponenten. In der SAP-Bibliothek können Sie über eine Baumstruktur navigieren, die dem SAP Easy Access Menü ähnelt.

HINWEIS

SAP-Dokumentation – das SAP Help Portal

Die SAP-Dokumentation steht auf CD-ROMs zur Verfügung, ist aber auch für jeden Benutzer kostenfrei im Internet mit einem Webbrowser (zum Beispiel Internet Explorer) über die URL *http://help.sap.com* zugänglich.

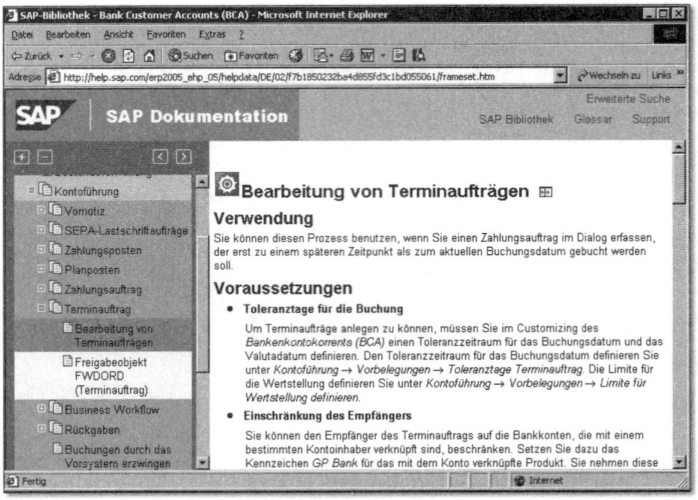

SAP-Bibliothek

Glossar

Im Glossar werden Fachbegriffe rund um das SAP-System alphabetisch aufgelistet und erklärt. Über den Pfad **Hilfe ▸ Glossar** gelangen Sie zum Glossar und können dort Begriffsdefinitionen suchen. Da einige Begriffe in verschiedenen Fachgebieten eine unterschiedliche Bedeutung haben können, existieren zu manchen Stichwörtern mehrere Einträge. Das Kürzel der jeweiligen Komponente steht dabei in Klammern. Im Glossar können Sie über einen Index und eine Volltextsuche navigieren.

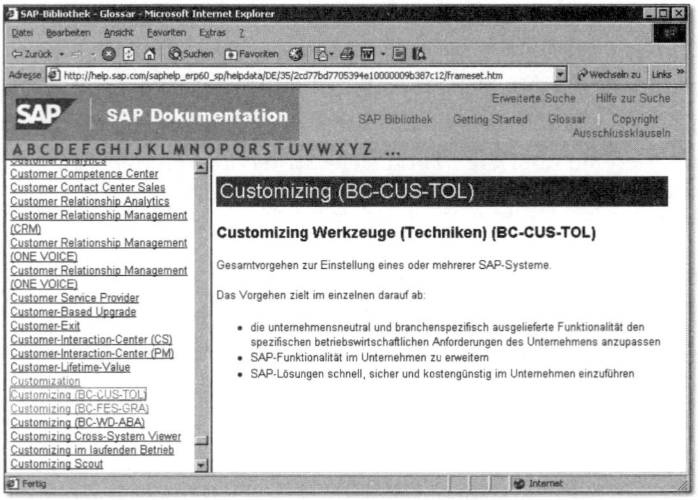

Glossar der SAP-Bibliothek

Release-Informationen

Die Release-Informationen geben Auskunft über den Release-Stand des verwendeten SAP-Systems. Hier erfahren Sie, welche Updates installiert sind und welche Funktionen sich im Vergleich zu einem vorherigen Release verändert haben.

Die Release-Infos rufen Sie über den Pfad **Hilfe ▸ Release-Infos** in der Menüleiste auf. Die Informationen sind dort nach Komponenten gegliedert.

Release-Informationen

SAP Service Marketplace

Der SAP Service Marketplace bietet SAP-Kunden, Partnern und Interessierten weiterführende Informationen über ein Internetportal. Dazu gehören:

- **SAP Support Portal**
  Hier ist Support für alle Lösungen der SAP Business Suite zu finden, unter anderem Kundenmeldungen und SAP-Hinweise (Benutzername und Kennwort erforderlich).
- **SAP Help Portal**
  Hier finden Sie eine webbasierte Dokumentation zu allen SAP-Lösungen in der SAP-Bibliothek. Unter *http://help.sap.com/* ist dieses Angebot für alle Internetbenutzer frei zugänglich.
- **SAP Community Network**
  Über die URL *http://www.sdn.sap.com* gelangen Sie zur SAP Community und zum SAP Developer Network, einem sozialen Netzwerk für SAP-Experten und -Entwickler. Die Informationen sind nur auf Englisch verfügbar und recht technisch orientiert.

Der SAP Service Marketplace ist im Internet über die URL *www.service.sap.com* zu erreichen. Einige Bereiche sind frei für jeden Internetbenutzer zugänglich; viele Bereiche erfordern jedoch einen Benutzernamen und ein Kennwort. Über den Menüpunkt **Hilfe ▸ SAP Service Marketplace** werden Sie auch auf das Marketplace-Portal im Internet weitergeleitet.

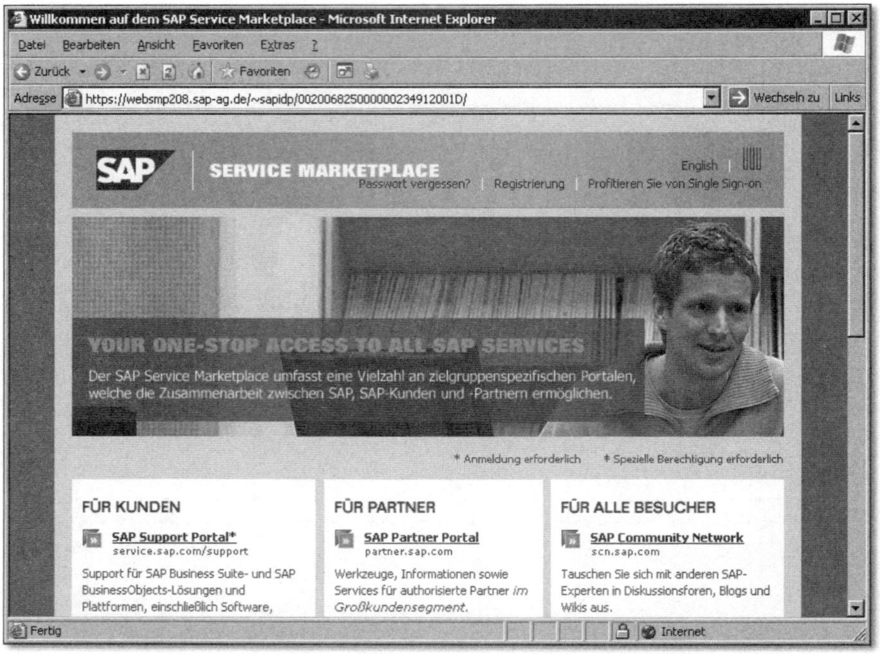

SAP Service Marketplace

Support-Meldung erfassen

Sollte bei der Arbeit mit einer Transaktion ein Fehler auftreten, können Sie über den Pfad **Hilfe ▸ Support Meldung erfassen** in der Menüleiste eine Fehlermeldung erfassen. Diese wird in der Regel direkt an ein Support-Team (SAP Competence Center) im Unternehmen weitergeleitet wird. Das Team wird das Problem lösen oder weiterleiten und Ihnen eine entsprechende Rückmeldung geben.

12.3 Die Hilfe anpassen

Sie haben die Möglichkeit, persönliche Einstellungen in Bezug auf die Hilfe vorzunehmen. Über den Pfad **Hilfe ▸ Einstellungen** in der Menüleiste können Sie festlegen, wie die Hilfefenster dargestellt werden.

Auf der Registerkarte **F4-Hilfe** sind zum einen im Bereich **Systemvoreinstellung** die vordefinierten Einstellungen zu sehen, die Sie in den Bereichen **Benutzerspezifische Einstellungen** sowie **Anzeige** verändern können. Dort können Sie definieren, dass beim Aufrufen der Wertehilfe nicht zuerst die persönliche Werteliste angezeigt wird (Ankreuzfeld **Pers. Werteliste nicht automatisch anzeigen**) und ob, sofern die Suche nur einen Treffer ergibt, dieser direkt in dem entsprechenden Feld erscheint und nicht in einer Trefferliste angezeigt wird (Ankreuzfeld **Direktes Zurückstellen bei nur einem Treffer**). Außerdem können Sie festlegen, wie viele Treffer in einer Liste der Wertehilfe dargestellt werden. Im Bereich **Anzeige** können Sie die Art der Darstellung der Trefferliste bestimmen: Wenn Sie den Auswahlknopf **Control (amodal)**, die neuere Darstellungsform, oder **Dialog (modal)** markieren, erscheint die Trefferliste im Performance Assistant bzw. als Dialogfenster.

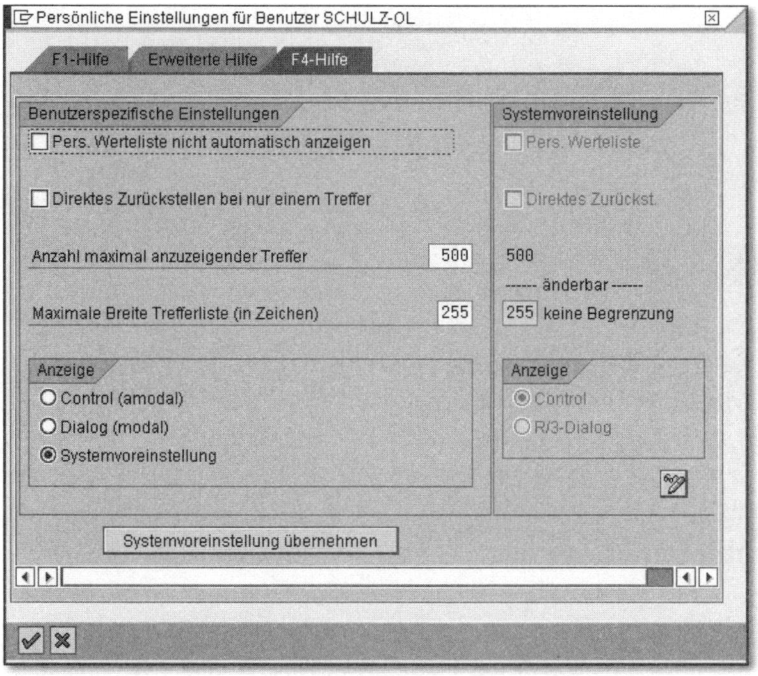

Hilfe-Einstellungen – Registerkarte »F4-Hilfe«

Auf der Registerkarte **F1-Hilfe** können Sie einstellen, ob die Hilfe als Suchhilfe-Control im Performance Assistant oder in einem Dialogfenster (modales Fenster) angezeigt wird. Markieren Sie dazu im Bereich **Anzeigen** den Auswahlknopf **im Performance Assistant** oder **in modalem Fenster**. Das Ergebnis sehen Sie in den beiden folgenden Abbildungen.

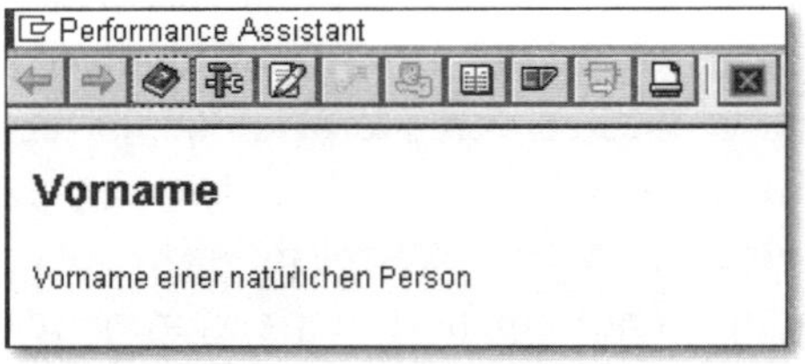

Hilfe im Performance Assistant (Control)

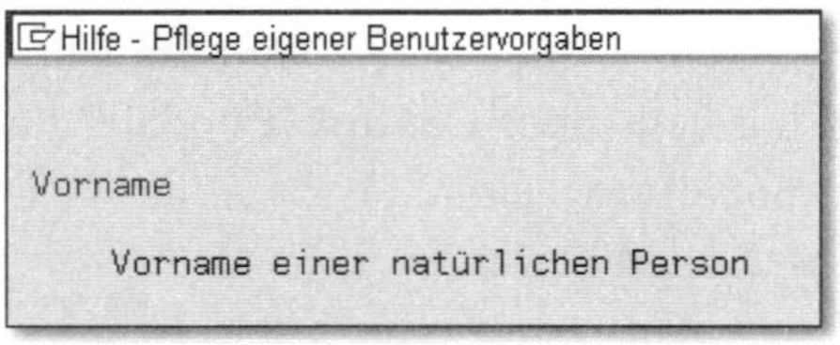

Hilfe in einem modalen Fenster (Dialogfenster)

Auf der Registerkarte **Erweiterte Hilfe** können Sie definieren, ob auf die Hilfe im Internet oder auf die CD-ROM im Unternehmensnetzwerk zugegriffen werden soll.

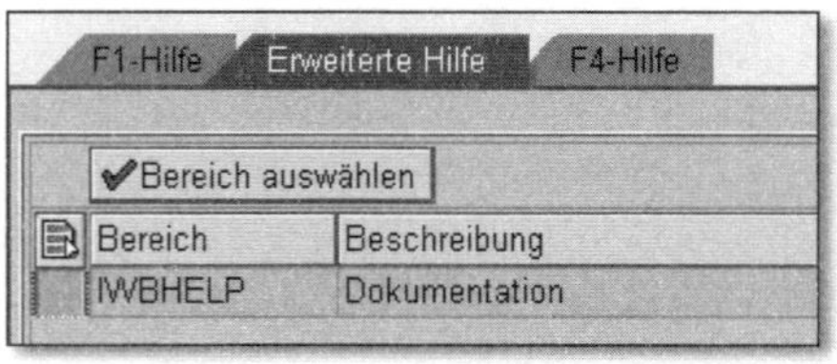

Registerkarte »Erweiterte Hilfe«

12.4 Probieren Sie es aus!

Aufgabe 1

Starten Sie über das Befehlsfeld die Transaktion MM03 (Material anzeigen) im SAP Easy Access Menü: **Logistik ▸ Vertrieb ▸ Stammdaten ▸ Produkte ▸ Material ▸ Handelswaren.**

- Lassen Sie sich die allgemeinen Informationen zum Feld **Material** anzeigen. Wie gehen Sie vor?
- Benutzen Sie das Suchfenster. Suchen Sie nach dem Materialkurztext `Rohling*`, und lassen Sie sich das Material anzeigen (selektieren Sie die Registerkarte **Grunddaten1**, und klicken Sie auf die Schaltfläche **Weiter**). Wie viele mögliche Treffer erhalten Sie?
- Setzen Sie den Cursor in das Feld **Basismengeneinheit**, und lassen Sie sich die Liste mit den möglichen Basismengeneinheiten anzeigen. Wie viele Basismengeneinheiten werden angezeigt?
- Lassen Sie sich die Hilfe zu der Transaktion anzeigen, in der Sie sich gerade befinden. Wie gehen Sie vor?

Aufgabe 2

Wie können Sie in einer produktiven Umgebung effektiv eine Support-Meldung erfassen?

Aufgabe 3

Welche Menüpunkte werden auf allen SAP-Bildschirmen dargestellt?

Aufgabe 4

Was ist der SAP Service Marketplace?

Aufgabe 5

Sie sind SAP-Anwender und möchten sich am Wochenende mit dem SAP-System beschäftigen. Leider können Sie nicht auf das Firmennetzwerk zugreifen. Welche Möglichkeiten haben Sie, sich dennoch über das System zu informieren?

13 Das Rollen- und Berechtigungskonzept

In diesem Kapitel gewinnen Sie einen Überblick über Rollen und Berechtigungen in SAP-Systemen. Ein Berechtigungskonzept im SAP-System schützt Funktionen und Daten vor dem Zugriff unberechtigter Personen.

Wir erklären Ihnen in diesem Kapitel,

- was Berechtigungen sind,
- welche Aufgaben ein Berechtigungskonzept hat,
- wie ein Rollenkonzept aussieht.

13.1 Berechtigungen

Die Bedeutung des Begriffes *Berechtigung* ist im Prinzip klar: Man hat die Erlaubnis, etwas zu tun. Im Hinblick auf IT-Systeme heißt das, dass ein bestimmter Anwender (bzw. sein Benutzer im System) das Recht hat, bestimmte Daten anzusehen (zu lesen) oder zu ändern (zu schreiben) und bestimmte Funktionen und Transaktionen zu benutzen. SAP-Berechtigungen regeln demnach die Zugriffe auf gewisse Funktionen und Daten im SAP-System.

Jeder Mitarbeiter im Unternehmen hat im Rahmen seiner Stelle konkrete Aufgaben. Der Benutzer, der Ihnen als Mitarbeiter eines Unternehmens im SAP-System zugewiesen worden ist, erhält die Berechtigungen, die für diese Aufgaben erforderlich sind. Sind die Berechtigungen nicht ausreichend, können Aufgaben nicht erledigt werden. Dagegen können zu hohe Berechtigungen zur Folge haben, dass auf Daten zugegriffen werden kann, die außerhalb der Zuständigkeit des Benutzers liegen. Berechtigungen sollten immer sehr eng gefasst sein; die Benutzer und das Unternehmen besser geschützt, wenn es fallweise zu wenig Berechtigungen gibt als wenn es zu viele gibt. Neben Benutzern, die einer natürlichen Person entsprechen, kann es übrigens auch technische Benutzer geben, die für die Durchführung bestimmter Programme erforderlich sind.

Berechtigungen schränken im SAP-System zum Beispiel den Zugriff auf folgende Objekte ein:

- Organisationseinheiten
- Transaktionen/Programme
- Datenbanktabellen

Der Berechtigungsvergabe liegt im Unternehmen ein sogenanntes Berechtigungskonzept zugrunde. Das Berechtigungskonzept hat eine betriebswirtschaftliche und eine technische Dimension. Dieses Konzept legt fest, wie die Berechtigungen im SAP-System vergeben und geprüft werden. Auf der betriebswirtschaftlichen Seite werden dazu die Geschäftsprozesse des Unternehmens und, daraus folgend, die notwendigen Aufgaben definiert.

Das Berechtigungskonzept muss einer Reihe von Anforderungen genügen, die sich aus verschiedenen rechtlichen Grundlagen ergeben (zum Beispiel den Grundsätzen ordnungsgemäßer Buchführung und dem Datenschutzrecht, um nur einige zu nennen).

INFO

Funktionstrennung

Bestimmte Aufgaben oder Funktionen sollten immer von verschiedenen Personen ausgeführt werden, um kriminelle Handlungen zu vermeiden. Kann zum Beispiel ein und derselbe Mitarbeiter Lieferanten im SAP-System pflegen und auch Zahlungen veranlassen, hätte er die Möglichkeit zur Unterschlagung. Er könnte beispielsweise fiktive Lieferanten anlegen und fiktive Rechnungen bezahlen.

Auf der technischen Seite wird definiert, wie die Berechtigungen eingerichtet und geprüft werden.

Technisch werden diese Berechtigungen über sogenannte Berechtigungsobjekte gesteuert, die im Customizing definiert werden. Das Berechtigungsobjekt besteht aus einzelnen Berechtigungsfeldern im SAP-System, die die Berechtigungen definieren. Ein Berechtigungsobjekt könnte zum Beispiel eine Transaktion oder eine Ressource sein.

Die Berechtigungen werden dann über sogenannte Rollen einem Benutzer zugeordnet. Mehr dazu erfahren Sie im folgenden Abschnitt.

13.2 Rollen

SAP verfügt über ein rollenbasiertes Berechtigungskonzept. Das bedeutet, dass den Mitarbeitern Rollen zugeordnet werden, die bestimmte Teile eines Geschäftsprozesses oder Funktionen umfassen. Eine Rolle fasst die Berechtigungen zusammen, die Benutzern oder Gruppen von Benutzern zugewiesen werden können.

Die folgende Abbildung verdeutlicht die wesentlichen Objekte des Berechtigungskonzeptes.

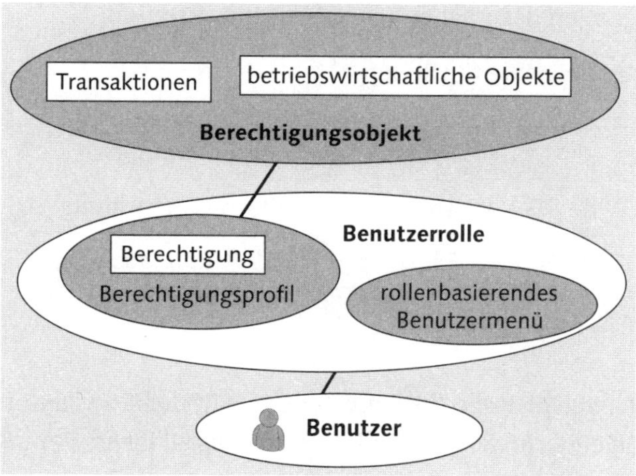

Überblick über das Berechtigungskonzept

Das Berechtigungskonzept erklären wir anhand eines Beispiels: Die Benutzerin Lisa S. meldet sich mit ihrem Benutzernamen und ihrem Kennwort am SAP-System an. Lisa arbeitet in der Kreditorenbuchhaltung und ist für die Buchung von Zahlungsausgängen verantwortlich. Nach der erfolgreichen Anmeldung wird Lisa eine Benutzerrolle zugeordnet. Das SAP Easy Access Menü, in dem Lisa sich bewegen kann, ist auf ihre Benutzerrolle zugeschnitten. Dieses rollenbasierte Menü enthält alle Transaktionen, die für ihren Aufgabenbereich erforderlich sind. Sie hat die Berechtigungen für die Transaktionen und Objekte (Organisationsstrukturen), für die sie zuständig ist. Diese Berechtigungen werden zu einem sogenannten Berechtigungsprofil zusammengefasst. Das Berechtigungsprofil wird der Rolle des Benutzers zugewiesen.

Berechtigungen definieren aus technischer Sicht die Freigabe für den Zugriff auf Objekte im SAP-System. Rollen definieren aus betriebswirtschaftlicher Sicht die prozessorientierte Zuordnung der Mitarbeit.

Eine Rolle umfasst Transaktionen, Reports und andere ausführbare Funktionen, die im Regelfall in einem Menü zusammengefasst werden, Berechtigungen sowie einen Benutzer, der der Rolle zugeordnet wird. Indem einem Benutzer eine Rolle in Kombination mit einem Objekt (zum Beispiel einer Organisationseinheit) zugewiesen wird, wird festgelegt, dass diese Person die Berechtigung erhalten soll, die zur Rolle gehörenden Aufgaben für das betreffende Objekt auszuführen. Voraussetzung dafür ist, dass die Rollen von der SAP-Administration angelegt und aktiviert worden sind und dass die Organisationsstruktur im Unternehmen gepflegt ist. Die Pflege von Rollen und Berechtigungen sind natürlich wiederum Personen im Unternehmen vorbehalten, die die Berechtigungen dazu haben (die SAP-Administration).

Die folgende Tabelle zeigt Beispiele für Rollen.

Benutzer	Rolle	Transaktion	Berechtigungen
Karl B.	REPRUE	MIRO	Rechnungsprüfung
Lisa S.	BH_KREDITOREN	FB60	Rechnung buchen

Beispiele für Rollen

Sie möchten nun wissen, welche Rolle Ihr Benutzer hat. Mit der Transaktion SU01 können Sie sich folgendermaßen die Rollenzuordnung zu Ihrem Benutzer anzeigen lassen:

1 Starten Sie die Benutzerpflege, indem Sie im Befehlsfeld den Transaktionscode SU01 eingeben. Das Einstiegsbild der Benutzerpflege erscheint.

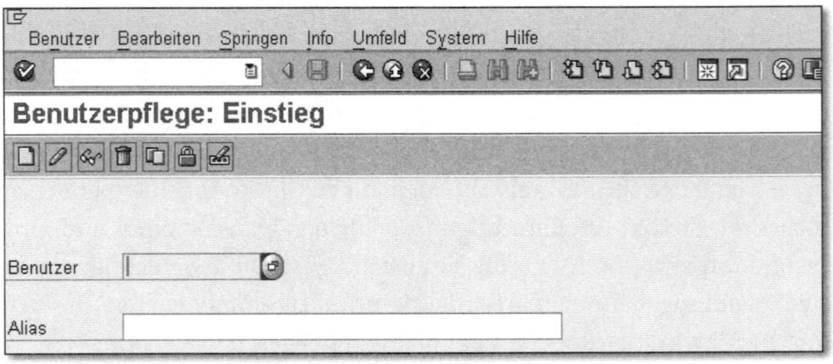

2 Geben Sie im Feld **Benutzer** Ihren Benutzernamen ein, und klicken Sie dann auf die Schaltfläche **Anzeigen**.

3 Auf der Registerkarte **Gruppen** wird die Benutzergruppe angezeigt, die dem User zugeordnet ist, in unserem Beispiel Ihr Anmeldename.

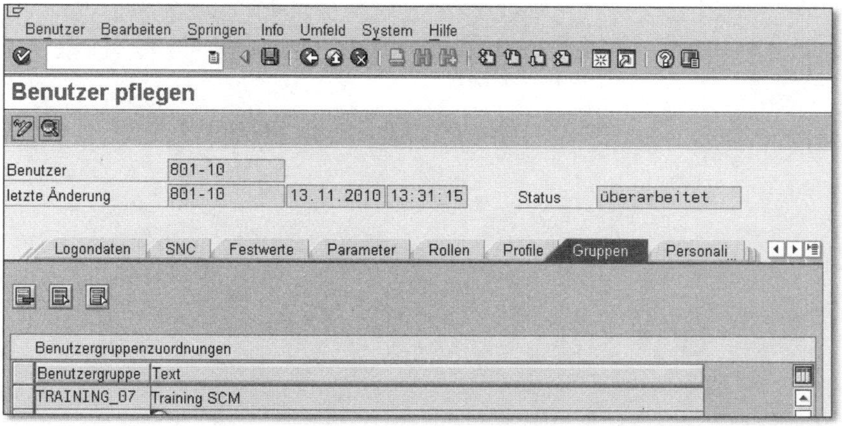

Sie haben in diesem Kapitel wesentliche Charakteristika des Berechtigungskonzeptes kennengelernt. Als Anwender haben Sie in der Regel nur sehr begrenzt Einfluss auf die Berechtigungssteuerung, da diese von der Administration gepflegt und überwacht wird. Für Sie ist jedoch wichtig, um die Existenz und Funktionsweise von Rollen und Berechtigungen zu wissen, um zu verstehen, warum Sie bestimmte Transaktionen und Daten im SAP-System nicht ändern oder nicht anzeigen können.

13.3 Probieren Sie es aus!

Aufgabe 1

Beschreiben Sie mit eigenen Worten das SAP-Rollenkonzept.

Aufgabe 2

Ihr Kollege möchte einen Debitorenstammsatz verändern. Dies ist aber nicht möglich, obwohl er sich den Stammsatz anzeigen lassen kann. Was kann hierfür die Ursache sein?

Teil III

Die wichtigsten SAP-Komponenten

14 Materialwirtschaft

Die Materialwirtschaft steht am Anfang der logistischen Kette: Sie stellt sicher, dass die im Unternehmen benötigten Materialien und Dienstleistungen zur richtigen Zeit und am richtigen Ort verfügbar sind. Außerdem sollen diese Materialien natürlich kostengünstig beim besten Lieferanten beschafft werden. Dieses Kapitel gibt Ihnen einen Überblick über die Komponente MM (Materials Management).

In diesem Kapitel erfahren Sie,

- welche Aufgaben die Materialwirtschaft hat,
- welche Organisationseinheiten im Einkauf verwendet werden,
- wie Sie Material- und Kreditorenstamm sowie Einkaufsinfosatz anlegen,
- wie Sie eine Bestellung anlegen,
- wie Bestandsführung und Rechnungsprüfung durchgeführt werden,
- welche Auswertungen im Standard genutzt werden können.

14.1 Aufgabenbereiche der Materialwirtschaft

Ziel des Einkaufs ist es, das Unternehmen mit Gütern und Dienstleistungen zu versorgen, die zur Durchführung der Abläufe im Unternehmen benötigt und nicht selbst hergestellt werden. Mit wachsender Bedeutung des Einkaufs – immerhin handelt es sich um einen Bereich, in dem hohe Kosten anfallen und demzufolge ein großes Sparpotenzial besteht – fallen vermehrt strategische Aufgaben in diesen Bereich.

INFO

Einkauf oder Beschaffung?

Die Begriffe *Einkauf* und *Beschaffung* werden oft synonym verwendet. Wird zwischen den beiden Bereichen unterschieden, bezieht sich die Beschaffung auf den strategischen Einkauf, der die Beschaffungsstrategien festlegt, für die Lieferantenauswahl und -bewertung verantwortlich ist, Marktforschung betreibt sowie längerfristige Kooperationen verhandelt. Der operative Einkauf ist für die konkreten Bestellungen verantwortlich. Allerdings lassen sich die Aufgabenbereiche von Einkauf und Beschaffung nicht haarscharf trennen, da Materialien auch intern beschafft werden können. In diesem Buch sprechen wir der Einfachheit halber von Einkauf.

Bevor wir uns eingehender dem Einkauf im SAP-System zuwenden, geben wir Ihnen in diesem Abschnitt einen Überblick über den grundlegenden Einkaufsprozess, der sich aus Bestellung, Wareneingang und Rechnungsprüfung zusammensetzt. Außerdem ist der Bestellung häufig eine Bestellanforderung vorgeschaltet. Aufgrund der Bestellanforderung wird vom Einkauf die entsprechende Bestellung ausgelöst.

INFO

Bestellanforderung

In einer Bestellanforderung (kurz BANF) meldet eine Fachabteilung ihren Bedarf an Material oder Dienstleistungen an den Einkauf. Die Anforderung stellt noch keine Bestellung dar, sondern stößt die Bestellung lediglich an. Meist verwenden die Mitglieder der Fachabteilung dafür ein (Online-)Formular, das an den Einkauf weitergeleitet wird. Je nach Höhe der Kosten muss die BANF, abhängig von den individuellen Richtlinien im Unternehmen, vom Kostenstellenverantwortlichen freigegeben werden.

In einem Unternehmen sind mindestens drei verschiedene Abteilungen an diesem Prozess beteiligt: die Einkaufsabteilung, die Warenannahme und die Rechnungsprüfung, die in manchen Unternehmen nicht im Einkauf, sondern in der Kreditorenbuchhaltung durchgeführt wird.

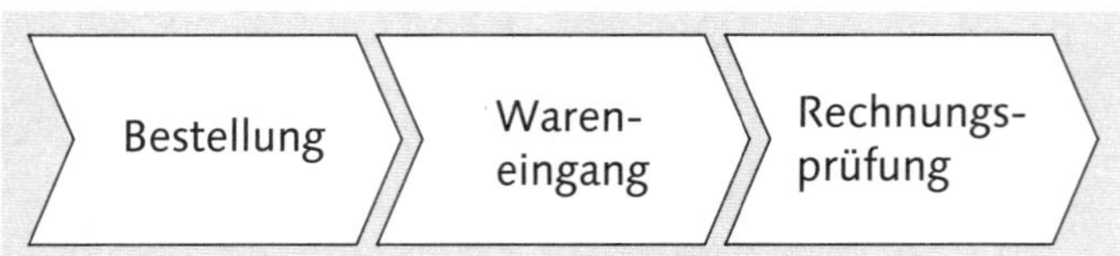

Der grundlegende Einkaufsprozess

Betrachtet man den Prozess etwas genauer, ist es möglich, die drei grundlegenden Phasen weiter zu untergliedern:

1 Bedarfsermittlung
Am Anfang steht die Bedarfsermittlung: Eine Fachabteilung kann den Bedarf an Material dem Einkauf mitteilen oder über eine BANF (Transaktion ME51N) im System erfassen. Dieser Beleg wird dann an die Einkaufsabteilung übermittelt. Die Bedarfsermittlung kann sogar durch das SAP-System erfolgen. Dies bezeichnet man als automatische Disposition.

> INFO
> **Automatische Disposition**
> Die automatische Disposition ist für den termin- und mengengerechten Warenbezug verantwortlich. Dabei stehen die optimale Einteilung von Aufträgen, die Bedarfsermittlung und die termingerechte Bedarfsplanung im Fokus. So wird weniger Kapital gebunden sowie kürzere Durchlaufzeiten, eine höhere Termintreue und eine größere Flexibilität der Fertigung ermöglicht.

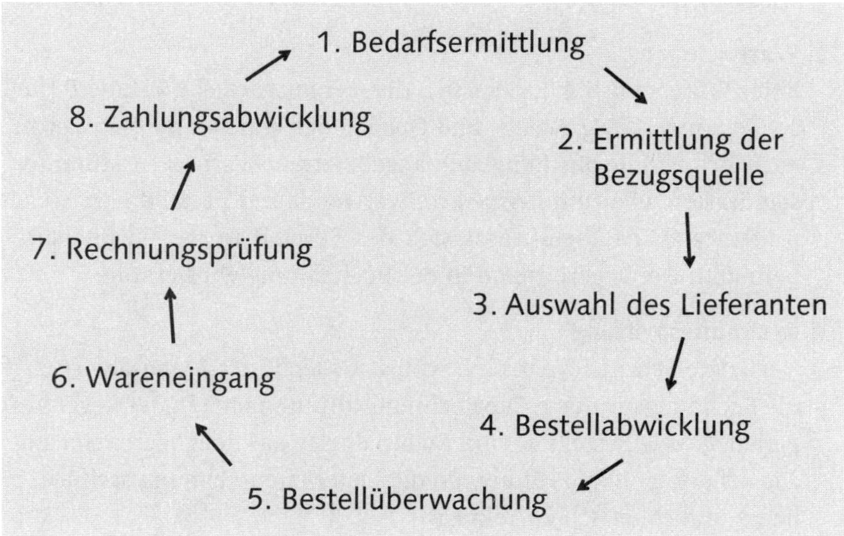

Erweiterter Einkaufszyklus

2 Bezugsquellenermittlung
Es kann sinnvoll sein, einen Lieferanten (das heißt eine Bezugsquelle) unter Berücksichtigung vergangener Bestellungen auszuwählen. Denn bevor man aufwendig eine neue Bezugsquelle ermittelt, sollte man zunächst

sicherstellen, dass es für den Bedarf keine geeignete Bezugsquelle gibt. Im SAP-System kann die Ermittlung der Bezugsquelle automatisch erfolgen.

3 Lieferantenauswahl
Bei der Lieferantenauswahl gilt es, verschiedene Angebote, die zunächst von den infrage kommenden Lieferanten eingeholt werden müssen, zu vergleichen und das günstigste auszuwählen.

4 Bestellabwicklung
Im nächsten Schritt wird die eigentliche Bestellung abgewickelt: Das heißt, Liefermengen, -termine und -orte werden festgelegt und in der Bestellung an den Lieferanten übermittelt. Durch eine schriftliche Bestellung ist es möglich, ihre Rahmenbedingungen rechtlich nachweisbar zu gestalten.

5 Bestellüberwachung
Die Bestellung kann auch zur Dokumentation im Unternehmen selbst verwendet werden. Da mehrere Abteilungen wie anfordernde Stelle, Einkauf und Warenannahme am Prozess beteiligt sind kann die gesamte Abwicklung nachvollzogen werden, beispielsweise die Bestellentwicklung.

6 Wareneingang
Beim Wareneingang bezieht sich der Verantwortliche auf die Bestellung als Vorgängerbeleg. Menge und Qualität der Ware werden überprüft. Danach erfolgt die Buchung der angelieferten Ware in bestimmten Bestandsarten, wie zum Beispiel frei verwendbarer Bestand oder Qualitätsprüfbestand (das heißt, dass sich der Bestand in der Qualitätsprüfung befindet). Der Lagerbestand in der Buchhaltung wird erhöht.

7 Rechnungsprüfung
Der letzte Schritt im Einkaufszyklus aus Sicht der Materialwirtschaft ist die Rechnungsprüfung. Die Rechnungsprüfung setzt in der Regel Vorgängerbelege wie Bestellung und Materialbeleg aus dem Wareneingang voraus. Es erfolgt eine Prüfung, ob die Lieferantenrechnung sachlich, preislich und rechnerisch korrekt ist.

8 Zahlungsabwicklung
Die Zahlungsabwicklung ist für den Ausgleich der Kreditorenrechnung zuständig. Sie ist aber dem Finanzwesen zuzuordnen und nicht mehr in der Verantwortung der Materialwirtschaft.

In SAP ERP wird der Einkauf in der Komponente Materialwirtschaft (MM) umgesetzt. MM umfasst wiederum die folgenden Teilkomponenten:

- **Einkauf**
  Der umfangreichste Bestandteil von MM umfasst die Aufgaben der Bestandsermittlung, der Bezugsquellenfindung, der Bestellung und der Überwachung der Warenlieferung (Punkte 1–5 im beschriebenen Prozess).
- **Bestandsführung**
  Diese MM-Komponente beschäftigt sich mit der mengen- und wertmäßigen Führung der Materialbestände, der Verwaltung der Warenbewegungen sowie der Durchführung der Inventur. Sie finden die Aufgaben der Bestandsführung im dargestellten Prozess unter Punkt 6 wieder.
- **Rechnungsprüfung**
  Diese MM-Komponente (Punkt 7) unterstützt den Abschluss des Einkaufsvorgangs durch die Prüfung der Lieferantenrechnung.

Diese drei Bereiche bringen wir Ihnen in diesem Kapitel näher. Zuvor werfen wir aber einen Blick auf die Organisationsstrukturen, die im SAP-System für die Materialwirtschaft relevant sind.

14.2 Organisationsstrukturen

Mithilfe von Organisationseinheiten wird ein Unternehmen im System abgebildet. Diese Einheiten werden im Customizing des Systems definiert und in den entsprechenden Tabellen zugeordnet. Mandant und Buchungskreis sind für alle SAP-Komponenten relevant.

- **Mandant**
  Der Mandant bildet eine handelsrechtlich und organisatorisch abgeschlossene Einheit und stellt einen Konzern oder die Zentrale des Unternehmens dar. Dem Mandanten sind Stammsätze und Tabellen im System zugeordnet. Sie müssen den dreistelligen numerischen Schlüssel des Mandanten bei der Anmeldung am SAP-System angeben.
- **Buchungskreis**
  Der Buchungskreis ist eine Organisationseinheit des externen Rechnungswesens (siehe Kapitel 16, »Finanzbuchhaltung«) und bildet eine in sich abgeschlossene Buchhaltung im SAP-System ab. Alle handelsrechtlichen Ereignisse einschließlich der Gewinn- und Verlustrechnung des Unternehmens werden auf der Ebene des Buchungskreises ausgeführt. Der Schlüssel des Buchungskreises ist mandantenweit eindeutig.

- **Werk**
  Das Werk ist eine zentrale Organisationseinheit der Logistik. Mit dem Werk kann eine Produktionsstätte, ein Hauptsitz, ein Zentrallager oder ein Vertriebsbüro eines Unternehmens im System abgebildet werden. Das Werk wird im System exakt einem einzigen Buchungskreis zugeordnet. Auf dieser Ebene erfolgt auch die wertmäßige Bestandsführung von Materialien.
- **Lagerort**
  Auf der Ebene des Lagerortes findet die mengenmäßige Bestandsführung in unterschiedlichen Bestandsarten (frei verwendbarer Bestand, Qualitätsprüfbestand etc.) statt. Ein Lagerort wird einem Werk zugeordnet.
- **Einkaufsorganisation**
  Die Einkaufsorganisation ist eine Organisationseinheit des Einkaufs. Sie wird im System entweder einem oder keinem Buchungskreis, aber immer dem Werk zugeordnet, für das beschafft werden kann. Somit wird ein Zentraleinkauf keinem Buchungskreis zugeordnet.
- **Einkäufergruppe**
  Eine Einkäufergruppe fasst eine Gruppe von Einkäufern zusammen. Eine Zuordnung zu anderen Organisationseinheiten im SAP-System findet nicht statt.

Die folgende Abbildung zeigt ein Beispiel für eine Organisationsstruktur im Einkauf.

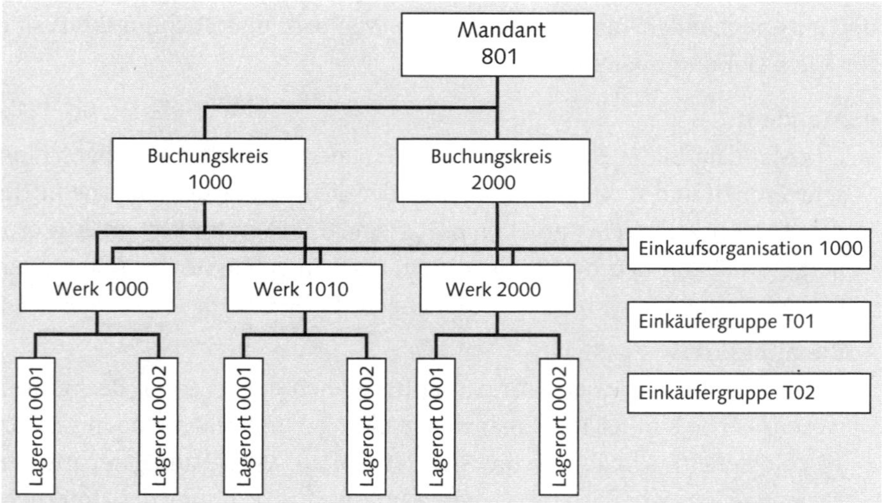

Beispiel für eine Organisationsstruktur mit Zentraleinkauf (Einkaufsorganisation 1000)

14.3 Stammdaten

Als Stammdaten werden Daten bezeichnet, die längerfristig in Systemen gespeichert werden und allen berechtigten Benutzern und Anwendungen zur Verfügung stehen. Die wichtigen Stammdaten in der Materialwirtschaft sind:

- Materialstamm
- Lieferantenstamm
- Einkaufsinfosätze

Damit Sie die Relevanz dieser Stammdaten im SAP-System nachvollziehen können, erklären wir Ihnen im Folgenden, wie man diese Stammdaten anlegt.

Materialstamm

Ein Materialstammsatz enthält eine Reihe von Informationen, die auf verschiedenen Registerkarten (Sichten) angeordnet sind. Diese sind den Fachabteilungen zugeordnet, die mit dem Materialstamm arbeiten, zum Beispiel dem Einkauf oder der Buchhaltung. In Produktivsystemen wird über Berechtigungsrollen (siehe Kapitel 13) gesteuert, welcher Anwender auf welche Sicht einen lesenden oder schreibenden Zugriff erhält bzw. ob diese Sicht für den Anwender überhaupt angezeigt wird. Der Materialstammsatz ist nicht nur für die Materialwirtschaft relevant. In den Geschäftsprozessen des Vertriebs und des Qualitätsmanagements wird ebenso auf Materialstammsätze zugegriffen. Die folgende Tabelle zeigt Beispiele für die Rolle, die der Materialstammsatz für die genannten Bereiche spielt.

SAP-Komponente	Nutzung
Übergreifend	Materialnummer, Kurzbezeichnung, Gewichte, Abmessungen, Werk
Materialwirtschaft	Warengruppe, Einkäufergruppe, automatische Bestellung, WE-Bearbeitungszeit
Buchhaltung	interne Materialbewertung (Auswirkung auf die Bilanz), Preissteuerung, gleitender Durchschnittspreis oder Standardpreis

Nutzung von Materialstammsätzen in SAP ERP

SAP-Komponente	Nutzung
Vertrieb	Beschaffungszeiten
Qualitätsmanagement	Prüfeinstellungen, Buchung in Q-Bestand

Nutzung von Materialstammsätzen in SAP ERP (Forts.)

INFO

Material und Artikel

In SAP ERP spricht man nicht von *Artikeln*, sondern von *Materialien*. In der Branchenlösung SAP for Retail (Lösung für den Einzelhandel) wird dagegen die gebräuchliche Bezeichnung *Artikel* verwendet.

Gehen Sie folgendermaßen vor, um ein Material anzulegen:

1. Rufen Sie die Transaktion MM01 über das Befehlsfeld oder im SAP Easy Access Menü über den Pfad **Logistik ▸ Materialwirtschaft ▸ Anlegen allgemein** auf.

2. Im Einstiegsbild der Transaktion geben Sie Materialnummer (hier ZM-DEMO-01), Branche (hier Maschinenbau) und Materialart (hier Rohstoff) in den gleichnamigen Feldern ein. Drücken Sie dann die Taste [↵].

3. Es öffnet sich die Sichtenauswahl, in der Sie die für Sie relevanten Registerkarten auswählen können. Markieren Sie hier die Sichten **Grunddaten 1**, **Einkauf** und **Buchhaltung 1**. Wenn Sie möchten, dass diese Auswahl voreingestellt ist, wenn Sie das nächste Material anlegen, klicken Sie auf die Schaltfläche **Voreinstellung**. Drücken Sie dann die [↵]-Taste.

Die anderen Sichten, zum Beispiel **Disposition** oder **Qualitätsmanagement**, sind dann relevant, wenn das Material vom System automatisch disponiert bzw. qualitätsgesichert beschafft werden soll. Wir legen das Material in unserem Beispiel so an, dass eine Fremdbeschaffung (Einkauf) möglich ist.

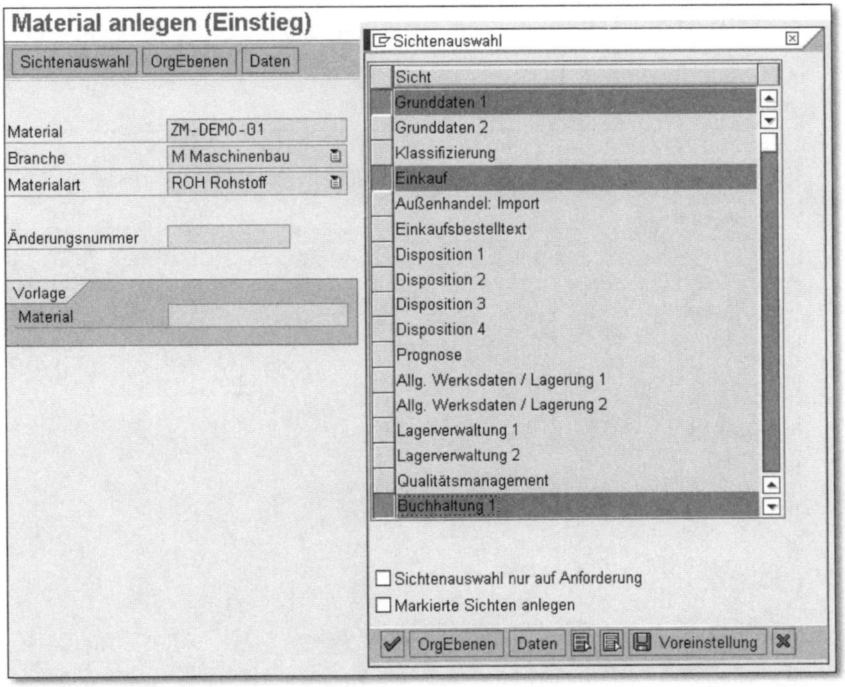

4 Im nächsten Schritt geben Sie das Werk an, in dem das neue Material geführt werden soll. Geben Sie für dieses Beispiel 1000 ein, und drücken Sie dann die [↵]-Taste.

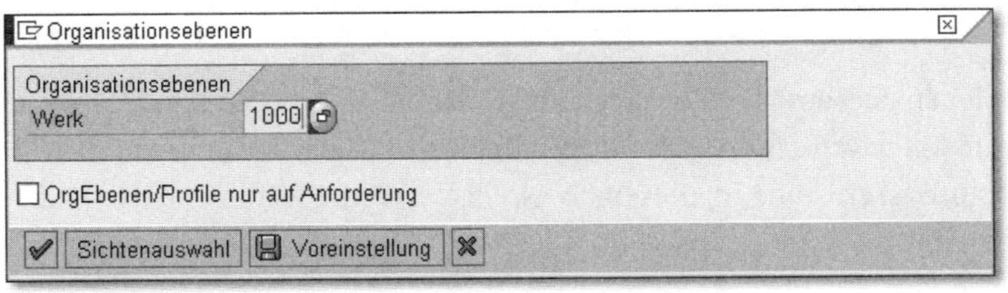

5 Im nächsten Schritt geben Sie auf der Registerkarte **Grunddaten 1** Materialbezeichnung, Basismengeneinheit, Bruttogewicht und Gewichtseinheit ein. Wenn Sie dieses Beispiel im SAP-System nachvollziehen möchten, wählen Sie folgende Daten:

- **Material:** Kühlkörper
- **Basismengeneinheit:** ST
- **Warengruppe:** 00103
- **Bruttogewicht:** 0,5
- **Nettogewicht:** 0,3
- **Gewichtseinheit:** KG

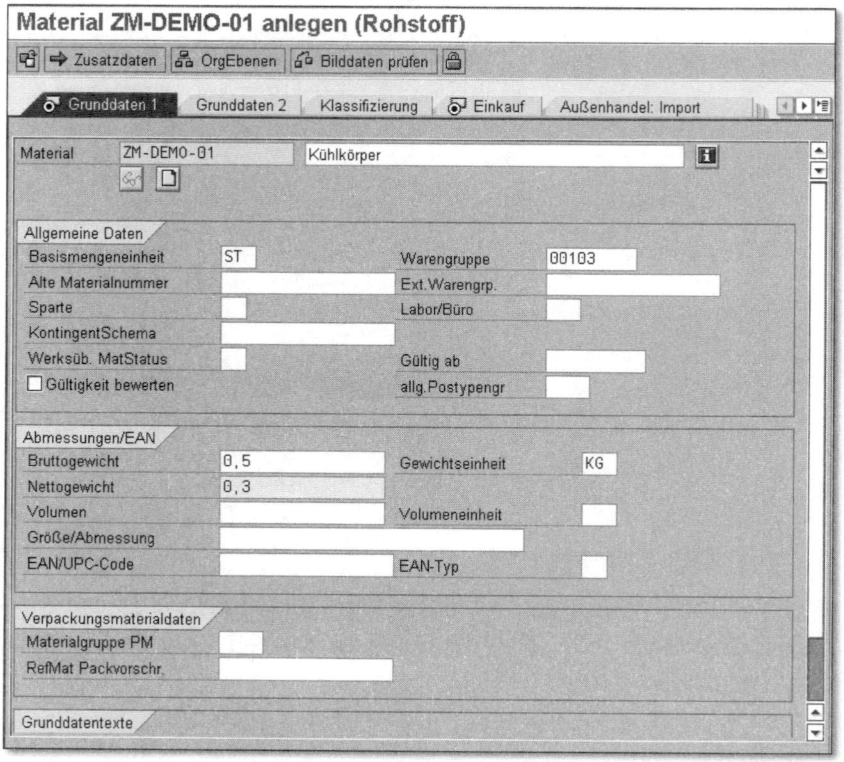

6 Klicken Sie auf die Registerkarte **Einkauf**. Geben Sie Einkäufergruppe, Einkaufswerteschlüssel und Wareneingangsbearbeitungszeit (WE-Bearbeitungszeit) ein. In diesem Beispiel werden die folgenden Daten verwendet:

- **Einkäufergruppe:** 000
- **Einkaufswerteschlüssel:** 1
- **WE-Bearbeitungszeit:** 1

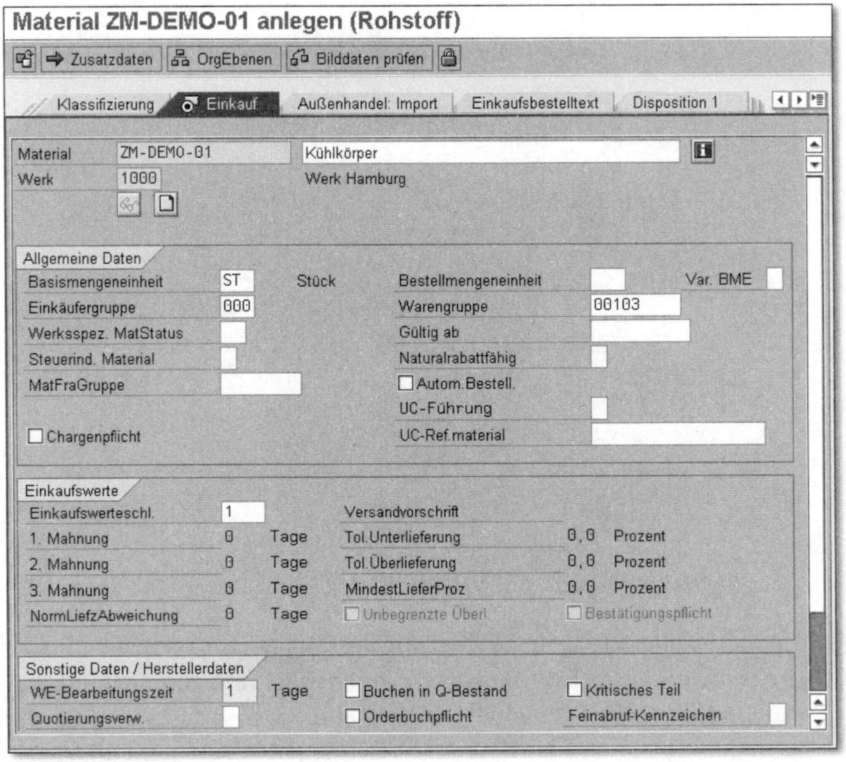

7 Klicken Sie auf die Registerkarte **Buchhaltung 1**. Geben Sie Bewertungsklasse, Preissteuerung und gleitenden Preis ein. Für dieses Beispiel verwenden Sie die folgenden Daten:

- **Bewertungsklasse:** 3000 (relevant für die Steuerung von Sachkonten, die bei einer Warenbewegung fortgeschrieben werden)
- **Preissteuerung:** V (gleitender Durchschnittspreis für interne Materialbewertung)
- **Gleitender Preis:** 10 EUR

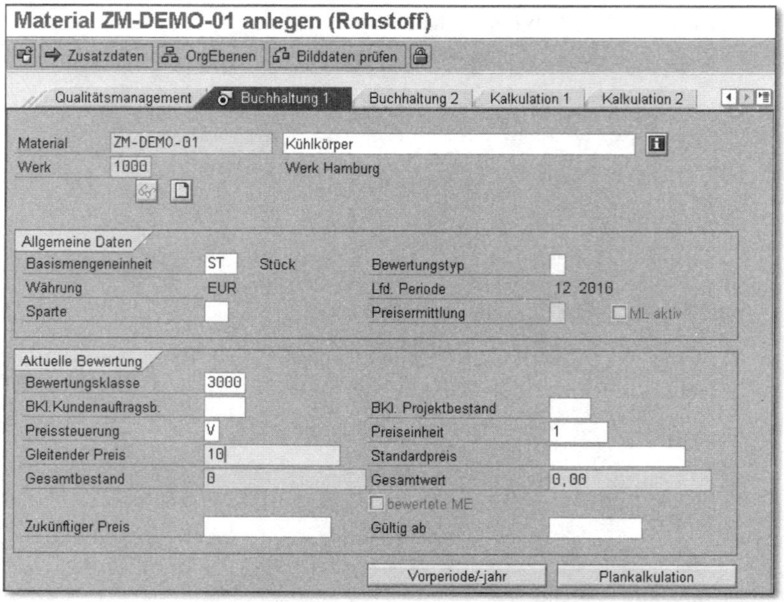

8 Sie haben alle relevanten Felder für das Material ausgefüllt und können den neuen Stammsatz nun durch einen Klick auf die Schaltfläche (**Speichern**) sichern. Sie erhalten die Meldung, dass das neue Material im System angelegt wurde: »Das Material ZM-DEMO-01 wird angelegt.«

INFO

Gleitender Durchschnittspreis

Der gleitende Durchschnittspreis (kurz GLD-Preis oder auch V-Preis) wird bei der Bestandsbewertung genutzt. Er kommt bei Materialien zum Einsatz, die zu unterschiedlichen Preisen eingekauft wurden. Mithilfe des gleitenden Mittels wird ein Durchschnittspreis errechnet. Eine Bestandsführung, die die historischen Preise verwendet, zu denen tatsächlich eingekauft wurde, wäre unnötig kompliziert.

Aktion	Gleitender Durchschnittspreis
Anlage des Stammsatzes	–
Einkauf: 10 Stück à 10 EUR	10 Stück × 10 EUR 10 Stück Gesamtbestand = **10 EUR**
Einkauf: 10 Stück à 20 EUR	10 Stück × 10 EUR + 10 Stück × 20 EUR 20 Stück Gesamtbestand= **15 EUR**

Beispiel zur Berechnung des gleitenden Durchschnittspreises

Mehr Informationen finden Sie in dem Buch *Rechnungsprüfung mit SAP MM* von Stefan Bomann und Torsten Hellberg (SAP PRESS 2008).

Nach dem Materialstamm wenden wir uns im Folgenden dem Lieferantenstamm zu.

Lieferantenstamm

Der Lieferantenstammsatz im SAP-System enthält Informationen über die Lieferanten eines Unternehmens. Neben Namen und Adresse des Lieferanten umfasst er Angaben zu Währungen, Zahlungsbedingungen und Kontaktpersonen. Die Informationen zu den Lieferanten werden nicht nur von der SAP-Komponente MM verwendet, sondern auch von der Buchhaltung (SAP-Komponente FI), wo der Lieferant als Kreditor bezeichnet wird. In diesem Abschnitt zeigen wir Ihnen, wie Sie einen Lieferantenstammsatz im SAP-System anlegen.

1. Starten Sie die Transaktion XK01 über das Befehlsfeld oder das SAP Easy Access Menü über den Pfad **Logistik ▸ Materialwirtschaft ▸ Einkauf ▸ Stammdaten ▸ Lieferant ▸ Zentral ▸ Anlegen**.

2. Geben Sie im Einstiegsbild Kreditorennummer, Buchungskreis, Einkaufsorganisation und Kontengruppe ein. In diesem Beispiel verwenden wir die folgenden Daten:

   - **Kreditor**: ZK-DEMO-01
   - **Buchungskreis**: 1000
   - **Einkaufsorganisation**: 1000
   - **Kontengruppe**: ZTMM

   Drücken Sie dann auf die [↵]-Taste.

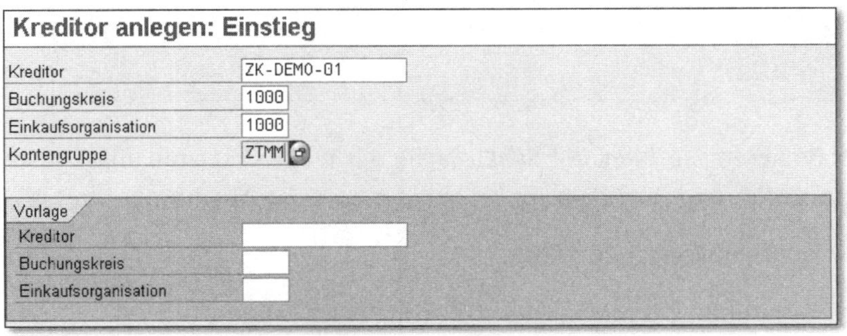

3 Auf dem nächsten Bildschirmbild geben Sie Anrede, Name, Adresse und Sprache ein. Verwenden Sie für das Beispiel die folgenden Daten:

- **Name**: Maschinenbau GmbH
- **Suchbegriff**: DEMO
- **Straße, Hausnummer**: Süd-West-Park 4711
- **Postleitzahl, Ort**: 90449 Nürnberg
- **Land**: Deutschland
- **Region**: Bayern
- **Sprache**: Deutsch

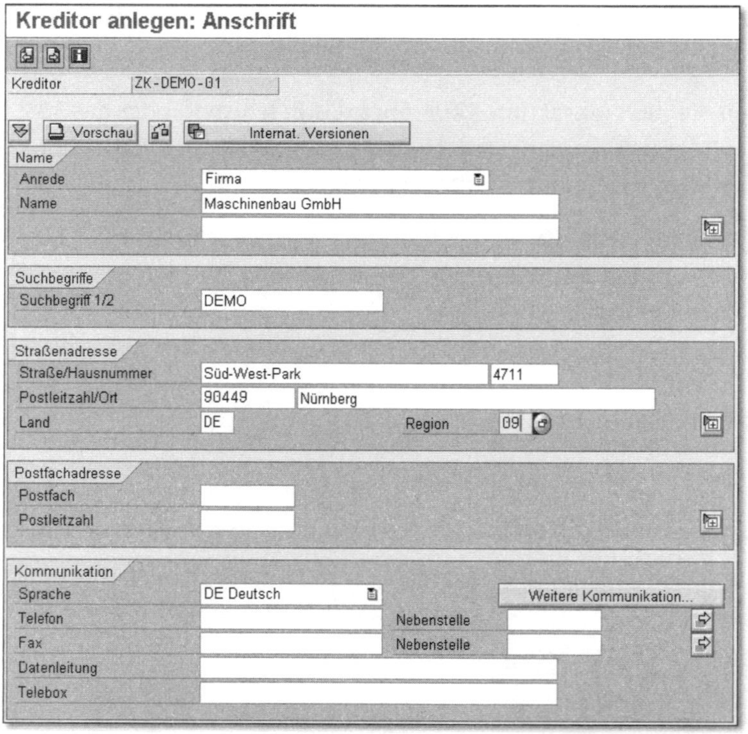

4 Navigieren Sie über die Schaltfläche weiter bis zum Bildschirmbild **Kontoführung Buchhaltung**. Geben Sie dort das Abstimmkonto ein:

- **Abstimmkonto**: 160000
- **Datenbild**: Zahlungsverkehr Buchhaltung
- **Zahlungsbedingungen**: 0002

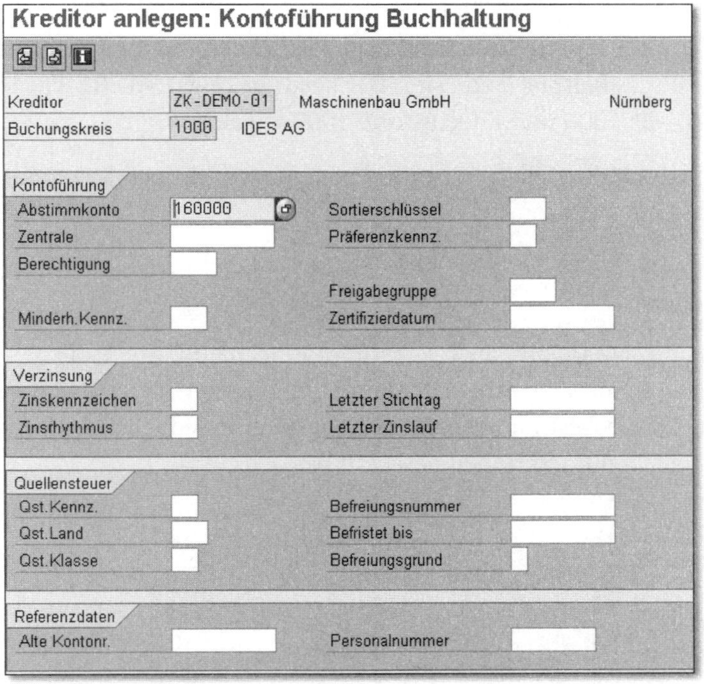

5 Navigieren Sie über die Schaltfläche weiter bis zum Bildschirmbild **Zahlungsverkehr Buchhaltung**. Geben Sie hier die Zahlungsbedingungen ein.

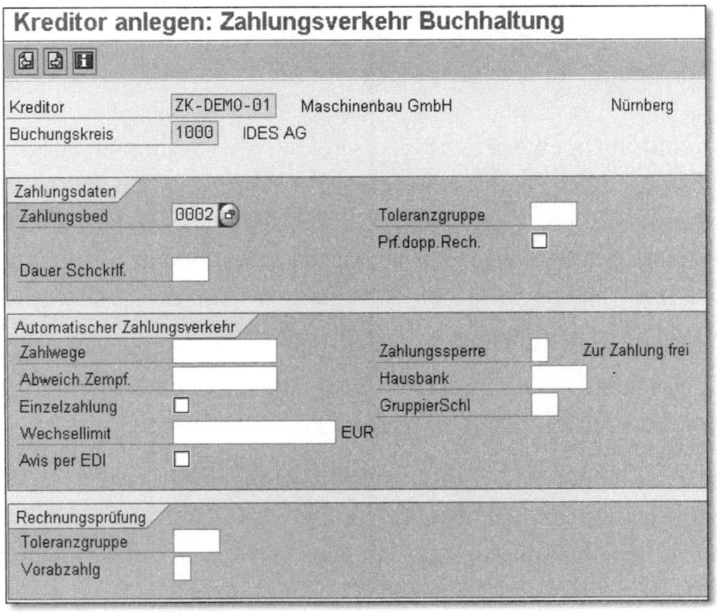

6 Speichern Sie nun den Lieferantenstammsatz durch einen Klick auf die Schaltfläche (**Speichern**). Sie erhalten anschließend eine Erfolgsmeldung, für dieses Beispiel lautet sie: »Der Kreditor ZK-DEMO-01 wurde für Buchungskreis 1000 und Einkaufsorg. 1000 angelegt.«

Im nächsten Abschnitt stellen wir nun den dritten wichtigen Stammsatz in MM vor: den Einkaufsinfosatz.

Einkaufsinfosatz

Der Einkaufsinfosatz (häufig auch kurz Infosatz genannt) stellt die Verbindung zwischen einem Lieferantenstammsatz und einem Materialstammsatz her. So kann oft ein bestimmtes Material bei unterschiedlichen Lieferanten zu unterschiedlichen Konditionen beschafft werden.

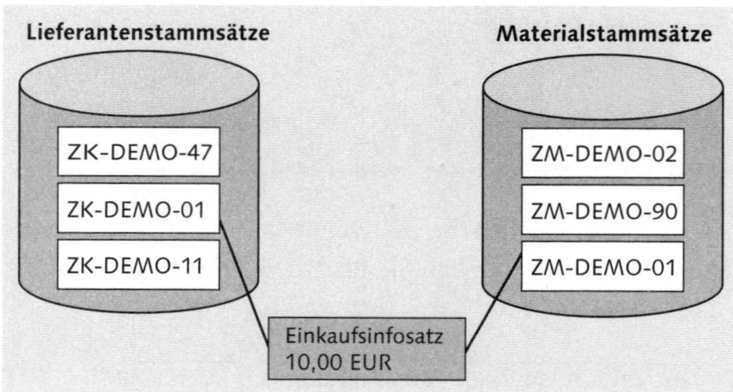

Der Einkaufsinfosatz

Ein Infosatz kann manuell oder automatisch vom SAP-System angelegt werden. Wird ein Preis im Infosatz hinterlegt, wird dieser bei der nächsten Bestellung vorgeschlagen. Verhandelt der Einkäufer einen neuen Preis mit dem Lieferanten und ändert er diesen in der vorhandenen Bestellung ab, wird der neue Preis bei der nächsten Bestellung vorgeschlagen. Der Infosatz ist eine wichtige Informationsquelle für den Einkauf.

Wir haben bereits ein Material und einen Lieferanten im System hinterlegt. Für diese Kombination soll jetzt ein Infosatz angelegt werden:

1 Über die Transaktion ME11 wird ein Infosatz angelegt. Starten Sie Transaktion ME11 über das Befehlsfeld oder das SAP Easy Access Menü über den Pfad **Logistik ▸ Materialwirtschaft ▸ Einkauf ▸ Stammdaten ▸ Infosatz ▸ Anlegen**.

2 Im Einstiegsbild der Transaktion geben Sie Lieferant, Material und Einkaufsorganisation ein. Hier tragen Sie auch das Werk ein, da in einem anderen Werk andere Konditionen gelten können. In diesem Beispiel verwenden wir folgende Daten:

- **Lieferant:** ZK-DEMO-01
- **Material:** ZM-DEMO-01
- **Einkaufsorganisation:** 1000
- **Werk:** 1000

Drücken Sie dann auf die [↵]-Taste.

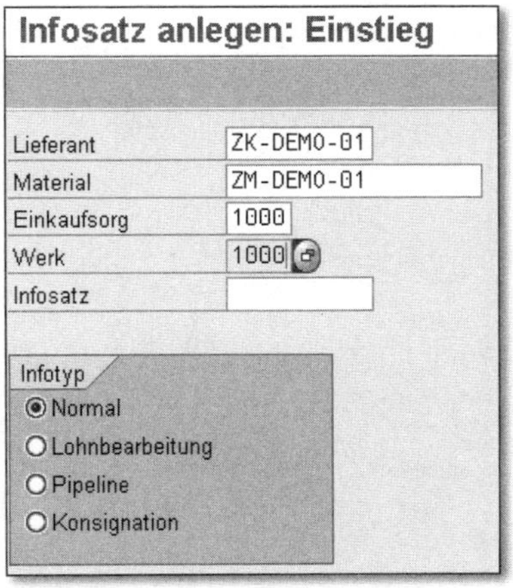

3 Aus dem Einstiegsbild gelangen Sie in die allgemeinen Daten. In den allgemeinen Daten sind in unserem Beispiel keine Eingaben erforderlich. Klicken Sie auf die Schaltfläche **EinkaufsorgDaten 1**.

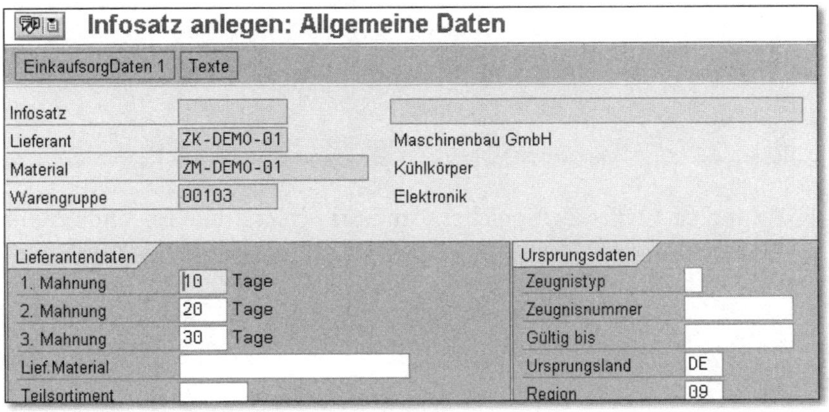

4 Geben Sie auf dem Bildschirmbild **Einkaufsorganisationsdaten 1** Planlieferzeit, Einkäufergruppe, Normalmenge und Nettopreis ein. Verwenden Sie dazu folgende Daten:

- **Planlieferzeit:** 1 Tag
- **Einkäufergruppe:** 000
- **Normalmenge:** 1 ST
- **Nettopreis:** 10,00 EUR

Klicken Sie anschließend auf die Schaltfläche (**Speichern**), um Ihre Eingaben zu sichern.

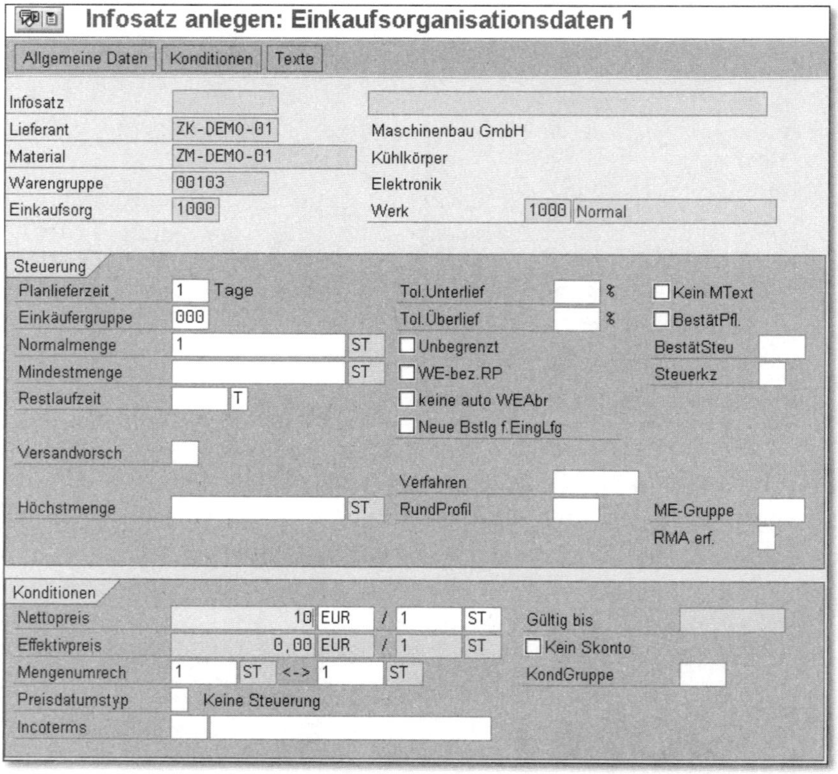

5 Der Infosatz wurde gespeichert, und Sie erhalten die folgende Meldung: »Einkaufsinfosatz 5300006151 1000 1000 wurde hinzugefügt.«

Nun haben Sie mit den Stammdaten die Basis für den Einkaufsprozess geschaffen, den Sie im nächsten Schritt mit Ihren eigenen Daten nachvollziehen können.

14.4 Bestellung

Mit der Bestellung fordern Sie einen Lieferanten auf, Ihnen ein Material oder eine Dienstleistung zu Konditionen zu liefern, die Sie mit ihm vereinbart haben.

Der Einkaufsprozess unterscheidet sich je nachdem, ob Sie Lagermaterial oder Verbrauchsmaterial einkaufen möchten. Lagermaterial wird dazu verwendet, den Lagerbestand im Unternehmen aufzufüllen, wohingegen Verbrauchsmaterial direkt benutzt wird. Lager- und Verbrauchsmaterial werden im SAP-System unterschiedlich behandelt, wie die folgende Tabelle zeigt.

	Lagermaterial	Verbrauchsmaterial
Angabe einer Materialnummer	erforderlich	optional
Kontierungstyp	–	erforderlich
Wareneingang	erforderlich	optional
Buchung	Bestandskonto	Verbrauchskonto
Fortschreibung	Menge und Wert im Materialstamm, Anpassung des gleitenden Durchschnittspreises	keine Wertfortschreibung, Fortschreibung von Menge und Verbrauch möglich

Unterschiede zwischen Lager- und Verbrauchsmaterial

In diesem Abschnitt zeigen wir anhand eines Beispiels, wie Lagermaterial bestellt wird.

Im SAP-System finden Sie die Transaktion für die Bestellung im SAP Easy Access Menü unter **Logistik ▸ Materialwirtschaft ▸ Einkauf ▸ Bestellung ▸ Anlegen ▸ Lieferant/Lieferwerk bekannt.** Die Transaktionscodes lauten: ME21N (Bestellung anlegen), ME22N (Bestellung ändern) und ME23N (Bestellung anzeigen). Die Transaktion für das Anlegen einer Bestellung ist in verschiedene Bereiche aufgeteilt (siehe Abbildung).

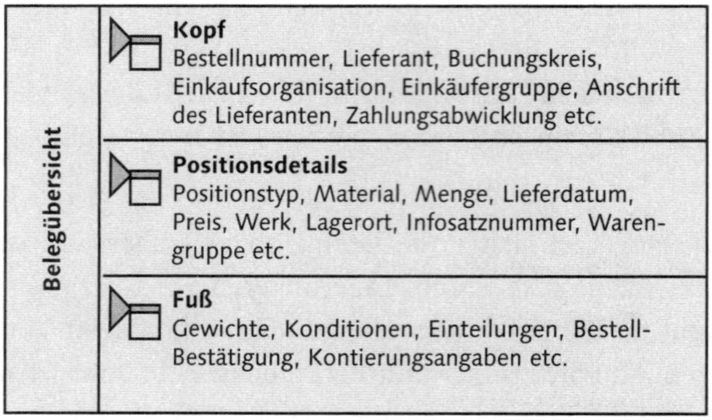

Aufbau der Bestellung

Eine Bestellung können Sie mit Bezug auf die Bestellanforderung (BANF, Transaktion ME51N) oder ohne Bezug anlegen, wie in diesem Beispiel.

Im Folgenden zeigen wir Schritt für Schritt, wie Sie ein Lagermaterial bestellen, ohne dass zuvor eine Bestellanforderung angelegt wurde. Wir verwenden dabei die Stammsätze, die wir selbst am Anfang des Kapitels angelegt haben. Dann gehen Sie wie folgt vor:

1. Starten Sie die Transaktion ME21N über das Befehlsfeld oder das SAP Easy Access Menü über den Pfad **Logistik ▸ Materialwirtschaft ▸ Einkauf ▸ Bestellung ▸ Anlegen ▸ Lieferant/Lieferwerk bekannt.**

2. Die Bildbereiche der Bestellung können Sie mit der Schaltfläche (**Position auf-/zuklappen**) oder [Strg]+[F6] bei Bedarf auf- und zuklappen. Geben Sie Lieferant, Materialnummer, Bestellmenge, Werk und Lagerort ein. Um dieses Beispiel am System nachzuvollziehen, wählen Sie die folgenden Daten:

   - **Lieferant:** ZK-DEMO-01
   - **Einkaufsorganisation:** 1000
   - **Einkäufergruppe:** 000
   - **Buchungskreis:** 1000
   - **Material:** ZM-DEMO-01
   - **Bestellmenge:** 100
   - **Werk:** 1000
   - **Lagerort:** 0001

Nachdem Sie auf [↵] gedrückt haben, wird der Nettopreis für das Material aus dem Infosatz ermittelt.

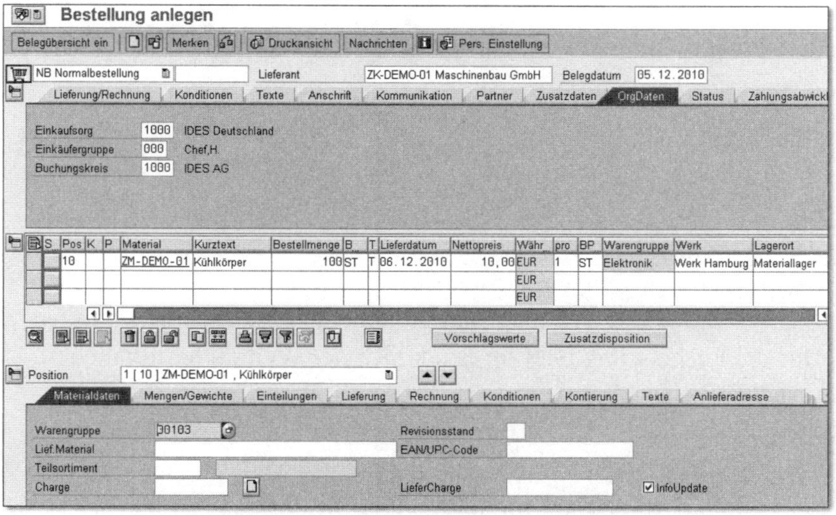

3 Über die Schaltfläche [Prüfen-Symbol] **(Prüfen)** können Sie die Bestellungen auf Vollständigkeit und Plausibilität hin überprüfen. Sind die Angaben vollständig und schlüssig, erhalten Sie die Erfolgsmeldung »Bei der Prüfung traten keine Meldungen auf«, die Sie durch einen Klick auf OK bestätigen.

Anschließend sichern Sie Ihre Bestellung durch einen Klick auf die Schaltfläche [Speichern-Symbol] **(Speichern)**. Sie erhalten in einem Dialogfenster eine Bestätigung, die eine Belegnummer enthält. In unserem Beispiel lautet sie »Normalbestellung unter der Nummer 4500017149 angelegt«. Notieren Sie sich die Belegnummer für die nachfolgenden Schritte. In der Praxis werden Sie sich keine Belegnummern notieren, aber in den Übungen ist das sinnvoll, weil Sie sich in nachfolgenden Schritten einfacher auf die eindeutige Belegnummer beziehen können.

Aufgrund der Bestellung übersendet der Lieferant die Ware (oder die Dienstleistung). Welche Prozessschritte danach ablaufen, lesen Sie im folgenden Abschnitt.

14.5 Bestandsführung

Nachdem Sie eine Bestellung abgeschickt haben, wird die bestellte Ware im Unternehmen angeliefert und der Wareneingang im SAP-System erfasst. Alle

Aufgaben, die mit der Warenbewegung zu tun haben, werden in MM mit der Komponente Bestandsführung (MM-IM, wobei IM für Inventory Management steht) ausgeführt. Die Bestandsführung hat die folgenden Aufgaben:

- Materialbestände führen (bezogen auf Mengen und Werte)
- Warenbewegungen planen und erfassen
- Inventur durchführen

Es gibt verschiedene Arten von Warenbewegungen:

- **Wareneingang**
  Beim Wareneingang verbuchen Sie die Lieferung der Ware, die Sie bestellt haben. Durch den Wareneingang erhöht sich der Lagerbestand, was auch für die Buchhaltung relevant ist, da sich der Wert an Materialien im Lager erhöht (Bestandswert).
- **Warenausgang**
  Von Warenausgang spricht man, wenn eine Ware an einen Kunden oder eine andere Abteilung (zum Beispiel die Produktion) geliefert wird. Durch den Warenausgang verringert sich der Lagerbestand.
- **Umlagerung**
  Bei einer Umlagerung wird eine Ware im Unternehmen an einen anderen Lagerort verschoben. Dies kann innerhalb eines Werkes oder zwischen verschiedenen Werken erfolgen.
- **Umbuchung**
  Unter einer Umbuchung versteht man die systemtechnische Erfassung einer Warenbewegung und deren Auswirkungen auf interne Konten analog zur physischen Warenbewegung.

Mithilfe der sogenannten Bewegungsart wird gesteuert, um welche dieser Warenbewegungen es sich handelt. Die Bestandsart gibt einen Hinweis auf die Verwendbarkeit des Materials. Die Bestandsart benötigen Sie, um den verfügbaren Bestand in der Disposition oder für die Entnahmen einer Ware zu ermitteln sowie für die Durchführung der Inventur. Bestände, die an einem Lagerort verfügbar sind, umfassen die drei folgenden Bestandsarten:

- frei verwendbarer Bestand
- Qualitätsprüfbestand (das heißt, die Qualität der Ware wird geprüft)
- gesperrter Bestand

Darüber hinaus gibt es noch Sonderbestände beim Lieferanten oder beim Kunden, die die Bestandsarten frei verwendbaren Bestand und Qualitätsprüfbestand haben können. Über eine Warenbewegung können die einzelnen Bestandsarten umgebucht werden.

In diesem Kapitel konzentrieren wir uns zum einen auf den Wareneingang und zum anderen auf die Umlagerung.

Wenn Sie einen Wareneingang buchen, beziehen Sie sich in der Regel auf eine vorangegangene Bestellung (den sogenannten Vorgängerbeleg). Das hat den Vorteil, dass der ganze Prozess im SAP-System durchgängig abgebildet worden ist. Des Weiteren können Sie Daten aus dem Vorgängerbeleg übernehmen und dabei den Erfassungsaufwand und mögliche Eingabefehler reduzieren. So geht's:

1 Starten Sie die Transaktion MIGO, indem Sie den Transaktionscode im Befehlsfeld eingeben oder im SAP Easy Access Menü den Pfad **Logistik ▸ Materialwirtschaft ▸ Bestandsführung ▸ Warenbewegung ▸ MIGO – Warenbewegung** wählen.

2 Stellen Sie sicher, dass die Auswahl **A01 Wareneingang R01 Bestellung** gesetzt ist. Geben Sie die Bestellnummer (Belegnummer der vorangegangenen Bestellung aus Abschnitt 14.4) ein, in diesem Beispiel ist dies »R01 Bestellung«. Drücken Sie dann die Taste [↵]. Das Material und die Menge aus der Bestellung werden daraufhin vom SAP-System vorgeschlagen.

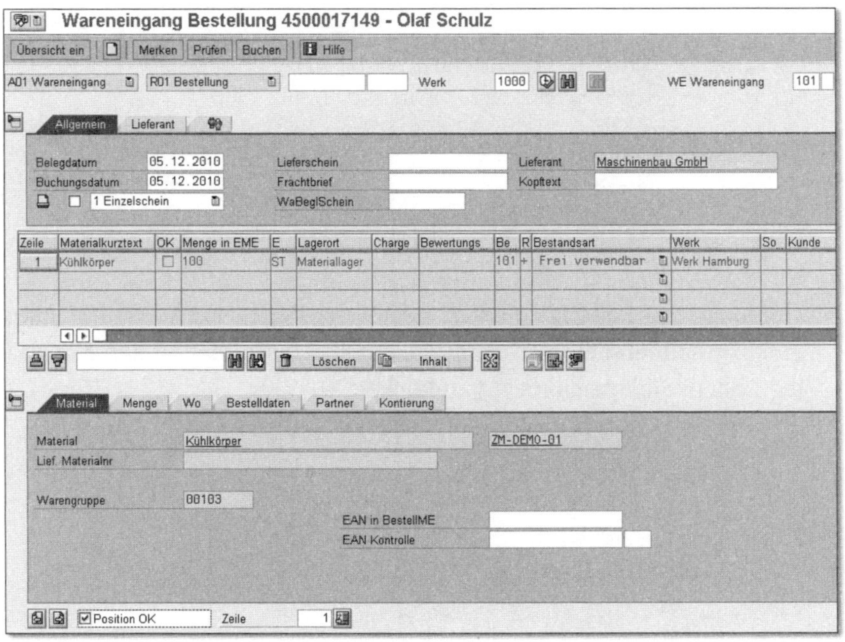

3 Stimmen die tatsächlich gelieferte Menge und das Material mit der Bestellung überein, muss jede Position mit OK gekennzeichnet werden. Danach können Sie den Wareneingang durch einen Klick auf die Schaltfläche **Buchen** oder **(Speichern)** buchen. Sie erhalten eine Materialbelegnummer. In unserem Beispiel lautet die Meldung: »Materialbeleg 5000011937 gebucht.«

Wurde der Wareneingang bestätigt und systemtechnisch abgeschlossen, werden vom System ein Materialbeleg und ein Buchhaltungsbeleg erzeugt.

Umlagerungen oder Umbuchungen von Materialien können innerhalb eines Werkes oder werksübergreifend (innerhalb des Konzerns) erfolgen. Physisch wird das Material an einen anderen Lagerort bewegt, das heißt umgelagert. Im SAP-System wird die Warenbewegung verbucht. Somit erhöht oder vermindert sich der Bestandswert.

Im Beispiel der folgenden Abbildung werden 30 Kühlkörper der eingelagerten 100 Stück aus dem zuvor durchgeführten Einkaufsprozess an einen anderen Lagerort umgelagert und umgebucht.

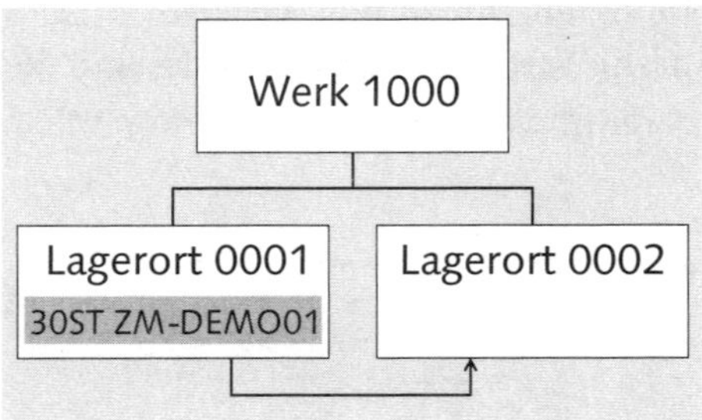

Umlagerung im selben Werk

So geht's:

1 Rufen Sie die Transaktion MIGO auf. Stellen Sie die Transaktion auf **Umbuchung – Sonstige**. Geben Sie auf der Registerkarte **Umbuchung** die entsprechenden Feldwerte ein. Buchen Sie anschließend den Materialbeleg, indem Sie **Speichern** anklicken.

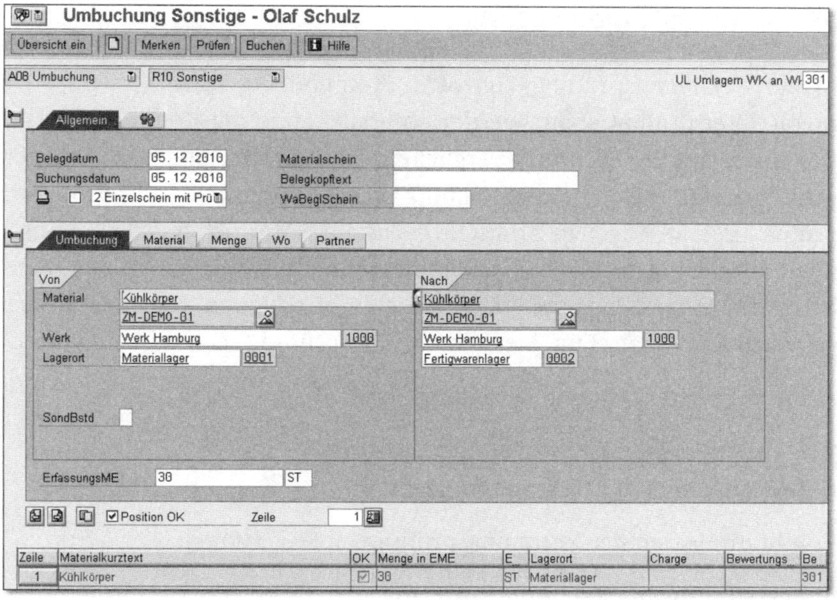

2 Das Ergebnis der Umbuchung können Sie mit der Transaktion MMBE prüfen. Im Einstiegsbild der Transaktion müssen Sie das Material und das Werk eingeben. Die Bestandsübersicht (Grundliste) wird angezeigt. Im Beispiel aus der folgenden Abbildung befinden sich 70 Stück des Materials ZM-DEMO-01 weiterhin am Lagerort 0001 und 30 Stück am Lagerort 0002.

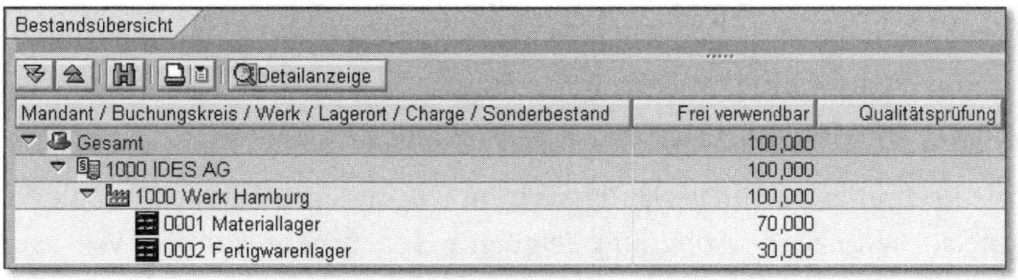

Nachdem Sie die Bestellung angelegt und den Wareneingang gebucht haben, können Sie im nächsten Schritt die Rechnungsprüfung durchführen.

14.6 Rechnungsprüfung

In der Rechnungsprüfung von MM (Komponente MM-IV, wobei IV für Invoice Verification steht) werden in erster Linie die Konditionen aus der Bestellung mit der Rechnung verglichen, die Sie vom Lieferanten erhalten. Es geht darum, die Lieferantenrechnung sachlich, preislich und rechnerisch zu prüfen. Das SAP-System ermittelt eventuelle Abweichungen, die anschließend mit dem Lieferanten abgestimmt werden müssen. Durch den Materialbeleg des Wareneingangs erhalten Sie Informationen über die tatsächlich gelieferten Mengen. Eine ideale Rechnungsprüfung setzt deshalb voraus:

- Im SAP-System ist eine Bestellung angelegt.
- Der Wareneingang ist im SAP-System verbucht.
- Die Rechnung des Lieferanten liegt vor.

Es gibt drei Arten der Rechnungsprüfung im SAP-System:

- **Bestellbezogene Rechnungsprüfung**
  In diesem Fall werden alle Positionen der vorausgegangenen Bestellung abgerechnet. Ob der Wareneingang tatsächlich erfolgt ist oder nicht, bleibt unberücksichtigt.
- **Wareneingangsbezogene Rechnungsprüfung**
  Hier wird jeder Wareneingang eigenständig abgerechnet.
- **Rechnungsprüfung ohne Bestellbezug**
  In diesem Prozess existiert kein Vorgängerbeleg. Es folgt die direkte Bebuchung eines Material-, Anlagen- oder Sachkontos nach der Rechnungsprüfung. Beispiel: telefonische Bestellung, bei der im SAP-System keine Bestellung erfasst wird.

Die Rechnungsprüfung erläutern wir im Folgenden anhand eines kurzen Beispiels. Die folgende Abbildung zeigt eine Lieferantenrechnung. Wir verwenden hier die Daten aus der Bestellung, die wir in diesem Kapitel bereits beschrieben haben.

Maschinenbau GmbH ... 2011

...

IDES AG

...

Rechnung

Position	Material	Menge	Einzelpreis EUR	Preis pro Pos. EUR
01	ZM-DEMO-01 Kühlkörper	100	10,00	1.000,00

ges. netto EUR	1.000,00
zzgl. 10% MwSt (Steuersatz Schulung) EUR	100,00
Gesamt brutto EUR	**1.100,00**

Rechnung eines Lieferanten

Gehen Sie folgendermaßen vor:

1. Starten Sie die Transaktion MIRO durch die Eingabe im Befehlsfeld oder im SAP Easy Access Menü über den Pfad **Logistik ▸ Materialwirtschaft ▸ Logistik-Rechnungsprüfung ▸ Belegerfassung ▸ Eingangsrechnung hinzufügen.**

2. Geben Sie in der Rechnungsprüfung ein:

   - **Rechnungsdatum:** Rechnungsbeleg (aktuelles Tagesdatum)
   - **Betrag:** Bruttobetrag der Rechnung
   - **Steuerkennzeichen:** 1I (10 % Schulungssteuer)
   - **Bestellnummer:** Belegnummer

   Drücken Sie dann auf [↵]. Achten Sie darauf, dass auch in der Position das Kennzeichen **1I 10 % Steuer Schulung** gesetzt ist.

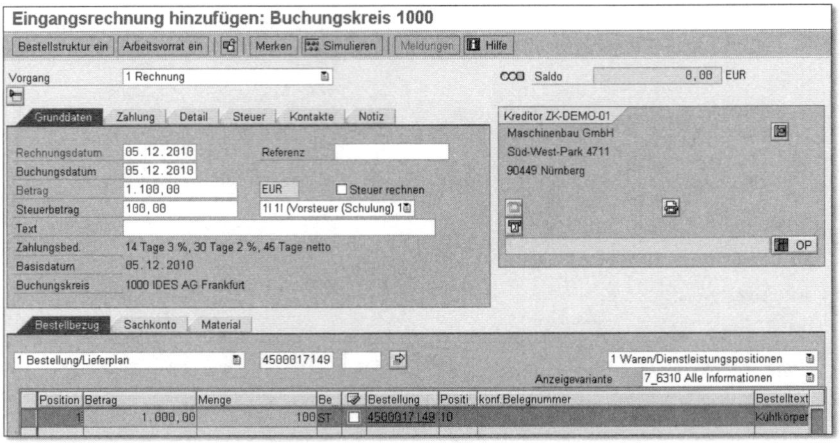

3 Erhalten Sie ein Saldo von 0,00 EUR, wurden keine Abweichungen festgestellt, und Sie können die Rechnung durch Anklicken der Schaltfläche buchen. Sie erhalten im Beispiel die folgende Meldung: »Beleg Nr. 5105608698 wurde hinzugefügt.«

Das Resultat der Rechnungsprüfung sind zwei Belege: Logistikrechnungsbeleg und Buchhaltungsbeleg. Diese beiden Belege sehen Sie in den folgenden Abbildungen.

Rechnungsbeleg

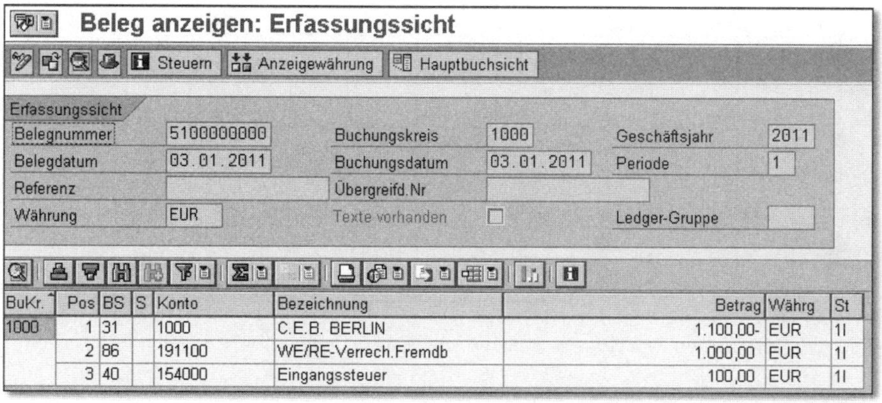

Buchhaltungsbeleg

Die Rechnungsprüfung in MM ist eng mit den angrenzenden SAP-Komponenten Finanzbuchhaltung (FI) und Controlling (CO) integriert. Sie gibt die notwendigen Informationen zur Zahlung des Rechnungsbetrags und der Verbuchung an FI und CO weiter.

Es kann vorkommen, dass Waren geliefert werden, zu denen es noch keine Rechnung gibt und oder umgekehrt beim Eingang von Rechnungen die Waren noch nicht geliefert wurden. In diesem Fall wird ein Wareneingangs-/Rechnungseingangs-Verrechnungskonto (WE/RE-Konto) verwendet. Geht die fehlende Ware bzw. die Rechnung ein, wird das WE/RE-Konto entlastet. Die sich entsprechenden Posten werden nicht ausgeglichen.

Was das konkret bedeutet, zeigen wir anhand eines Beispiels:

- **A. Ausgangssituation**
  Der Anfangsbestand im Bestandskonto ❶ ist 1.000 EUR.
- **B. Wareneingang zur Bestellung**
  Für weitere 1.000 EUR wird Ware bestellt, und es erfolgt ein Wareneingang. Das Bestandskonto ❷ und das WE/RE-Konto ❷ werden bebucht.
- **C. Rechnungseingang (Rechnungsprüfung)**
  Nach der Erfassung der Rechnung wird das WE/RE-Konto ausgeglichen und das Kreditorenkonto bebucht, bis auch dieses nach dem Zahlungsausgang durch die Kreditorenbuchhaltung ausgeglichen wird.

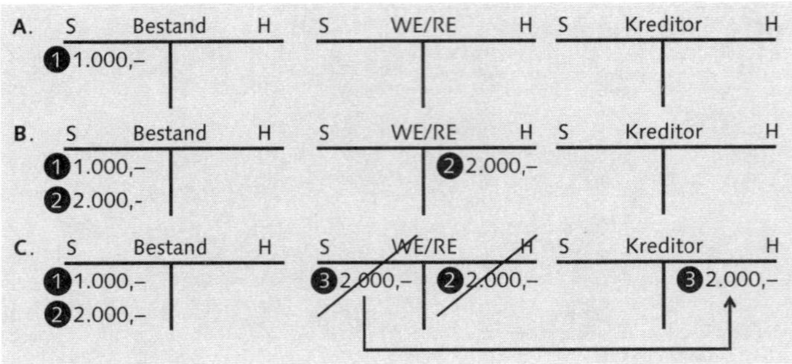

Kontenbewegungen bei Wareneingang und Rechnungseingang

Die Rechnung des Lieferanten wird im SAP-System erfasst. Sie weist keine Abweichungen zur Bestellung auf, und die richtigen Materialien in der richtigen Menge sind wie bestellt geliefert worden. Das WE/RE-Konto ❸ wird ausgeglichen, und das Kreditorenkonto ❸ wird bebucht. Das Kreditorenkonto wird ausgeglichen, wenn die Rechnung bezahlt wird.

14.7 Auswertungen

Das System bietet im Standard eine Reihe von Analysen im Bereich Logistik, um die Datenbasis entsprechend auszuwerten und daraus Entscheidungsgrundlagen für künftige Aktivitäten abzuleiten. Möglichkeiten zur Auswertung finden Sie im SAP Easy Access Menü unter **Infosysteme ▸ Logistik ▸ Einkauf**.

In der folgenden Abbildung sehen Sie eine Übersicht über die Einkaufsbelege zum Lieferanten (Transaktion ME2L).

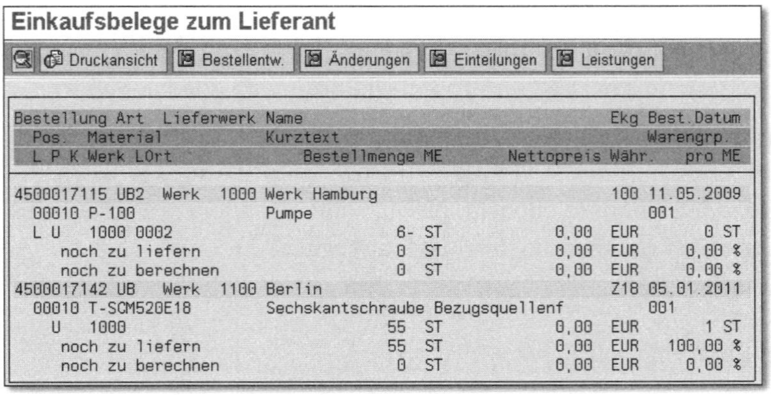
Einkaufsbelege zum Lieferant

Druckansicht | Bestellentw. | Änderungen | Einteilungen | Leistungen

```
Bestellung Art  Lieferwerk Name                                    Ekg Best.Datum
  Pos.  Material           Kurztext                                    Warengrp.
  L P K Werk LOrt                Bestellmenge ME         Nettopreis Währ.   pro ME

4500017115 UB2  Werk  1000 Werk Hamburg                            100 11.05.2009
  00010 P-100              Pumpe                                       001
  L U   1000 0002                     6- ST                0,00  EUR       0 ST
     noch zu liefern                  0  ST                0,00  EUR    0,00 %
     noch zu berechnen                0  ST                0,00  EUR    0,00 %
4500017142 UB   Werk  1100 Berlin                                  Z18 05.01.2011
  00010 T-SCM520E18        Sechskantschraube Bezugsquellenf            001
    U   1000                         55  ST                0,00  EUR       1 ST
     noch zu liefern                 55  ST                0,00  EUR  100,00 %
     noch zu berechnen                0  ST                0,00  EUR    0,00 %
```

Einkaufsbelege zum Lieferanten

Die Tabelle zeigt weitere Beispiele für Standardberichte in MM.

Transaktion	Auswertung
ME2L	Einkaufsbelege zum Lieferanten
ME80	Allgemeine Auswertungen
MC$0	Einkäufergruppe Einkaufswerte
MC$G	Einkaufswerte

Beispiele für Standardberichte in der Materialwirtschaft

TIPP

Weiterführende Informationen

Detaillierte Informationen zu MM finden Sie beispielsweise in dem Buch *Einkauf mit SAP: Der Grundkurs für Einsteiger und Anwender* von Tobias Then (2011), das bei SAP PRESS erschienen ist.

15 Vertrieb

Der Vertrieb stellt das Bindeglied zwischen einem Unternehmen und seinen Kunden dar. Er ist dafür verantwortlich, Angebote zu erstellen, Kundenaufträge zu erfassen und schließlich die gelieferten Waren oder Dienstleistungen in Rechnung zu stellen. Im SAP-System werden die Aufgaben des Vertriebs von der Komponente SD (Sales and Distribution) unterstützt.

Dieses Kapitel zeigt Ihnen,

- welche die wichtigsten Aufgaben des Vertriebs sind,
- wie Kundenaufträge erfasst und bearbeitet werden,
- welche Besonderheiten bei der Rechnungsstellung zu beachten sind,
- wie die Verfügbarkeitsprüfung abläuft,
- wie die Reklamationsabwicklung ausgeführt wird,
- welche Auswertungsmöglichkeiten es im Vertrieb gibt.

15.1 Aufgabenbereiche des Vertriebs

In diesem Kapitel behandeln wir alle Vertriebsabläufe von der Kundenanfrage oder vom Angebot über die Erfassung des Kundenauftrags bis zur Fakturierung. In der Praxis werden diese Aufgaben in vielen Unternehmen auf verschiedene Fachbereiche und damit auch SAP-Anwender verteilt. Die Zahlungsabwicklung wird beispielsweise durch die Kundenbuchhaltung überwacht.

Bis der Kunde die gewünschte Ware in Händen hat (oder eine Dienstleistung erbracht wurde), wird eine Reihe von Prozessschritten durchlaufen.

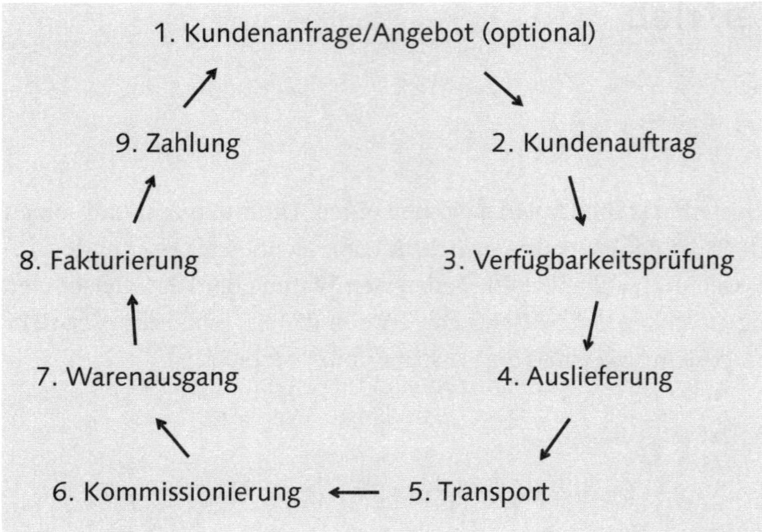

Der Vertriebszyklus

1 Kundenanfrage und Angebot

In der Vorverkaufsphase werden (optional) Anfragen des Kunden und Angebote an den Kunden erfasst. Ein Kunde fragt zum Beispiel an, ob Sie eine bestimmte Ware auf Lager haben oder was diese kostet. Das Angebot stellt eine rechtlich verbindliche Bereitschaft dar, eine Ware an den Kunden zu liefern oder eine Dienstleistung zu erbringen – jeweils zu feststehenden Konditionen. Die in Anfrage und Angebot gespeicherten Daten bilden die Grundlage für nachfolgende Belege im SAP-System.

2 Kundenauftrag

Am Anfang des Vertriebsprozesses steht der Kundenauftrag. Das sieht beispielsweise so aus: Ein Kunde ruft an und bestellt eine Ware oder eine Dienstleistung; der Vertriebsmitarbeiter erfasst daraufhin den Kundenauftrag im SAP-System. Das kann eine einmalige Bestellung sein, aber auch eine längerfristige Vereinbarung. Besteht eine längerfristige Geschäftsverbindung, können spezielle Konditionen vereinbart werden, die in den dafür vorgesehenen Konditionsstammsätzen im SAP-System hinterlegt werden.

3 Verfügbarkeitsprüfung

Während der Auftragserfassung prüft der Mitarbeiter im Vertrieb, ob die angefragten Materialien zum gewünschten Lieferdatum bereitstehen. Nachdem der Kundenauftrag im SAP-System gespeichert ist, kann eine Auslieferung angelegt werden – vorausgesetzt, das Material ist in der benötigten Menge zum gewünschten Zeitpunkt verfügbar. Ist das Material zum gewünschten Zeitpunkt nicht verfügbar, schlägt das System einen neuen Liefertermin vor. Die Lieferung kann dann in Teillieferungen oder zu einem späteren Zeitpunkt als Komplettlieferung ausgeführt werden.

INFO

Terminauftrag

Eine Auftragsart beinhaltet Steuerungsparameter für die weitere Verarbeitung im System, zum Beispiel welche Felder vom Erfasser ausgefüllt werden müssen. Die Standardauftragsart im SAP-System ist der Terminauftrag (TA). Ein Terminauftrag ist ein Kundenauftrag.

4 **Auslieferung**
Als Nächstes wird die Auslieferung an den Kunden angestoßen.

5 **Transportauftrag**
Anschließend wird im SAP-System ein Transportauftrag erzeugt. Der Transportauftrag hat nichts mit dem Transport der Ware zum Kunden zu tun, sondern mit dem Weg der Ware in die Kommissionierung.

6 **Kommissionierung**
In der Kommissionierung wird die Ware verpackt, und die Lieferpapiere werden beigefügt.

7 **Warenausgang**
Nach dem Buchen des Warenausgangs im SAP-System wird die Ware an den Kunden versendet.

8 **Fakturierung**
Anschließend wird die Lieferung fakturiert, das heißt dem Kunden in Rechnung gestellt und das Debitorenkonto belastet.

9 **Zahlung**
Die Überwachung des Zahlungseingangs findet im Finanzwesen statt. Das belastete Debitorenkonto wird ausgeglichen.

Erhält ein Kunde die falsche oder fehlerhafte Ware oder ist die Rechnung nicht korrekt, wird er dies reklamieren. In der Reklamationsbearbeitung im SAP-System gibt es mehrere Möglichkeiten, darauf zu reagieren: Beispielsweise kann der Kunde die Ware zurückschicken und erhält Ersatz oder eine Gutschrift.

Über die Nachrichtensteuerung und Belege (Aufträge, Rechnungen etc.) wird des Weiteren die Ausgabe bzw. die Folgeverarbeitung von Belegen im

SAP-System abgebildet. Dazu bedienen sich die Transaktionen bestimmter Schnittstellen.

Über die Preisfindung und Konditionstechnik werden Preise berechnet. Dabei fließen mit den Konditionen bestimmte Bedingungen in die Preisberechnung ein.

Die SAP-Komponente SD umfasst Funktionen, die die Mitarbeiter im Vertrieb bei diesen Abläufen unterstützen. In diesem Kapitel konzentrieren wir uns auf die Kundenauftragsabwicklung, die Verfügbarkeitsprüfung und die Reklamationsabwicklung. In den folgenden Abschnitten zeigen wir Ihnen, wie der Vertrieb über Organisationseinheiten im SAP-System abgebildet wird.

15.2 Organisationsstrukturen

Der Vertrieb eines Unternehmens wird über Organisationseinheiten im SAP-System abgebildet. Neben den Organisationseinheiten, die nur im Vertrieb genutzt werden, sind in dieser Abteilung auch die Organisationseinheiten Buchungskreis und Werk relevant. Das Werk ist im Vertrieb mit SAP das Auslieferungswerk, von dem aus der Kunde mit Produkten beliefert wird. Darüber hinaus gibt es einige Organisationseinheiten, die im Vertrieb gepflegt und verwendet werden. Diese stellen wir kurz vor:

- **Vertriebsbereich**
  Der Vertriebsbereich ist für den Verkauf der Materialien an die Kunden zuständig und wird einem Buchungskreis zugeordnet.
- **Verkaufsorganisation**
  Eine oder mehrere Verkaufsorganisationen werden einem Vertriebsbereich zugeordnet. Der Verkaufsorganisation werden alle Vertriebsbelege zugeordnet.
- **Vertriebsweg**
  Der Vertriebsweg bezeichnet die Art und Weise, wie Materialien und Dienstleistungen zum Kunden gelangen. Typische Vertriebswege sind Großhandel (B2B für *Business to Business*), Einzelhandel (B2C für *Business to Customer*), Versandhandel oder Direktverkauf.
- **Sparte**
  In einer Sparte werden gleichartige Produkte zusammengefasst. Demnach ist die Sparte eine Gruppierung von Materialien und Dienstleistungen, die im Unternehmen vertrieben werden. Die Sparte gliedert die Zuständigkeit

innerhalb des Unternehmens für die vertriebenen Produkte. Beispiele sind spartenübergreifend der Verkauf, Pumpen, Motorräder.

- **Lagerort**
  Auf Ebene des Lagerortes werden Materialien mengenmäßig (aber nicht wertmäßig) verwaltet. Ein oder mehrere Lagerorte sind einem Werk zugeordnet.
- **Versandstelle**
  Die Versandstelle ist für die Abwicklung des Versands zuständig. Die Versandstelle kann physisch auch außerhalb des Unternehmens liegen. Beispiele für Versandstellen sind Laderampen oder ein Flughafen. Die Versandstelle kann bei der Auftragserfassung automatisch ermittelt werden.

Als Nächstes werfen wir einen Blick auf die Stammdaten im Vertrieb.

15.3 Stammdaten

Für effektive Arbeitsabläufe im Vertrieb sind aktuelle und korrekte Informationen über die Kunden, die Waren (Materialien) und die Konditionen, zu denen diese verkauft werden, unentbehrlich. Wichtige Stammdaten in der Komponente SD sind deshalb:

- Kundenstammdaten (Debitorenstammdaten)
- Materialstammdaten
- Konditionsstammsätze

Um die Tätigkeiten im Vertriebsprozess verstehen zu können, müssen Sie diese Stammdaten kennen. Wir zeigen Ihnen, wie man einen Kunden-, einen Material- und einen Konditionsstammsatz mit den erforderlichen Feldern anlegt.

Kundenstammsatz (Debitorenstammsatz) anlegen

Im Kundenstamm werden die Kunden des Unternehmens verwaltet. Hier müssen alle für den Vertrieb relevanten Informationen gepflegt werden. Die Kundenstammsätze werden im Vertrieb angelegt und stehen dann im gesamten SAP-System zur Verfügung. So können Redundanzen und uneinheitliche Daten vermieden werden. Der Anwender in der Buchhaltung arbeitet somit ebenfalls mit den Kundenstammdaten – allerdings arbeiten die verschiedenen Abteilungen mit unterschiedlichen Sichten (Registerkarten). Der Kundenstammsatz umfasst mehrere Ebenen, auf denen die relevanten Daten hinterlegt werden. Es gibt eine allgemeine Ebene, die für den gesamten Mandanten gilt, sowie Sichten für die Buchhaltung und den Vertrieb, die jeweils in verschiedene Datenbereiche unterteilt sind:

- allgemeine Daten (Daten auf Mandantenebene), zum Beispiel Adressen und Kommunikationsverbindungen
- Buchhaltungsdaten (Daten auf Buchungskreisebene), zum Beispiel Bankverbindungen
- Vertriebsdaten (Daten auf Vertriebsbereichsebene), zum Beispiel Lieferorte

Anhand eines Beispiels zeigen wir Ihnen, wie Sie einen Kundenstammsatz anlegen können.

1 Um die Transaktion zum Anlegen eines Kundenstammsatzes (Transaktion XD01) aufzurufen, geben Sie den Transaktionscode über das Befehlsfeld ein oder navigieren über das SAP Easy Access Menü über den Pfad **Logistik ▸ Vertrieb ▸ Stammdaten ▸ Geschäftspartner ▸ Kunde ▸ Anlegen ▸ Gesamt.**

2 Im Einstiegsbild geben Sie zunächst Kontengruppe, Debitor (Kundennummer), Buchungskreis, Verkaufsorganisation, Vertriebsweg und Sparte ein:

- **Kontengruppe**: ZK01
- **Debitor**: zzcust01
- **Buchungskreis**: 1000 IDES AG
- **Verkaufsorganisation**: 1000 Deutschland Frankfurt
- **Vertriebsweg**: 12 Wiederverkäufer
- **Sparte**: 00 Spartenübergreifend

Um das Einstiegsbild zu verlassen, drücken Sie die [↵]-Taste, und Sie gelangen in die Maske **Debitor anlegen: allgemeine Daten.**

3 Jetzt können Sie auf den folgenden Registerkarten die restlichen Daten pflegen: Durch einen Klick auf die Schaltflächen **Buchungskreisdaten** und **Vertriebsbereichsdaten** gelangen Sie auf die entsprechenden Registerkarten.

4 In den allgemeinen Daten pflegen Sie auf der Registerkarte **Adresse** Anschrift etc. des Kunden. Für das Beispiel verwenden Sie folgende Daten:

- **Anrede**: Firma
- **Name**: Sondermaschinenfabrik GmbH (oder beliebig)
- **Suchbegriff 1/2**: zzcust01
- **Straße/Hausnummer**: Am Europakanal 1 (oder beliebig)
- **Postleitzahl/Ort**: 91056 Erlangen
- **Land**: DE
- **Region**: 09 Bayern
- **Transportzone**: 90000 Postregion Nürnberg

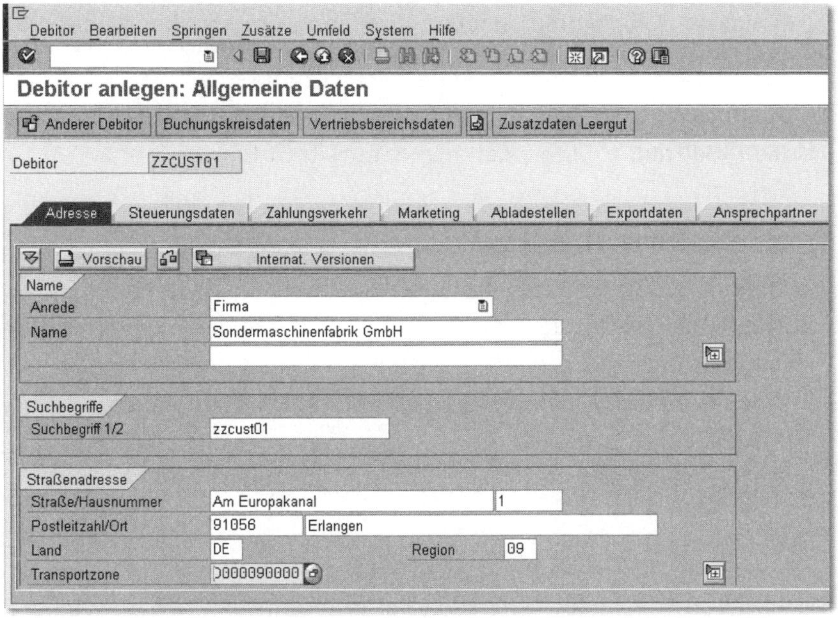

5 Auf der Registerkarte **Steuerungsdaten** geben Sie für das Beispiel die **Steuernummer** DE47110815 ein.

6 In den Buchungskreisdaten, die Sie über die gleichnamige Schaltfläche erreichen, geben Sie auf der Registerkarte **Kontoführung** das **Abstimmkonto** 140000 ein (zur Funktion des Abstimmkontos siehe Kapitel 16, »Finanzbuchhaltung«).

7 In den Vertriebsbereichsdaten, zu erreichen über die gleichnamige Schaltfläche, geben Sie auf der Registerkarte **Verkauf die Kundengruppe** 02 Handelsunternehmen ein.

8 Auf der Registerkarte **Versand** geben Sie folgende Beispieldaten ein:

- **Versandbedingung:** 10 sofort
- **Auslieferungswerk:** 1000 Hamburg

9 Auf der Registerkarte **Faktura** werden die notwendigen Daten zur Rechnungsstellung gepflegt. In unserem Beispiel verwenden wir folgende Daten:

- **Incoterms:** CFR
- **Zahlungsbedingungen:** ZB01 sofort zahlbar ohne Abzug
- **Steuerklassifikation: 1** steuerpflichtig

10 Speichern Sie zu guter Letzt den Kundenstammsatz über die Schaltfläche **Speichern** (Tastenkombination [Strg]+[S]).

Nachdem Sie alle relevanten Felder ausgefüllt haben, speichern Sie den Kundenstammsatz ab.

Materialstammsatz anlegen

Wir benötigen ein Material, das unser Einkauf (siehe Kapitel 14, »Materialwirtschaft«) beschafft und das wir unserem Kunden dann weiterverkaufen.

HINWEIS

Vorgehensweise zum Anlegen von Materialstammsätzen
Eine detaillierte Anleitung zur Anlage von Materialstammsätzen finden Sie in Kapitel 14.

Dazu legen Sie folgendes Material in Ihrem System an: Um das Material anzulegen, starten Sie die Transaktion MMH1 über das Befehlsfeld oder das SAP Easy Access Menü über den Pfad **Logistik ▸ Vertrieb ▸ Stammdaten ▸ Produkte ▸ Material ▸ Handelswaren ▸ Anlegen.**

Die folgende Tabelle enthält die Daten, die Sie benötigen, um das Beispiel aus diesem Kapitel nachzuvollziehen.

Materialnummer	zzmat01
Branche	Maschinenbau

Beispieldaten für den Materialstammsatz

Materialart	Fertigerzeugnis
Benötigte Sichten	Grunddaten 1, Vertrieb: VerkaufsorgDaten1, Vertrieb: allg. Werksdaten, Einkauf, Einkaufsbestelltext, Buchhaltung 1
Werk	1000
Verkaufsorganisation	1000
Vertriebsweg	12
Sicht »Grunddaten1«	
Material	Bedienfeld 10er Block
Basismengeneinheit	Stück
Warengruppe	Elektronik/Hardware
Bruttogewicht	1 kg
Nettogewicht	0,5 kg
Sicht »VerkOrg1«	
Basismengeneinheit	Stück
Auslieferungswerk	1000
Warengruppe	002
Steuerdaten	1 Volle Steuer
Sicht »Vertrieb allg. Werk«	
Transportgruppe	0001 Paletten
Ladegruppe	0003 Manuell
Sicht »Vertriebstext«	
Einkaufsbestelltext	Bedienfeld 10er Block, spritzwassergeschützt
Sicht »Einkauf«	
Einkäufergruppe	000
Basismengeneinheit	ST
Warengruppe	002
Einkaufswerteschlüssel	1

Beispieldaten für den Materialstammsatz (Forts.)

15

Sicht »Buchhaltung1«	
Bewertungsklasse	3000
Preissteuerung	V
Gleitender Preis	100,00 EUR

Beispieldaten für den Materialstammsatz (Forts.)

Materialstammsatz

Da der Stammsatz neu angelegt ist und noch kein Material beschafft wurde, ist der Bestand 0. Der grundlegende Beschaffungsprozess ist Ihnen aus Kapitel 14, »Materialwirtschaft«, bekannt. Bestellen Sie nun mit der Transaktion ME21N 1.000 Stück des Materials zzmat01 beim Lieferanten 1000, und führen Sie den Wareneingang (Transaktion MIGO) durch.

Konditionsstammsatz anlegen

Ein Konditionsstammsatz wird dann im SAP-System angelegt, wenn bereits eine längere Geschäftsbeziehung mit dem Kunden besteht. Im Konditionsstammsatz werden vereinbarte Konditionen hinterlegt, die vorgeschlagen werden, wenn Sie eine Bestellung erfassen. In diesem Abschnitt zeigen wir Ihnen anhand eines Beispiels, wie Sie für einen Kunden und das Material einen Konditionsstammsatz anlegen.

In unserem Beispiel hinterlegen Sie im System den Preis von 200 EUR pro Stück. Das heißt: Wenn unser Kunde zzcust01 das Material zzmat01 bestellt, soll ein Preis von 200 EUR bei der Auftragserfassung vorgeschlagen werden.

1 Um den Konditionssatz anzulegen, starten Sie die Transaktion VK11 über das Befehlsfeld oder das SAP Easy Access Menü über den Pfad **Logistik ▸ Vertrieb ▸ Stammdaten ▸ Konditionen ▸ Selektion über die Konditionsart ▸ Anlegen.** Im Einstiegsbild wählen Sie die **Konditionsart** PR00 Preis.

Mit einer Konditionsart wird ein bestimmtes Kriterium zur Preisfindung im System abgebildet. So werden den Konditionsarten Zu- und Abschläge sowie Preise zugeordnet, die im Geschäftsprozess vorkommen.

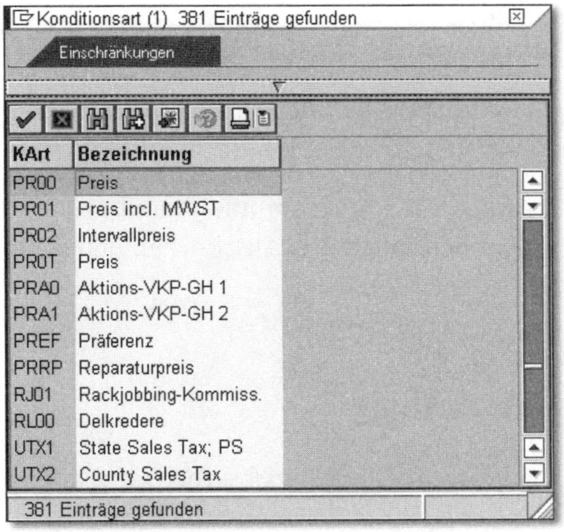

2 Bestätigen Sie die Schlüsselkombination **Kunde/Material mit Freigabestatus**, und hinterlegen Sie dann die Kondition **PR00**. Eine Schlüsselkombination legt die Art der Kombination fest, zu welcher der Konditionsstammsatz angelegt wird.

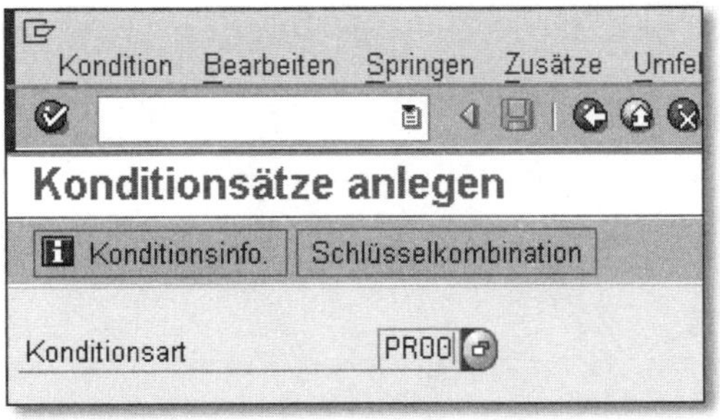

3 Auf dem folgenden Bildschirmbild pflegen Sie nun die Konditionen: Wenn der Kunde zzcust01 das Material zzmat01 bestellt, wird ein Preis von 200 EUR bei der Auftragserfassung vorgeschlagen. Der Zusatz »Mit Freigabestatus« bedeutet, dass hier Materialstammsätze genutzt werden, die freigegeben und nicht gesperrt sind.

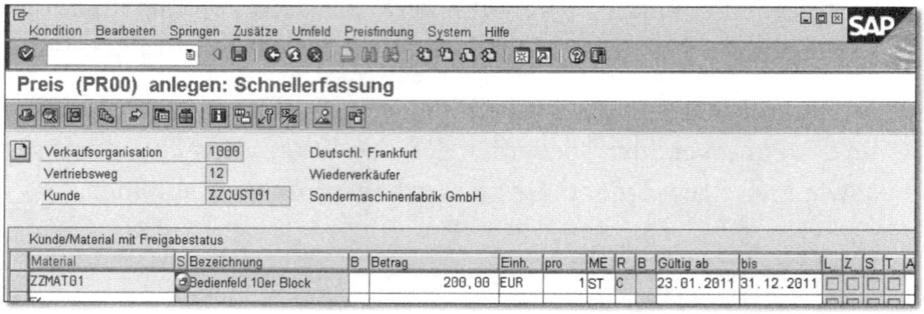

4 Sichern Sie die hinterlegte Kondition über die Schaltfläche **Speichern** (Tastenkombination [Strg]+[S]).

Nachdem die wichtigsten Organisationsstrukturen und Stammdaten vorgestellt wurden, wenden wir uns in den folgenden Abschnitten den zentralen Vertriebsprozessen zu.

15.4 Kundenauftragsabwicklung

Mit den Stammdaten ist die Grundlage für die Vertriebsarbeit geschaffen. Nun können wir uns den Abläufen in der täglichen Vertriebsarbeit zuwenden: dem Anlegen eines Kundenauftrags, der Auslieferung und der Rechnung.

Nun kommen wir zum eigentlichen Vertriebsprozess und seinen wichtigsten Schritten Auftrag, Auslieferung und Rechnung. Im Vorverkaufsprozess sind häufig noch die Kundenanfrage und das Angebot vorgeschaltet (Transaktion VA11 und VA21). Auf den Beleg des Angebotes kann, nachdem sich der Kunde positiv entschieden hat, mit der Anlage des Terminauftrages Bezug genommen werden.

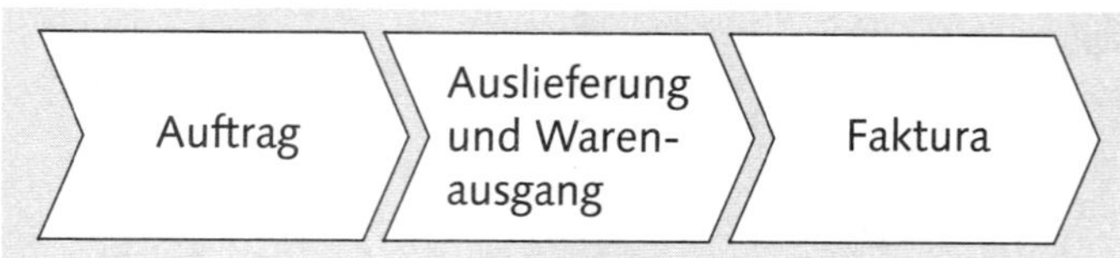

Der grundlegende Vertriebsprozess

Kundenauftrag erfassen

In diesem Abschnitt zeigen wir Ihnen anhand eines Beispiels, wie Sie einen Auftrag (Terminauftrag) im SAP-System erfassen: Ein Kunde ruft an und möchte 10 Stück des Materials zzmat01 bestellen. Dabei sollte die Kondition von 200 EUR pro Stück aus dem Konditionsstammsatz vorgeschlagen werden. Gehen Sie folgendermaßen vor:

1. Um den Terminauftrag zu erfassen, starten Sie die Transaktion VA01 über das Befehlsfeld oder navigieren über das SAP Easy Access Menü **Logistik ▸ Vertrieb ▸ Verkauf ▸ Auftrag ▸ Anlegen.**

   Im Einstiegsbild geben Sie die Auftragsart TA (Terminauftrag) an, die Verkaufsorganisation 1000, den Vertriebsweg 12 und die Sparte 00. Über die Taste [↵] oder die Schaftfläche **Weiter** öffnet sich der Bildschirm für die Auftragsanlage.

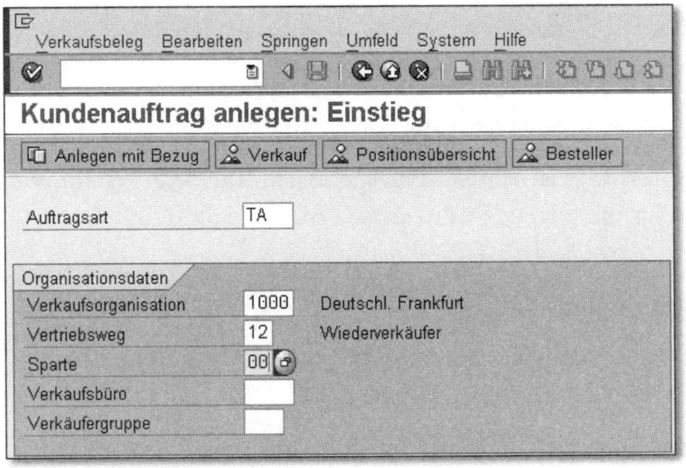

2. Auf dem Bildschirmbild des Terminauftrages geben Sie im Kopf den Auftraggeber und eine (beliebige) Bestellnummer ein, zum Beispiel DEMO[Tagesdatum]. Als Wunschlieferdatum tragen Sie ein: das aktuelle Tagesdatum plus zehn Tage. In den Positionen erfassen Sie die Materialnummer und die Auftragsmenge 10 Stück. Drücken Sie auf die [↵]-Taste, um die Kondition von 200 EUR pro Stück aus dem Konditionssatz in den Terminauftrag zu übertragen.

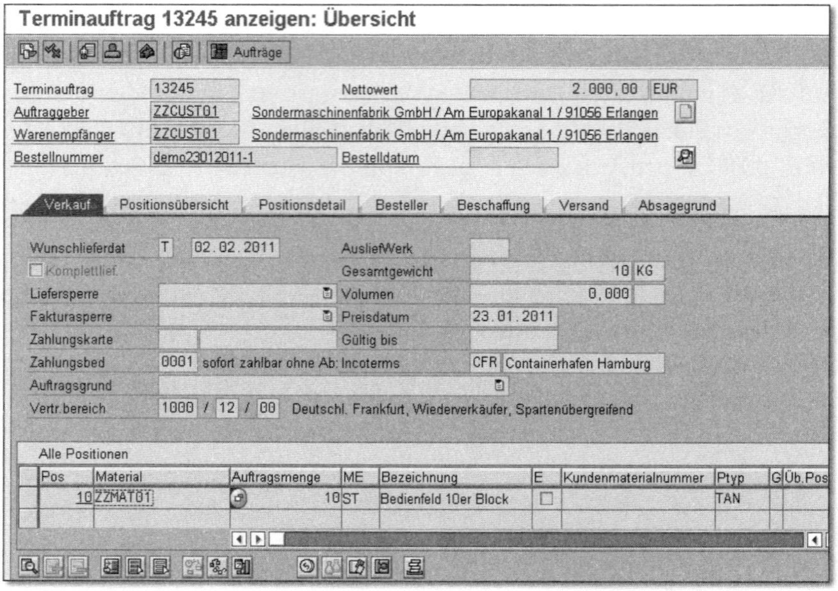

3 Nachdem Sie den Auftrag erfasst haben, sichern Sie ihn mit einem Klick auf die Schaltfläche **Speichern** (Tastenkombination Strg+S).

Die Auftragserfassung ist damit abgeschlossen. Im SAP-System werden interne Belege für die folgenden Prozessschritte bereitgestellt.

Auslieferung anlegen

Im nächsten Schritt legen Sie eine Auslieferung im SAP-System an.

1 Rufen Sie Transaktion VL01N über das Befehlsfeld oder über das SAP Easy Access Menü **Logistik ▸ Vertrieb ▸ Versand und Transport ▸ Auslieferung ▸ Anlegen ▸ Einzelbeleg ▸ mit Bezug zum Kundenauftrag auf.**

Geben Sie für das Beispiel im Feld **Versandstelle** 1000 an, für das **Selektionsdatum** ein Datum, das zehn Tage in der Zukunft liegt (im Bild 02.02.2011), und die Belegnummer des Auftrags.

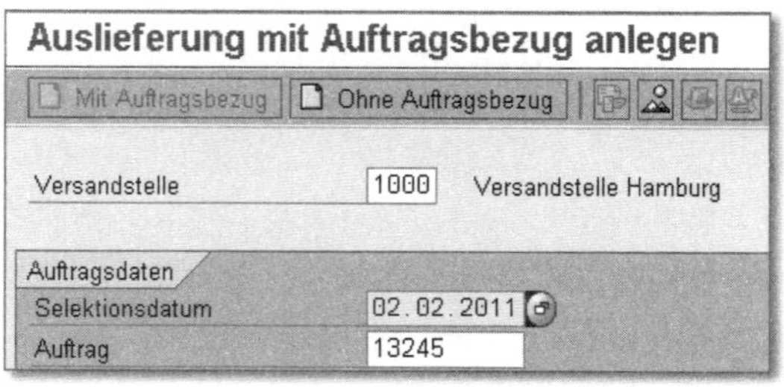

2 Im folgenden Bildschirmbild **Lieferung anlegen** speichern Sie die Auslieferung ab. Buchen Sie noch keinen Warenausgang, weil die Lieferung zu diesem Zeitpunkt noch nicht im SAP-System angelegt ist.

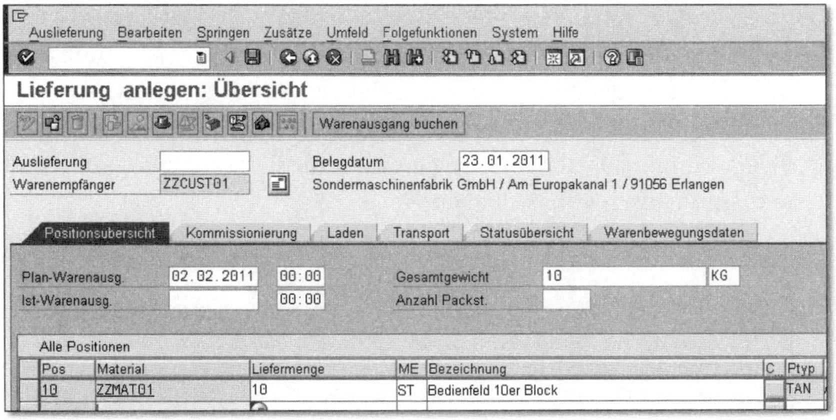

3 Notieren Sie sich die Belegnummer der Lieferung. Um den Warenausgang zu buchen, starten Sie die Transaktion VL02N über das Befehlsfeld oder im SAP Easy Access Menü über den Pfad **Logistik ▸ Vertrieb ▸ Versand und Transport ▸ Auslieferung ▸ Ändern ▸ Einzelbeleg**.

4 Die Belegnummer der Auslieferung wird vorgeschlagen. Klicken Sie auf **Warenausgang buchen**.

Der Bestand des Materials wird entsprechend vermindert. Diesen können Sie mit der Transaktion MMBE überprüfen.

Rechnung stellen

Nachdem die Ware ausgeliefert wurde, können Sie dem Kunden die Lieferung in Rechnung stellen. Im SAP-System wird dieser Schritt folgendermaßen abgebildet:

1 Rufen Sie die Transaktion VF01 auf, indem Sie den Transaktionscode im Befehlsfeld eingeben. Alternativ navigieren Sie im SAP Easy Access Menü über den Pfad **Logistik ▸ Vertrieb ▸ Fakturierung ▸ Faktura ▸ Anlegen**. Die Belegnummer aus der vorangegangenen Auslieferung wird vom SAP-System automatisch vorgeschlagen.

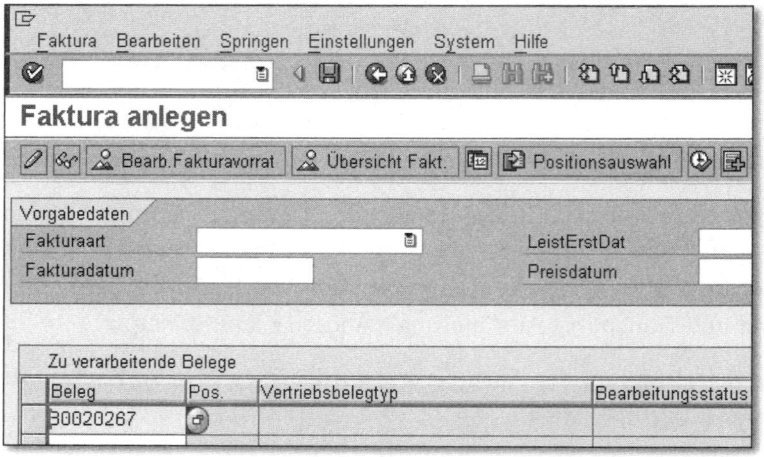

2 Sichern Sie die Rechnung über die Schaltfläche **Speichern** (Tastenkombination [Strg]+[S]).

Anschließend können Sie sich die Druckvorschau der Rechnung mit Transaktion VF03 anzeigen lassen.

1 Wählen Sie dazu in der Menüleiste **Faktura ▸ ausgeben**, oder geben Sie den Transaktionscode VF03 im Befehlsfeld ein.

2 Im Anschluss markieren Sie die Nachricht und klicken auf die Schaltfläche (**Faktura anzeigen**). Daraufhin wird die Druckvorschau der Rechnung angezeigt.

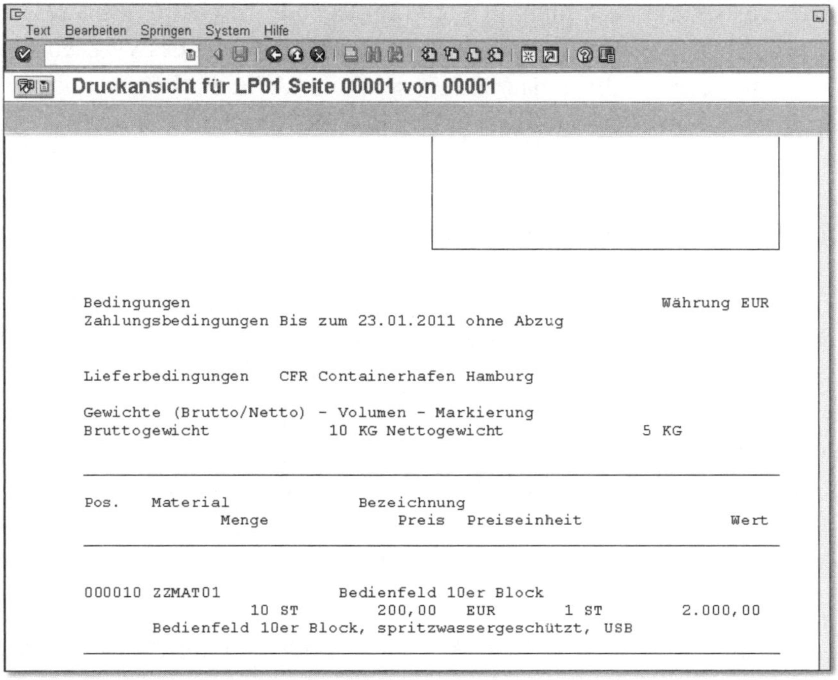

Bedingungen Währung EUR
Zahlungsbedingungen Bis zum 23.01.2011 ohne Abzug

Lieferbedingungen CFR Containerhafen Hamburg

Gewichte (Brutto/Netto) - Volumen - Markierung
Bruttogewicht 10 KG Nettogewicht 5 KG

Pos.	Material	Menge	Bezeichnung	Preis	Preiseinheit	Wert
000010	ZZMAT01	10 ST	Bedienfeld 10er Block	200,00 EUR	1 ST	2.000,00

Bedienfeld 10er Block, spritzwassergeschützt, USB

3 Das Debitorenkonto, das anhand der im SAP-System eindeutigen Kundennummer ermittelt wird, wird somit belastet (siehe auch Kapitel 16, »Finanzbuchhaltung«). Über die Transaktion VF31 oder den Menüpfad **Logistik ▸ Vertrieb ▸ Fakturierung ▸ Nachrichten ▸ Fakturen ausgeben** können Sie die Rechnung ausgeben.

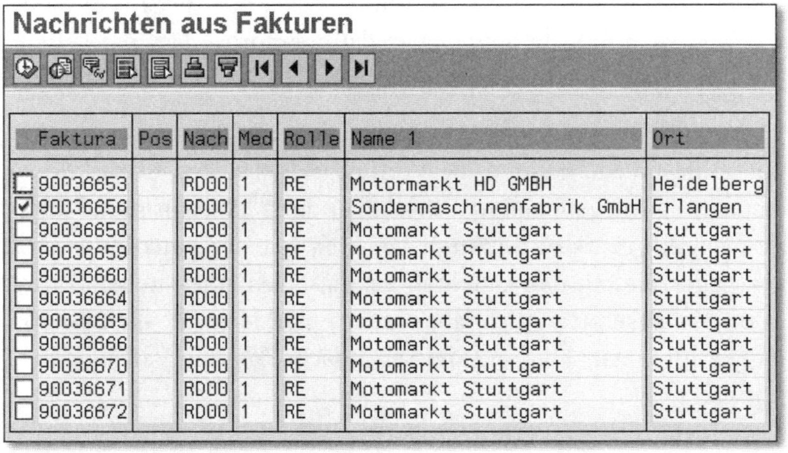

Nachrichten aus Fakturen

	Faktura	Pos	Nach	Med	Rolle	Name 1	Ort
☐	90036653		RD00	1	RE	Motormarkt HD GMBH	Heidelberg
☑	90036656		RD00	1	RE	Sondermaschinenfabrik GmbH	Erlangen
☐	90036658		RD00	1	RE	Motomarkt Stuttgart	Stuttgart
☐	90036659		RD00	1	RE	Motomarkt Stuttgart	Stuttgart
☐	90036660		RD00	1	RE	Motomarkt Stuttgart	Stuttgart
☐	90036664		RD00	1	RE	Motomarkt Stuttgart	Stuttgart
☐	90036665		RD00	1	RE	Motomarkt Stuttgart	Stuttgart
☐	90036666		RD00	1	RE	Motomarkt Stuttgart	Stuttgart
☐	90036670		RD00	1	RE	Motomarkt Stuttgart	Stuttgart
☐	90036671		RD00	1	RE	Motomarkt Stuttgart	Stuttgart
☐	90036672		RD00	1	RE	Motomarkt Stuttgart	Stuttgart

Mit der Faktura (Rechnung) ist der grundlegende Beschaffungsprozess abgeschlossen. Wie Sie in Abschnitt 15.1, »Aufgabenbereiche des Vertriebs«, gesehen haben, ermöglicht das SAP-System die Verfügbarkeitsprüfung. Dazu erfahren Sie im nächsten Abschnitt mehr.

15.5 Verfügbarkeitsprüfung

Für Kunden sind nicht nur der Preis und die Qualität einer Ware entscheidend, sondern auch, ob sie zu dem gewünschten Liefertermin verfügbar ist. Schon während Sie den Kundenauftrag anlegen, können Sie mithilfe des SAP-Systems prüfen, ob das benötigte Material zum gewünschten Termin verfügbar ist und somit termingerecht ausgeliefert werden kann. Für die Verfügbarkeitsprüfung ist die Komponente SD eng mit der Materialwirtschaft (MM) und der Produktionsplanung und -steuerung (PP) integriert, denn nur so ist es möglich, eine Aussage darüber treffen, ob dem Kunden ein Liefertermin zugesagt werden kann.

Die Verfügbarkeitsprüfung im SAP-System findet auf der Ebene des Werkes und des Lagerortes statt. Deshalb ist es Voraussetzung der Verfügbarkeit, dass im Kundenauftrag der Lagerort angegeben wird. Es ist möglich, im SAP-System verschiedene Methoden für die Verfügbarkeitsprüfung einzustellen, etwa mit Berücksichtigung des vorhandenen Lagerbestands und geplanter Zu- und Abgänge, unter Verwendung von Kontingenten für einzelne Kunden oder Regionen oder mithilfe einer Vorplanung.

Je nachdem, ob die Verfügbarkeitsprüfung positiv oder negativ ausfällt, wird dies im Kundenauftrag bestätigt oder dafür gesorgt, dass die gewünschte Ware selbst hergestellt (Eigenfertigung) oder bestellt wird (Fremdbeschaffung).

So prüfen Sie im SAP-System die Verfügbarkeit: In der Transaktion VA01 (Kundenauftrag anlegen) befindet sich am unteren Bildschirmrand die Schaltfläche **(Verfügbarkeitsprüfung)**. Um sich mit der Funktion vertraut zu machen, legen Sie mit den erstellten Stammsätzen einen neuen Auftrag an. Speichern Sie diesen jetzt nicht ab, sondern markieren Sie die Position, und führen Sie mit einem Klick auf die Schaltfläche eine Verfügbarkeitsprüfung durch.

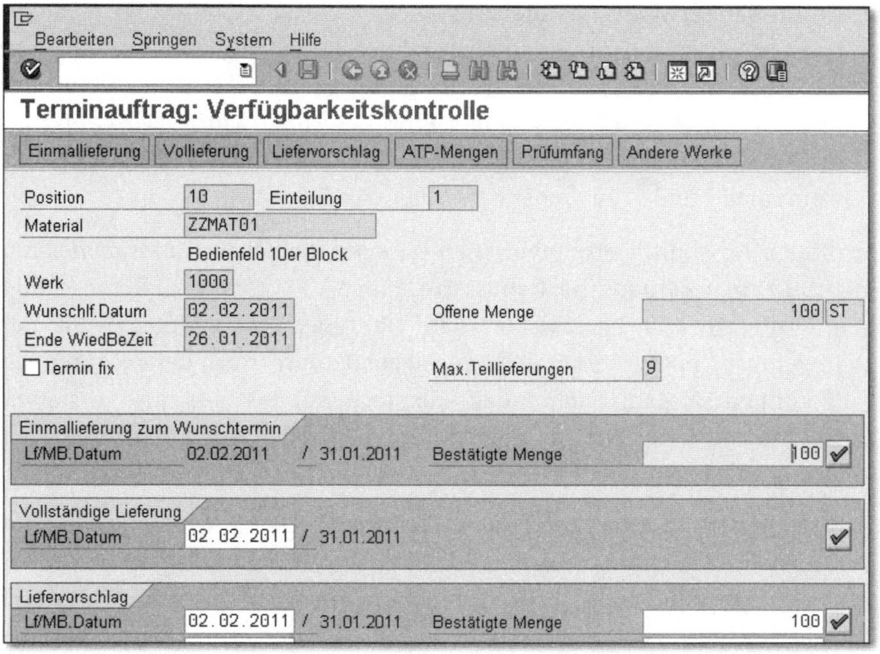

Verfügbarkeitsprüfung durchführen

In der Abbildung sehen Sie, dass die gewünschte Menge zum Liefertermin bestätigt werden kann. Ordert der Kunde beispielsweise 400 Teile, benötigt davon 200 Teile in zehn Tagen und weitere 200 Teile erst in zwei Monaten, so spricht man von Lieferplaneinteilungen. Diese Lieferplaneinteilungen können auch mit der Verfügbarkeitskontrolle überprüft werden, zum Beispiel ob zum gewünschten Zeitpunkt termingerecht geliefert werden kann.

15

15.6 Reklamationsbearbeitung (Retouren)

Erhält ein Kunde die falsche oder fehlerhafte Ware oder ist die Rechnung nicht korrekt, wird er dies reklamieren. In der Reklamationsbearbeitung gibt es mehrere Möglichkeiten, darauf zu reagieren:

- **Kunde sendet Ware zurück (Retoure)**
  Der Kunde sendet die Bestellung oder einen Teil der Bestellung wieder zurück und erhält je nach Vereinbarung eine Ersatzlieferung oder eine Erstattung des Rechnungsbetrages (oder eines Teils davon).

- **Kunde sendet Ware nicht zurück**
  Es ist möglich, dem Kunden den gezahlten Betrag zurückzuerstatten oder die Ware zu ersetzen, ohne dass er die Ware zurückschickt. Wenn dem Kunden zum Beispiel ein zu hoher Preis berechnet wurde, wird aufgrund der Reklamation eine Gutschrift erstellt. Eine Lastschrift wird dann erstellt, wenn dem Kunden zu wenig berechnet wurde.

In diesem Abschnitt werfen wir einen Blick auf die Reklamationsabwicklung aufgrund einer Retoure. Dazu müssen Sie im SAP-System eine Retoure anlegen. Trifft die zurückgeschickte Ware im Lager ein, verbuchen Sie den Wareneingang mit Bezug auf diese angelegte Retoure. Nach der Retourenprüfung können Sie dem Kunden den entsprechenden Betrag zurückerstatten, indem Sie entweder eine Gutschriftanforderung oder eine kostenlose Nachlieferung anlegen.

Reklamationen oder Retouren legen Sie im SAP-System in der Transaktion VA01 (Menüpfad **Logistik ▸ Vertrieb ▸ Verkauf ▸ Auftrag ▸ Anlegen**) an. Im Beispiel wird aufgrund eines Transportschadens ein Stück des Materials erfasst, das Sie verkauft haben (ZZCUST01) und für das der Kunde eine Gutschrift erhalten wird.

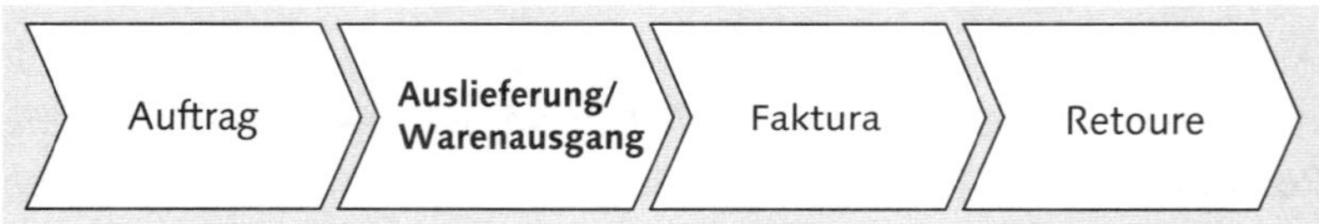

Beschaffungsprozess mit Retoure

Im Einstiegsbild der Transaktion wählen Sie zunächst die Auftragsart RE für Retoure. Anschließend kann auf den vorangegangenen Auftrag Bezug genommen werden.

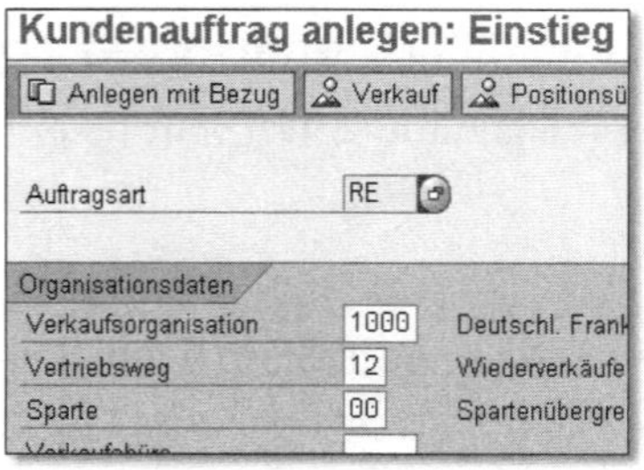

Einstiegsbild: Retoure (Transaktion VA01) anlegen mit der Auftragsart RE

Die nächste Abbildung zeigt, wie Sie eine Retoure anlegen.

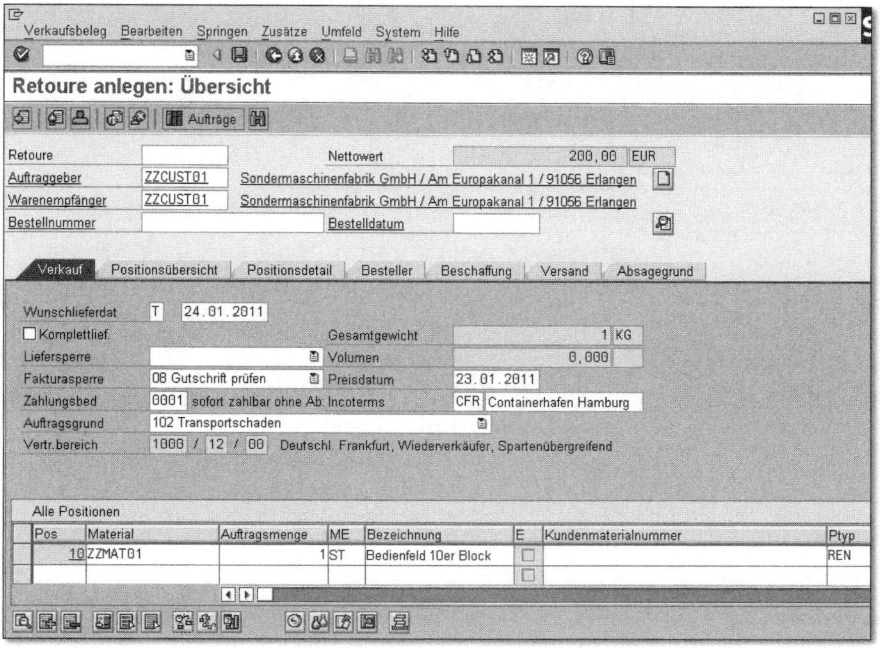

Retoure anlegen

15.7 Auswertungen

Das SAP-System bietet eine Vielzahl von Standardberichten an, so auch in der Komponente SD im Vertriebsinformationssystem (**Logistik ▸ Vertrieb ▸ Vertriebsinfosystem ▸ Standardanalysen**).

Angenommen, Sie benötigen eine Übersicht über Auftragsvolumen und Umsätze. Hierzu können Sie die Kundenanalyse (Transaktion MCTA) verwenden. Im Einstiegsbild geben Sie die erforderlichen Selektionskriterien ein.

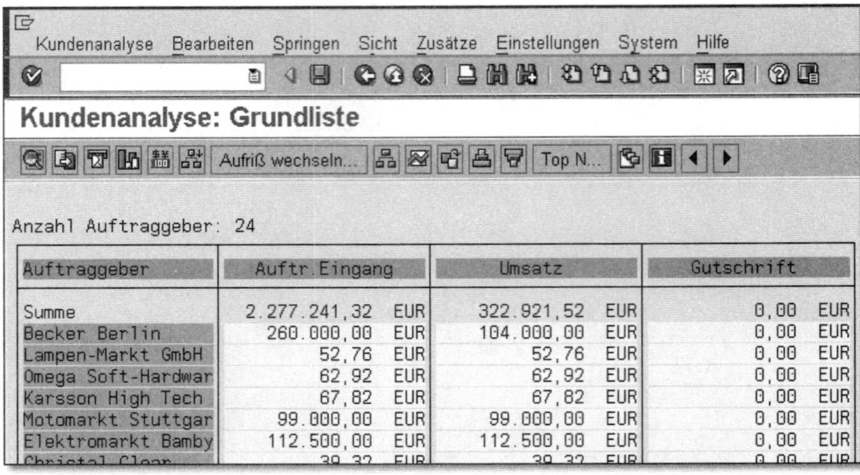

Kundenanalyse: Grundliste

Transaktion	Auswertung
MCTA	Standardanalyse, Auswertung nach Kunden
MCTC	Standardanalyse, Auswertung nach Material
MCTE	Standardanalyse, Auswertung nach Verkaufsbüro

Beispiele für Auswertungen im Vertrieb

TIPP

Weiterführende Informationen

Mehr Informationen zum Vertriebsprozess im SAP-System finden Sie im *Praxishandbuch Vertrieb mit SAP* (SAP PRESS, 2010) von Jochen Scheibler und Tanja Maurer.

16 Finanzbuchhaltung

Die Finanzbuchhaltung ist gewissermaßen das Urgestein des SAP-Systems, war doch die Software für die Buchhaltung das erste Produkt, das SAP in den 1970er-Jahren entwickelte. In diesem Kapitel geben wir Ihnen nun eine Einführung in die Finanzbuchhaltung mit SAP und stellen die Komponente FI vor.

In diesem Kapitel behandeln wir,

- welche Aufgaben in der Finanzbuchhaltung im Vordergrund stehen,
- welche Funktionen die Hauptbuchhaltung hat,
- wie offene Verbindlichkeiten verwaltet werden,
- wie offene Forderungen verwaltet werden,
- welche Berichte in der Finanzbuchhaltung es im SAP-System gibt.

16.1 Aufgaben der Finanzbuchhaltung

Im Rechnungswesen laufen alle Informationen zur finanziellen Lage und den Leistungen im Unternehmen zusammen. Es hat die Aufgabe, Vergangenheitswerte zu dokumentieren und daraus Aussagen über den Zustand des Unternehmens zu einem bestimmten Zeitpunkt (üblicherweise Jahresabschluss) abzuleiten. Die Kernaufgabe des SAP-Rechnungswesens ist es somit, alle Geschäftsvorfälle im Unternehmen anhand von Belegen im IT-System transparent und nachvollziehbar buchhalterisch abzubilden. Ein Geschäftsvorfall ist dabei jeder wirtschaftlich relevante Vorgang, der in Zahlenwerten zu beziffern ist (zum Beispiel Zahlungen und Warenbewegungen). Im Vordergrund stehen dabei drei Fragen:

- Wie viel Vermögen besitzt das Unternehmen zu einer bestimmten Zeit?
- Hat das Unternehmen im Lauf eines Geschäftsjahres einen Gewinn oder einen Verlust gemacht?
- Ist das Unternehmen zahlungsfähig (liquide)?

Der Beantwortung dieser Fragen widmet sich die Finanzbuchhaltung, das sogenannte externe Rechnungswesen. Von einem externen Rechnungswesen spricht man deshalb, weil die Finanzbuchhaltung die finanzielle Lage des Unternehmens nach außen darstellt. Die Ergebnisse werden folgenden Bedarfsträgern mitgeteilt: Behörden, Gläubigern und Fremdkapitalgebern wie Aktionären, Banken und anderen Investoren. Das Controlling, internes Rechnungswesen genannt, ist Thema von Kapitel 17.

Das externe Rechnungswesen ist an die Gesetze und Bestimmungen des Handels- und Steuerrechts gebunden. In Deutschland bildet das Handelsgesetzbuch (HGB) die rechtliche Grundlage dafür. Zu den Aufgaben der Finanzbuchhaltung gehören die Bereitstellung und Offenlegung von Informationen über Vermögen, Finanzen und Erträge, auf deren Grundlage auch die Besteuerung erfolgt. Diese Informationen werden im Wesentlichen durch die Bilanz sowie die Gewinn- und Verlustrechnung (GuV) dargestellt. Die Bilanz beantwortet die erste der gestellten Fragen und gibt damit Auskunft über das vorhandene Vermögen eines Unternehmens. In der Bilanz werden Vermögen (Aktiva) und Schulden (Passiva) einander in Kontenform gegenübergestellt. Die GuV erfasst eine Aufstellung aller Aufwände und Erträge im Lauf eines Geschäftsjahres.

Die Erfassung aller buchhalterischen Daten erfolgt nach dem Belegprinzip und soll eine lückenlose Darstellung bis zum einzelnen Beleg ermöglichen. Die Bücher des Unternehmens müssen so geführt werden, dass es auch Dritten möglich ist, einen Überblick über die buchhalterische Lage des Unternehmens zu gewinnen (Transparenz).

INFO

Belegprinzip

Für jede Buchung muss es immer einen Beleg geben, denn nur so kann die Richtigkeit einer Buchung überprüft werden. Belege stellen die Verbindung zwischen Geschäftsvorfall und Buchung dar. Beispiele für Belege sind Quittungen, Eingangs- oder Ausgangsrechnungen, Schecks oder Bankauszüge. Aufgrund der wichtigen Rolle des Belegs ist sein Aufbau streng geregelt: Jeder Beleg wird im SAP-System durch eine eindeutige Belegnummer identifiziert und hat einen sogenannten Belegkopf, in dem Art des Geschäftsvorfalls, Datum des Belegs und der Buchung, Buchungsperiode, Referenz, Währung sowie ein beschreibender Text enthalten sind.

Die Finanzbuchhaltung ist eng mit dem restlichen SAP-System integriert: Alle buchhaltungsrelevanten Vorgänge aus Logistik und Personalwirtschaft (siehe auch Kapitel 18) werden in Echtzeit in der Finanzbuchhaltung verbucht und eventuell an das Controlling weitergereicht.

In der Verantwortung der Finanzbuchhaltung liegen die Eröffnung der Konten zu Beginn des Geschäftsjahres, die laufenden Buchungen während des Jahres sowie die Vorbereitung des Jahresabschlusses, wobei die laufenden Buchungen naturgemäß den größten Raum einnehmen.

INFO

Doppelte Buchführung

In der privaten Wirtschaft wird meist mit dem System der doppelten Buchführung gearbeitet. Die doppelte Buchführung hat eine lange Geschichte: Sie wurde Ende des 15. Jahrhunderts von dem italienischen Franziskanermönch Luca Pacioli erfunden. Das Wörtchen »doppelt« bezieht sich darauf, dass jeder Geschäftsvorgang zweifach erfasst wird: Jeder Geschäftsvorfall (Buchungssatz) wird doppelt erfasst, das heißt der gleiche Wert im Soll und im Haben gebucht, allerdings auf verschiedenen Konten.

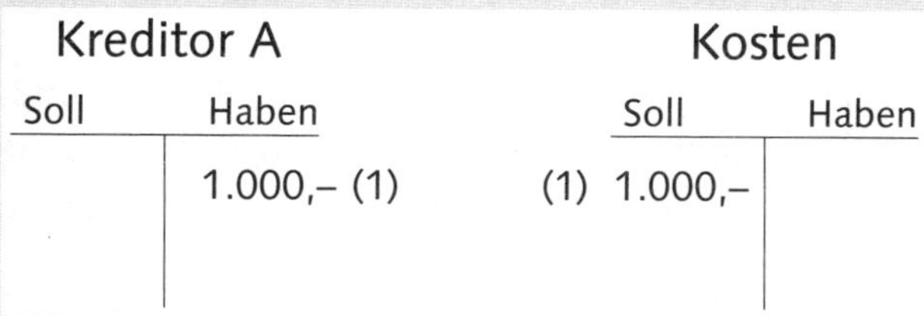

Beispielbuchung in doppelter Buchführung

Zur übersichtlichen Darstellung werden in der Buchhaltung sogenannte T-Konten benutzt, das heißt Buchhaltungskonten in T-Form, in denen auf der linken Seite Soll und auf der rechten Seite Haben verzeichnet sind.

Außerdem werden alle Buchungen in der Bilanz und/oder in der GuV ausgewiesen.

Konten sind die zentrale Einheit in der Buchhaltung. Ein Konto besteht aus zwei Spalten (je einer für Soll und einer für Haben), in denen beliebig viele Beträge vermerkt werden, und trägt eine Kontonummer. In der doppelten Buchführung werden das Hauptbuch sowie mehrere Nebenbücher geführt, die die Geschäftsvorfälle differenzierter darstellen. Das Hauptbuch umfasst alle Konten, auf denen Geschäftsvorfälle gebucht werden und die in einem sogenannten Kontenplan aufgelistet sind. Buchungen in den Nebenbüchern (zum Beispiel für Kunden Debitorenbuchhaltung und für Lieferanten Kreditorenbuchhaltung) erzeugen im SAP-System immer automatisch eine entsprechende Buchung im Hauptbuch.

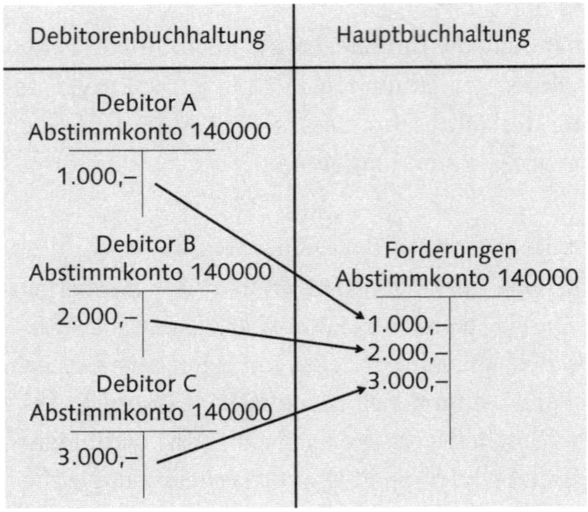

Verbindung zwischen Nebenbuchhaltung und Hauptbuchhaltung

Die Verbindung zwischen dem Debitor in der Nebenbuchhaltung und dem Forderungskonto in der Hauptbuchhaltung erfolgt über das sogenannte Abstimmkonto, oder oft auch Mitbuchkonto genannt, das Sie im Stammsatz des Debitors eintragen.

Bei jeder Buchung im SAP-System müssen mindestens das Belegdatum, das Buchungsdatum, die Belegart, der Buchungsschlüssel, die Kontonummer und die Beträge eingegeben werden.

Die wichtigsten Funktionen der SAP-Komponente FI beziehen sich auf folgende Bereiche:

- **Hauptbuchhaltung**
  Verzeichnet alle buchhalterisch relevanten Geschäftsvorfälle eines Unternehmens auf Sachkonten (Konten im Kontenplan).
- **Kreditorenbuchhaltung**
  Verbucht alle Geschäftsvorfälle, die Lieferanten betreffen. Sie bezieht ihre Daten im Wesentlichen aus dem Einkauf (siehe Kapitel 14, »Materialwirtschaft«).
- **Debitorenbuchhaltung**
  Zeichnet alle Geschäftsvorfälle auf, die Kunden betreffen. Sie erhält viele ihrer Informationen aus dem Vertrieb (siehe Kapitel 15).

- **Anlagenbuchhaltung**
  Zeichnet alle Geschäftsvorfälle auf, die die Anlagen des Unternehmens betreffen. Anlagen meinen in diesem Kontext alle Wirtschaftsgüter, die dauerhaft für die Wertschöpfung zur Verfügung stehen (zum Beispiel Gebäude, Maschinen oder Wertpapiere). Buchhalterisch ist vor allem die Bewertung (Bestandswerte, Abschreibungen etc.) interessant.
- **Bankbuchhaltung**
  Erfasst und verwaltet Geschäftsvorfälle in Bezug auf die Banken bzw. den Zahlungsverkehr des Unternehmens.

Was es genau mit dem Hauptbuch sowie mit der Debitoren- und Kreditorenbuchhaltung auf sich hat, erfahren Sie in den folgenden Abschnitten. Anlagen- und Bankbuchhaltung werden wir in diesem Buch nicht genauer darstellen. Zuvor zeigen wir jedoch, welche Voraussetzungen geschaffen sein müssen, bevor Anwender in der Finanzbuchhaltung mit SAP arbeiten können.

16.2 Organisationsstrukturen in der Finanzbuchhaltung

Organisationsstrukturen haben Sie bereits in den vorhergehenden Kapiteln und vor allem in Kapitel 4, »Organisationsstrukturen und Stammdaten«, kennengelernt. Bevor Anwender aus der Buchhaltung mit SAP arbeiten können, müssen zunächst einige Grundeinstellungen im Customizing vorgenommen und die Strukturen des Unternehmens im SAP-System abgebildet werden. Aus Sicht der Finanzbuchhaltung sind die folgenden Organisationsstrukturen von besonderer Bedeutung. Der Mandant ist auch hier übergeordnet.

- **Buchungskreis**
  Der Buchungskreis ist die kleinste Einheit, für die eine vollständige und abgeschlossene Buchhaltung im SAP-System möglich ist. Der Buchungskreis erstellt eine eigene Bilanz. Ihm werden ein Kontenplan und eine Währung zugeordnet.
- **Geschäftsbereich**
  Der Geschäftsbereich beschreibt einen abgegrenzten Tätigkeitsbereich innerhalb des Unternehmens. Die Definition und der Einsatz sind im SAP-System nicht zwingend erforderlich. Beispiele für Geschäftsbereiche sind:
  - 5000 Energiegewinnung
  - 6000 Verkehrstechnik
  - 7000 Medizintechnik

Es ist sinnvoll, Geschäftsbereiche zu verwenden, um einfacher Auswertungen erstellen zu können; ein Geschäftsbereich dient damit nur internen Zwecken, um einen Überblick über betriebswirtschaftlich relevante Daten zu gewinnen. So können Ergebnisse bzw. Bilanzen nach Geschäftsbereichen getrennt ausgewertet werden.

- **Kontenplan**
  Die Konten im Hauptbuch werden nach einem Kontenplan strukturiert, der alle Konten des Hauptbuches enthält und ein Verzeichnis aller Sachkonten darstellt. Für jedes Konto müssen die folgenden Informationen enthalten sein:
  - Kontonummer
  - Bezeichnung
  - Sachkontenart (GuV-Konto oder Bilanzkonto)

  Jedem Buchungskreis muss zwingend ein Kontenplan zugeordnet werden, der jedoch von mehreren Buchungskreisen verwendet werden kann.

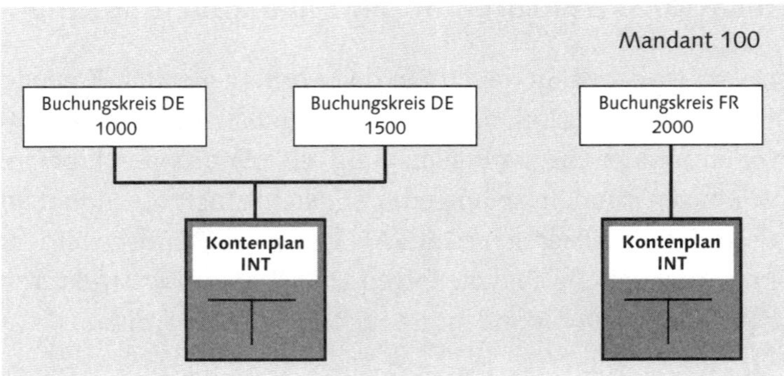

Organisationsstrukturen in der Finanzbuchhaltung

Sie können in einem Mandanten mehrere Buchungskreise abbilden, auch wenn Sie unterschiedliche Kontenpläne verwenden und unterschiedliche Landesvorschriften erfüllen müssen.

Nachdem Sie die wichtigsten Organisationseinheiten in der Finanzbuchhaltung kennengelernt haben, wenden wir uns der Hauptbuchhaltung zu.

16.3 Hauptbuchhaltung

Die Hauptbuchhaltung ist die zentrale Instanz der Finanzbuchhaltung, denn sie bildet die Grundlage für die gesetzliche Berichterstattung (Bilanz und

GuV). Für die Hauptbuchhaltung ist im SAP-System die Komponente FI-GL zuständig, wobei GL für General Ledger steht, den englischen Begriff für Hauptbuch. Das Hauptbuch im SAP-System basiert auf den Hauptbuchkonten, auch Sachkonten genannt. Die Sachkonten (Hauptbuchkonten) müssen wiederum im Kontenplan festgelegt und mit den zugehörigen Stammdaten angelegt werden, damit man darauf buchen kann. Vom Sachkonto leitet sich auch die Kostenart im Controlling ab (siehe Kapitel 17).

HINWEIS

Überleitung aus den Nebenbüchern

In der SAP-Finanzbuchhaltung sind die Daten in Echtzeit verfügbar. Wird in einem Nebenbuch, zum Beispiel auf dem Kreditorenkonto, eine Buchung durchgeführt, erfolgt automatisch eine entsprechende Buchung im Hauptbuch (eine sogenannte Mitbuchung).

Das Hauptbuch und die Nebenbücher werden über ein Abstimmkonto miteinander verknüpft. Beim Abstimmkonto handelt es sich um ein spezielles Sammelkonto der Hauptbuchhaltung, das das automatische Mitbuchen aller Posten der Nebenbücher in der Hauptbuchhaltung garantiert. Sie benötigen mindestens ein Abstimmkonto für Debitoren und ein Abstimmkonto für Kreditoren.

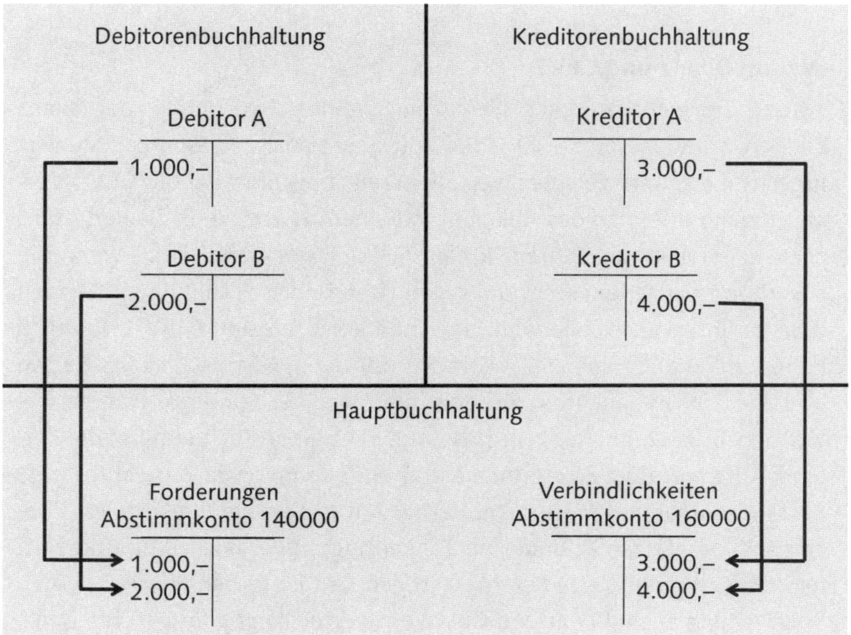

Funktion des Abstimmkontos

Im Stammsatz des Debitors bzw. des Kreditors tragen Sie die Nummer des Abstimmkontos ein und erhalten damit die Verbindung zwischen der Debitoren- und Kreditorenbuchhaltung sowie der Hauptbuchhaltung.

Die Aufgaben der Hauptbuchhaltung sind im Wesentlichen:

- Sie bildet die Grundlage für die Bilanzierung.
- Sie dient der Kontoführung und garantiert einen kompletten Nachweis aller Geschäftsvorfälle.
- Sie ist die Basis für die Erstellung der GuV.

Die Bilanz ist eine stichtagsbezogene und komprimierte Aufstellung und Bewertung aller Vermögensgegenstände eines Unternehmens. Bei der Gründung eines Unternehmens wird eine Eröffnungsbilanz erstellt, am Geschäftsjahresende eine Schlussbilanz. Während des Geschäftsjahres werden alle Geschäftsvorfälle in Konten des Hauptbuches verbucht, die am Ende des Geschäftsjahres wieder zur Schlussbilanz zusammengeführt werden (Jahresabschluss).

Auf Basis der Informationen aus dem Hauptbuch wird auch die GuV erstellt. Bei der GuV handelt es sich um eine periodische Erfolgsrechnung, die am Ende des Geschäftsjahres erstellt werden muss. In der GuV werden Aufwand und Ertrag gegenübergestellt und der Betriebserfolg ausgewiesen.

INFO

Warum Bilanz und GuV?

»Wenn Sie jeden Vorgang gleichzeitig in der GuV und in der Bilanz buchen, dann wissen Sie zu jeder Zeit, über welche Ressourcen Sie verfügen (Bilanz) und welchen Weg Sie bereits bewältigt haben (GuV). Vergleichen könnte man das vielleicht mit einem Auto: Wenn Sie von München nach Hamburg fahren, fühlen Sie sich nur dann wohl, wenn Sie zuverlässig zu jedem Zeitpunkt den Stand Ihrer Tankfüllung kennen (Bilanz) und wissen, wie weit Sie schon gefahren sind (GuV). Natürlich kommen Sie auch ans Ziel, wenn Sie nur einen Kilometerzähler hätten und alle 200 km anhalten würden, um mit einer Sonde zu prüfen, wie viel Benzin noch im Tank ist. Das entspricht einer Buchhaltung, die laufend Aufwand und Ertrag bucht und einmal am Ende des Jahres eine Bestandsaufnahme macht. Moderne Autos verfügen allerdings über einen Kilometerzähler und eine Tankanzeige, die gleichzeitig und zeitnah die richtigen Werte liefern. Und genauso ist es bei einer modernen Buchhaltung auch. Bilanz und GuV werden gleichzeitig fortgeschrieben.« (aus: Brück, *Praxishandbuch SAP-Controlling*, 2009, Seite 29)

Im SAP-System können Sie die Bilanz- und GuV-Struktur pro Buchungskreis bzw. für mehrere Buchungskreise automatisch aufrufen. Die Voraussetzung dafür ist, dass im Customizing den einzelnen, untersten Bilanz- und GuV-Positionen Sachkonten zugeordnet sind. SAP liefert die klassischen Bilanz- und GuV-Strukturen im Standard aus. Diese müssen Sie mit den Sachkonten aus Ihrem Kontenplan befüllen. Wir nehmen an, Ihre Bilanzpositionen sind wie in der folgenden Abbildung strukturiert.

Aktiva	Passiva
I. (Im)materielle Sach- und Finanzanlagen	I. Eigenkapital
II. Umlaufvermögen	II. Sonderposten mit Rücklageanteil
	III. Verbindlichkeiten

Positionen in der Bilanzstruktur

In diesem Fall müssen Sie im Customizing den einzelnen Positionen, zum Beispiel (im-)materielle Sach- und Finanzanlagen und Umlaufvermögen, die entsprechenden Konten zuordnen. Danach können Sie über die Transaktion S_PLO_86000028 die Bilanz für Ihren Buchungskreis aufrufen.

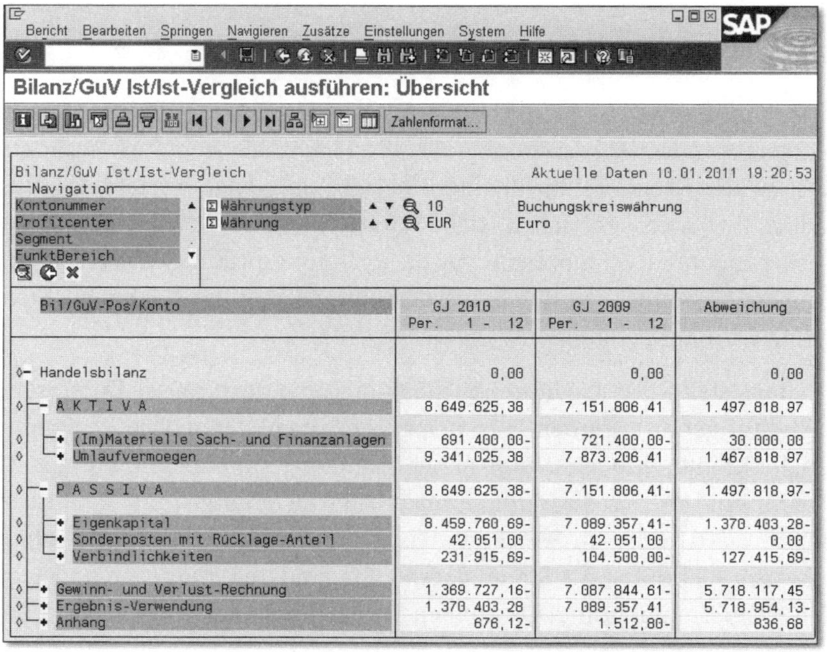

Bilanz für einen Buchungskreis

Zusätzlich zu diesem wichtigsten Bericht, Bilanz und GuV, können Sie in der Hauptbuchhaltung im Rahmen der Abschlussarbeiten zum Beispiel sowohl die Fremdwährungsbewertung als auch die Umsatzsteuer-Voranmeldung ausführen. Voraussetzung dafür sind immer die entsprechenden Einstellungen im Customizing, deren Beschreibung den Rahmen dieses Buches überschreiten würde. Im SAP-System steht Ihnen darüber hinaus ein umfangreiches Informationssystem zu Sachkonten, Salden und Einzelposten in der Hauptbuchhaltung zur Verfügung, das wir im letzten Abschnitt dieses Kapitels kurz darstellen.

Nachdem Sie die wichtigsten Funktionen und Möglichkeiten in der Hauptbuchhaltung kennengelernt haben, gehen wir zur Kreditorenbuchhaltung über.

16.4 Kreditorenbuchhaltung

Die Kreditorenbuchhaltung beschäftigt sich mit den Geschäftsvorfällen, die Lieferanten betreffen, und verwaltet die Verbindlichkeiten eines Unternehmens. Die Aufgaben im Bereich der Kreditorenbuchhaltung sind daher in erster Linie die Administration und Verbuchung folgender Geschäftsvorfälle:

- Rechnungen
- Gutschriften
- Zahlungsausgänge

Die entsprechende SAP-Komponente heißt FI-AP; AP steht für Accounts Payable. In der Kreditorenbuchhaltung besteht eine enge Verzahnung mit dem Einkauf (Materialwirtschaft, siehe Kapitel 14). Für die Buchhaltung ist hier insbesondere die Komponente für die Rechnungsprüfung interessant, in der Eingangsrechnungen verbucht werden können. Auf Basis der gebuchten Rechnung wird der Zahlungsausgang durchgeführt.

Die Konten, die in der Kreditorenbuchhaltung (und auch in der Debitorenbuchhaltung) geführt werden, nennt man Personenkonten. Die Personenkonten der Kreditorenbuchhaltung nennt man Lieferantenkonten. Voraussetzung dafür sind die Kreditorenstammdaten im Lieferantenkonto, die über Transaktion FK01 oder im SAP Easy Access Menü über **Rechnungswesen ▸ Finanzwesen ▸ Kreditoren ▸ Stammdaten ▸ Stammdaten ▸ Anlegen** angelegt werden. Über Transaktion FD02 können Sie das Konto ändern.

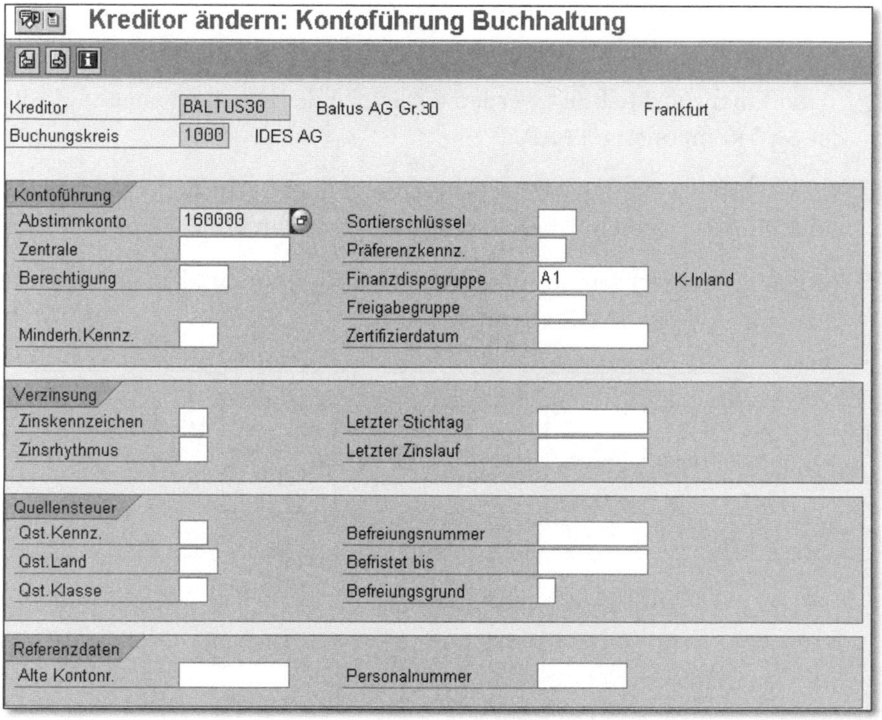

Transaktion »Kreditor ändern« (FD02)

Dort wird eine Reihe von Daten erfasst: Anschrift, Steuerinformationen, Zahlungsverkehrsdaten, Zahlungsbedingungen etc.

HINWEIS

CpD-Konten

Und was geschieht, wenn man nur einmalig eine Rechnung bucht und eine Zahlung an einen Lieferanten leisten muss? In diesem Fall können Sie ein sogenanntes CpD-Konto (Conto pro Diverse) als Sammelkonto für mehrere Kreditoren anlegen und bebuchen.

Im Folgenden führen wir Sie aus Sicht der Buchhaltung durch einen kompletten Beschaffungsprozess im SAP-System, von der Bestellung bis zum Zahlungsausgang. Die nächste Abbildung gibt einen Überblick über den Prozess.

1 Im System wird zunächst eine Bestellung angelegt – in der SAP-Komponente MM.

2 Der Wareneingang zur Bestellung wird verbucht – in der SAP-Komponente MM.

3 Anschließend wird die Rechnungsprüfung durchgeführt – in der SAP-Komponente MM.

4 In der Finanzbuchhaltung werden die Salden des Kreditors angezeigt – in der SAP-Komponente FI-AP.

5 Als Nächstes wird der Zahlungsausgang gebucht – in der SAP-Komponente FI-AP –, und ein Überweisungsbeleg wird an die Bank geschickt.

6 Zu guter Letzt werden der neue Saldo des Kreditors und seine Umsätze angezeigt – in der SAP-Komponente FI-AP.

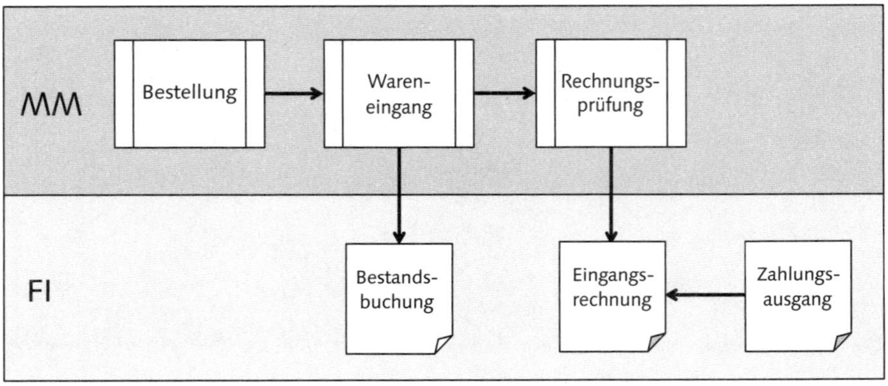

Durch den Zahlungsausgang erweiterter Beschaffungsprozess

Um das folgende Beispiel zu verstehen, ist es hilfreich, wenn Sie mit dem grundlegenden Einkaufsprozess aus Kapitel 14, »Materialwirtschaft«, vertraut sind. Wir zeigen Ihnen anhand dieses Beispiels, wie dieser Prozess aus Sicht der Buchhaltung im SAP-System aussieht.

1 Als Erstes wird die Bestellung im SAP-System in der SAP-Komponente MM angelegt; sie wird in der Kreditorenbuchhaltung nicht abgebildet.

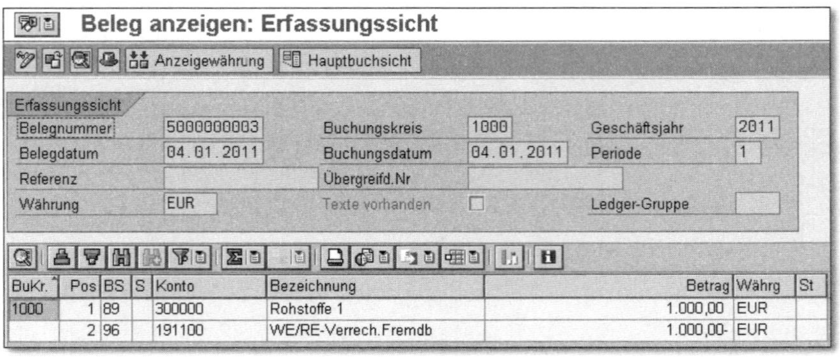

2 Mit Bezug zur Bestellung wird der Wareneingang in der Materialwirtschaft gebucht. Dieser Beleg hat seine Abbildung in der Hauptbuchhaltung. Aus MM wird automatisch eine Buchung auf dem Bestandskonto und als Gegenbuchung auf dem Wareneingangs-/Rechnungseingangskonto (WE/RE-Konto) erzeugt.

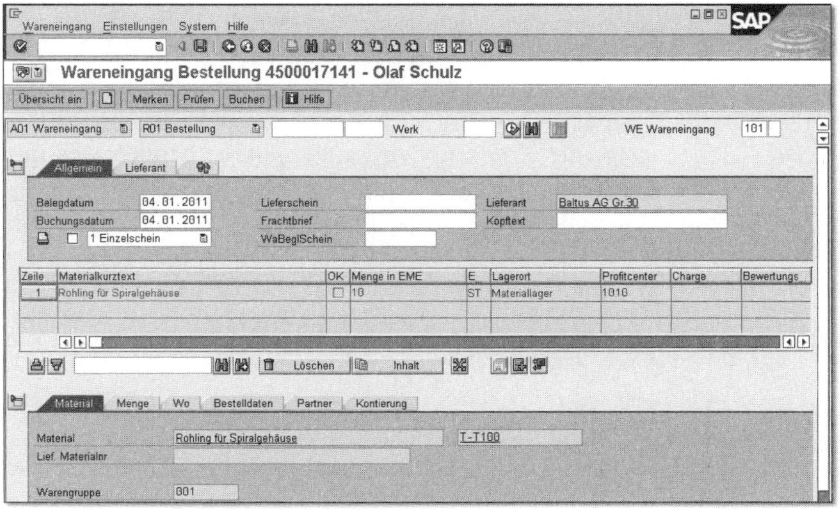

3 Als Nächstes führen Sie in der Materialwirtschaft die Rechnungsprüfung (Verbuchung der Eingangsrechnung) in Bezug auf die Bestellung durch. Auch hier wird automatisch ein FI-Beleg auf dem Kreditorenkonto und als Gegenbuchung auf dem WE/RE-Konto erzeugt.

4 Im nächsten Schritt lassen Sie sich die Salden des Kreditors anzeigen. Rufen Sie die Transaktion FK10N über das Befehlsfeld oder das SAP Easy Access Menü auf. Der Pfad lautet **Rechnungswesen ▸ Finanzwesen ▸ Kreditoren ▸ Konto ▸ Salden anzeigen**. Im Einstiegsbild der Präsentation werden in unserem Beispiel folgende Daten gepflegt:

- **Kreditor:** BALTUS30
- **Buchungskreis:** 1000
- **Geschäftsjahr:** 2011

Klicken Sie anschließend auf die Schaltfläche **Ausführen** .

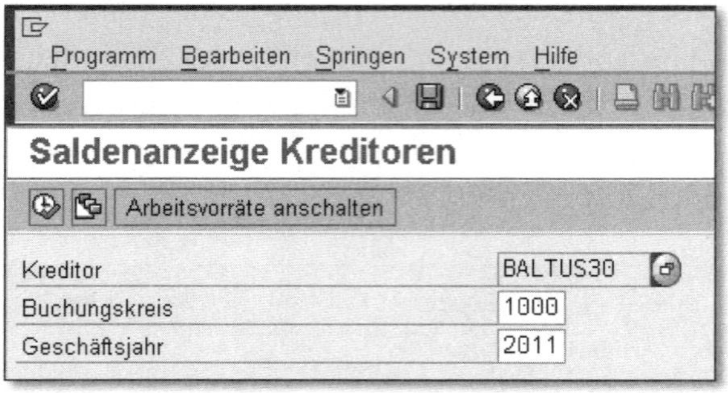

5 Die Saldenanzeige des Kreditors wird angezeigt. Es handelt sich um die Darstellung des Kreditorenkontos (Passivkonto). Der offene Betrag aus der Rechnungsprüfung steht auf der Haben-Seite.

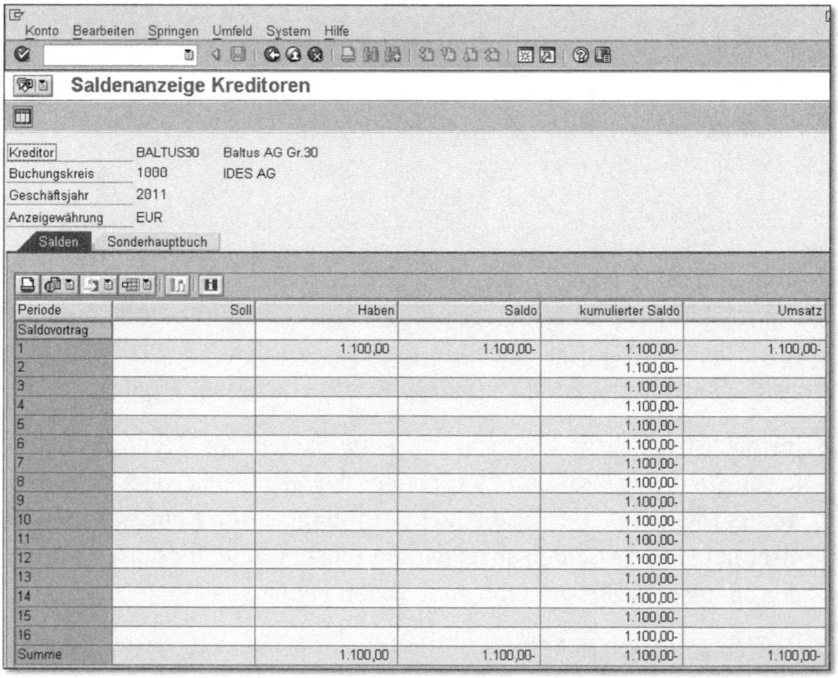

6 Wenn Sie eine Zeile in der Tabelle markieren und auf die Schaltfläche **Einzelpostenbericht aufrufen** klicken, gelangen Sie in die Kreditoren-Einzelpostenliste.

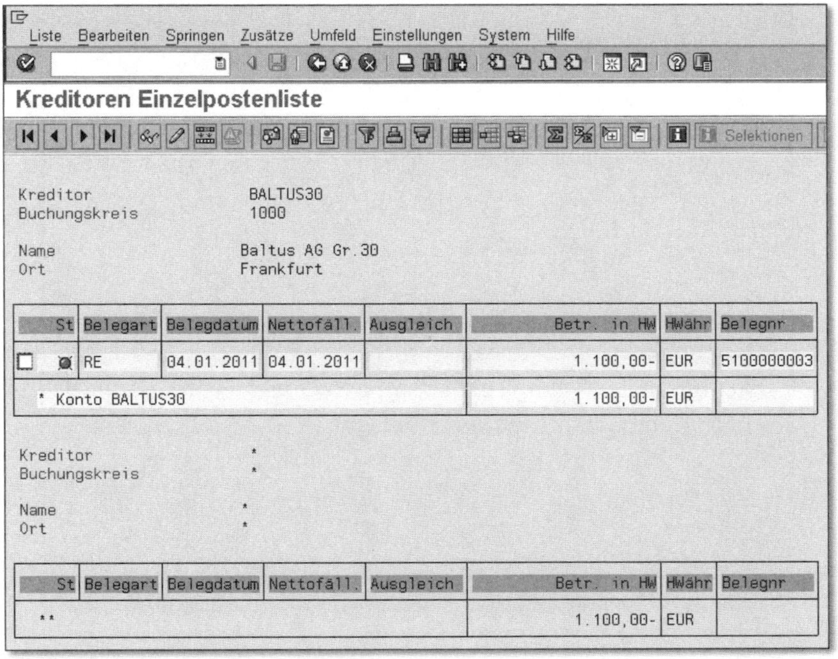

7 Schließlich wird der Zahlungsausgang gebucht. Rufen Sie dazu die Transaktion F-53 über das Befehlsfeld oder das SAP Easy Access Menü **Rechnungswesen ▸ Finanzwesen ▸ Kreditoren ▸ Zahlungsausgang ▸ buchen** auf.

8 Geben Sie für das Beispiel in der Transaktion **Zahlungsausgang buchen** folgende Daten ein: Im Feld **Belegdatum** tragen Sie das aktuelle Datum ein, im Beispiel 04.01.2011. Im Feld **Buchungsdatum** wird im Beispiel das gleiche Datum gewählt.

Im Bildschirmbereich **Bankdaten** werden folgende Eingaben gepflegt:

- **Konto:** 113130
- **Betrag:** 1100,00 EUR
- **Valutadatum:** aktuelles Datum

Im Bereich **Auswahl der offenen Posten** geben Sie im Feld **Konto** BALTUS30 ein. Nachdem Sie die Daten eingegeben haben, drücken Sie [↵].

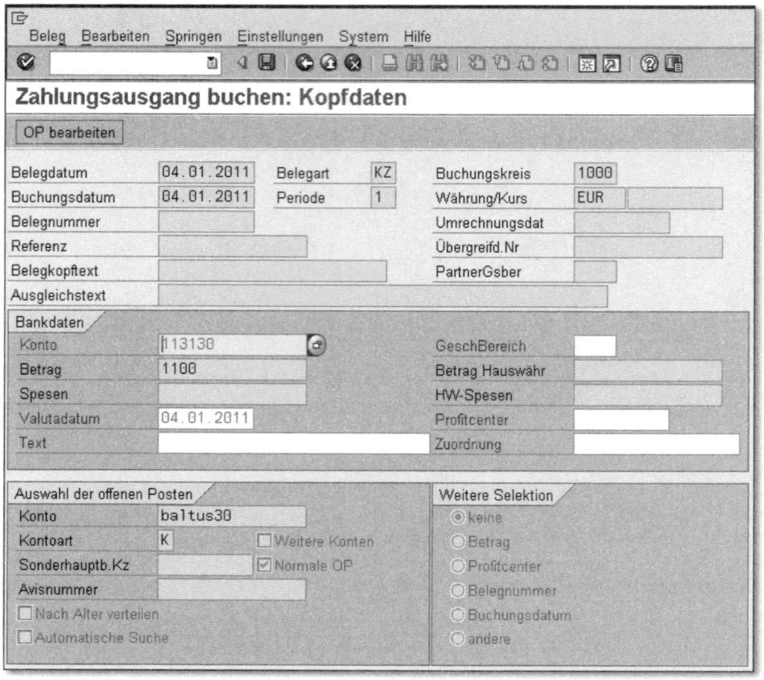

9 Auf dem Bildschirm **Zahlungsausgang buchen Offene Posten bearbeiten** sollten der erfasste Betrag und der zugeordnete Betrag gleich sein. Buchen Sie den Zahlungsausgang, indem Sie auf die Schaltfläche (Speichern) klicken.

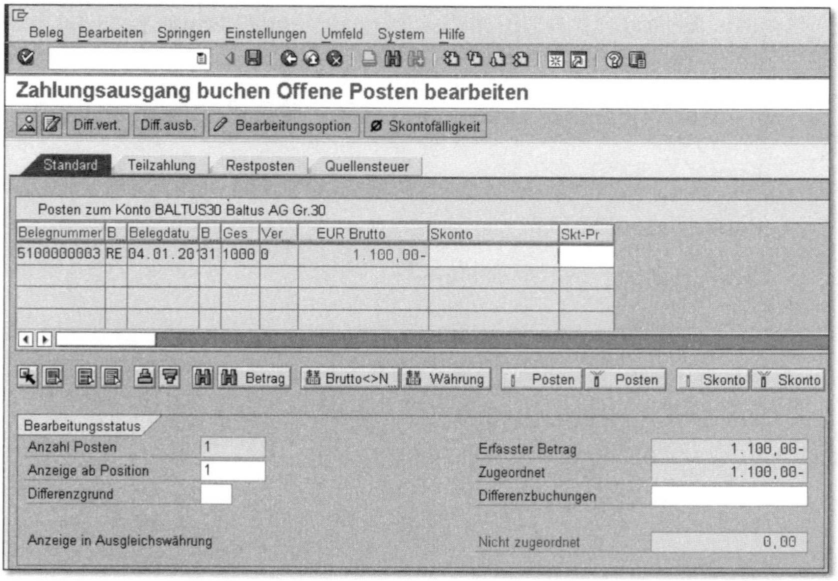

10 Lassen Sie sich die Salden des Kreditors erneut anzeigen. Das Konto ist jetzt ausgeglichen.

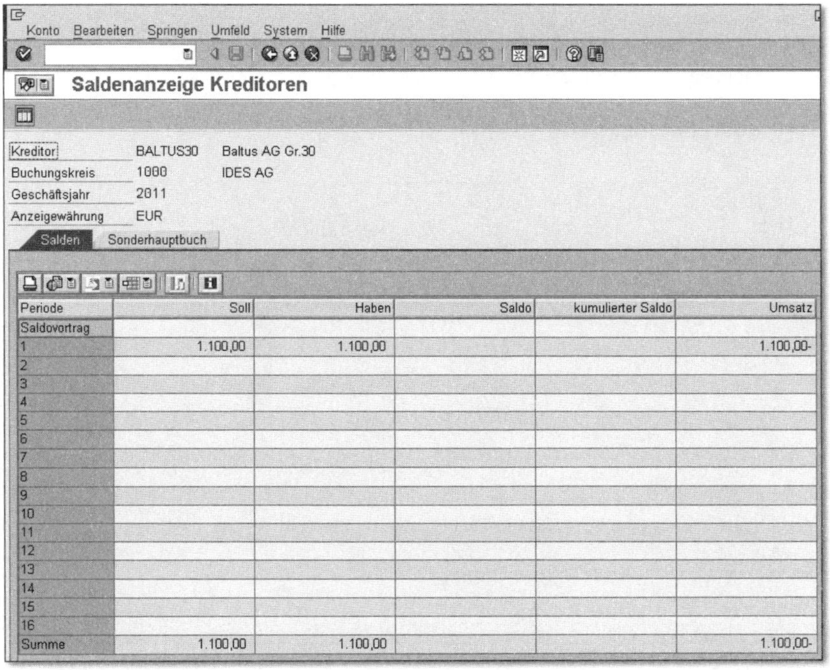

Im Folgenden spielen wir dieses Beispiel durch: Sie erhalten eine Kreditorenrechnung, aber Sie haben im SAP-System keine Bestellung angelegt. Demzufolge existieren auch keine Vorgängerbelege, und diese Eingangsrechnung wird direkt in der Kreditorenbuchhaltung und nicht als Rechnungsprüfung in der Materialwirtschaft verbucht.

1 Starten Sie die Transaktion FB60, oder navigieren Sie über das SAP Easy Access Menü. Der Menüpfad lautet **Rechnungswesen ▸ Finanzwesen ▸ Kreditoren ▸ Buchung ▸ Rechnung.**

2 In der Transaktion **Kreditorenrechnung erfassen** geben Sie folgende Daten ein:

- **Vorgang:** R Rechnung
- **Kreditor:** BALTUS00
- **Rechnungsdatum:** heutiges Datum
- **Buchungsdatum:** heutiges Datum
- **Betrag:** 110,00 EUR

- **Steuerbetrag:** 10,00 EUR
- **Steuerkennzeichen:** 1I Vorsteuer Schulung
- **Sachkonto:** 890000
- **Betrag Belegwährung:** 100,00 EUR
- **Kostenstelle:** 4100

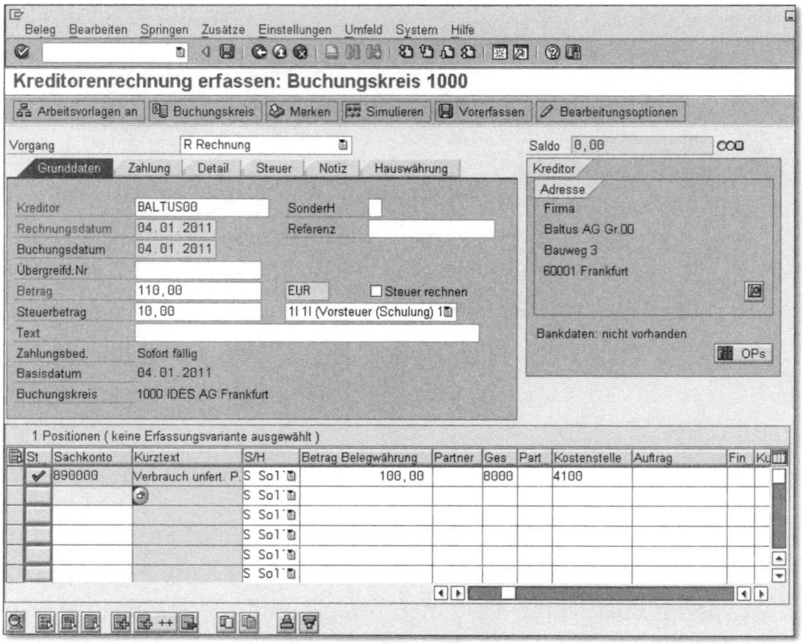

3 Nachdem Sie die Werte erfasst haben, klicken Sie auf die Schaltfläche **Simulieren**. Sie erhalten die folgende Belegübersicht.

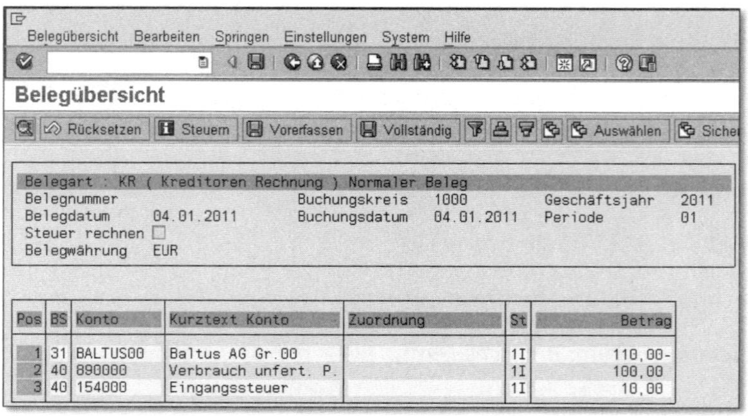

4 Rufen Sie nun die Saldenanzeige des Kreditors auf. Sie sehen, dass das Kreditorenkonto nicht ausgeglichen ist.

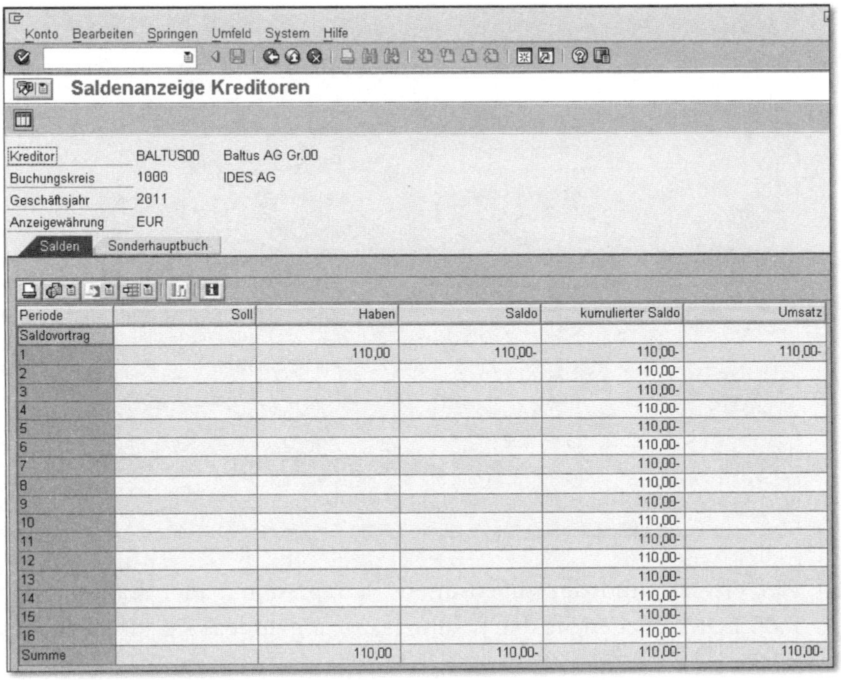

Periode	Soll	Haben	Saldo	kumulierter Saldo	Umsatz
Saldovortrag					
1		110,00	110,00-	110,00-	110,00-
2				110,00-	
3				110,00-	
4				110,00-	
5				110,00-	
6				110,00-	
7				110,00-	
8				110,00-	
9				110,00-	
10				110,00-	
11				110,00-	
12				110,00-	
13				110,00-	
14				110,00-	
15				110,00-	
16				110,00-	
Summe		110,00	110,00-	110,00-	110,00-

5 Rufen Sie jetzt die Transaktion F-53 (Zahlungsausgang buchen) auf. Der Menüpfad lautet **Rechnungswesen ▸ Finanzwesen ▸ Kreditoren ▸ Buchung ▸ Zahlungsausgang ▸ Buchen.** Hier erfassen Sie folgende Werte:

- **Belegdatum:** heutiges Datum
- **Buchungsdatum:** heutiges Datum
- **Rechnungsdatum:** heutiges Datum

Im Bereich **Bankdaten** pflegen Sie die Felder folgendermaßen:

- **Konto:** 113100
- **Betrag:** 110,00 EUR
- **Steuerkennzeichen:** 1I Vorsteuer Schulung
- **Valutadatum:** heutiges Datum

Unter **Auswahl der offenen Posten** tragen Sie im Feld **Konto** BALTUS00 ein. Drücken Sie anschließend die [↵]-Taste.

16

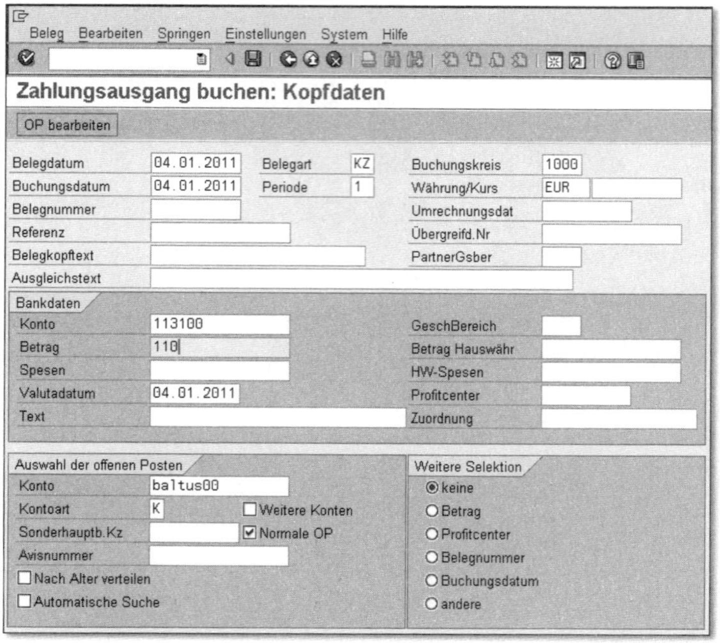

6 Der erfasste und der zugeordnete Betrag sollten identisch sein (Saldo 0,00 EUR). Buchen Sie den Zahlungsausgang, indem Sie auf **Speichern** klicken.

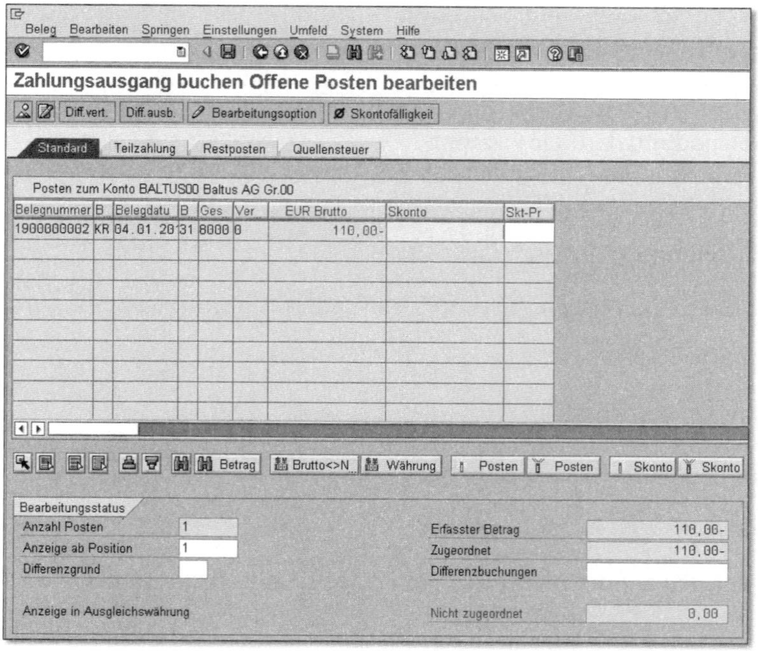

7 Lassen Sie sich die Saldenanzeige zum Kreditor anzeigen.

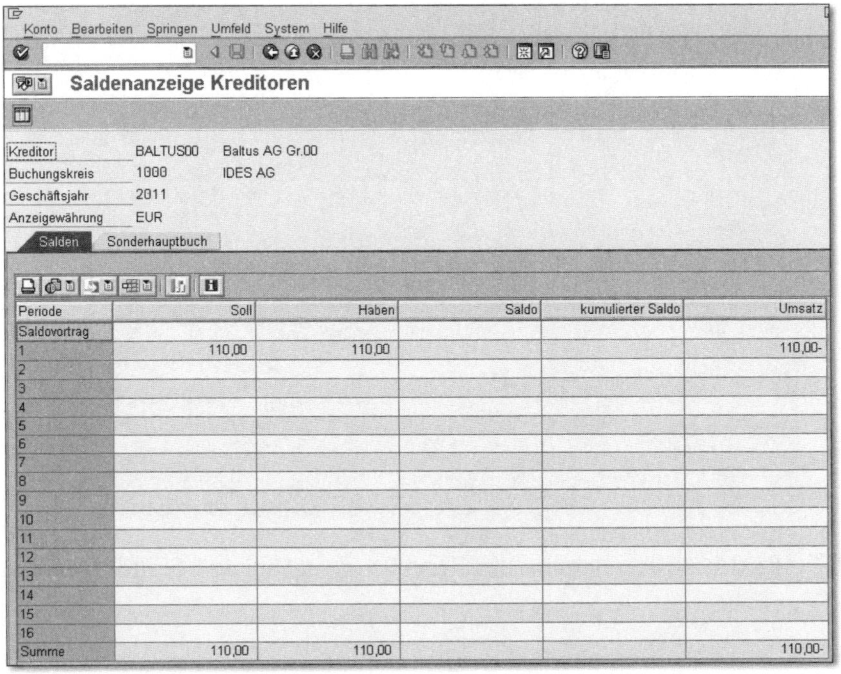

Im folgenden Beispiel werden die Umsätze zu einem Kreditor angezeigt, um einen Überblick über die Salden zu erhalten.

1 Rufen Sie die Transaktion Kreditorenumsätze anzeigen aus dem SAP Easy Access Menü auf. Der Menüpfad lautet **Rechnungswesen ▸ Finanzwesen ▸ Kreditoren ▸ Infosystem ▸ Berichte zur Kreditorenbuchhaltung ▸ Kreditorensalden ▸ Kreditoren-Umsätze.** Alternativ geben Sie den Transaktionscode S_ALR_87012093 im Befehlsfeld ein.

2 Im Einstiegsbild der Transaktion geben Sie im Feld **Kreditorenkonto** BALTUS30 und unter **Geschäftsjahr** 2011 ein. Klicken Sie anschließend auf die Schaltfläche (**Ausführen**).

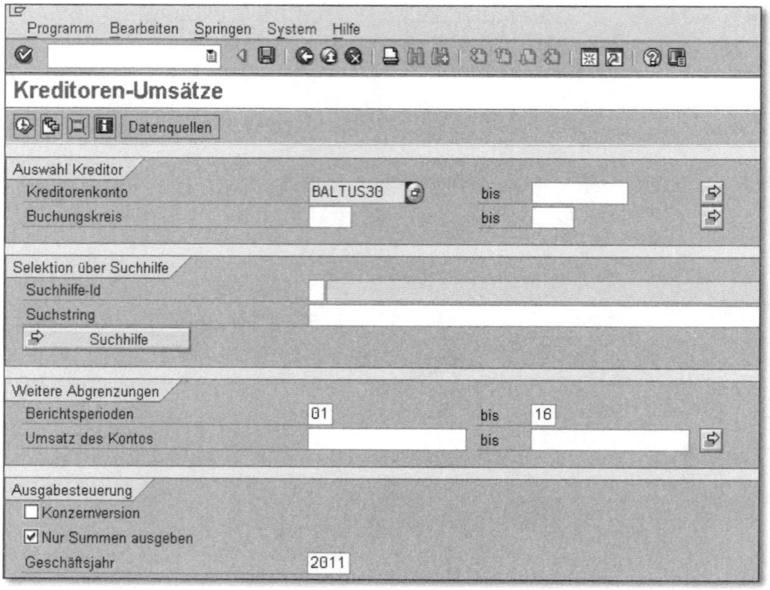

3 Alle Umsätze zu dem im Einstiegsbild angegebenen Kreditor werden dargestellt.

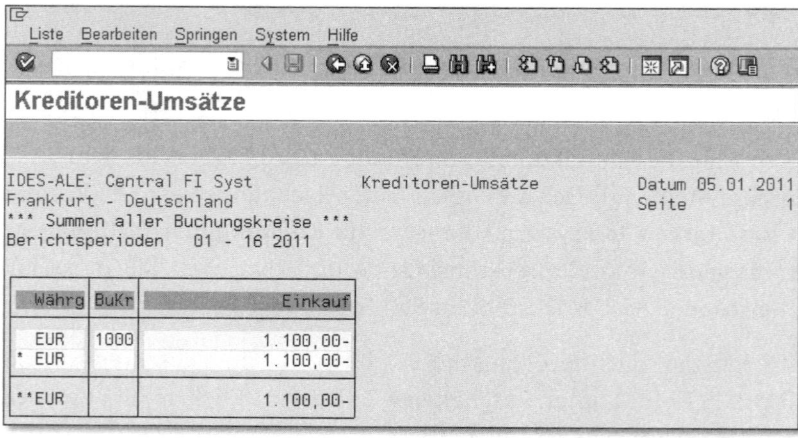

Sie haben in diesem Abschnitt einen kurzen Überblick darüber bekommen, wie eine Rechnung aus der Materialwirtschaft in die Kreditorenbuchhaltung durchgebucht wird. Außerdem haben wir Ihnen gezeigt, wie Sie eine Rechnung manuell in der Kreditorenbuchhaltung erfassen und wie Sie eine manuelle Zahlung ausführen. Analog zu den Rechnungen können Sie außerdem Gutschriften buchen. Zusätzlich zu den Standardbelegen ist es möglich, Umbuchungsbelege zu erstellen oder alle Belege im Fall eines Fehlers zu stornieren.

INFO

Das automatische Zahlprogramm

Wichtig zu erwähnen ist das automatische Zahlprogramm, das Ihnen im SAP-System zur Verfügung steht. Mithilfe des Zahlprogramms können Sie Ihren Zahlungsverkehr mit Debitoren und Kreditoren abwickeln. Als Ergebnis wird eine Datei mit Zahlungsdaten erstellt, die Sie an Ihre Bank zur Verarbeitung schicken.

Bei den Abschlussarbeiten sowohl in der Debitorenbuchhaltung als auch in der Kreditorenbuchhaltung können Sie aus dem SAP-System automatisch die Saldenbestätigungen drucken und bestimmte Korrekturbuchungen starten. Zu den Korrekturbuchungen gehören zum Beispiel Umbuchungen von Forderungen und Verbindlichkeiten nach Restlaufzeiten, wie zum Beispiel Restlaufzeit weniger als ein Jahr, ein bis fünf Jahre etc. Diese Funktionen haben wir aufgrund ihrer Komplexität nicht näher dargestellt.

Ebenso wie in der Hauptbuchhaltung steht Ihnen ein umfangreiches Informationssystem zu Kreditorenstammdaten, Salden und Einzelposten zur Verfügung (siehe Abschnitt 16.6, »Auswertungen«).

Sie haben nun einen Überblick über die Funktionen und Möglichkeiten in der Kreditorenbuchhaltung gewonnen. Zu guter Letzt wenden wir uns der Debitorenbuchhaltung zu.

16.5 Debitorenbuchhaltung

Die Debitorenbuchhaltung im SAP-System befasst sich mit den Geschäftsvorfällen, die die Kunden des Unternehmens betreffen. Zu diesen Geschäftsvorfällen zählt in erster Linie die Verwaltung der Forderungen an die Kunden. Rechnungen, die im Vertrieb (SAP-Komponente SD) gebucht wurden, werden an die Finanzbuchhaltung weitergeleitet. Kunden werden im SAP-System in der Komponente FI-AR verwaltet, wobei AR die Abkürzung für den englischen Begriff Accounts Receivable ist.

Das Tagesgeschäft in der Debitorenbuchhaltung umfasst:

- Verwaltung der Debitorenstammdaten (Zahlungsziele, Liefersperren, Mahnstufen etc.)
- Forderungsmanagement
- Überwachung und Erfassung von Zahlungseingängen
- Abschlussarbeiten und Mahnungen

Der Vertriebsprozess (auch Order to Cash genannt) stellt sich in der Verbindung zur Buchhaltung folgendermaßen dar:

1. Der Auftrag geht im Vertrieb ein – in der SAP-Komponente SD.
2. Falls die Ware ausgeliefert werden muss (es sich demnach nicht um eine Dienstleistung handelt), wird im Vertrieb ein Lieferbeleg (Auslieferung) angelegt – in der SAP-Komponente SD.

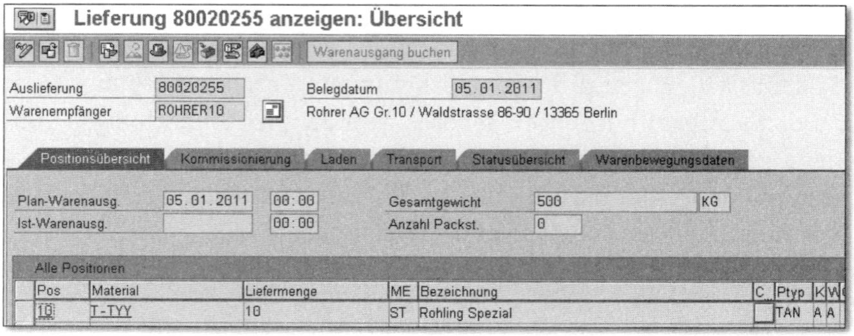

3. Wenn die Ware lieferbar ist und die Bonitätsprüfung des Kunden positiv ausfällt (der Kunde zahlungsfähig ist), wird die Ware ausgeliefert (Warenausgang) – in der SAP-Komponente MM.
4. Die Rechnung wird ausgestellt, an den Kunden geschickt und die Forderung in der Debitorenbuchhaltung verbucht – in den SAP-Komponenten SD und FI.

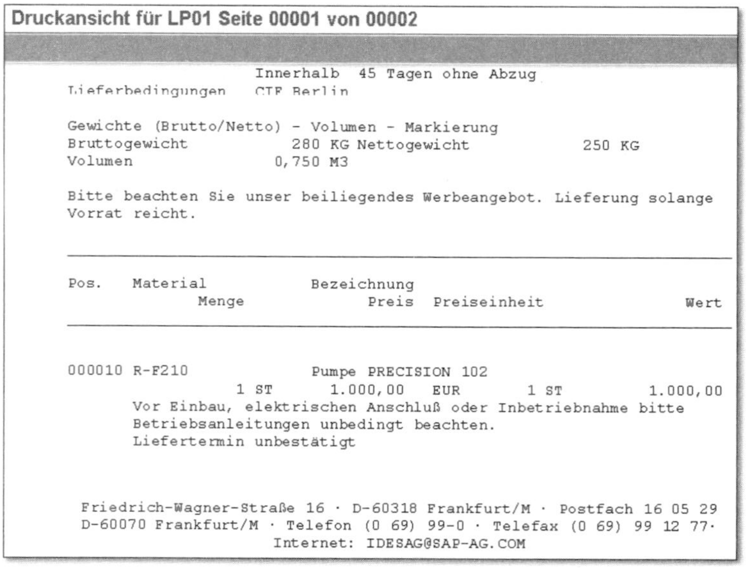

5 Falls der Kunde laut abgestimmten Zahlungsbedingungen nicht zahlt, wird das Mahnverfahren eingeleitet – in der SAP-Komponente FI.

6 Wenn das Geld dem Konto des Unternehmens gutgeschrieben wird, wird der Zahlungseingang verbucht – in der SAP-Komponente FI.

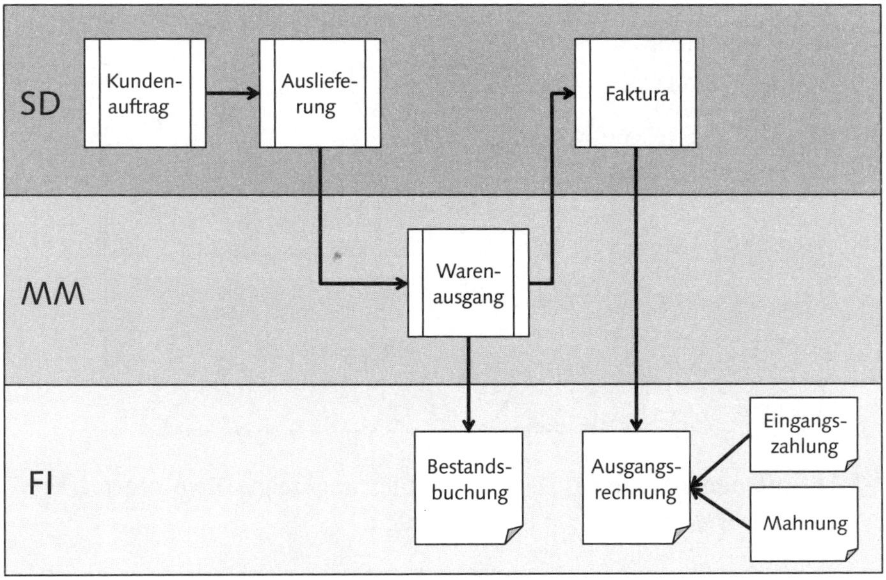

Vertriebsprozess mit Eingangszahlung und Mahnung

Die Geschäftsvorfälle in der Debitorenbuchhaltung werden auf den Debitorenkonten registriert. Ein Kundenkonto (oder Debitorenkonto) legen Sie über die Transaktion FD01 oder den Menüpfad **Rechnungswesen ▸ Finanzwesen ▸ Debitoren ▸ Stammdaten ▸ Anlegen** an. Wie bei den Lieferantenkonten wird eine Reihe von Daten erfasst: Anschrift, Steuerinformationen, Zahlungsverkehrsdaten, Zahlungsbedingungen etc.

16

Im folgenden Beispiel zeigen wir, wie man die offenen Posten eines Debitors anzeigen und den Zahlungseingang buchen kann. Sie haben einen Terminauftrag des Debitors T-S50A12 über zehn Stück T-AS112 und 20 Stück T-AS212 erhalten und möchten nun Kommissionierung, Warenausgang und Faktura durchführen (siehe auch Kapitel 15). So geht's:

1 Rufen Sie über das Befehlsfeld die Transaktion FBL5N auf, oder starten Sie diese über das SAP Easy Access Menü **Rechnungswesen ▸ Finanzwesen ▸ Debitoren ▸ Konto ▸ Posten anzeigen/ändern**.

Im Einstiegsbild der Transaktion **Debitoren Einzelpostenliste** geben Sie im Feld **Debitorenkonto** T-S50A12 ein und wählen den **Buchungskreis** 1000. Klicken Sie anschließend auf die Schaltfläche **Ausführen** .

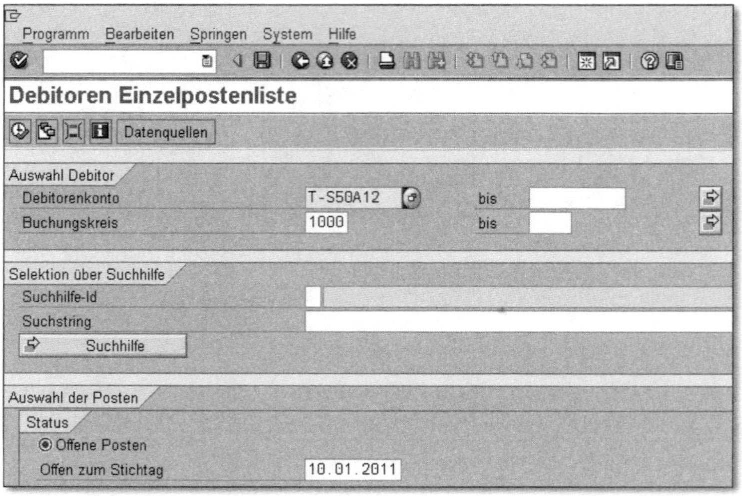

2 Die offenen Beträge des Debitors werden angezeigt. Die Motormarkt HD GmbH hat noch 1.380,00 EUR zu zahlen.

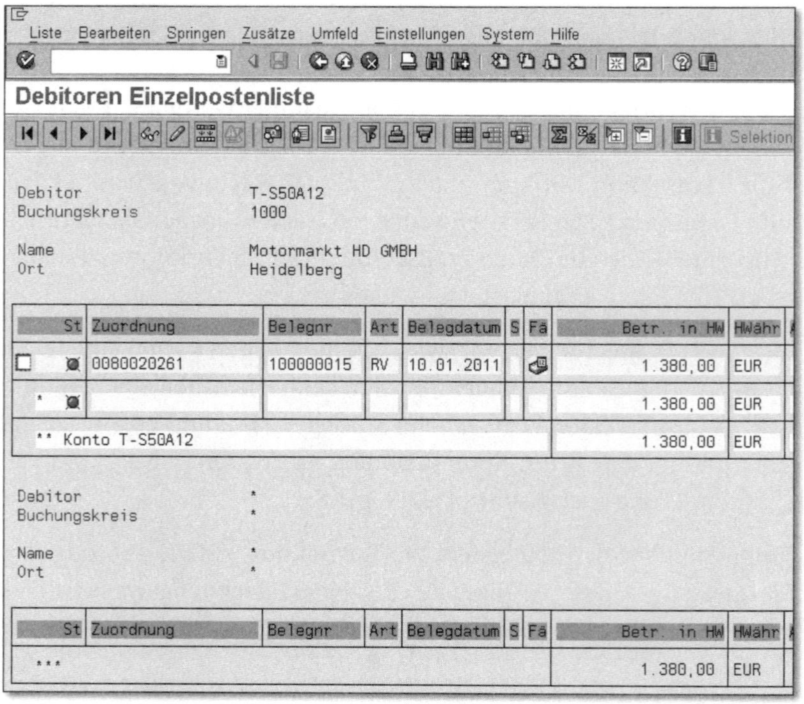

3 Rufen Sie, nachdem der Kunde gezahlt hat, die Transaktion F-28 für das Buchen des Zahlungseingangs über das Befehlsfeld oder über das SAP Easy Access Menü **Rechnungswesen ▸ Finanzwesen ▸ Debitoren ▸ Buchung ▸ Zahlungseingang** auf. Alternativ geben Sie den Transaktionscode F-28 direkt in das Befehlsfeld ein.

Im Einstiegsbild der Transaktion F-28 geben Sie folgende Feldwerte ein: das aktuelle Tagesdatum in den Feldern **Belegdatum** und **Buchungsdatum**.

Im Bereich **Bankdaten** pflegen Sie folgende Felder:

- **Konto**: 113100 – Sachkonto im Kontenplan für das Bankkonto
- **Betrag**: 1338,60 EUR (Der Betrag weicht von dem Betrag aus der Einzelpostenliste ab, da dem Kunden 3 % Skonto gewährt werden.)
- **Valutadatum**: aktuelles Tagesdatum

Im Bereich **Auswahl der offenen Posten** tragen Sie im Feld **Konto** T-S50A12 ein.

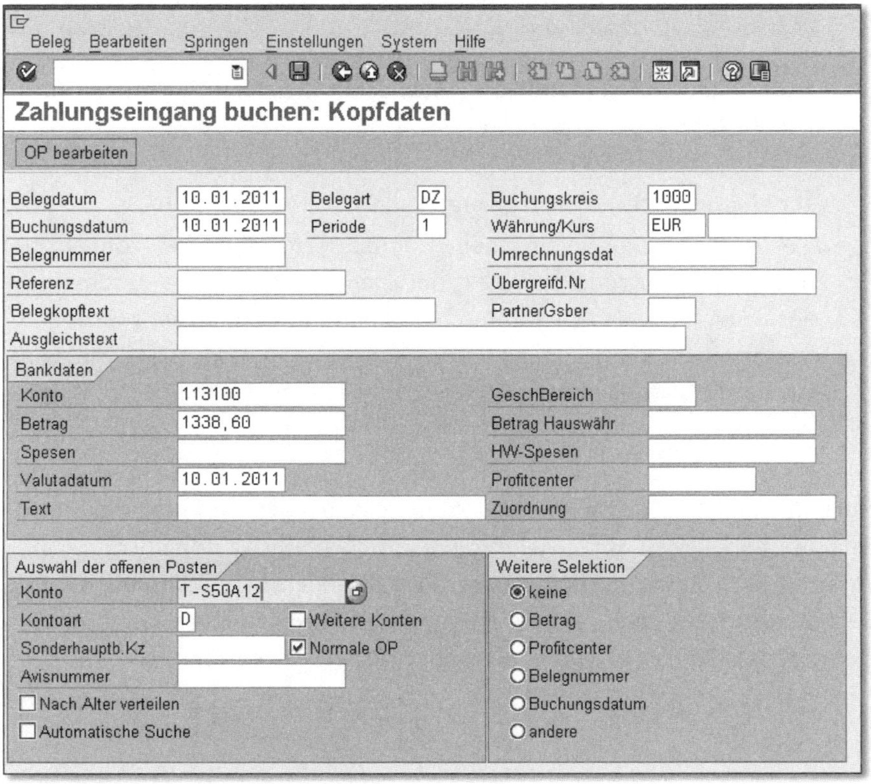

4 Nachdem Sie die [↵] gedrückt haben, gelangen Sie in die Bearbeitung der offenen Posten. Buchen Sie den Zahlungseingang des Debitors durch einen Klick auf die Schaltfläche (**Speichern**). Prüfen Sie Ihr Ergebnis, indem Sie sich die offenen Posten des Debitors erneut anzeigen lassen.

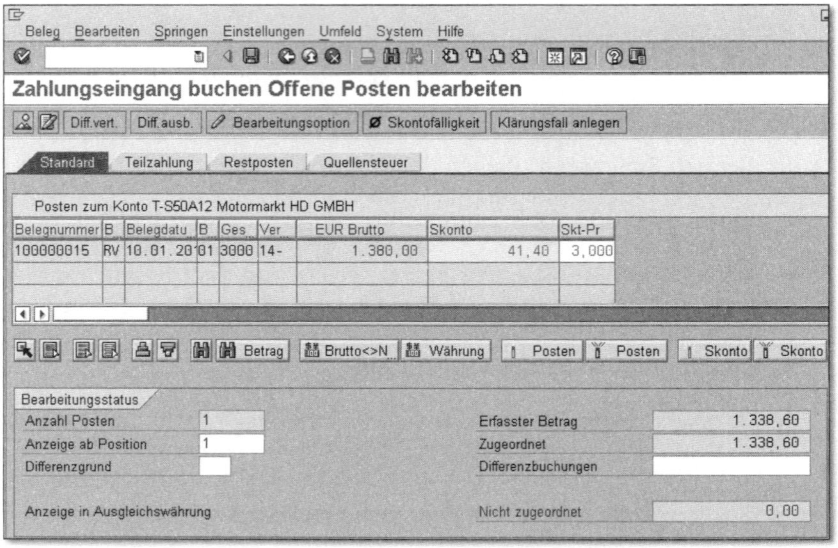

Sie haben in diesem Abschnitt die wichtigsten täglichen Buchungen in der Debitorenbuchhaltung kennengelernt.

INFO

Der elektronische Kontoauszug

Die in diesen Beispielen manuell verbuchten Zahlungen können Sie durch die Benutzung des elektronischen Kontoauszuges automatisch einspielen. Um den elektronischen Kontoauszug nutzen zu können, müssen Sie die Einstellungen dazu im Customizing vornehmen. Hier wird Ihnen kein Beispiel präsentiert, weil diese Funktion nicht zwingend notwendig ist.

Auch in der Debitorenbuchhaltung können Sie bei den Abschlussarbeiten die Saldenbestätigungen und Mahnungen drucken und automatische Umbuchungen nach Restlaufzeiten starten. Wie in anderen Teilkomponenten des Rechnungswesens steht Ihnen ein umfangreiches Informationssystem zu Debitorenstammdaten, Salden und Einzelposten zur Verfügung.

16.6 Auswertungen

Zum Abschluss dieses Kapitels stellen wir Ihnen noch einige Standardberichte für die Finanzbuchhaltung vor. Die Standardberichte in FI finden Sie im Infosystem im SAP Easy Access Menü unter **Infosysteme ▸ Rechnungswesen ▸ Finanzwesen**.

In einem Beispiel soll ausgewertet werden, wie viel Umsatz mit Kundenaufträgen im letzten Geschäftsjahr erzielt wurde.

1. Starten Sie die Transaktion S_ALR_87012186 über das Befehlsfeld oder über den Pfad **Infosysteme ▸ Rechnungswesen ▸ Finanzwesen ▸ Debitoren ▸ Berichte zur Debitorenbuchhaltung ▸ Debitorensalden ▸ S_ALR_87012186 Debitorenumsätze** im SAP Easy Access Menü.

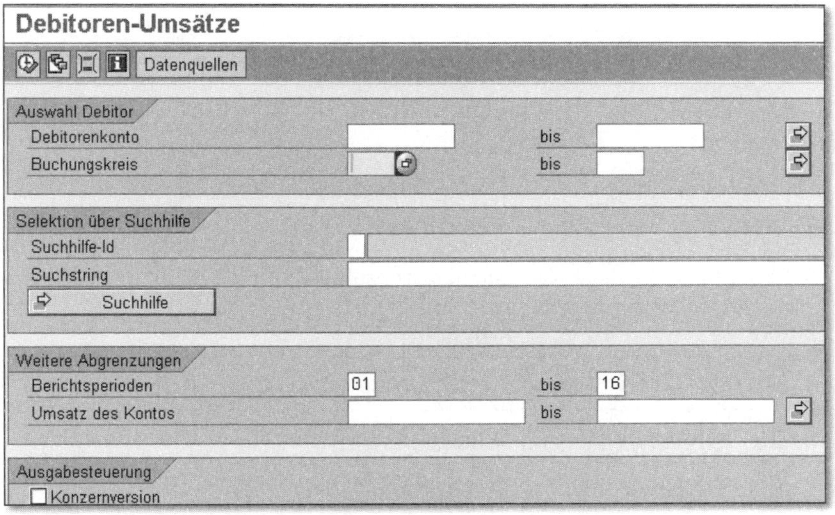

2. Tragen Sie folgende Feldwerte ein:
   - **Buchungskreis:** 1000
   - **Geschäftsjahr:** 2010
   - **Berichtsperioden:** 01 bis 12

   Starten Sie dann den Report mit der Funktionstaste F8 oder über die Schaltfläche (**Ausführen**).

3. Der Report wird angezeigt.

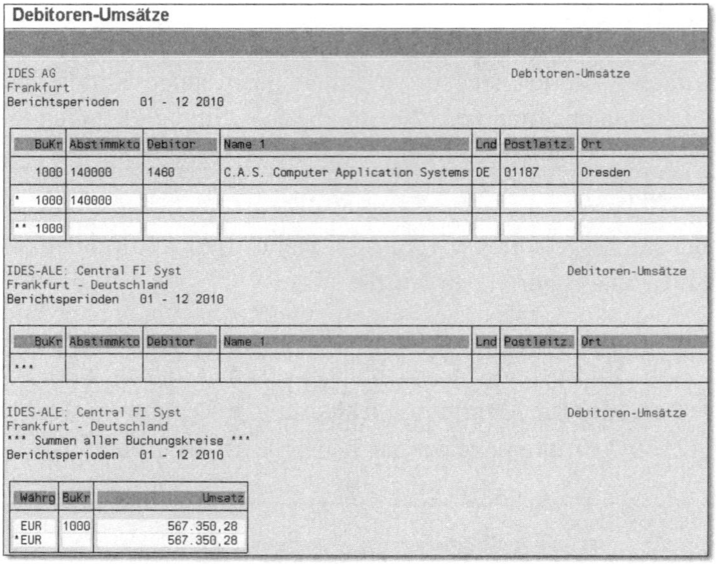

In der Tabelle sehen Sie einige Beispiele für Berichte in der Finanzbuchhaltung.

Transaktion	Funktion
S_PL0_86000030	Sachkontensalden (neu)
F.08	Saldenliste
S_ALR_87012093	Kreditorenumsätze
F.01	Bilanz
S_ALR_87012186	Debitorenumsätze
S_ALR_87012172	Debitorensalden

Beispiele für Standardberichte in der Finanzbuchhaltung

Nachdem Sie die Aufgaben und Funktionen im externen Rechnungswesen kennengelernt haben, beschreiben wir im nächsten Kapitel 17 das interne Rechnungswesen, das heißt das Controlling.

TIPP

Weiterführende Informationen

Detaillierte Informationen zur SAP-Komponente FI finden Sie im *Praxishandbuch SAP-Finanzwesen* von Heinz Forsthuber und Jörg Siebert, das im Jahr 2010 bei SAP PRESS erschienen ist.

17 Controlling

Im vorangegangenen Kapitel 16, »Finanzbuchhaltung«, haben Sie einen kurzen Einblick in die Arbeit der Buchhaltung bekommen, in der die Geschäftsvorfälle im Unternehmen auf Basis gesetzlicher Vorschriften verbucht werden. Im Controlling geht es darum, eine Grundlage für strategische und operative Unternehmensentscheidungen zu schaffen. Dazu ist ein tief gehender Einblick in die Unternehmenszahlen notwendig, seien es Kosten oder Erlöse, und zwar aus allen Bereichen des Unternehmens. Aufgabe des Controllings ist dabei weniger die Kontrolle (wie Controlling oft fälschlich übersetzt wird), sondern vielmehr die Steuerung des Unternehmens.

Dieses Kapitel zeigt,

- welche Aufgaben das Controlling hat,
- welche Organisationseinheiten im Controlling verwendet werden,
- wie Gemeinkosten und Produktkosten verrechnet werden,
- wie die Ergebnisrechnung funktioniert,
- welche Berichte es im SAP-Controlling gibt.

17.1 Aufgabenbereiche des Controllings

Das Management eines Unternehmens benötigt für die Unternehmensführung und für strategische Entscheidungen Informationen aus allen Bereichen des Unternehmens wie dem Vertrieb, der Produktion etc. Die Zahlen aus der Buchhaltung reichen für diese Zwecke nicht aus, weil die erforderlichen Informationen im internen Rechnungswesen, wie das Controlling auch genannt wird, detaillierter sein müssen als im externen Rechnungswesen, das heißt in der Buchhaltung. Diese ist als wesentlicher Datenlieferant jedoch eng mit dem Controlling integriert. Die Buchhaltung vermag aber zum Beispiel keine Antworten auf die folgenden Fragen zu geben, die im Controlling im Vordergrund stehen:

- Wie können Kosten einzelnen Abteilungen und Produkten im Unternehmen zugeordnet werden?
- Wie kann man Erlös/Gewinn und Kosten Kunden sowie Produkten zuordnen?
- Welche Erlöse/Gewinne und welche Kosten werden in der Zukunft anfallen?

Die Informationen im Controlling werden meist in Form von Kennzahlen dargestellt. Kennzahlen (engl. Key Performance Indicator, kurz KPI) werden komprimiert (verdichtet) dargestellt und spiegeln unternehmerische Erfolge oder Misserfolge wider. Die Kennzahlen werden aus den im SAP-System vorhandenen Zahlen errechnet, die aus den einzelnen Fachbereichen kommen.

BEISPIEL

Kennzahlen

Kennzahlen sind der Dreh- und Angelpunkt des Controllings. Kennzahlen geben quantifizierbar (in einem numerischen Wert) und verdichtet Auskunft über einen betriebswirtschaftlichen Sachverhalt. Sie werden verwendet, um Unternehmensziele und den Grad, bis zu dem sie erreicht wurden, messbar zu machen. Einige Beispiele für Kennzahlen aus unterschiedlichen Unternehmensbereichen:

- *Umsatz pro Kunde*: Wie viel Umsatz pro Kunden wird durchschnittlich erzielt?
- *Fehlzeitenquote*: Welcher Anteil der Soll-Arbeitszeit geht durch Fehlzeiten von Mitarbeitern verloren?
- *Lagerdauer*: Wie lange sind Waren oder Rohstoffe (und somit das dafür benötigte Kapital) durchschnittlich im Lager gebunden?
- *Lieferservicegrad*: Wie viele Kundenaufträge wurden zum vereinbarten Wunschlieferdatum abzüglich aller Rückläufe oder Reklamationen ausgeliefert?
- *Total Cost of Ownership (TCO)*: Wie hoch sind die Kosten, um ein Gerät oder eine Anlage (beispielsweise ein IT-System wie SAP) in einem bestimmten Zeitraum unter Berücksichtigung aller Kosten zu betreiben?

Kennzahlen lassen sich in absolute (zum Beispiel Mitarbeiterzahl) und relative Kennzahlen (zum Beispiel Preis pro Stück) unterscheiden.

Das Controlling kann grundlegend in zwei verschiedene Bereiche unterteilt werden: das operative und das strategische Controlling.

Im operativen Controlling werden Kosten und Erlöse mit ihren Verursachern unter die Lupe genommen, die Abweichungen vom Plan erfasst und analysiert. Ein Beispiel: Aus welchem Grund sind die Herstellungskosten für ein Produkt gestiegen?

Die wesentlichen Aufgaben des operativen Controllings sind:

- eine Kostentransparenz sicherstellen
- finanzielle Engpässe erkennen und gegensteuern
- das Verhältnis von Kosten und Erlösen überwachen

Die Kernaufgaben des strategischen Controllings bestehen darin, unternehmerische Chancen und Risiken für ein Unternehmen zu erkennen. Die ermittelten Daten bilden in diesem Zusammenhang die Basis für Frühwarnsysteme im Unternehmen: Werden Abweichungen von Ist und Plan erkannt, können für die Zukunft wirksame Gegenmaßnahmen und Vorkehrungen getroffen werden.

Die wichtigsten Aufgaben des strategischen Controllings sind:

- eine Planung aller betriebswirtschaftlichen Faktoren durchführen
- die Existenz des Unternehmens langfristig sichern
- die strategische Planung in operative Prozesse umsetzen

Die Kosten, die in einem Unternehmen entstehen, lassen sich überdies aus verschiedenen Blickwinkeln betrachten:

- Welche Kosten sind angefallen? Diese Frage wird von der Kostenartenrechnung beantwortet.
- Wo sind Kosten angefallen? Mit dieser Frage beschäftigt sich die Kostenstellenrechnung.
- Wofür (etwa für welche Produkte) sind Kosten angefallen? Hierüber gibt die Kostenträgerrechnung Auskunft.
- Welche Ergebnisse erreichen wir zum Beispiel pro Artikel, Kunde, Kundenauftrag? Diese Fragen sind für die Ergebnisrechnung wichtig.

In den folgenden Abschnitten werden wir diese Begriffe noch eingehender erklären.

Bei der Betrachtung der Kosten gibt es darüber hinaus auch einen zeitlichen Bezug, je nachdem, ob man den Blick in die Vergangenheit oder in die Zukunft richtet. Die Kosten aus dem tatsächlichen Verbrauch nennt man Ist-Kosten. Wenn man die Kosten für die Zukunft errechnet, spricht man von

Plankosten. Des Weiteren wird zwischen Vollkosten und Teilkosten unterschieden. In der Vollkostenrechnung werden alle Kosten, auch die fixen Kosten (Gemeinkosten), aus einem bestimmten Zeitraum den entsprechenden Kostenträgern zugerechnet, wohingegen in cder Teilkostenrechnung nur die »entscheidungsrelevanten« Kosten (nur ein Teil, genauer gesagt der variable Teil) verrechnet werden.

BEISPIEL

Plan-/Ist-Kosten

Das folgende Zahlenbeispiel zeigt, wie Plan- und Ist-Kosten berechnet werden. Sie haben Ihre Kosten pro Kostenart eingeplant; in den Ist-Buchungen entstehen dann die tatsächlichen Ist-Werte. Diese werden mit den Planwerten verglichen, und die Abweichungen werden analysiert.

Kostenart	Plan (in EUR)	Ist (in EUR)	Plan-Ist-Vergleich (in Euro)
Stromkosten	10.000	12.000	2.000
Mietkosten	20.000	21.000	1.000
Telefonkosten	3.000	2.500	– 500

Die Plan-Ist-Vergleiche können für verschiedene Zeitfenster gestartet werden, zum Beispiel für Monat oder Jahr.

BEISPIEL

Voll- und Teilkostenrechnung

Was ist der Unterschied zwischen einer Teilkostenrechnung und einer Vollkostenrechnung? Um diese Frage zu klären, nehmen wir an, Sie stellen zwei Produkte her und erzielen Umsätze in Euro pro Produkt.

In der Teilkostenrechnung (Deckungsbeitragsrechnung, siehe auch Abschnitt 17.5, »Ergebnisrechnung«) berücksichtigen Sie lediglich die variablen Kosten wie Materialverbrauch. Diese Kosten sind von der Produktionsmenge abhängig, das heißt variabel. In der folgenden Tabelle finden Sie ein Zahlenbeispiel, das die Teilkostenrechnung illustriert.

	Produkt 1	Produkt 2	Summe
Umsatz	10.000	16.000	26.000
Variable Kosten	6.000	11.000	17.000
Teilkostenrechnung	**4.000**	**5.000**	**9.000**

BEISPIEL

Bei der Vollkostenrechnung berücksichtigen Sie zusätzlich zu den variablen Kosten auch die fixen Kosten. Die fixen Kosten entstehen unabhängig von der Produktionsmenge (ein Beispiel sind Heizkosten für eine Lagerhalle).

	Produkt 1	Produkt 2	Summe
Umsatz	10.000	16.000	26.000
Variable Kosten	6.000	11.000	17.000
Teilkostenrechnung	4.000	5.000	9.000
Fixe Kosten	2.000	4.000	5.000
Gewinn	**2.000**	**1.000**	**4.000**

Erst nach der Berücksichtigung von allen Kosten (fix und variabel) können Sie von einem Gewinn sprechen.

Die Fragen nach den Kosten und Erlösen, die im Unternehmen anfallen bzw. erwirtschaftet werden, werden im SAP-System in der Controlling-Komponente (CO) beantwortet. CO umfasst folgende Komponenten, um nur die wichtigsten zu nennen:

- **Gemeinkostencontrolling**
  Gemeinkosten sind alle Kosten, die sich nicht direkt Produkten oder Dienstleistungen zurechnen lassen. Hier werden vor allem Kostenstellen und Innenaufträge verwaltet. Im SAP-System ist das Gemeinkostencontrolling besonders stark mit der Finanzbuchhaltung integriert. Gemeinkosten werden im SAP-System in der Kostenarten- und Kostenstellenrechnung abgebildet.
- **Produktkostencontrolling**
  In diesem Bereich beschäftigen wir uns mit Produktkalkulationen. Aus diesem Grund bezieht die Produktkostenrechnung viele Daten aus der Produktionsplanung (SAP-KomponentePP) und dem Einkauf (SAP-Komponente MM). Für die Produktkosten ist im SAP-System die Kostenträgerrechnung zuständig.
- **Ergebnis- und Marktsegmentrechnung (kurz Ergebnisrechnung)**
  Dieser Bereich setzt Erlöse aus dem Vertrieb mit Kosten aus der Gemeinkosten- und Produktkostenrechnung in Beziehung. Naturgemäß ist der

Vertrieb (SAP-Komponente SD) deshalb ein wesentlicher Datenlieferant. Dieses Zusammenspiel gibt Auskunft über das Ergebnis bzw. den Deckungsbeitrag.

Diese drei wesentlichen Bereiche des Controllings werden wir in diesem Kapitel im Überblick vorstellen. Zuvor werfen wir aber, wie auch in den restlichen Kapiteln, einen Blick auf die Strukturen, die dem SAP-Controlling zugrunde liegen.

17.2 Organisationsstrukturen

Organisationsstrukturen haben Sie in den vorhergehenden Kapiteln bereits kennengelernt (siehe insbesondere Kapitel 4, »Organisationsstrukturen und Stammdaten«). Hier werden nun die für das Controlling relevanten Organisationseinheiten erläutert. Mandant und Buchungskreis, auch für das Controlling relevant, stellen wir nicht noch einmal eigens vor.

- **Kostenrechnungskreis**
  Der Kostenrechnungskreis ist eine abgeschlossene Einheit, auf deren Ebene die Kostenrechnung (das Controlling) durchgeführt wird. Einem Kostenrechnungskreis werden ein oder mehrere Buchungskreise zugeordnet. Ein oder mehrere Kostenrechnungskreise können wiederum einem Ergebnisbereich zugeordnet werden.
- **Ergebnisbereich**
  Der Ergebnisbereich stellt einen Teil des Unternehmens dar. Er dient der Segmentierung des Absatzmarktes. Hier werden Ergebnisse des Unternehmens zusammengeführt.

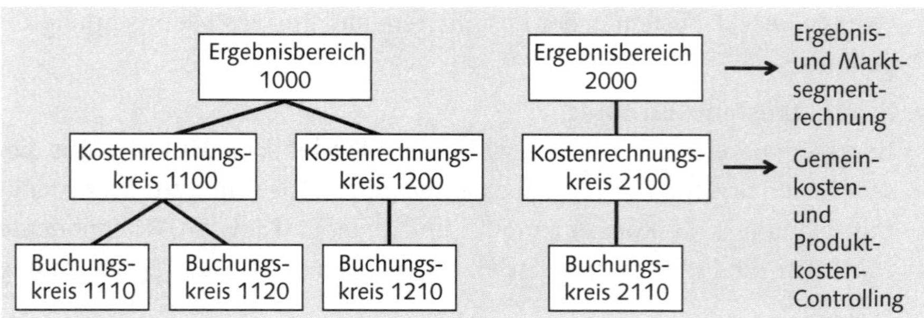

Organisationseinheiten im Controlling

Im Controlling spielen des Weiteren Organisationseinheiten eine Rolle, die in anderen SAP-Komponenten gepflegt werden: Werk und Lagerort (MM), Buchungskreis (FI) sowie Vertriebsbereich (SD).

In den folgenden Abschnitten beschäftigen wir uns mit den wesentlichen Bereichen im Controlling. Wir beginnen mit dem Gemeinkostencontrolling und räumen diesem Bereich auch den meisten Platz ein, da Gemeinkosten einen großen Teil (oft mehr als die Hälfte) der im Unternehmen anfallenden Kosten darstellen.

17.3 Gemeinkostencontrolling

Als Gemeinkosten werden – im Gegensatz zu den Einzelkosten – Kosten bezeichnet, die Produkten oder Dienstleistungen nicht direkt zugeordnet werden können (zum Beispiel Mieten, Löhne und Gehälter, allgemeine Energiekosten). Die Unterscheidung klingt zwar einfach, die Gemeinkostenrechnung ist aber durchaus anspruchsvoll, da die richtige Aufzeichnung, Analyse und Verrechnung von Gemeinkosten sehr komplex ist. Mit der SAP-Komponente CO-OM werden Gemeinkosten zu den entsprechenden Kostenstellen geplant, gesteuert und überwacht. OM ist die Abkürzung für den englischen Begriff Overhead Management, das heißt Gemeinkostencontrolling.

Bevor wir in diesem Abschnitt zeigen, wie das Gemeinkostencontrolling im SAP-System aussieht, stellen wir Ihnen die wichtigsten Begriffe aus diesem Bereich vor:

- echte und unechte Gemeinkosten
- Kostenstellen
- Leistungsarten
- Innenaufträge
- Kostenarten (primäre und sekundäre)

Man unterscheidet zwischen echten und unechten Gemeinkosten. Echte Gemeinkosten können einem Kontierungsobjekt nicht direkt zugeordnet werden. Beispiele sind die bereits genannten Gehälter, Energiekosten oder Gebäudekosten. Unechte Gemeinkosten können einem Kontierungsobjekt zwar zugeordnet werden, aber nur mit einem unverhältnismäßigen Aufwand. Sie sind theoretisch als Einzelkosten erfassbar und einem einzelnen Produkt zurechenbar, wie zum Beispiel einzelne Rohstoffe für die Produktion, deren Kosten man, wenn erforderlich, detailliert auf einzelne Produkte verrechnen könnte. Dieses Vorgehen wäre jedoch zu aufwendig, daher werden die Gemeinkosten in der Regel prozentual oder nach Verhältnissen auf die Kostenstellen verteilt. Grundlage für diese Aufteilung können je nach Art der Gemeinkosten sein: Anzahl der Mitarbeiter, Platzbedarf der Abteilung, Anzahl der Computer in der Abteilung etc.

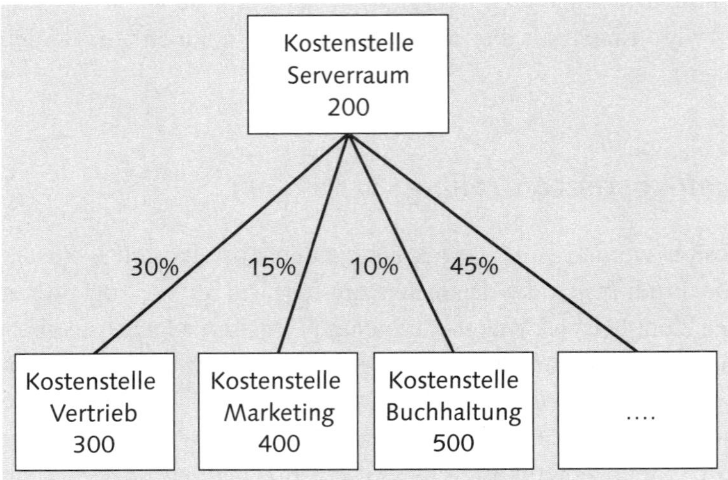

Beispiel für prozentuale Kostenverteilung auf Kostenstellen

Die wichtigsten Elemente des Gemeinkostencontrollings sind die Kostenstellenrechnung und die Innenaufträge.

Eine Kostenstelle ist ein unternehmensinternes Kontierungsobjekt, auf das Aufwendungen gebucht werden. Mithilfe der Kostenstellenrechnung können Unternehmen im SAP-System eine präzise Kostenplanung und -verrechnung durchführen. Dabei ist es möglich, die Kosten bis zu ihrem Ursprung zurückzuverfolgen.

Kostenstellen bieten Hilfestellung bei der Zuordnung der Kosten im Unternehmen. Meistens entsprechen Kostenstellen den Funktionsbereichen im Unternehmen, wie beispielsweise Vertrieb, Marketing, Personal, IT und Finanzen. Im SAP-System wird eine Kostenstelle dementsprechend einer Abteilung oder einer Fertigungsanlage zugeordnet. Außer bei sehr kleinen Unternehmen umfassen Abteilungen häufig mehrere Kostenstellen, um eine transparente Kostenaufzeichnung und -abrechnung zu ermöglichen. So kann auch sichergestellt werden, dass in den Kostenstellen die Ist-Kosten nicht die Plankosten bzw. die im Budget vorgesehenen Kosten überschreiten.

Kostenstellen gehören zu den zentralen Stammdaten in CO. Im SAP-System werden Kostenstellen über den Menüpfad **Rechnungswesen ▸ Controlling ▸ Kostenstellenrechnung ▸ Stammdaten ▸ Kostenstelle ▸ Einzelbearbeitung ▸ anlegen** im SAP Easy Access Menü oder mit dem Transaktionscode KS01 angelegt. Dort werden dann die relevanten Daten erfasst, etwa der Kostenstellenverantwortliche, Kostenrechnungskreis und Geschäftsbereich etc. Die Kostenstellen können Sie hierarchisch miteinander verbinden, das heißt, eine Abteilungssammelkostenstelle kann aus mehreren Kostenstellen zusammengesetzt werden. Dabei sind nur die untersten Kostenstellen bebuchbar.

BEISPIEL

Kostenstellen in der IT-Abteilung

Die Kostenstellen für die IT könnten beispielsweise in Kostenstellen für Hardware, Software, Support oder Beratung untergliedert werden.

- K100 IT
- K1001 IT-Hardware
- K1002 IT-Software
- K1003 IT-Support
- K1004 IT-Beratung

Die Kostenstelle K100 wird nur für Report-Zwecke verwendet, einzelne Buchungen werden auf den Kostenstellen K1001-K1004 registriert.

Im SAP-System können Kostenstellengruppen über den Pfad **Rechnungswesen ▸ Controlling ▸ Kostenstellenrechnung ▸ Stammdaten ▸ Kostenstellengruppe ▸ Anlegen / Ändern / Anzeigen** angelegt und gepflegt werden.

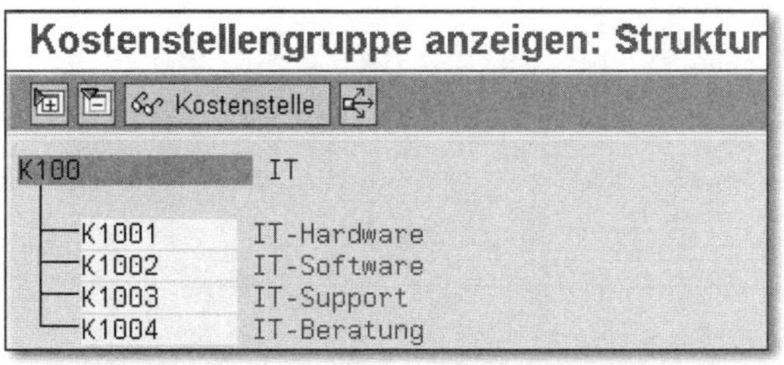

Kostenstellengruppe im SAP-System

Für ein umfassendes Kostenstellenmanagement werden Leistungsarten verwendet. Eine Leistungsart ordnet erbrachte Leistungen den Kostenstellen zu, die dann mit einem Tarif (Verrechnungspreis) bewertet werden.

BEISPIEL

Leistungsarten

Nehmen wir an, eine Schneidemaschine wird durch eine Kostenstelle abgebildet. Um eine Leistung auf der Schneidemaschine zu erbringen, benötigen Sie die Maschine und einen Mitarbeiter, der diese Maschine bedient. Sie haben es demnach mit Maschinenleistungen und Personenleistungen zu tun. Wenn wir diese Leistungen in Zeiteinheiten abbilden, haben Sie zwei Leistungsarten definiert: Maschinenzeit und Personalzeit, die zusammen in einem gewissen Zeitfenster bestimmte Leistungen auf der Schneidemaschine erbringen.

Ein wichtiger Vorgang innerhalb der Kostenstellenrechnung sind zudem Abweichungsanalysen, in denen Ist- und Plankosten verglichen werden.

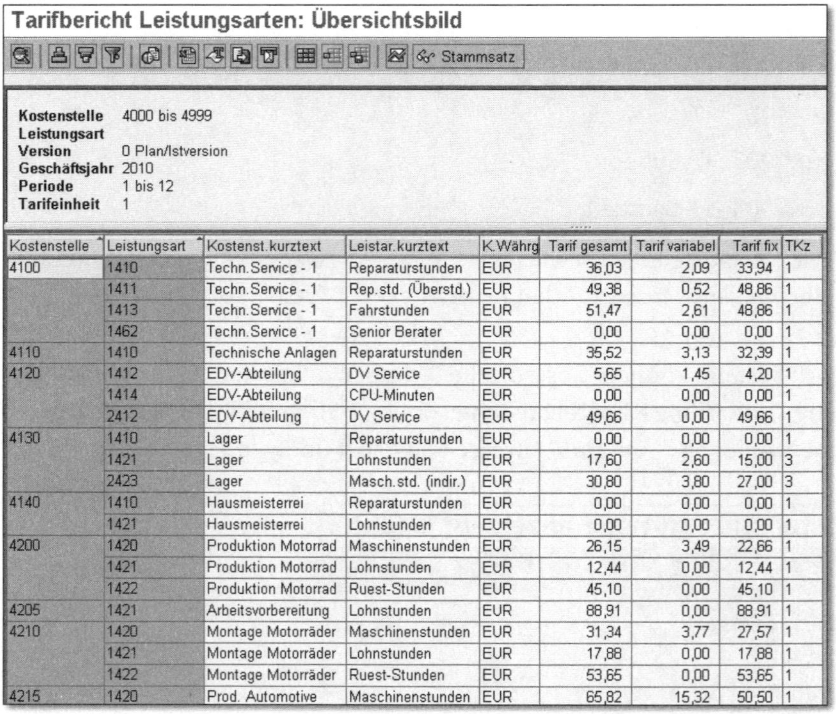

Tarifbericht Leistungsarten: Übersichtsbild

Stammsatz

Kostenstelle 4000 bis 4999
Leistungsart
Version 0 Plan/Istversion
Geschäftsjahr 2010
Periode 1 bis 12
Tarifeinheit 1

Kostenstelle	Leistungsart	Kostenst.kurztext	Leistar.kurztext	K.Währg	Tarif gesamt	Tarif variabel	Tarif fix	TKz
4100	1410	Techn.Service - 1	Reparaturstunden	EUR	36,03	2,09	33,94	1
	1411	Techn.Service - 1	Rep.std. (Überstd.)	EUR	49,38	0,52	48,86	1
	1413	Techn.Service - 1	Fahrstunden	EUR	51,47	2,61	48,86	1
	1462	Techn.Service - 1	Senior Berater	EUR	0,00	0,00	0,00	1
4110	1410	Technische Anlagen	Reparaturstunden	EUR	35,52	3,13	32,39	1
4120	1412	EDV-Abteilung	DV Service	EUR	5,65	1,45	4,20	1
	1414	EDV-Abteilung	CPU-Minuten	EUR	0,00	0,00	0,00	1
	2412	EDV-Abteilung	DV Service	EUR	49,66	0,00	49,66	1
4130	1410	Lager	Reparaturstunden	EUR	0,00	0,00	0,00	1
	1421	Lager	Lohnstunden	EUR	17,60	2,60	15,00	3
	2423	Lager	Masch.std. (indir.)	EUR	30,80	3,80	27,00	3
4140	1410	Hausmeisterrei	Reparaturstunden	EUR	0,00	0,00	0,00	1
	1421	Hausmeisterrei	Lohnstunden	EUR	0,00	0,00	0,00	1
4200	1420	Produktion Motorrad	Maschinenstunden	EUR	26,15	3,49	22,66	1
	1421	Produktion Motorrad	Lohnstunden	EUR	12,44	0,00	12,44	1
	1422	Produktion Motorrad	Ruest-Stunden	EUR	45,10	0,00	45,10	1
4205	1421	Arbeitsvorbereitung	Lohnstunden	EUR	88,91	0,00	88,91	1
4210	1420	Montage Motorräder	Maschinenstunden	EUR	31,34	3,77	27,57	1
	1421	Montage Motorräder	Lohnstunden	EUR	17,88	0,00	17,88	1
	1422	Montage Motorräder	Ruest-Stunden	EUR	53,65	0,00	53,65	1
4215	1420	Prod. Automotive	Maschinenstunden	EUR	65,82	15,32	50,50	1

Leistungsarten im SAP-System (Transaktion KL13)

Innenaufträge stellen eine weitere Möglichkeit zur Ermittlung der Ist-Kosten dar. Sie werden überwacht, indem fortlaufend ein Vergleich der Ist-Kosten und -Erlöse mit den Plankosten und -erlösen stattfindet. Wie bei Kostenstellen können die Ist-Kosten eines Innenauftrags mit seinen Plankosten verglichen werden. Innenaufträge schaffen jedoch eine höhere Transparenz, da eine Kostenaufstellung für einzelne Aufgaben und nicht für die gesamte Kostenstelle durchgeführt wird. Ein Innenauftrag ist zum Beispiel nützlich für interne Projekte, zum Beispiel eine SAP-Einführung. Innenaufträge werden für eine bestimmte Zeit aktiviert, beispielsweise für die Projektdauer; nach dem Projektabschluss werden sie gesperrt. Kostenstellen hingegen haben einen längeren Lebenszyklus.

Im SAP-System wird ein Innenauftrag über den Menüpfad **Rechnungswesen ▸ Controlling ▸ Innenaufträge ▸ Stammdaten ▸ spezielle Funktionen ▸ Auftrag ▸ anlegen** oder die Transaktion KO01 angelegt.

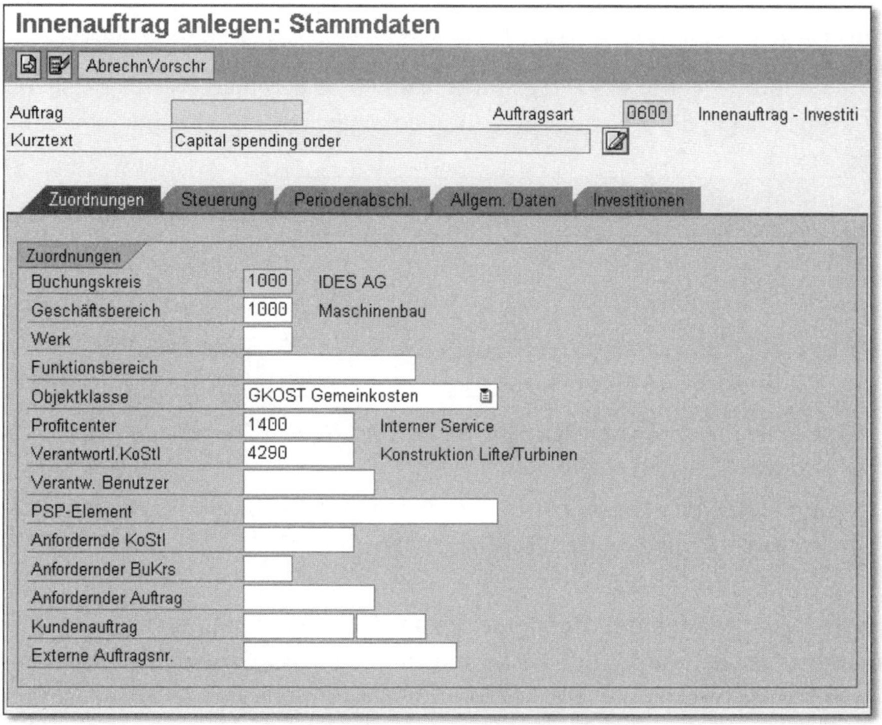

Innenauftrag anlegen

Im Controlling werden alle Buchungen mithilfe von Kostenarten im Kostenrechnungskreis aufgezeichnet. Kostenarten sind Sachkonten (siehe Kapitel 16, »Finanzbuchhaltung«), die für CO relevant sind. Beispiele für Kostenarten sind:

- Materialkosten
- Personalkosten

- Dienstleistungskosten
- kalkulatorische Kosten (Abschreibungen, Zinsen etc.)
- Steuern und Gebühren

Falls Sie ein Sachkonto als Kostenart in CO definiert haben, muss die Kostenart bei jeder Buchung mit einer CO-Kontierung versehen werden, das heißt mit einem Verursacher wie Kostenstelle oder Innenauftrag. Ohne die CO-Kontierung (Verursacher) können Sie die Buchung nicht abschließen; Sie erhalten jedes Mal eine Fehlermeldung.

BEISPIEL

Kostenarten

Wird eine Lieferantenrechnung in Höhe von 100 EUR für Reisekosten im Hauptbuchkonto 474240 gebucht, wird in CO automatisch eine Parallelbuchung in der gleichen Höhe für die Kostenart 474240 vorgenommen.

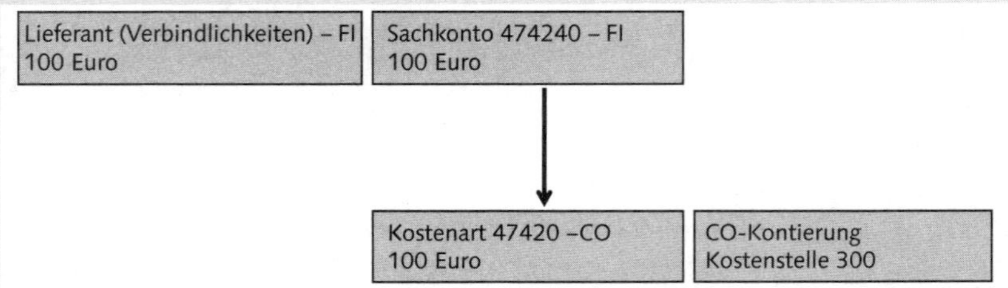

Beispiel für eine Parallelbuchung von Kostenarten im Controlling

Auf diese Weise kann man zu einem späteren Zeitpunkt die Kosten von der Buchführung im Hauptbuch trennen.

Kostenarten werden in Primär- und Sekundärkostenarten unterschieden. Primärkostenarten werden als Ist-Kosten direkt in das Controlling übernommen. Die Voraussetzung dazu ist, dass Sie die Primärkostenart als Sachkonto im Kontenplan bereits definiert haben. Sekundärkostenarten werden auf der anderen Seite ausschließlich für die Kostenabwicklung innerhalb von CO verwendet und nicht in der Finanzbuchhaltung abgebildet. Das heißt, für die Sekundärkostenarten werden keine Sachkonten im Kontenplan angelegt. Die Sekundärkostenarten werden in einem anderen Nummernintervall definiert als die primären Kostenarten. Dadurch erkennen Sie im Controlling sehr schnell, welche Buchung als Primärbuchung (Rechnungserfassung) registriert wurde und welche Buchung den Ursprung in der Kostenverrechnung hat.

BEISPIEL

Primär- und Sekundärkostenarten

In einem Unternehmen gibt es eine Kantine, die Kosten trägt. Die Kantine erbringt aber Leistungen nicht für sich selbst, sondern für zwei Abteilungen, Administration und Produktion. Deshalb werden am Monatsende die Kosten der Kantine auf die entsprechenden Abteilungen umgebucht. Die Umbuchung erfolgt über die Sekundärkostenart.

Kostenart		Kostenstelle Kantine
400100	Gehälter	4.000
400200	Soziale Leistungen	3.000
400300	Versicherungen	2.000
	Summe	***9.000***
600100	Umlage Personalkosten	–9.000
	Summe	***0.000***

Kostenart		Kostenstelle »Administration«
400100	Gehälter	14.000
400200	Soziale Leistungen	10.000
400300	Versicherungen	5.000
600100	**Umlage Personalkosten**	**3.000**

Kostenart		Kostenstelle »Produktion«
400100	Gehälter	20.000
400200	Soziale Leistungen	12.000
400300	Versicherungen	8.000
600100	**Umlage Personalkosten**	**6.000**

Die Kosten der Kantine werden auf zwei andere Kostenstellen umgelegt: ein Drittel auf die Administration und zwei Drittel auf die Produktion.

Kostenumlage mit Verwendung sekundärer Kostenarten

17.4 Produktkostencontrolling

Für jedes Unternehmen, das ein Produkt anbietet, ist es wichtig, die Produktkosten im Griff zu haben. Ein Anstieg der Produktions- oder Beschaffungskosten kann die Wirtschaftlichkeit direkt und schmerzhaft senken. Dementsprechend geht es in der SAP-Komponente für das Produktkostencontrolling um die Kalkulation und Erfassung von Produkt- und Dienstleistungskosten.

Das Kürzel für diese Komponente lautet CO-PC (PC für den englischen Begriff Product Costing). Im Mittelpunkt stehen dabei die folgenden Aufgaben:

- Produktkalkulation
- Bestandsbewertung
- mitlaufende Kalkulation
- Abweichungsermittlung

Die Grundlage für das Produktkostencontrolling bildet die Produktkalkulation, bei der für selbst gefertigte Materialien anhand der Stückliste und des Arbeitsplans ein Standardpreis ermittelt wird. Hier besteht eine enge Verbindung zur SAP-Komponente PP (Produktionsplanung und -steuerung). In PP werden die Stücklisten und Arbeitspläne angelegt, die in CO-PC weiterverwendet werden.

INFO

Die SAP-Komponente PP

Mit der SAP-Komponente PP (Produktionsplanung und -steuerung) werden Vorgänge zur Planung und Steuerung für die Produktion von Gütern abgebildet (Produktionsprozesse).

Dabei wird zwischen den Kosten für Materialien und den Kosten für Leistungen unterschieden.

Der Begriff Material meint alle Güter, die im Unternehmen eingekauft, produziert oder verkauft werden, wie zum Beispiel Rohstoffe, Zwischenerzeugnisse, Fertigerzeugnisse, Handelswaren, Hilfs- und Betriebsstoffe, Baugruppen, Verpackungsmaterial und sogar Dienstleistungen. Für die Ermittlung der Kosten von Materialien sind die Materialpreise von zentraler Bedeutung, die sich aus der Verbrauchsmenge und dem Materialpreis ergeben. Die relevanten Informationen dazu werden im SAP-System im Materialstamm hinterlegt (siehe Kapitel 14, »Materialwirtschaft«), der in der SAP-Komponente MM angelegt wird. Der Materialstamm im SAP-System enthält Informationen über sämtliche Materialien, die ein Unternehmen beschafft, fertigt, lagert oder verkauft.

Kosten für Leistungen entstehen durch die Verrechnung von Leistungen aus dem Gemeinkostencontrolling anhand von Leistungsarten, die mit einem Tarif bewertet sind. Die einzelnen Schritte in der Produktion sind im sogenannten Arbeitsplan verzeichnet.

BEISPIEL

Stückliste und Arbeitsplan

In der Stückliste wird festgehalten, welche Mengen und Materialien benötigt werden, um etwas herzustellen. Eine Stückliste für ein Heft im Format DIN A5 mit 16 Seiten kann wie folgt aussehen:

- 8 Seiten A4
- 1 Umschlag
- 2 Klammern

Im Arbeitsplan ist festgelegt, welche Arbeitsschritte erforderlich sind, um ein Produkt herzustellen. Bei unserem Heft sind folgende Arbeitsschritte notwendig:

- Drucken
- Schneiden
- Knicken
- Zusammenlegen
- Heften

Mittels der Produktkalkulation wird somit ein Standardpreis ermittelt, der zur Bewertung des Bestandes des entsprechenden Materials dient. Dies erfolgt in der Regel nur für selbst hergestellte Produkte, während Kaufteile anhand eines gleitenden Durchschnittspreises bewertet werden.

INFO

Gleitender Durchschnittspreis

Der gleitende Durchschnittspreis (kurz GLD-Preis oder auch V-Preis) wird bei der Bewertung von Positionen verwendet, die zu unterschiedlichen Preisen eingekauft wurden. In diesem Fall werden die Materialpreise automatisch angepasst, um die Preisabweichungen von Warenbewegungen und Rechnungen abzubilden. Ein Beispiel für die Berechnung eines GLD-Preises finden Sie in Kapitel 14, »Materialwirtschaft«.

In der Kostenträgerrechnung wird für jeden Fertigungsauftrag anhand der Stückliste des gefertigten Materials sowie des Arbeitsplans eine Kalkulation durchgeführt, die zur mitlaufenden Kalkulation dient. Da der exakte Kostenaufwand der Herstellung eines Produktes erst im Nachhinein ermittelt werden kann, wird durch eine mitlaufende Kalkulation versucht, die finanziellen Auswirkungen zu ermitteln, sowohl von Preisnachlässen als auch von Mehraufwendungen. Eventuell auftretende Abweichungen der Ist-Kosten von den

Plankosten (wie etwa Preisänderungen bei den Kaufteilen oder Mehrverbrauch an Material) können im Detail analysiert werden, um die Ursache herauszufinden.

Im Folgenden stellen wir Ihnen anhand eines Beispiels das Produktkostencontrolling im SAP-System vor: Für ein Material soll eine Produktkalkulation mit Mengengerüst durchgeführt werden. Unter einem Mengengerüst versteht man die detaillierte Darstellung aller für ein Produkt benötigter Einzelkomponenten (aus der Stückliste) und Dienstleistungen. In einer Kalkulation ohne Mengengerüst wird ohne Stücklisten und Arbeitspläne gearbeitet. Die Kalkulation ohne Mengengerüst wird in der Regel dann angewendet, wenn Mengengerüstdaten aus der Produktionsplanung nur unvollständig oder gar nicht verfügbar sind. Wird ein Mengengerüst verwendet, wird die Kalkulation automatisch durchgeführt. Stücklisten und Arbeitspläne müssen im SAP-System vorhanden sein.

Im SAP-System sieht der Ablauf so aus: Sie starten die Transaktion CK11N oder navigieren über das SAP Easy Access Menü. Sie führen eine Materialkalkulation mit Mengengerüst im Anwendungsmenü über **Controlling ▸ Produktkosten-Controlling ▸ Produktkostenplanung ▸ Materialkalkulation ▸ Kalkulation mit Mengengerüst ▸ Anlegen** durch.

Im Einstiegsbild der Materialkalkulation geben Sie das Werk ein, auf das Bezug genommen werden soll, die Materialnummer und die Kalkulationsvariante. Anschließend klicken Sie auf die Schaltfläche **Ausführen** . Im Bereich **Selektion** werden in den entsprechenden Feldern das Werk (im Beispiel 1000), die Materialnummer (hier T-F210) und die Kalkulationsvariante (hier PPC1) eingetragen. Im Bereich **Ausgabe** ist im Beispiel die **Elementesicht** 1.

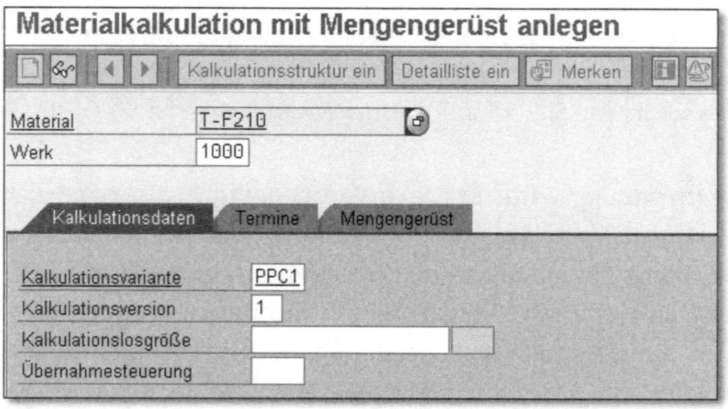

Materialkalkulation mit Mengengerüst anlegen – Kalkulationsdaten

Auf dem Bildschirmbild im SAP-System werden im linken Bereich die Komponenten des Materials angezeigt. Im rechten Bereich wird die Kalkulation für das selektierte Material dargestellt.

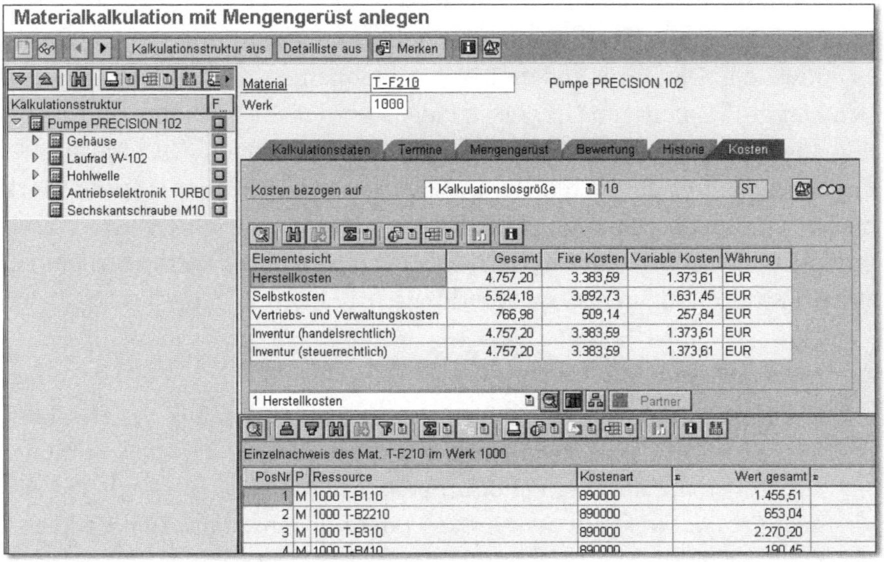

Materialkalkulation mit Mengengerüst anlegen – Kosten

Nachdem Sie einen Überblick über das Thema Produktkostenrechnung erhalten haben, steht im nächsten Abschnitt die Ergebnisrechnung im Fokus.

17.5 Ergebnisrechnung

Eine der grundsätzlichen Fragen im Controlling ist die nach dem Gewinn. Im Mittelpunkt steht dabei, mit welchen Produkten oder mit welchen Kunden der höchste Gewinn erwirtschaftet wird. Die Ergebnis- und Marktsegmentrechnung (CO-PA) im SAP-System (PA steht für den englischen Begriff Profitability Analysis), kurz Ergebnisrechnung, beantwortet diese Fragen.

Sie wird zum Beispiel für eine Teilkostenrechnung (auch Deckungsbeitragsrechnung genannt) oder eine Vollkostenrechnung in Verbindung mit bestimmten Merkmalen wie Kunde, Produkt, Region verwendet. Dem Unternehmen entstehen Kosten für Löhne, Gehälter, Energie, Materialien etc. Durch den Verkauf der produzierten Güter werden Erlöse erzielt. Die Differenz aus Erlösen und Kosten ist der Gewinn. Der Deckungsbeitrag ist die Differenz zwischen den erzielten Erlösen und den variablen Kosten und meint deshalb den Betrag, der zur Deckung der Fixkosten zur Verfügung steht. In der Vollkostenrechnung werden hingegen alle Kosten auf die Kostenträger verrechnet. Das ist die Unternehmenssicht.

Darüber hinaus ist es wichtig zu wissen, wie das Verhältnis Kosten zu Erlösen pro Produkt, Kunde, Marktsegment etc. ist. Um dies ermitteln zu können, ist es notwendig, Daten aus anderen SAP-Komponenten zu integrieren. Weil es sich hier größtenteils um Umsätze handelt, werden die zentralen Informationen aus dem Vertrieb (SAP-Komponente SD) geliefert. Im Customizing der Ergebnisrechnung definieren Sie, welche Informationen aus SD Sie als Merkmal in CO-PA übernehmen, zum Beispiel Sparte, Artikel, Kunde, Warengruppe, und welche Zahlenwerte Sie aus SD in CO-PA als Wert übernehmen, zum Beispiel Absatzmenge, Bruttoerlös.

INFO

Merkmale und Wertfelder

Die Datenstruktur in CO-PA besteht aus Merkmalen und Wertfeldern. Mit einem Merkmal können Sie Ihre Daten in der Ergebnisrechnung strukturieren, selektieren und sortieren. Die Merkmale übernehmen Sie aus SD bzw. direkt aus dem Artikel- oder Kundenstamm. Zum Beispiel:

- Sparte (SD)
- Artikel (SD-Kundenauftrag)
- Kunde (SD-Kundenauftrag)
- Warengruppe (Artikelstamm)

Alternativ können Sie Ihre Merkmale aus einem vorhandenen Merkmal ableiten. Sie können zum Beispiel einen Kontinent aus dem Land des Kunden ableiten und Ihre Auswertungen nicht nur nach dem Land, sondern auch nach dem Kontinent ausführen.

Wertfelder stellen Werte oder Mengen dar, wie zum Beispiel:

- Absatzmenge (SD-Kundenauftrag)
- Bruttoerlös (SD-Konditionen)

Der Vorteil bei der Datenstruktur in der Ergebnisrechnung ist die Flexibilität. Sie haben keine feste Struktur vorgegeben, sondern Sie bauen diese selbst nach Ihren Bedürfnissen auf. Sie entscheiden, ob Sie zusätzlich zu Kunden auch den Rechnungs- oder Warenempfänger als Merkmal haben möchten bzw. ob Sie aus den SD-Konditionen zum Beispiel Rabatte als eine Zusatzinformation benötigen.

	Verkaufserlöse
./.	variable Kosten
=	Deckungsbeitrag I
./.	erzeugnisabhängige Fixkosten
=	Deckungsbeitrag II
./.	erzeugnisgruppenabhängige Fixkosten
=	Deckungsbeitrag III
./.	Bereichsfixkosten
=	Deckungsbeitrag IV
./.	Unternehmensfixkosten
=	**Betriebsergebnis**

Beispiel für eine Ergebnisrechnung

Das Betriebsergebnis für ein Produkt wird, ausgehend vom Verkaufserlös, abzüglich aller variablen und fixen Kosten berechnet. Als Zwischensummen werden die einzelnen Deckungsbeiträge berechnet. Um Ihnen einen kurzen Überblick zu verschaffen, wie Sie Ihre CO-PA-Daten aufrufen, wird im folgenden Systembeispiel ein Ergebnisbericht für die einzelnen Sparten angezeigt.

Starten Sie über das Befehlsfeld die Transaktion KE30, oder navigieren Sie über das SAP Easy Access Menü über den Pfad **Rechnungswesen ▸ Controlling ▸ Ergebnis- und Marktsegmentrechnung ▸ Infosystem ▸ Bericht ausführen**.

Falls Sie dazu aufgefordert werden, müssen Sie vor dem Einstiegsbild den Ergebnisbereich setzen. Fahren Sie anschließend mit der Taste ↵ oder der Schaltfläche ✓ **(übernehmen)** fort. Der Ergebnisbereich in dem Beispiel ist IDEA (IDES global).

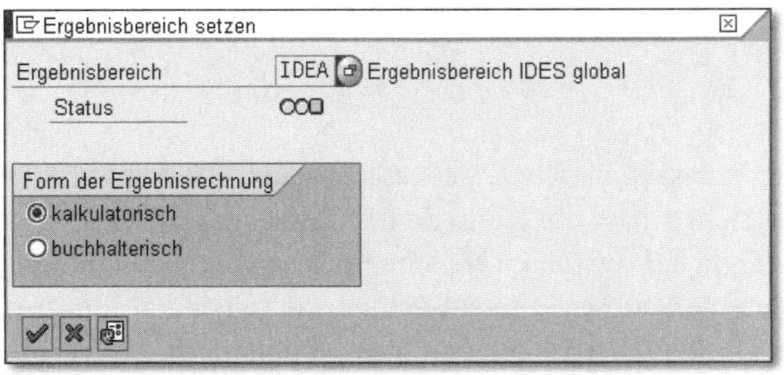

Ergebnisbereich setzen

17

Auf dem nächsten Bildschirmbild müssen Sie den Ergebnisbericht auswählen, der angezeigt werden soll. Selektieren Sie den Bericht, und fahren Sie mit der Taste [↵] oder der Schaltfläche **Weiter** fort. Der Ergebnisbericht im Beispiel ist SAP01-001.

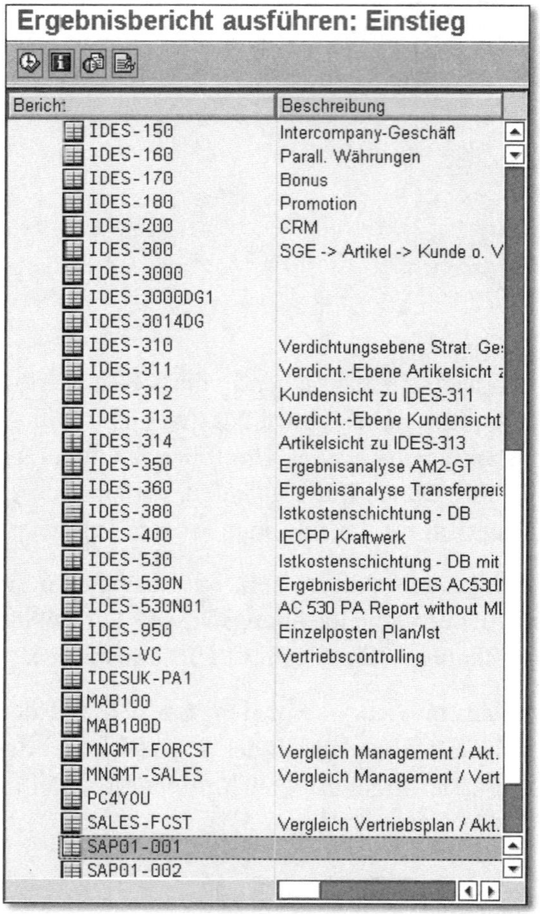

Bericht auswählen

Im Einstiegsbild der Transaktion geben Sie Geschäftsjahr, Periode und Version ein. Stellen Sie sicher, dass die grafische Berichtsausgabe selektiert ist. Klicken Sie anschließend auf **Ausführen** [⊕], oder drücken Sie die Funktionstaste [F8]. Im Bereich **Berichtsselektionen** werden die folgenden Eingaben gemacht: **Geschäftsjahr** 2010, **Von Periode** 1 sowie **Bis Periode** 12, **Version** 100. Die Version dient zur Unterscheidung von verschiedenen Kalkulationen zu demselben Material. Unter **Ausgabeart** wird die grafische Berichtsausgabe gewählt.

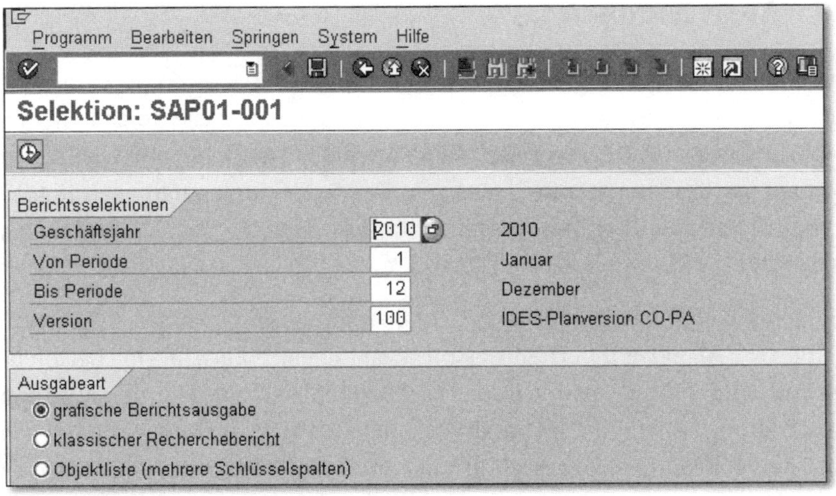

Selektion für den Ergebnisbericht

Der Ergebnisbericht für die separaten Sparten wird im folgenden Bildschirmbild dargestellt.

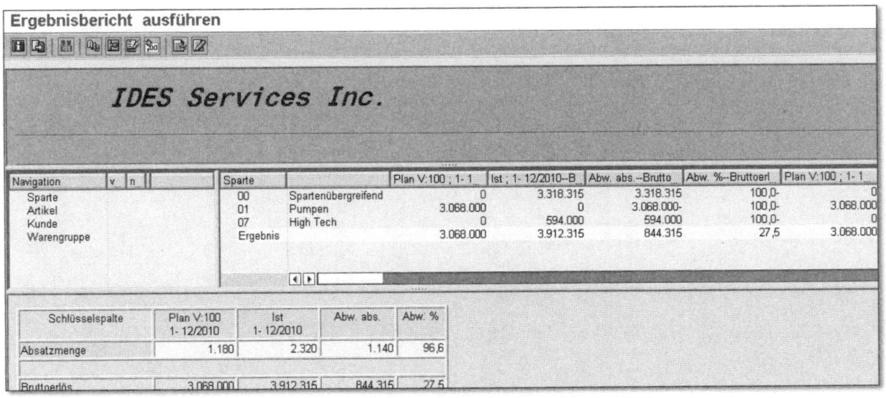

Der Ergebnisbericht

Im unteren Bereich sehen Sie nun Ihre Absatzmenge und Bruttoerlöse (Wertfelder) als Plan- und Ist-Daten, absolute Abweichungen und Abweichungen prozentual als Gesamtsumme. Durch einen Doppelklick in diesen Navigationsbereich erhalten Sie detaillierte Informationen in Bezug auf Sparte, Artikel, Kunde oder Warengruppe (Merkmale).

17.6 Auswertungen

Nun haben Sie einige Aufgaben und Transaktionen der SAP-Komponente CO kennengelernt. Im Controlling sind Auswertungen über die verschiedenen Daten, die in den Abteilungen des Unternehmens anfallen, sehr wichtig als Basis für Entscheidungen und Planungen. Das SAP-System stellt auch für CO eine Reihe von Standardberichten bereit, zum Beispiel Plan-Ist-Vergleiche, Einzelpostenberichte und Bereichsanalysen.

Im Folgenden erhalten Sie eine Übersicht über einige ausgewählte Auswertungen, die im SAP-System verfügbar sind. Der folgende Bericht gibt beispielsweise Aufschluss über geplante und tatsächliche Kosten eines Kundenauftrags: **Instandhaltung ▸ Instandhaltungsabwicklung ▸ Kapazitätsplanung ▸ Abgleich ▸ Allgemein ▸ Bedarf ▸ Fertigungsauftrag ▸ Infosystem ▸ Controllingberichte ▸ Auftragsbezogenes Produkt-Controlling ▸ Detailberichte ▸ zu Aufträgen.**

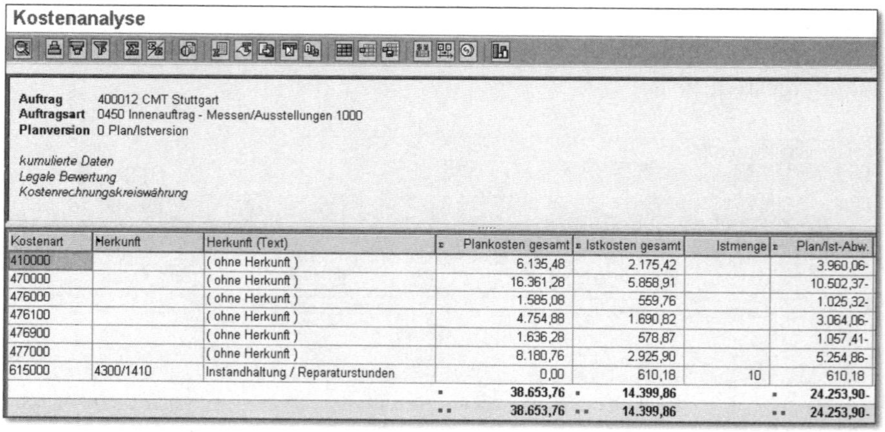

Kundenauftrag analysieren – Transaktion KKBC_ORD

In der folgenden Tabelle finden Sie eine Auswahl an Standardberichten für das Controlling in SAP ERP 6.0.

Transaktion	Auswertung
KKBC_ORD	Analyse von Kundenaufträgen
KE30	Ergebnis- und Marktsegmentrechnung
S_ALR_87010779	Vergleich des laufenden Jahres zum Vorjahr

Beispielberichte im Controlling

Transaktion	Auswertung
S_ALR_87012082	Kreditoren Salden
S_ALR_87012173	offene Debitorenposten
S_ALR_87012186	Debitoren Umsätze

Beispielberichte im Controlling (Forts.)

Da im Controlling komplexere Berichtsanforderungen keine Seltenheit sind, spielen Berichtswerkzeuge, mit denen individuelle Auswertungen erstellt werden können, eine größere Rolle als in anderen Unternehmensbereichen. Hier sind zum Beispiel die Werkzeuge Report Painter und Recherche zu nennen, die in Kapitel 8, »Auswertungen und Berichte erstellen«, kurz dargestellt werden.

TIPP

Weiterführende Informationen

Wenn Sie sich eingehender über CO informieren möchten, empfehlen wir Ihnen das Buch *Praxishandbuch SAP-Controlling* von Uwe Brück (2009), das bei SAP PRESS erschienen ist.

In diesem Kapitel haben wir Ihnen einen kurzen Einblick in die Funktionsweise des SAP-Controllings gegeben. Im folgenden Kapitel 18 wenden wir uns der Personalwirtschaft mit SAP ERP HCM zu.

18 Personalwirtschaft

»Die Mitarbeiter sind das Kapital eines Unternehmens«, lautet eine bekannte Feststellung. Der Bedeutung der Mitarbeiter im Unternehmen wird auch im Namen der SAP-Komponente für die Personalwirtschaft, SAP ERP Human Capital Management (HCM), Rechnung getragen. In früheren SAP-Releases hieß die Komponente SAP HR (Human Resources), mit Release mySAP ERP 2004 wurde sie in SAP ERP HCM umbenannt.

In diesem Kapitel erfahren Sie,

- wie die Aufbauorganisation des Unternehmens verwaltet wird,
- wie neue Mitarbeiter gesucht werden können,
- wie Personalstammdaten gepflegt werden,
- wie Mitarbeiter weitergebildet werden können,
- welche Funktionen es zur Erfassung von Arbeitszeiten gibt,
- auf welche Weise Löhnen und Gehältern abgerechnet werden.

18.1 Aufgaben der SAP-Personalwirtschaft

Die Aufgaben von SAP ERP HCM umfassen weit mehr als die reine Verwaltung der Mitarbeiter im Unternehmen. Die Aufgaben in der Personalabteilung sind vielfältig: Ist zum Beispiel eine neue Position zu besetzen, muss eine Stelle ausgeschrieben werden, die möglicherweise zuvor erst als Planstelle in der Organisationsstruktur eingerichtet werden musste (dies geschieht in SAP im Organisationsmanagement). Mithilfe der Personalbeschaffung werden Bewerberdaten verwaltet und so die Suche und Auswahl passender Kandidaten ermöglicht. Wird schließlich ein geeigneter Bewerber eingestellt, gilt es, wichtige Personalstammdaten (Adresse, Geburtsdatum, Familienstand etc.) zu erfassen. Diese Daten, die in der Personaladministration verwaltet werden, sind die Voraussetzung für fast alle Prozesse in der Personalwirtschaft.

Ein neuer Kollege hat seine Arbeit angetreten: Die Personalabrechnung ist nun dafür verantwortlich, dass der Mitarbeiter nicht nur das Gehalt auf sein Konto bekommt, sondern dass die Abrechnungsergebnisse in die Finanzbuchhaltung und das Controlling übergeleitet werden. Durch die verschiedenen Regelungen zu Steuern und Sozialabgaben ist die Personalabrechnung im hohen Maß länderspezifisch. Eng mit der Personalabrechnung verzahnt ist die Zeitwirtschaft: Hier werden die Arbeitszeiten sowie Urlaubs- und Krankheitstage des Mitarbeiters erfasst und ausgewertet. Auch Dienstreisen werden oft in der Personalabteilung verwaltet, dazu kann das Reisemanagement (SAP Travel Management) eingesetzt werden. Eine weitere Aufgabe der Personalabteilung ist die Personalentwicklung; »lebenslanges Lernen« sollte nicht nur ein Stichwort bleiben; vielmehr müssen sich die Mitarbeiter weiterentwickeln, um wechselnden Anforderungen gewachsen zu sein. Trainings werden im Veranstaltungsmanagement geplant, wo die Vorbereitung, Durchführung und Nachbereitung von Veranstaltungen verwaltet werden kann.

Auch im Personalbereich sind die Geschäftsprozesse der Vorgabe unterworfen, Zeit und Kosten einzusparen. Schließlich sollen die Mitarbeiter der Personalabteilung nicht mehr als nötig mit Verwaltungstätigkeiten beschäftigt sein.

Zentrale Bestandteile von SAP ERP HCM sind somit die folgenden Komponenten, um nur die wichtigsten zu nennen, die das Unternehmen dabei unterstützen, die gerade genannten Anforderungen zu erfüllen:

- **Personaladministration**
  In der Personaladministration erfassen und bearbeiten Sie mitarbeiterbezogene Daten. Dabei werden die Daten vom SAP-System auf Plausibilität hin geprüft, und die Bearbeitungshistorie der Daten im System bleibt transparent. Die Informationen zu einem Mitarbeiter sind in sogenannten Infotypen hinterlegt, die die Daten strukturieren, die Eingabe erleichtern und ein zeitabhängiges Speichern von Daten ermöglichen. Die Infotypen zu einem Vorgang sind zu sogenannten Personalmaßnahmen zusammengefasst.
- **Personalbeschaffung**
  Die Personalbeschaffung umfasst den gesamten Ablauf von der Erfassung der Bewerberdaten bis zur Besetzung vakanter Planstellen. Das SAP-System unterstützt die Verwaltung von Bewerbern sowie den Auswahlprozess und die Kommunikation mit den Bewerbern.

- **Personalplanung und -entwicklung**
  Diese SAP-Komponente unterstützt Unternehmen bei der Weiterqualifizierung der Mitarbeiter. Es ist möglich, bedarfsgerechte Aus- und Weiterbildungen durchzuführen und damit auf organisatorische und strukturelle Veränderungen im Unternehmen zu reagieren und zugleich die Mitarbeiter zu motivieren.
- **Personalabrechnung**
  Im Rahmen der Personalabrechnung wird das Entgelt für die geleistete Arbeit für einen Mitarbeiter berechnet und gezahlt. Die Personalabrechnung umfasst die Vorbereitung, die Abrechnung und die Überweisung des Entgelts. Darüber hinaus müssen die Spezifika des Steuerrechts und der Sozialversicherungen beachtet werden. Deshalb ist die Personalabrechnung in einem hohen Maß länderspezifisch.
- **Personalzeitwirtschaft**
  Mit der SAP-Komponente für die Zeitwirtschaft ist es möglich, Zeitdaten zu erfassen. Zu diesem Zweck können auch Zeiterfassungswerkzeuge integriert werden. Mit der Zeitwirtschaft können Zeitkonten geführt und Informationen für die Personalabrechnung bereitgestellt werden.
- **Organisationsmanagement**
  Die SAP-Komponente Organisationsmanagement ermöglicht es, die Unternehmensstruktur (etwa die Abteilungshierarchie) sowie die Berichtsstruktur des Unternehmens in einer Aufbauorganisation abzubilden. Das Organisationsmanagement ist hilfreich, um die Personalplanung und -entwicklung sowie die Personalbeschaffung effizient durchführen zu können.
- **Veranstaltungsmanagement**
  Mit dieser SAP-Komponente können Sie Veranstaltungen planen, durchführen, nachbereiten und abrechnen. Alle für die Veranstaltungen notwendigen Informationen können gepflegt (Räume, Materialien etc.), der Veranstaltungsbedarf ermittelt und Termine geplant, Teilnehmer verwaltet sowie die Kosten abgerechnet werden.
- **Reisemanagement**
  Im Reisemanagement werden Reisekosten der Mitarbeiter erfasst und abgerechnet.

Aufgrund dieser vielfältigen Einsatzgebiete ist HCM an zahlreichen Stellen eng mit anderen SAP-Komponenten verzahnt. Darauf gehen wir in den entsprechenden Abschnitten dieses Kapitels noch einmal gesondert ein.

In den folgenden Abschnitten erhalten Sie einen genaueren Einblick in wesentliche Aufgaben der Personalwirtschaft mit SAP. Insbesondere behandeln wir das Organisationsmanagement, die Personalbeschaffung, die Personaladministration, die Personalzeitwirtschaft und die Personalabrechnung. Wir beginnen mit einer Komponente, in der viele Voraussetzungen geschaffen und Strukturen definiert werden, dem Organisationsmanagement. In diesem Zusammenhang werfen wir einen kurzen Blick auf die Organisationsstrukturen in SAP ERP HCM.

18.2 Organisationsmanagement

In der Komponente Organisationsmanagement in HCM werden Daten gepflegt, die die Unternehmensstruktur bzw. die Aufbauorganisation abbilden. Diese Daten werden zum Beispiel verwendet, um Organigramme, Stellenbeschreibungen und Stellenpläne sowie Auswertungen zu erstellen. Das Organisationsmanagement ist beispielsweise auch nützlich, wenn es darum geht, ein Berechtigungskonzept zu entwerfen (siehe Kapitel 13, »Das Rollen- und Berechtigungskonzept«). Das Organisationsmanagement muss nicht zwingend in allen Unternehmen eingesetzt werden, die HCM verwenden.

Mithilfe von Organisationsstrukturen wird die Aufbauorganisation des Unternehmens aus Sicht der Personalwirtschaft im SAP-System abgebildet. Die Aufbauorganisation bildet die aufgabenbezogene, das heißt funktionale Organisationsstruktur des Unternehmens ab. Dies umfasst insbesondere die von Mitarbeitern zu besetzenden Planstellen, die verknüpft werden. Darüber hinaus können weitere Verknüpfungen, etwa zu Aufgaben oder Stellen, definiert werden.

Unterschiedliche Aufbauorganisationen im SAP-System werden als Planvarianten bezeichnet. Mit Planvarianten ist es möglich, unterschiedliche Szenarien (zum Beispiel eine Reorganisation des Unternehmens) in verschiedenen Plänen durchzuspielen.

Die Organisationsstruktur wird aus den einzelnen Organisationseinheiten »zusammengebaut«, sodass die Hierarchien der bestehenden Unternehmensstruktur in das SAP-System übertragen werden. Der Unterschied zur Organisationsstruktur der Logistik oder des Rechnungswesens besteht darin, dass die Organisationsstrukturen in HCM nicht im Customizing, sondern im Organisationsmanagement definiert werden.

Im Organisationsmanagement können auch Organisationseinheiten eingebunden werden, die in anderen SAP-Komponenten angelegt werden, zum Beispiel die Kostenstelle. Eine Kostenstelle ist ein internes Kontierungsobjekt im Unternehmen und wird im Regelfall nach funktionalen Bereichen gegliedert. Die Kostenstelle wird im Rechnungswesen gepflegt und anschließend im Organisationsmanagement den Organisationseinheiten zugeordnet.

Folgende Objekte bzw. Organisationseinheiten haben eine zentrale Rolle im Organisationsmanagement:

- **Organisationseinheiten**
  Organisationseinheiten beschreiben die Aufbauorganisation eines Unternehmens nach betriebswirtschaftlichen, regionalen und verantwortlichen Gesichtspunkten.
- **Stellen**
  Stellen klassifizieren Aufgaben im Unternehmen. Den Stellen werden entsprechende Aufgabenbereiche und Anforderungen an den Mitarbeiter zugeordnet. Es handelt sich hier um eine allgemeine Beschreibung. Beispiele sind *Bereichsleiter Finanzen* oder *Sachbearbeiter Finanzen Debitoren.*
- **Planstellen**
  Planstellen sind konkrete, durch einen Mitarbeiter zu besetzende Stellen im Unternehmen. Im Unternehmen werden die jeweiligen Anzahlen der Planstellen festgelegt. Eine Stelle ist gewissermaßen die Vorlage für die Planstelle.
- **Personen**
  Personen sind Objekte, die Planstellen besetzen. Beispiele könnten sein:
  - L. Müller besetzt die Planstelle *Systemadministrator*.
  - R. Ratlos besetzt die Planstelle *Personalberater*.
- **Infotypen (Informationstypen)**
  Ein Infotyp ist eine Zusammenfassung von Feldern des Datensatzes (Personalstammsatz). Die Erfassung von Stammdaten in SAP erfolgt über Infotypen. Mehr Informationen zu Infotypen finden Sie in Abschnitt 18.4, »Personaladministration«.

Die folgende Abbildung zeigt eine typische Unternehmensstruktur: Der Vertrieb und das Finanzwesen berichten direkt an die Geschäftsleitung. Der Vertrieb ist aufgeteilt in die Bereiche Firmen- und Privatkunden. Das Finanzwesen ist aufgeteilt in die Debitoren- und die Kreditorenbuchhaltung.

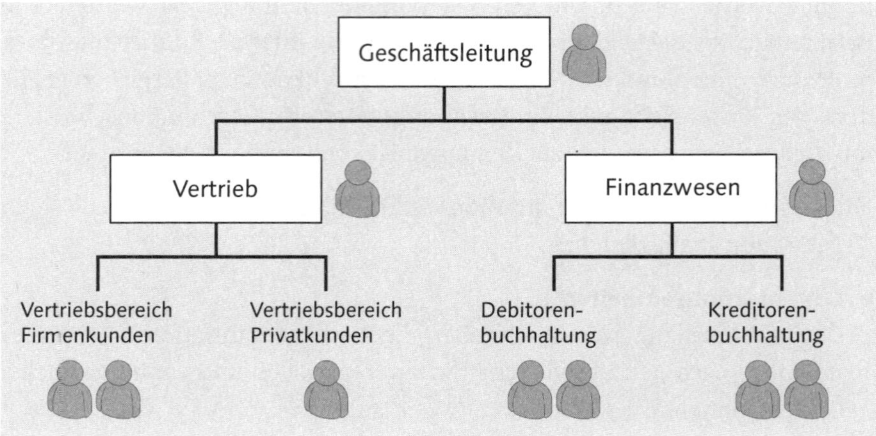

Beispiel für eine Unternehmensstruktur

Um eine Organisationseinheit, zum Beispiel eine Planstelle, in HCM anzulegen, gehen Sie wie folgt vor:

1. Wählen Sie im SAP Easy Access **Menü Personal ▸ Organisationsmanagement ▸ Aufbauorganisation ▸ Organisation und Besetzung ▸ Anlegen** (Transaktion PPOCE).

2. Es öffnet sich das Einstiegsbild für das Anlegen einer Wurzelorganisationseinheit. Anschließend legen Sie den Gültigkeitszeitraum fest und bestätigen diesen mit [↵].

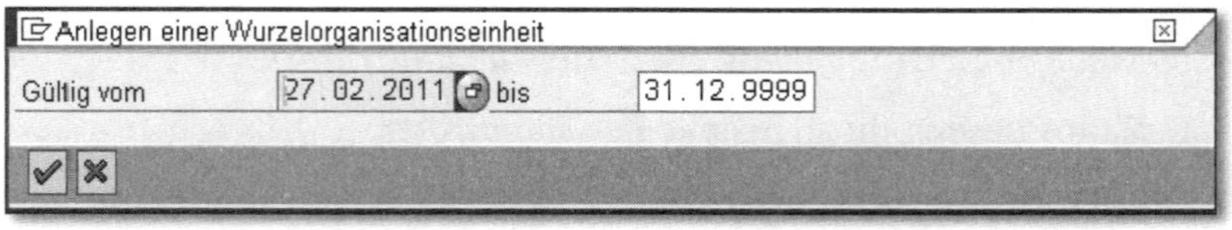

3. Die Organisationseinheit, die eingerichtet werden soll, kann im linken Bildschirmbereich mit einem Doppelklick ausgewählt und mit einem Klick auf die Schaltfläche [🗋] (**Anlegen**) angelegt werden.

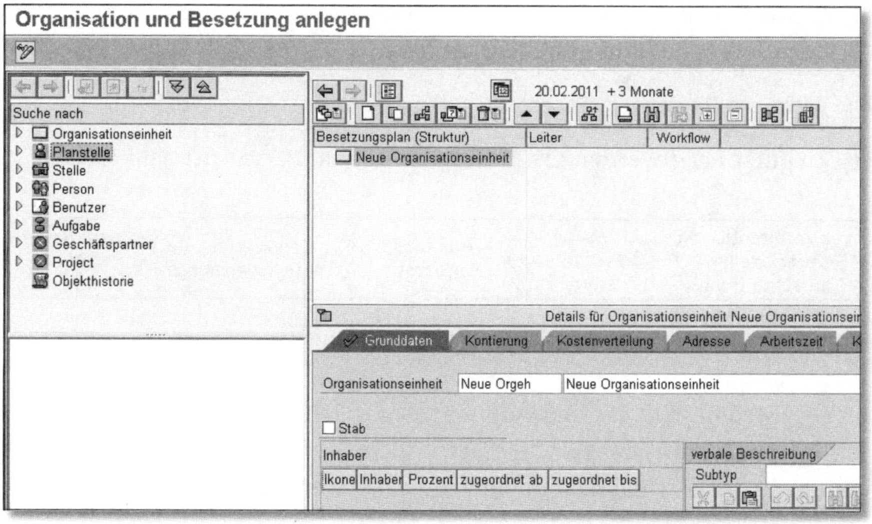

Organisation und Besetzung anlegen (Transaktion PPOCE)

Nachdem Sie einen Einblick in die Organisationsstrukturen von SAP ERP HCM erhalten haben, betrachten wir im nächsten Abschnitt die Personalbeschaffung.

18.3 Personalbeschaffung

Für ein Unternehmen ist es äußerst wichtig, den Bedarf an qualifizierten Mitarbeitern decken zu können – vor allem dann, wenn das Unternehmen wächst. Auch für die Bewerber ist ein potenzieller Arbeitgeber besonders attraktiv, wenn er schnell und professionell auf ihre Bewerbungen reagiert. Die SAP-Komponente für die Personalbeschaffung unterstützt die Ermittlung des Personalbedarfs, die Personalwerbung, die Verwaltung der Bewerberinformationen und die Auswahl von geeigneten Bewerbern.

Die Suche nach einem neuen Mitarbeiter läuft in der Regel folgendermaßen ab:

1. Der Personalbedarf wird ermittelt, und die Anforderungen werden definiert.
2. Eine Stelle wird intern oder extern ausgeschrieben.
3. Daten der Bewerber werden erfasst und ausgewertet.

4 Es wird mit den Bewerbern korrespondiert, und im Auswahlprozess werden die Vorstellungsgespräche geführt.

5 Wird ein Bewerber eingestellt, wird ein Arbeitsvertrag erstellt.

6 Zu guter Letzt werden die Bewerberdaten im Personalstamm erfasst.

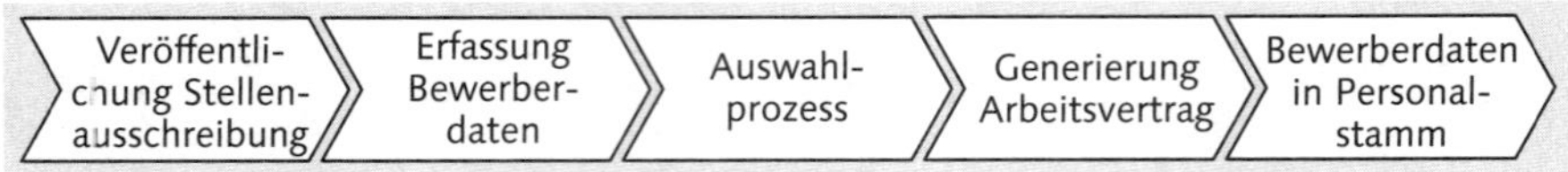

Prozessschritte bei der Personalbeschaffung

Im SAP-System sieht das folgendermaßen aus: In der Abbildung sehen Sie ein Anforderungsprofil für die zu besetzende Stelle, in dem die von den Bewerbern geforderten Qualifikationen ausgewählt werden (Transaktion PBAP).

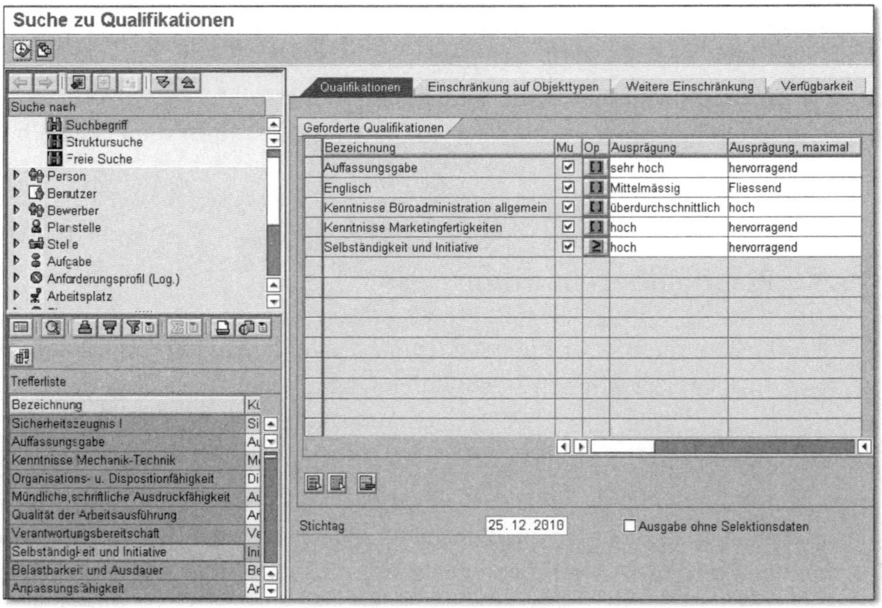

Bewerbersuche anhand festgelegter Qualifikationen – Transaktion PBAP

Informationen zu Bewerbern können durch einen Mitarbeiter aus der Personalabteilung oder automatisch erfasst werden, indem der Bewerber selbst über ein Portal seine Daten eingibt.

> INFO
>
> **Bewerberportale**
>
> Immer mehr Unternehmen bieten auf ihren Websites eigene Portale für Onlinebewerbungen. Daneben gibt es die Möglichkeit, kommerzielle Stellenbörsen zu nutzen. Der Bewerber gibt seine Daten in beiden Fällen selbst ein, und die Daten werden anschließend in das SAP-System transportiert und können dort bearbeitet werden. Nicht jedes Unternehmen, das HCM einsetzt, nutzt diese Möglichkeit. Für die Mitarbeiter der Personalabteilung bietet sie jedoch den Vorteil, die Bewerberdaten nicht manuell im System erfassen zu müssen.

Die Bewerberdaten können im SAP Easy Access Menü über **Personal ▸ Personalmanagement ▸ Personalbeschaffung ▸ Bewerberstamm ▸ anzeigen** (Transaktion PB20) aufgerufen werden.

Die im Bewerberstammsatz gepflegten Informationen (Infotypen, siehe Abschnitt 18.4, »Personaladministration«) sind durch einen grünen Haken ✔ markiert. Um einen Infotyp anzuzeigen, können Sie die Zeile markieren und dann auf die Schaltfläche (**Anzeigen**) klicken.

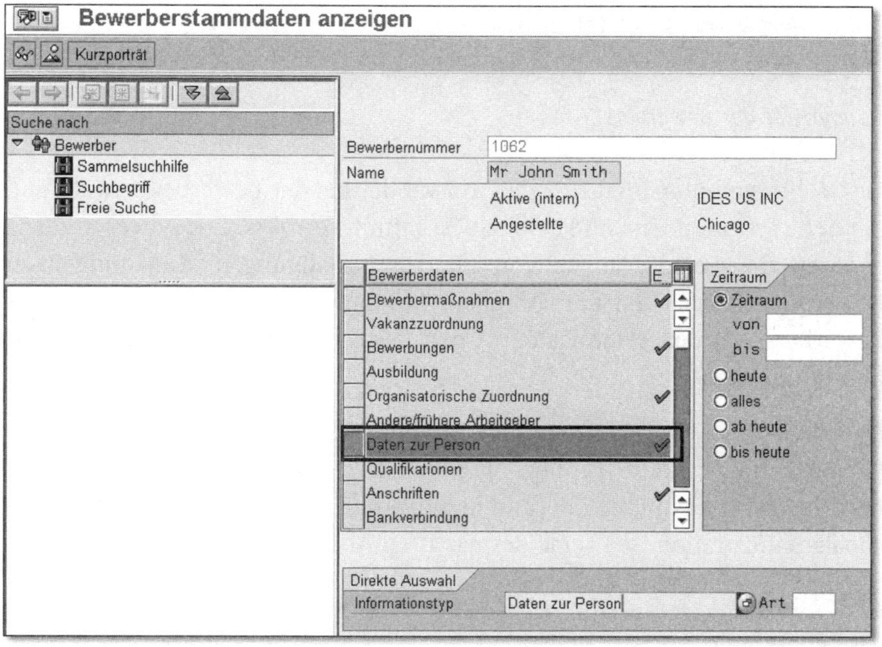

Bewerberstammsatz

Eine Zusammenfassung des Bewerberprofils finden Sie im Kurzporträt. Das Kurzporträt des Bewerbers können Sie sich anzeigen lassen, indem Sie auf die Schaltfläche **Kurzporträt** klicken.

```
                                - 1 -

Mr. John Smith
5 Westbrook Center
Oakbrook  60164

Telefon: 7089473400

Geboren am:              02.12.1949
Geschlecht:              männlich
Nationalität:            amerikanisch
Korrespondenzsprache:    Englisch

Bewerbermaßnahme:
  Maßnahme: Erneute Bewerbung,
            gültig seit 13.02.1996
  Status:   in Bearbeitung

Bewerbungen(Vorgänge):
  am 12.02.1996 , Ausschreibung 00000015 vom 01.01.1996
                  in Quiosque Empregado
     - Eingangsbest. geplant zum 13.02.1996 , um 00.00 Uhr.
     - Eingangsbest. durchgeführt am 12.02.1996 , um 17.06 Uhr.
    Vakanz: Hauptabteilungsl. Finanze
    Gebäude-/Zimmernummer: 330 / HR210
     - Einladung Int. durchgeführt am 12.02.1996 , um 17.06 Uhr.
     - EinstellTermin geplant zum 12.02.1996 , um 00.00 Uhr.
    Vakanz: Hauptabteilungsl. Finanze
     - Übernahme Bew. geplant zum 14.02.1996 , um 00.00 Uhr.
    Vakanz: Hauptabteilungsl. Finanze
```

Kurzporträt des Bewerbers

Des Weiteren unterstützt HCM die Anwender bei der Bewerberauswahl und bei der Korrespondenz im Personalbeschaffungsprozess. Zur Korrespondenz gehören die Generierungen von Eingangsbestätigungen, Einladungen zu Bewerbungsgesprächen und Absagen. Kommt es zu einer Einstellung des Bewerbers, werden seine Daten in den Personalstamm des Unternehmens übernommen.

Nachdem der Bewerber eingestellt ist, kann der Personalstammsatz in der Personaladministration gepflegt werden; dazu können Informationen aus dem Bewerberstammsatz übernommen werden. Die HCM-Komponente Personaladministration ist Thema des nächsten Abschnittes.

18.4 Personaladministration

In den Bereich Personaladministration gehören alle Tätigkeiten, die für die Verwaltung der Mitarbeiter im Unternehmen zu erledigen sind. Darunter fallen das Anlegen, Pflegen und Zuordnen von Personalstammdaten. Die Personalstammdaten sind der Dreh- und Angelpunkt der gesamten personalwirtschaftlichen Tätigkeit; ihre Qualität ist somit die unbedingte Voraussetzung einer effektiven Personalarbeit.

TIPP

Gute Stammdatenpflege

In der Verantwortung der Personalmitarbeiter liegt es, die Stammdaten vollständig, aktuell und korrekt zu halten. Änderungen sollten immer sofort ausgeführt werden. Im Übrigen ist es in SAP ERP HCM sehr wichtig, historische Daten nicht zu löschen, sondern im SAP-System zu erhalten.

Ein zentrales Stammdatum in der Personaladministration ist beispielsweise die Personalnummer, über die der Mitarbeiter eindeutig zu identifizieren ist. Ein weiteres Element ist der Beschäftigungsstatus, dem zu entnehmen ist, ob die betreffende Person aktuell im Unternehmen beschäftigt ist.

HINWEIS

Personalwirtschaft und Datenschutz

Bei den Stammdaten in HCM handelt es sich um hochsensible, personenbezogene Daten, die einer besonderen Sorgfaltspflicht seitens des Unternehmens und der zuständigen Mitarbeiter unterliegen. Die Missachtung der im Bundesdatenschutzgesetz verankerten Richtlinien kann rechtliche Konsequenzen sowohl für das Unternehmen als auch für den verantwortlichen Personaler zur Folge haben.

Das gilt natürlich nicht nur für die in HCM gespeicherten Informationen, sondern für personenbezogene Daten im Allgemeinen. Im SAP-System wird der Zugriff der berechtigten Mitarbeiter auf Daten und Transaktionen durch ein Rollenkonzept gesteuert. Mehr zum Thema Rollen und Berechtigungen erfahren Sie in Kapitel 13.

Die Verwaltung der Mitarbeiterdaten geschieht auf Grundlage vordefinierter Prozessabläufe, den sogenannten Personalmaßnahmen. Die Personalmaßnahmen bilden die Abläufe in der Pflege der personalwirtschaftlichen Daten ab. Das kann zum Beispiel die Einstellung (oder auch ein Wiedereintritt), der organisatorische Wechsel (wenn ein Mitarbeiter etwa in eine andere Abteilung wechselt) oder der Austritt eines Mitarbeiters (etwa wegen Kündigung oder Rente) sein.

Daten zu einem Mitarbeiter werden in sogenannten Informationstypen (kurz Infotypen) abgelegt, die eine bedeutende Rolle in der Arbeit mit HCM spielen. Eine Personalmaßnahme umfasst die Infotypen, für die der Anwender während der Personalmaßnahme Daten erfassen muss. Wird zum Beispiel ein neuer Mitarbeiter eingestellt, werden im Rahmen dieser Personalmaßnahme alle erforderlichen Felder nacheinander abgearbeitet.

Infotypen bezeichnen somit einen logisch zusammenhängenden Bereich von Daten. Die folgende Tabelle zeigt die Infotypen, die in der Personaladministration für die Personalmaßnahme *Einstellung* gepflegt werden müssen.

Infotyp	Name
0000	Maßnahmen
0003	Abrechnungsstatus
0001	Organisatorische Zuordnung
0002	Daten zur Person
0006	Anschriften
0007	Sollarbeitszeit
0008	Basisbezüge
0009	Bankverbindung
0012	Steuerdaten Deutschland
0013	Sozialversicherungsdaten Deutschland
0020	DEÜV
0016	Vertragsbestandteile
0019	Terminverfolgung
2006	Abwesenheitskontingente

Infotypen für die Personalmaßnahme »Einstellung«

Wird ein neuer Mitarbeiter eingestellt, müssen all diese Stammdaten erfasst werden. Um die Personalmaßnahmen aufzurufen, wählen Sie im SAP Easy Access Menü den Pfad **Personal ▸ Personalmanagement ▸ Administration ▸ Personalstamm ▸ Personalmaßnahmen** oder geben im Befehlsfeld den Transaktionscode PA40 sein. Es erscheint das Einstiegsbild für die Personalmaßnahmen. Hier werden das Eintrittsdatum sowie die Personalnummer des eingestellten Mitarbeiters eingetragen. Anschließend markieren Sie die Maßnahmenart **Einstellung** und klicken auf **Ausführen.** Ähnlich läuft der Prozess bei der Maßnahmenart **Austritt** ab, wenn ein Mitarbeiter das Unternehmen verlässt.

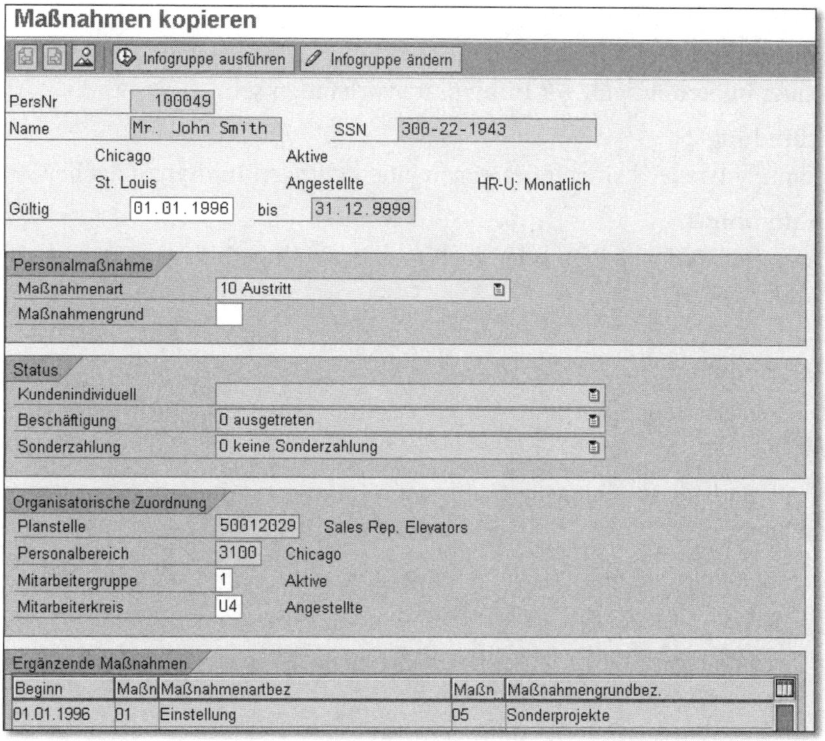

Personalmaßnahme »Austritt«

Anschließend durchlaufen Sie alle Infotypen, die für diese Maßnahme notwendig sind und die wir in der Tabelle bereits aufgelistet haben. Für jeden Infotyp müssen Sie die jeweils angezeigten Felder pflegen. Haben Sie alle Daten eingegeben, klicken Sie auf **Sichern.** Das SAP-System schlägt anschließend den nächsten Infotyp vor, der im Rahmen der Maßnahme gepflegt werden muss.

Viele davon enthalten bereits Vorschlagswerte. Darüber hinaus prüft das SAP-System die Plausibilität der Einträge.

18

Jeder Infotyp verfügt über eine sogenannte Zeitbindung. Von der Zeitbindung ist abhängig, ob ein Infotyp mehrere Infotypsätze enthalten kann. Es gibt vier Ausprägungen der Zeitbindung:

- **Zeitbindung 0**
  Es muss ein Infotypsatz bestehen, der sich während der gesamten Gültigkeit des Personalstamms nicht ändert.
- **Zeitbindung 1**
  Es muss immer ein gültiger Infotypsatz vorhanden sein.
- **Zeitbindung 2**
  Es kann entweder keinen oder genau einen gültigen Infotypsatz geben.
- **Zeitbindung 3**
  Es kann entweder keinen oder auch mehrere gültige Infotypsätze nebeneinander geben.

BEISPIEL

Zeitbindung

Die verschiedenen Ausprägungen der Zeitbindung verdeutlichen wir am Beispiel des Infotyps 0021 (Familie/Bezugsperson):

- *Zeitbindung 0*: Der Mitarbeiter muss immer denselben Ehepartner haben.
- *Zeitbindung 1*: Der Mitarbeiter muss verheiratet sein, aber nicht unbedingt mit dem gleichen Ehepartner.
- *Zeitbindung 2*: Der Mitarbeiter kann einen Ehepartner haben, muss aber nicht (der realistische Fall).
- *Zeitbindung 3*: Der Mitarbeiter kann keinen, einen oder mehrere Ehepartner haben.

(aus: *Praxishandbuch SAP-Personalwirtschaft* von Edinger, Junold, Renneberg, 2009)

Wenn Sie in der täglichen Arbeit einen Infotyp anzeigen lassen möchten, können Sie den Infotyp durch die Eingabe der Nummer aufrufen, beispielsweise in der Transaktion PA20 (Personalstamm anzeigen). Im SAP Easy Access Menü lautet der Pfad **Personal ▸ Personalmanagement ▸ Administration ▸ Personalstamm ▸ Anzeigen.** Der Personalstammsatz kann durch die Eingabe der Personalnummer ermittelt und angezeigt werden. Ist die Personalnummer nicht bekannt, kann der Stammsatz mithilfe von Suchkriterien im SAP-System gefunden werden. Das Suchfenster erhalten Sie über die Schaltfläche (**Wertehilfe**): Geben Sie im Feld **Personalnummer** die Personalnummer ein, und drücken Sie die [↵]-Taste. Alternativ suchen Sie mit dem Suchfenster der Wertehilfe nach der Person.

Geben Sie die gewünschte Infotypnummer im Feld **Informationstyp** ein, und klicken Sie anschließend auf **(Anzeigen)**.

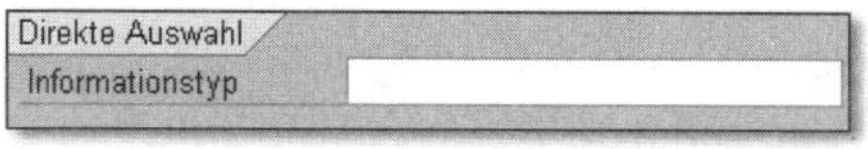

Aufrufen eines Infotyps

Die folgende Abbildung zeigt den Personalstammsatz für die Personalnummer 25501200, den Mitarbeiter Tom Bender. Hierbei handelt es sich um einen Mitarbeiterstammsatz aus dem IDES-System.

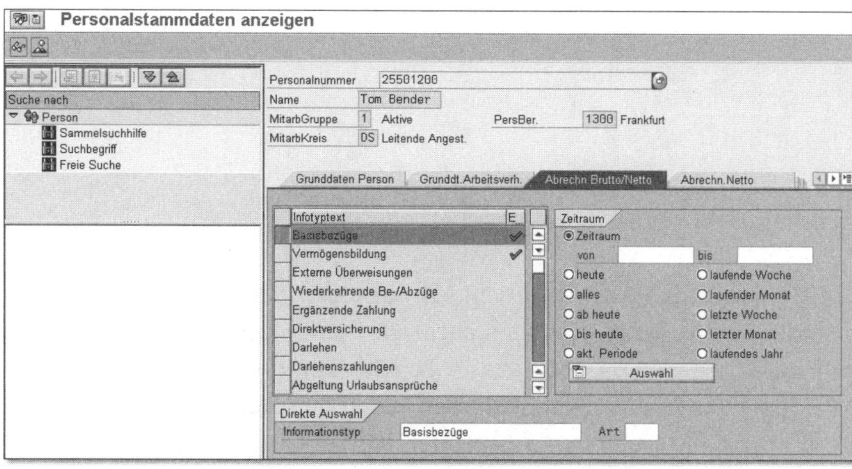

Beispiel für einen Personalstammsatz

Im nächsten Abschnitt widmen wir uns der Personalplanung und -entwicklung.

18.5 Personalplanung und -entwicklung

Qualifizierte und motivierte Mitarbeiter sind ein Erfolgsfaktor für jedes Unternehmen. Der Bereich Personalentwicklung in HCM, heute auch als Talent Management bezeichnet, soll eine strategische Personalarbeit ermöglichen, um Mitarbeiter weiterzubilden und zu motivieren. Die Personalentwicklung bietet in Verbindung mit dem Veranstaltungsmanagement Möglichkeiten der Planung und Durchführung von Aus- und Weiterbildungsmaßnahmen für Mitarbeiter im Unternehmen an. Der Personalentwicklungsbedarf ergibt sich aus der Stellenbeschreibung und der vorhandenen Qualifikation des Mitarbeiters.

Die Qualifikationen der Mitarbeiter werden in einem Qualifikationskatalog verwaltet, in dem Fähigkeiten und Kenntnisse verzeichnet sind, die für die Prozesse des Unternehmens von Bedeutung sind, und zwar jeweils für eine bestimmte Stelle. Anhand dieses Katalogs können die Anwenderder Personalabteilung die erforderlichen Qualifikationen von Mitarbeitern (und auch Bewerbern) verwalten, um sie mit den Anforderungen der einzelnen Aufgaben zu vergleichen. Die folgende Abbildung zeigt einen Ausschnitt aus dem Qualifikationskatalog.

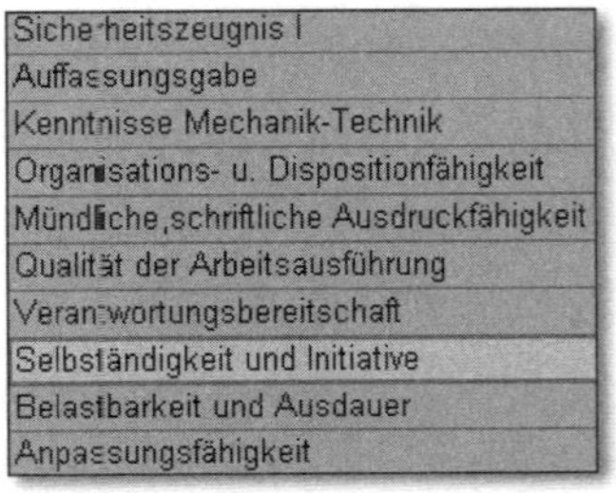

Ausschnitt aus dem Qualifikationskatalog

In HCM werden die Qualifikationen, die für eine bestimmte Stelle erforderlich sind, in Anforderungsprofilen abgelegt. Die Qualifikationen der einzelnen Mitarbeiter werden ebenfalls in Profilen hinterlegt. Dem Mitarbeiter werden dort neben den Qualifikationen auch Potenziale, Interessen, Abneigungen, Beurteilungen etc. zugeordnet. Diese Qualifikationen umfassen nicht nur bestimmte benötigte Abschlüsse oder Sprachkenntnisse, sondern auch Soft Skills wie Führungsqualitäten und Organisationsfähigkeit. Das Anforderungsprofil kann mit dem Qualifikationsprofil des Mitarbeiters verglichen werden; aus Abweichungen lassen sich beispielsweise Weiterbildungsmaßnahmen ableiten.

BEISPIEL

Weiterbildungsmaßnahmen

Die Mitarbeiterin Heike Müller soll ab dem nächsten Geschäftsjahr die Funktion der Assistentin der Fertigungsleitung übernehmen. Aus der Stellenbeschreibung geht hervor, dass für Verwaltungsaufgaben Kenntnisse in HCM notwendig sind. Die Mitarbeiterin hat derzeit jedoch lediglich Erfahrung in SAP SCM. Frau Müller soll daher eine Schulung besuchen, um sich weiterzubilden: Ein externer SAP-Trainer wird die Mitarbeiterin deshalb für drei Tage bei der Einarbeitung in HCM unterstützen.

18.6 Personalzeitwirtschaft

In der Personalzeitwirtschaft, kurz Zeitwirtschaft, werden zum einen die Anwesenheitszeiten erfasst; dazu gehören die Dauer und Lage der Anwesenheits- und Pausenzeiten, Informationen zu Arbeitszeiten, die nicht am üblichen Arbeitsplatz stattfinden (wie Dienstreisen) sowie die Tätigkeit während der erfassten Zeit. Zum anderen werden aber auch Abweichungen zum ursprünglichen Arbeitsplan gepflegt, wie zum Beispiel Überstunden, Kurzarbeit oder Wiedereingliederung. Des Weiteren werden Fehlzeiten wie Krankheitstage und Urlaubstage im System dokumentiert.

Diese Informationen können nur dann ausgewertet werden, wenn die vorgesehenen Arbeitszeiten eines Mitarbeiters im sogenannten Arbeitszeitplan festgehalten werden. Hierbei wird zum einen die Anzahl der mit dem Mitarbeiter vereinbarten Wochenstunden dokumentiert und zum anderen die Tage (beispielsweise Feiertage), an denen nicht gearbeitet wird. Zeitdaten werden, wie in den anderen HCM-Komponenten auch, in Infotypen abgelegt.

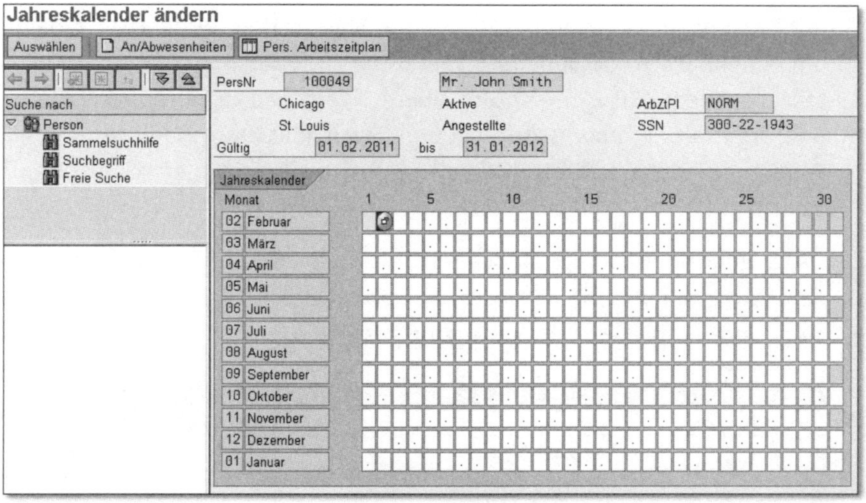

Jahreskalender (Arbeitstage) eines Mitarbeiters

Die Zeiterfassung kann automatisiert durch Zeiterfassungssysteme, durch einen Zeiterfassungsbeauftragten in der Personalabteilung oder den Mitarbeiter selbst erfolgen. Bei der Zeiterfassung gibt es zwei wesentliche Formen, die Positiverfassung und die Negativerfassung. Außerdem sind Mischformen der beiden möglich. In der Positiverfassung werden, meist mit Zeiterfassungsterminals (etwa Stechkarten), die Zeitpunkte, zu denen der Mitarbeiter kommt und geht, vollständig erfasst. In der Negativerfassung werden festgelegte Arbeitszeiten vorausgesetzt und nur die Abweichungen davon dokumentiert.

BEISPIEL

Integration mit anderen HCM-Komponenten

Ein Mitarbeiter hat für den Zeitraum Urlaub beantragt, in dem er für eine Schulungsmaßnahme angemeldet ist. Das SAP-System sendet dem Anwender aus der Personalabteilung eine entsprechende Benachrichtigung, die ihn auf den Konflikt hinweist.

Abweichungen von der Regelarbeitszeit können zum Beispiel sein:

- Überstunden
- Wiedereingliederung nach Krankheiten
- Elternzeit

INFO

CATS

SAP bietet ein Tool zur Zeiterfassung durch die Mitarbeiter an: CATS (CATS steht für Cross-Application Time Sheet). Hierbei handelt es sich um ein einfach zu bedienendes Werkzeug zur Erfassung von Arbeitszeiten, die einem PSP-Element und einer Kostenstelle zugeordnet werden. (PSP steht für Projektstrukturplan und bezeichnet das Modell eines Projektes, das die zu erfüllenden Leistungen im Projekt hierarchisch darstellt.)

CATS gehört zu den Employee-Self-Service-Anwendungen und wird dem Mitarbeiter nicht im SAP GUI, sondern als Webanwendung über einen Internetbrowser zur Verfügung gestellt.

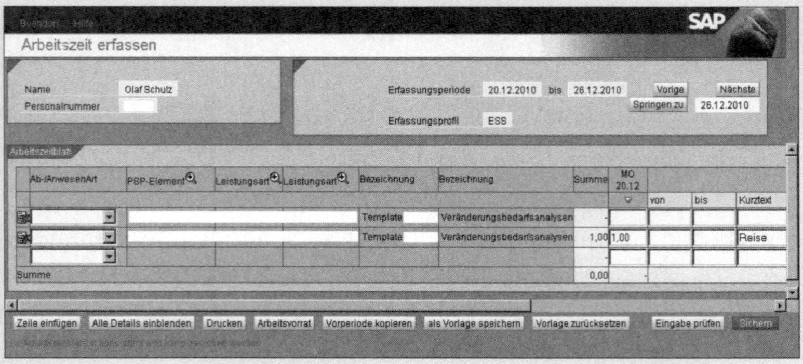

Die Daten der Zeitwirtschaft stellen eine wichtige Informationsquelle für die Personalabrechnung dar, die Thema des folgenden Abschnittes ist.

18.7 Personalabrechnung

In der Personalabrechnung wird das Entgelt für einen Mitarbeiter berechnet. Der Bereich umfasst Vorbereitung, Abrechnung, Überweisung, Sozialversicherungsbeiträge sowie die Überleitung der Daten in die Finanzbuchhaltung (SAP-Komponente FI). Bei Personalabrechnungen müssen zahlreiche gesetzliche Bestimmungen berücksichtigt werden, besonders in puncto Steuern und Sozialabgaben, weshalb die Personalabrechnung stark länderspezifisch ist. Unter Umständen müssen nicht nur Besonderheiten des eigenen Landes, sondern auch des Auslandes berücksichtigt werden, etwa dann, wenn das Unternehmen über Niederlassungen im Ausland verfügt. HCM berücksichtigt die gesetzlichen Bestimmungen aus über 50 Ländern.

Die Komponente Personalabrechnung ist eng mit FI verzahnt. Die Auszahlung des Entgelts an den Mitarbeiter erfolgt per DTA (Datenträgeraustausch) aus HCM. In FI werden dann die Summen aus der Personalabrechnung gebucht. Die Daten aus der Zeitwirtschaft und der Personaladministration werden für die Abrechnung verarbeitet, anschließend erfolgt die Überleitung der Abrechnungsergebnisse in FI und CO.

INFO

Rückrechnung

In Abschnitt 18.4, »Personaladministration«, haben Sie bereits gelernt, dass HCM immer auch die historischen Daten speichert. Dies gilt auch für die Informationen aus der Personalabrechnung: Korrekturen von Abrechnungen, die in der Vergangenheit liegen, sind möglich. Werden relevante Infotypen nachträglich geändert, wird automatisch eine Rückrechnung angestoßen. Um die geänderten Abrechnungsergebnisse nachvollziehen zu können, wird im SAP-System eine Historie angelegt.

Die Abrechnung läuft folgendermaßen ab:

1. Die Abrechnung wird vorbereitet, das heißt, alle abrechnungsrelevanten Daten müssen in HCM gepflegt sein. Dazu gehören zum einen Informationen zu Steuern und Sozialversicherungen und zum anderen variable Gehaltsbestandteile wie vergütete Überstunden, Weihnachtsgeld etc.

2. Im nächsten Schritt wird die Entgeltabrechnung durchgeführt. Hierbei werden der Brutto- und der Nettobetrag des Entgelts ermittelt. Der Nettobetrag ergibt sich aus den gesetzlichen Abzügen (Steuern, Renten-, Arbeitslosen-, Kranken- und Pflegeversicherung) und etwaigen freiwilligen Abzügen, wie zum Beispiel Direktversicherungen. Bevor die Abrechnung gestartet werden kann, muss sie freigegeben werden.

3 Nachdem die Ergebnisse geprüft wurden und keine Korrekturen notwendig waren, wird der Betrag an den Mitarbeiter ausgezahlt und ein Entgeltnachweis für ihn erstellt.

4 Die Sozialabgaben, Steuern etc. werden berechnet und in festgelegten Abständen (meist monatlich) an die zuständigen Finanzämter und Sozialversicherungsträger überwiesen.

5 Falls nötig, können verschiedene Auswertungen durchgeführt werden.

6 Zum Schluss werden die Ergebnisse der Abrechnung zum einen in FI gebucht; in CO wird darüber hinaus festgehalten, welche Kostenstellen die Kosten betreffen.

Vor dem Beginn der eigentlichen Abrechnung können Sie die Abrechnung simulieren, um zu überprüfen, ob alle Stammdaten korrekt gepflegt sind.

Im folgenden Beispiel soll die Entgeltabrechnung eines Mitarbeiters angezeigt werden. Die Abrechnungssimulation erstellt die Gehaltsabrechnung für einen frei wählbaren Zeitpunkt (Periode). Starten Sie die Abrechnungssimulation über das SAP Easy Access Menü **Personal ▸ Personalabrechnung ▸ International ▸ Abrechnung ▸ Simulation** (Transaktion PC00_M99_CALC_SIMU).

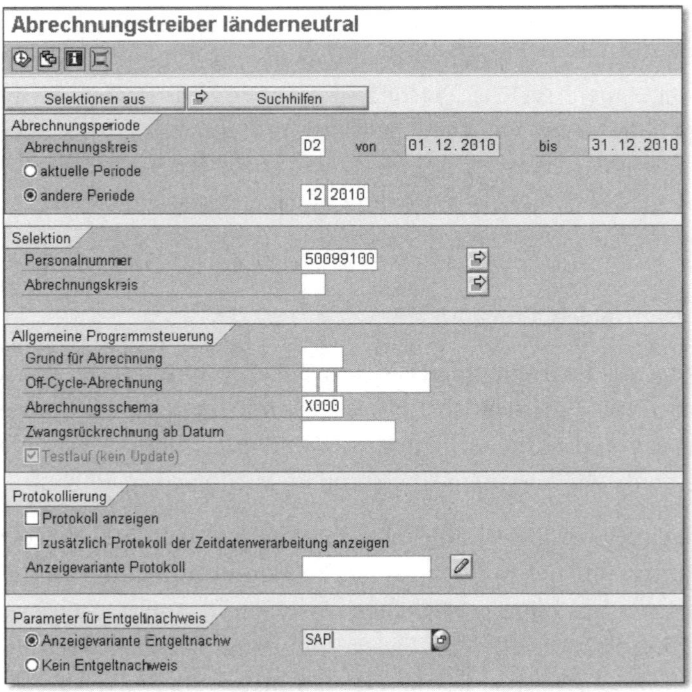

Selektionsmaske für die Simulation der Entgeltabrechnung

Die Abrechnung wird Ihnen angezeigt, wie im Beispiel der folgenden Abbildung zu sehen ist. Das hier gezeigte Ergebnis ist allerdings nicht ganz realistisch, weil das Nettogehalt hier gleich dem Bruttogehalt ist.

```
Entgeltabrechnung für R Januar 2008
Training Caliber A Bicycle Company              Datum 26.12.2010  Seite  1
---------------------------------------------------------------------------
Ihr Sachbearbeiter ist
                                                Personalnr.....    50099100
                                                Geburtsdatum...  05.05.1955
                                                Eintritt.......  01.01.2008
                                                Kostenstelle...
                                                Abteilung......

   Catherine Camino
   52 SAP Street                                Urlaubskonto
   19111 Sapberg
                                                Anspruch.......        0,00
                                                Rest...........        0,00

---------------------------------------------------------------------------
Bezüge/Abzüge               TG/Std.      Euro        Monat   Jahressummen
---------------------------------------------------------------------------
Monatsgehalt                                      5.800,00

STEUER-/SV-BRUTTO----------------------------------------------------------
Gesamtbrutto                                      5.800,00       5.800,00

GESETZLICHE ABZÜGE---------------------------------------------------------

Gesetzliches Netto                                5.800,00

PERSÖNLICHE BE-/ABZÜGE-----------------------------------------------------
Diff. zur letzten Rückr.                          5.800,00-
```

Beispiel für eine Entgeltabrechnung

18.8 Auswertungen

Das Infosystem in der Personalwirtschaft stellt Ihnen im Standard bereits eine Reihe unterschiedlicher Berichte und Auswertungen zur Verfügung. Diese finden Sie im SAP Easy Access Menü über den Pfad **Personal ▸ Personalmanagement ▸ Personalbeschaffung ▸ Infosystem ▸ Berichte**.

Transaktion	Funktion
S_AHR_61015509	Bewerber nach Namen
S_AHR_61015512	Bewerbungen
S_AHR_61015513	Bewerberstatistik

Beispiele für Auswertungen in der Personalwirtschaft

Transaktion	Funktion
S_PH9_46000223	Ein- und Austritte
S_PH9_46000221	Geburtstagsliste
S_AHR_61016354	Telefonverzeichnis

Beispiele für Auswertungen in der Personalwirtschaft (Forts.)

TIPP

Weiterführende Informationen

Wenn Sie sich eingehender über HCM informieren möchten, empfehlen wir Ihnen das Buch *Praxishandbuch SAP-Personalwirtschaft* von Junold et al. (2011), das bei SAP PRESS erschienen ist.

In diesem Kapitel haben Sie die SAP-Personalwirtschaft mit SAP ERP HCM kennengelernt. Im folgenden Kapitel 19 bringen wir nun die Fäden aus den letzten fünf Kapiteln in einem durchgehenden Fallbeispiel zusammen, das Sie mithilfe des IDES-Systems von SAP selbst nachstellen können.

19 Fallbeispiel

In diesem Kapitel festigen Sie Ihr Wissen und setzen das, was Sie in diesem Buch gelernt haben, in die Tat um. Sie führen zur Übung ein Fallbeispiel durch, indem Sie verschiedene Aufgaben und Prozesse am System bearbeiten.

Folgende Aufgaben werden Sie im Lauf des Fallbeispiels durchführen:

- Materialstammsätze anlegen
- Lieferantenstammsatz anlegen
- Einkaufsinfosatz anlegen
- Bestellung anlegen
- Wareneingang durchführen
- Rechnungsprüfung durchführen
- offene Posten anzeigen
- Zahlungsausgang buchen
- Kundenstammsatz anlegen
- Materialstammsatz um Kundendaten erweitern
- Konditionen anlegen
- Kundenauftrag erfassen
- Auslieferung und Warenausgang durchführen
- Rechnung (Faktura) erstellen
- Zahlungseingang buchen
- Auswertung der Umsätze (Ergebnisbericht) erstellen
- Mitarbeitertelefonbuch erstellen

Unser Fallbeispiel (man könnte auch Projektaufgabe oder Komplexaufgabe dazu sagen) umfasst eine Zusammenstellung von Aufgaben, die von Ihnen allein oder einem Team bearbeitet werden sollen.

Erlaubt sind alle Hilfsmittel, wie dieses Buch, das Internet oder andere Bücher. Sie dürfen, nein, Sie sollen sogar alle verfügbaren Hilfsmittel verwenden, denn diese stehen Ihnen im »richtigen Leben« schließlich auch zur Verfügung. Darüber hinaus ist es sinnvoll, mit Kollegen zusammenarbeiten und sich auszutauschen.

Um das Fallbeispiel komplett durchzuarbeiten, benötigen Sie ein IDES-System. IDES stell die SAP AG ihren Kunden als Testumgebung zur Verfügung.

TIPP

Dokumentation

Dokumentieren Sie Ihre Arbeit! Auch im »richtigen Leben« müssen Sie Ihre Arbeitsfortschritte vielleicht einem Projektteam präsentieren. Darüber hinaus ist eine gute Dokumentation wichtig, um zu einem späteren Zeitpunkt einfach einzelne Schritte nachzuvollziehen.

Die Aufgaben sollten in der Reihenfolge der Abschnitte dieses Kapitels abgearbeitet werden, da die einzelnen Prozessschritte aufeinander aufbauen. Aufgaben mit dem Zusatz *optional* müssen nicht bearbeitet werden, da sie für nachfolgende Abläufe nicht relevant sind.

Last, not least ein wichtiger Hinweis: Führen Sie das Fallbeispiel nur in einer Schulungsumgebung durch und niemals in einem produktiven SAP-System! Erkundigen Sie sich im Zweifelsfall bei Ihrem SAP-Administrator, Vorgesetzten oder Trainer.

Und nun viel Erfolg bei der Bearbeitung der Aufgaben!

19.1 Das Beispielunternehmen

Sie sind Mitarbeiter in der Firma Sportbikes International. Das Unternehmen vertreibt und produziert Rennräder und Mountainbikes. Der Vertrieb liefert sowohl direkt an Endkunden als auch an Wiederverkäufer. Das Unternehmen ist in Deutschland ansässig. Mittelfristig sind aber Stützpunkte in Großbritannien und den USA geplant. Die derzeitige Mitarbeiteranzahl beträgt ca. 200. Zum einen werden die Räder selbst produziert, zum anderen werden sie aber auch bei einem Zulieferer beschafft und weiterverkauft. Das Unternehmen hat sich vor Kurzem dazu entschlossen, SAP einzuführen, um die Logistik und den Finanzbereich zu unterstützen. Geplant ist, die SAP-Komponenten FI, CO, SD, MM und HCM einzusetzen.

Sie sind als erfahrener Anwender bei der SAP-Einführung im Projektteam involviert und erhalten Arbeitspakete mit verschiedenen Aufgaben, um Funktionalitäten und Prozesse im System zu testen.

19.2 Die Unternehmensstruktur

Im Fallbeispiel arbeiten Sie in der vorhandenen IDES-Unternehmensstruktur, das heißt der Schulungsumgebung von SAP. Das bedeutet, dass Sie keine eigenen Customizing-Einstellungen vornehmen müssen.

Machen Sie sich zunächst mit der Struktur des Unternehmens und seiner Abbildung im SAP-System vertraut. Der folgenden Tabelle können Sie die nötigen Informationen zur Unternehmensstruktur entnehmen.

Mandant	(Ihr Mandant)
Buchungskreis	1000
Werk	1000 Hamburg
Lagerort	0001
Lagerort	0002
Einkaufsorganisation	1000
Einkäufergruppe	000

Organisationseinheiten für das Fallbeispiel

Stellen Sie darüber hinaus sicher, dass Sie über die entsprechenden Berechtigungen und Anmeldeinformationen verfügen.

In die folgende Tabelle können Sie, wenn gewünscht, Ihre Anmeldeinformationen eintragen.

Anmeldename	
Kennwort	

Anmeldeinformationen

Lösen Sie folgende Aufgaben zu Unternehmensstrukturen:

1. Skizzieren Sie die Unternehmensstruktur in Form eines Organigramms.
2. Wie vielen Buchungskreisen kann ein Werk zugeordnet werden?
3. Welche Informationen sind zwingend erforderlich, um sich an einem SAP-System anzumelden?
4. Kann der Schlüssel eines Werkes, zum Beispiel 1000, in einem Mandanten mehrmals vergeben werden, wenn sich dieses Werk in einem anderen Buchungskreis befindet?
5. Wozu werden Lagerorte benötigt?

19.3 Materialstammsätze anlegen

Ihr Unternehmen vertreibt Rennräder und Mountainbikes. Für diese Produkte, im SAP-System Materialien genannt, sind entsprechende Materialstammsätze erforderlich. Als Erstes legen Sie im SAP-System die nötigen Materialstammsätze an.

Lösen Sie folgende Aufgaben zu Materialstammsätzen:

Legen Sie die Materialstammsätze für die beiden Räder im SAP-System an, und legen Sie dabei die in der Tabelle aufgeführten Daten zugrunde. Verwenden Sie die Transaktion im SAP Easy Access Menü unter **Allgemein anlegen**. Achten Sie auf die korrekten Organisationseinheiten und die Sichtenauswahl.

Für das Fallbeispiel verwenden Sie die Daten aus der folgenden Tabelle.

	Rennrad	**Mountainbike**
Materialnummer	ZM-BIKE-10	ZM-BIKE-20
Branche	Maschinenbau	Maschinenbau
Materialart	Fertigerzeugnis	Fertigerzeugnis

Stammdatenblatt Materialien: Beispieldaten zu Materialien

	Rennrad	Mountainbike
Erforderliche Sichten	Grunddaten1 Einkauf Einkaufsbestelltext Buchhaltung1 Werksdaten/ Lagerung1	Grunddaten1 Einkauf Einkaufsbestelltext Buchhaltung1 Werksdaten/ Lagerung1
Organisationseinheiten	Werk 1000 Lagerort 0001 Einkaufsorg. 1000	Werk 1000 Lagerort 0001 Einkaufsorg. 1000
Materialkurztext	Roadbike Speed XL	Mountainbike Alpine XL
Basismengeneinheit	Stück	Stück
Bruttogewicht	25	25
Nettogewicht	13	13
Gewichtseinheit	kg	kg
Warengruppe	0202 (alternativ: Z00)	0202 (alternativ: Z00)
Einkäufergruppe	000	000
Einkaufsbestelltext	Roadbike Speed XL, RH 56, Alu	Mountainbike Alpine XL, RH 54, Stahl
Bewertungsklasse	7920 (alternativ: 3000)	7920 (alternativ: 3000)
Preissteuerung	V	V
Gleitender Durchschnittspreis	400	300

Stammdatenblatt Materialien: Beispieldaten zu Materialien (Forts.)

1 Nehmen Sie den Transaktionscode zum Anlegen der Materialstammdaten in die Favoriten auf. Wie gehen Sie hierbei vor?

2 Testen Sie die Funktionalität der Materialstammsätze. Wie können Sie dazu vorgehen?

3 Wozu werden »Sichten« im Materialstammsatz verwendet?

4 Was ist der »gleitende Durchschnittspreis«?

5 Berechnen Sie für folgendes Szenario den gleitenden Durchschnittspreis:

- Anfangsbestand: 10 Stück, Preis pro Stück 400,00 EUR
- Einkauf: 20 Stück, Preis pro Stück 300,00 EUR

6 Können Sie das Material ZM-BIKE-10 auch für ein anderes Werk beschaffen, zum Beispiel 1200?

19.4 Lieferantenstammsätze anlegen

Ihr Unternehmen bezieht Materialien bei mehreren Lieferanten. Hierzu müssen wieder Stammsätze angelegt werden, dieses Mal für die Lieferanten. Die nachfolgende Tabelle enthält die erforderlichen Feldinhalte für zwei Lieferanten.

Lösen Sie folgende Aufgaben zu Lieferantenstammsätzen:

1 Legen Sie die beiden Lieferantenstammsätze für Lieferant A und Lieferant B mithilfe der Tabelle im System an. Verwenden Sie die Transaktion im SAP Easy Access Menü unter **Zentral**.

	Lieferant A	**Lieferant B**
Lieferantennummer	ZK-A-10	ZK-B-10
Name und Anschrift	frei wählbar	frei wählbar
Organisationseinheiten	Buchungskreis 1000 Einkaufsorg 1000	Buchungskreis 1000 Einkaufsorg 1000
Kontengruppe	ZTMM	ZTMM
Suchbegriff	ZK-A-10	ZK-B-10
Land	Deutschland	Deutschland
Sprache	Deutsch	Deutsch
Abstimmkonto	160000	160000
Bestellwährung	EUR	EUR
Zahlungsbedingungen Einkauf	0002	0002

Stammdatenblatt Lieferanten: Beispieldaten zu den Kreditoren

2 Testen Sie beide Lieferantenstammsätze: Dies können Sie tun, indem Sie eine Bestellung anlegen. Speichern Sie die Bestellung aber nicht ab.

3 Die Transaktion soll in die Favoriten gelegt werden.

19.5 Einkaufsinfosätze anlegen

Von Ihrer Einkaufsabteilung erhalten Sie Informationen, dass mit den Lieferanten bereits Preise für die Rennräder und die Mountainbikes verhandelt wurden. Diese Konditionen können Sie mithilfe von Einkaufsinfosätzen im System anlegen.

Lösen Sie folgende Aufgaben zu Einkaufsinfosätzen:

1 Legen Sie die entsprechenden Infosätze im System an. Die vereinbarten Konditionen entnehmen Sie der folgenden Tabelle.

	Lieferant A	**Lieferant B**
Material für Werk 1000	ZK-A-10	ZK-B-10
Rennrad ZM-BIKE-10	400,00 EUR/1 ST	410,00 EUR/1 ST
Mountain Bike ZM-BIKE-20	320,00 EUR/1 ST	300,00 EUR/1 ST
Planlieferzeit	1 Tag	1 Tag
Einkäufergruppe	000	000
Normalmenge	1 Stück	1 Stück
Gültigkeit	unbegrenzt (31.12.9999)	unbegrenzt (31.12.9999)

Beispieldaten zu den Einkaufsinfosätzen

19

2 Nachdem Sie die Infosätze angelegt haben, prüfen Sie diese mit der Transaktion ME1L bzw. über das SAP Easy Access Menü über den Pfad **Logistik ▸ Materialwirtschaft ▸ Einkauf ▸ Stammdaten ▸ Infosatz ▸ Listanzeigen ▸ Zum Lieferanten.**

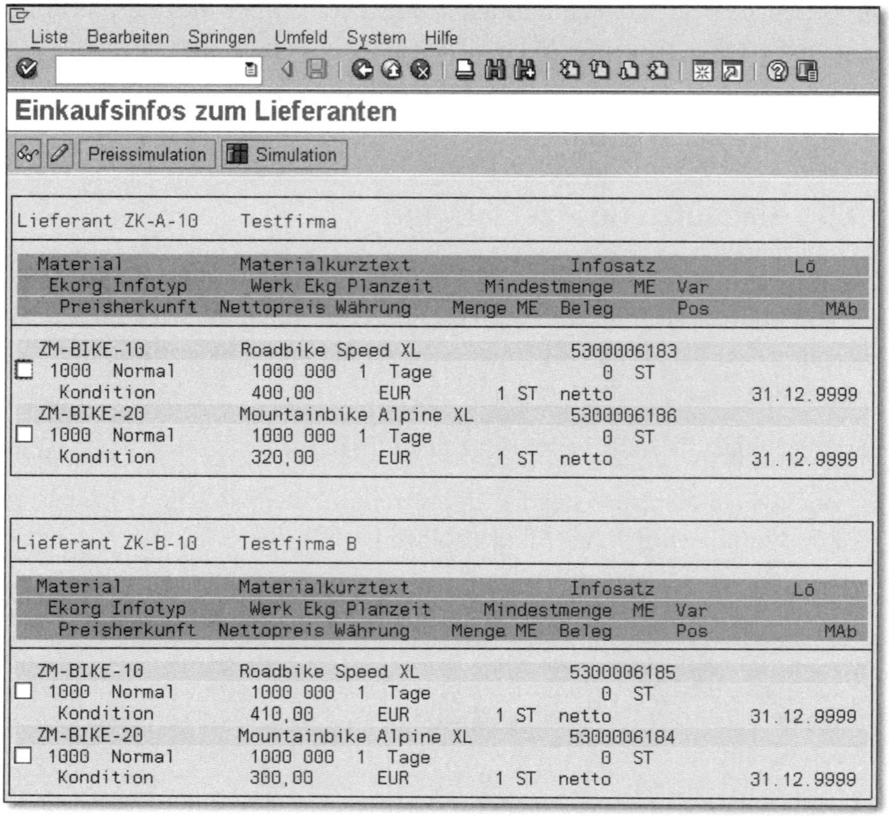

Listanzeige der Einkaufsinfosätze (Transaktion ME1L)

Mit der Transaktion ME1L können alle im SAP-System gespeicherten Infosätze zu den Lieferanten angezeigt werden.

19.6 Bestellung anlegen

In dieser Aufgabe beginnen Sie den Beschaffungsprozess. In diesem Teilprozess des Beispiels werden fertige Räder (sogenannte Fertigerzeugnisse) bei Lieferanten beschafft.

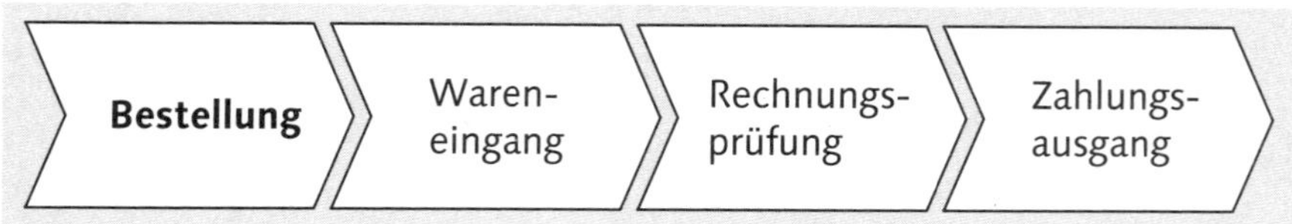

Erster Schritt im Beschaffungsprozess: die Bestellung

Für eine Messe werden zehn Rennräder ZM-BIKE-10 benötigt. Diese sollen beim Lieferanten ZK-A-10 beschafft werden.

Lösen Sie folgende Aufgaben zur Bestellung:

1 Legen Sie die Bestellung im SAP-System an. Prüfen Sie die Bestellung vor dem Speichern.

Für die Bestellung verwenden Sie die in der Tabelle gezeigten Daten.

Lieferant	ZK-A-10
Einkäufergruppe	000
Einkaufsorganisation	1000
Buchungskreis	1000
Material	ZM-BIKE-10
Menge	10
Werk	1000 Hamburg
Lagerort	0001

Beispieldaten für die Bestellung

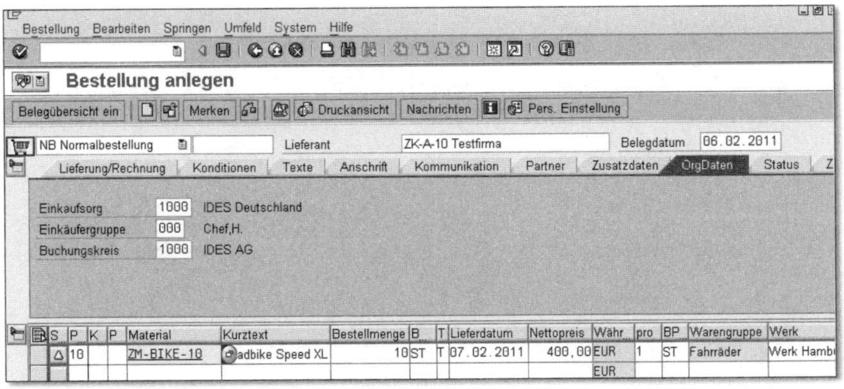

Bestellung anlegen (Transaktion ME21N)

2 Welcher Preis wird vorgeschlagen?

3 Notieren Sie sich die Belegnummer: ____________________

4 Prüfen Sie den Bestand des Materials ZM-BIKE-10 im Werk Hamburg. Wie hoch ist der Bestand? Den Materialbestand können Sie mit der

Transaktion MMBE prüfen. Im SAP Easy Access Menü finden Sie die Transaktion unter **Logistik ▸ Materialwirtschaft ▸ Materialstamm ▸ Sonstige ▸ Bestandsübersicht.**

19.7 Wareneingang durchführen

In Bezug auf die vorangegangene Bestellung führen Sie den Wareneingang durch. Wir gehen davon aus, dass unsere Bestellung, die wir im vorhergehenden Abschnitt angelegt haben, ausgeführt und die Ware entsprechend der Bestellung geliefert wurde.

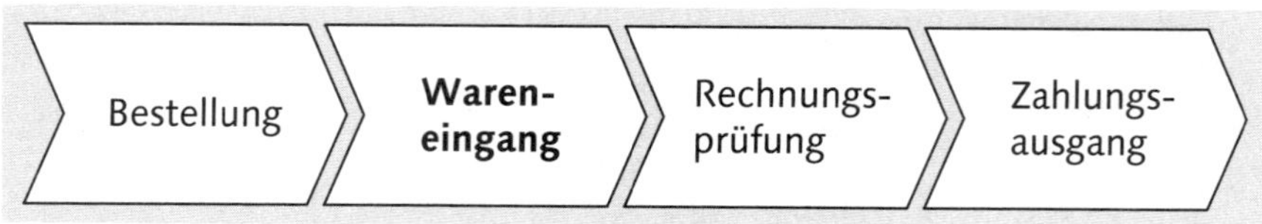

Zweiter Schritt im Beschaffungsprozess: der Wareneingang

Lösen Sie folgende Aufgaben zum Wareneingang:

1. Buchen Sie den Wareneingang der bestellten Rennräder, und beziehen Sie sich hierbei auf die Nummer der vorangegangenen Bestellung. Kennzeichnen Sie die Position mit OK, und lagern Sie die Rennräder im Lagerort 0001 ein.

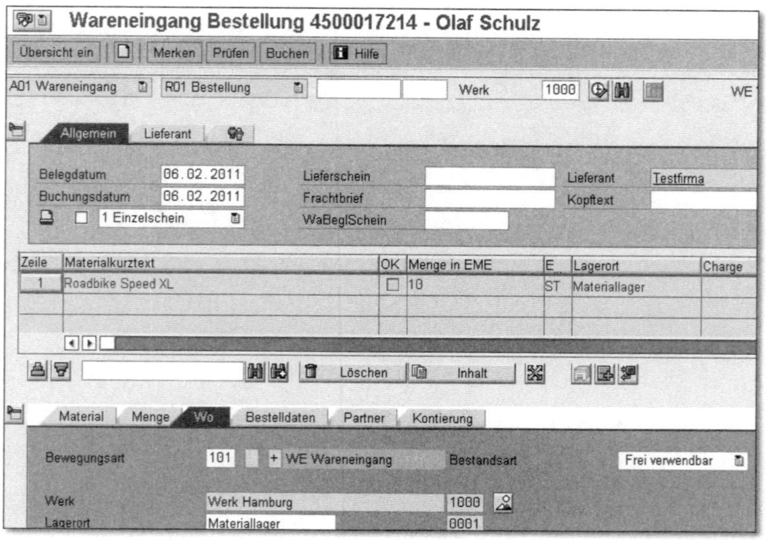

Wareneingang (Transaktion MIGO)

2 Notieren Sie sich die Nummer des Materialbeleges: ____________

3 Prüfen Sie den Bestand des Materials ZM-BIKE-10 im Werk Hamburg. Wie hoch ist der Bestand des Materials jetzt?

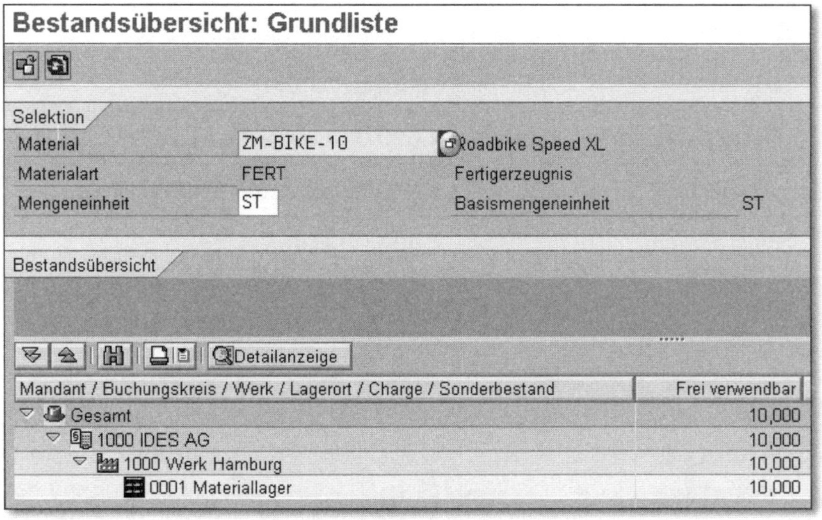

Bestandsübersicht (Transaktion MMBE)

19.8 Rechnungsprüfung durchführen

Nachdem die bestellte Ware geliefert wurde, schickt Ihnen der Lieferant die Rechnung, deren Richtigkeit nun geprüft werden muss, damit sie bezahlt werden kann. Führen Sie die Rechnungsprüfung in Bezug auf die vorangegangene Bestellung und den Wareneingang durch.

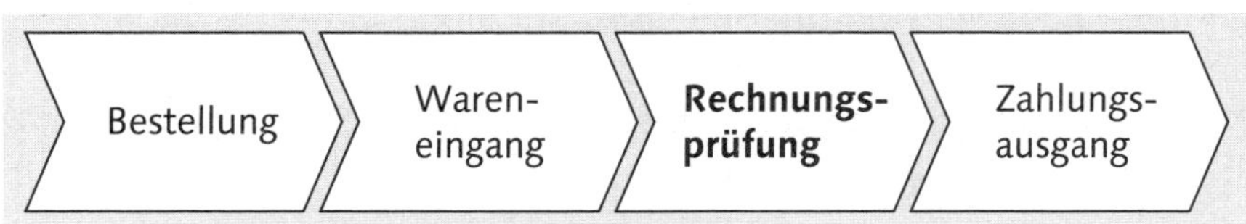

Dritter Schritt im Beschaffungsprozess: die Rechnungsprüfung

Vom Lieferanten ZK-A-10 erhalten Sie die Rechnung für die bestellten und im vorhergehenden Abschnitt eingelagerten Rennräder.

Lösen Sie folgende Aufgaben zur Rechnungsprüfung:

1 Führen Sie im System die Rechnungsprüfung durch. Beziehen Sie sich auf die Belegnummer der bereits von Ihnen angelegten Bestellung.

Die Rechnung enthält die in der Tabelle gezeigten Informationen.

Lieferant	ZK-A-10
Datum	heutiges Datum
Nettobetrag	4.000,00 EUR
Steuersatz	1I (10 % Vorsteuer Schulung)
Bruttobetrag	4.400,00 EUR

Beispieldaten für die Rechnungsprüfung

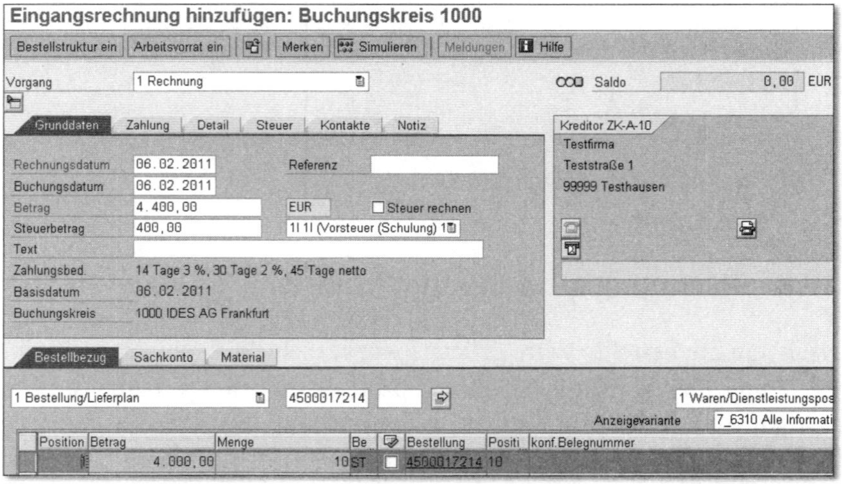

Rechnungsprüfung (Transaktion MIRO)

2 Woran erkennen Sie in der Transaktion, ob nach der Bestellung ein Wareneingang durchgeführt wurde?

19.9 Offene Posten anzeigen (optional)

Bevor Sie den Zahlungseingang buchen, möchten Sie sich einen Überblick über die offenen Posten verschaffen, das heißt ausstehende Zahlungen an den Lieferanten. Für diesen Teil der Übung verwenden Sie die folgenden Beispieldaten.

Lösen Sie folgende Aufgabe zur Anzeige offener Posten:

Lassen Sie sich die offenen Posten zum Kreditor ZK-A-10 anzeigen. Verwenden Sie für das Beispiel die in der Tabelle aufgeführten Daten.

Kreditor	ZK-A-10
Buchungskreis	1000
Geschäftsjahr	aktuelles Jahr

Beispieldaten zur Selektion offener Posten

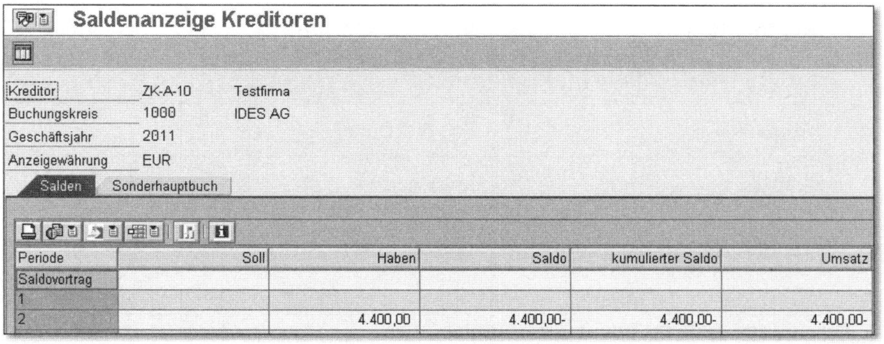

Saldenanzeige (offene Posten) (Transaktion FK10N)

19.10 Zahlungsausgang buchen

Der Einkauf ist nun abgeschlossen, und Sie können die Rechnung bezahlen. Diese Aufgabe wird in der Finanzbuchhaltung ausgeführt. Dabei wird auf die im System vorhandenen Vorgängerbelege Bezug genommen, die durch den vorgelagerten Beschaffungsprozess generiert wurden.

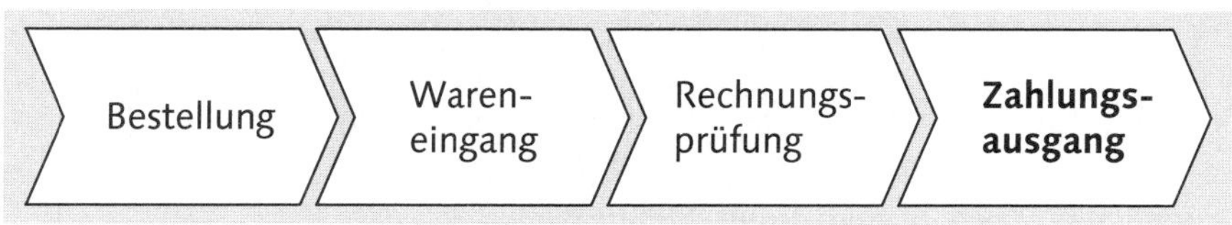

Vierter Schritt im Beschaffungsprozess: der Zahlungsausgang

Lösen Sie folgende Aufgaben zum Zahlungsausgang:

1 Buchen Sie den Zahlungsausgang. Verwenden Sie dazu die in der Tabelle genannten Daten.

Belegdatum	heutiges Datum
Buchungsdatum	heutiges Datum
Bereich »Bankdaten«	
Konto	113130
Betrag	4.400,00 EUR
Valutadatum	heutiges Datum
Bereich »Auswahl der offenen Posten«	
Konto	ZK-A-10
Skonto	kein

Beispieldaten für den Zahlungsausgang

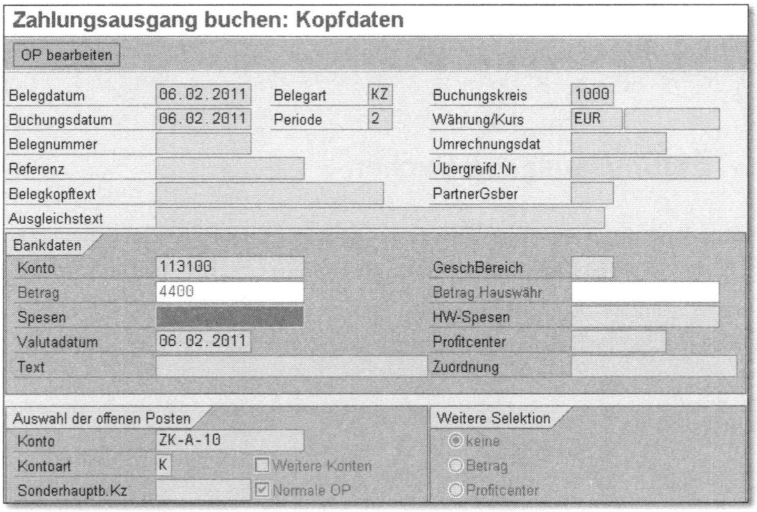

Zahlungsausgang buchen (Transaktion F-53)

2 Prüfen Sie die offenen Posten des Kreditors erneut. Verwenden Sie dafür die in der Tabelle aufgeführten Daten.

Kreditor	ZK-A-10
Buchungskreis	1000
Geschäftsjahr	aktuelles Jahr

Beispieldaten zur Selektion offener Posten

19.11 Kundenstammsatz anlegen

Unser Unternehmen vertreibt die Räder an Endkunden und Wiederverkäufer. Für den Vertrieb müssen die entsprechenden Stammsätze der Kunden im SAP-System angelegt werden.

Lösen Sie folgende Aufgaben zu den Kundenstammsätzen:

1 Legen Sie den Kundenstammsatz mithilfe der Daten aus der Tabelle an.

Kontengruppe	ZK10 Auftraggeber Gruppe 10
Debitor	ZD-A-10
Verkaufsorganisation	1000
Vertriebsweg	12 Wiederverkäufer
Sparte	00 Spartenübergreifend
Allgemeine Daten, Adresse	
Name und Anschrift	frei wählbar
Land	DE
Region	Bundesland
Transportzone	je nach PLZ
Allgemeine Daten, Steuerungsdaten	
Steuernummer 1	DE47110815
Buchungskreisdaten	
Abstimmkonto	140000
Zahlungsbedingung	sofort ohne Abzug

Beispieldaten für den Kundenstammsatz

Vertriebsbereichsdaten	
Versandbedingung	sofort
Auslieferungswerk	Hamburg
Steuerklassifikation	steuerpflichtig

Beispieldaten für den Kundenstammsatz (Forts.)

2 Testen Sie den angelegten Kundenstammsatz. Wie können Sie dabei vorgehen?

19.12 Materialstammsatz um Vertriebsdaten erweitern

Die vorhandenen Materialstammsätze sollen um die Sichten **Vertrieb: VerkaufsorgDaten1** und **Vertrieb: allg./Werksdaten** erweitert werden. Die vorhandenen Materialien können zum aktuellen Zeitpunkt zwar beschafft, aber nicht vertrieben werden. Eine Neuanlage der Materialstammsätze ist nicht erforderlich, aber eine Erweiterung der vorhandenen Stammsätze für die Vertriebsdaten ist notwendig.

Lösen Sie die folgende Aufgabe zur Erweiterung der Materialstammsätze um Vertriebsdaten:

Wählen Sie zunächst wieder die Transaktion zum Anlegen eines Materials aus. Dort geben Sie im Feld **Materialnummer** die bereits existierende Materialnummer ein. Anschließend wählen Sie die Sichten **Vertrieb: VerkaufsorgDaten1** und **Vertrieb: allg./Werksdaten** zusätzlich aus. Danach pflegen Sie die erforderlichen Vertriebsdaten nach und speichern den Stammsatz wieder ab. So gehen Sie für beide Stammsätze vor.

Benutzen Sie die Daten aus der nachfolgenden Tabelle zur Erweiterung der Stammsätze.

	Rennrad	Mountainbike
Materialnummer	ZM-BIKE-10	ZM-BIKE-20
Werk	1000	1000

Stammdatenblatt Materialien: Beispieldaten zum Erweitern des Materialstammsatzes um Vertriebsdaten

	Rennrad	Mountainbike
Verkaufsorganisation	1000	1000
Vertriebsweg	Endkundenverkauf	Endkundenverkauf
Sicht »Vertrieb: VerkaufsOrgDaten1«		
Basismengeneinheit	Stück	Stück
Auslieferungswerk	Hamburg	Hamburg
Warengruppe	0202	0202
Steuerdaten	volle Steuer	volle Steuer
Sicht »Vertrieb: allg./Werksdaten«		
Transportgruppe	0001 Paletten	0001 Paletten
Ladegruppe	0003 Manuell	0003 Manuell

Stammdatenblatt Materialien: Beispieldaten zum Erweitern des Materialstammsatzes um Vertriebsdaten (Forts.)

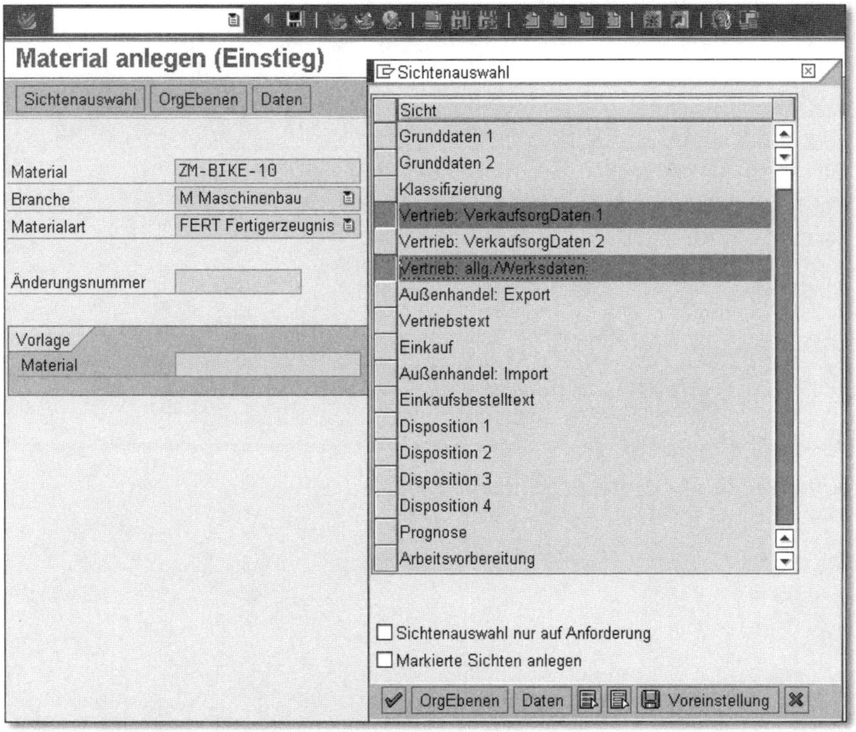

Material um Vertriebssichten erweitern (Transaktion MM01)

19.13 Konditionen anlegen

Für die Verkaufsorganisation 1000 und den Vertriebsweg 12 sollen im System Konditionen hinterlegt werden. Das bedeutet, wenn ein Kunde innerhalb der Organisationseinheiten Ware bestellt, werden ihm die im SAP-System hinterlegten Konditionen vorgeschlagen.

Lösen Sie folgende Aufgabe zu Konditionen:

Legen Sie die Konditionen für das Fallbeispiel im SAP-System an. Verwenden Sie dafür die Daten aus der folgenden Tabelle.

Konditionsart	PR00
Verkaufsorganisation	1000
Vertriebsweg	12
Material	ZM-BIKE-10
Betrag	800,00 EUR pro 1 Stück

Beispieldaten zu den Konditionen

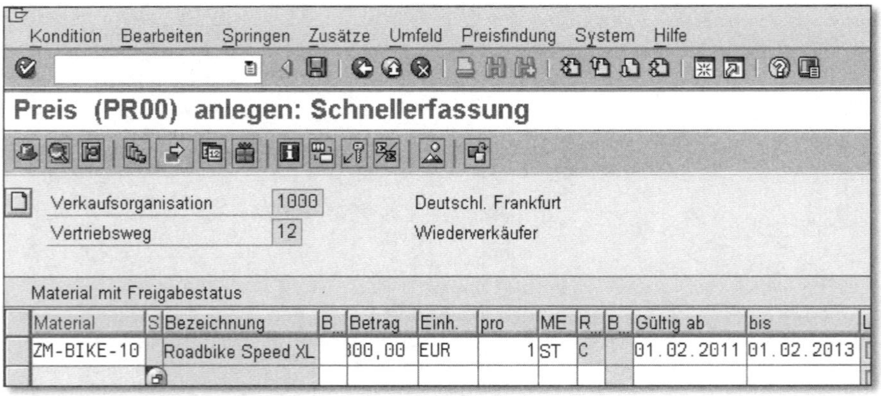

Konditionen im SAP-System (Transaktion VK31)

19.14 Terminauftrag anlegen

Der eigentliche Verkaufsprozess beginnt hier mit dem Kundenauftrag (Terminauftrag). Dabei wird auf die im SAP-System im Lauf dieses Fallbeispiels angelegten Daten zugegriffen.

Einer Ihrer Kunden bestellt in diesem Fall bei Ihnen telefonisch Mountainbikes.

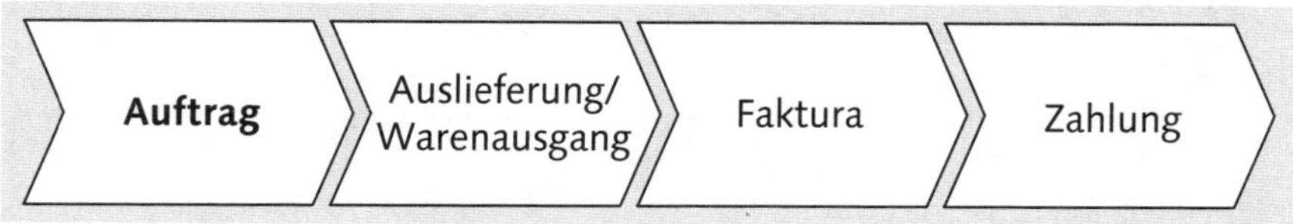

Erster Schritt im Vertriebsprozess: Auftrag

Lösen Sie folgende Aufgabe zum Kundenauftrag:

1 Erfassen Sie im System den Terminauftrag. Die Daten entnehmen Sie der Tabelle.

Auftragsart	TA
Auftraggeber	ZD-A-10
Bestellnummer	beliebig
Wunschlieferdatum	heute in 2 Wochen
Material	ZM-BIKE-10
Auftragsmenge	1 Stück
Incoterms	Ab Werk
Zahlungsbedingungen	bar ohne Abzug

Beispieldaten für den Terminauftrag

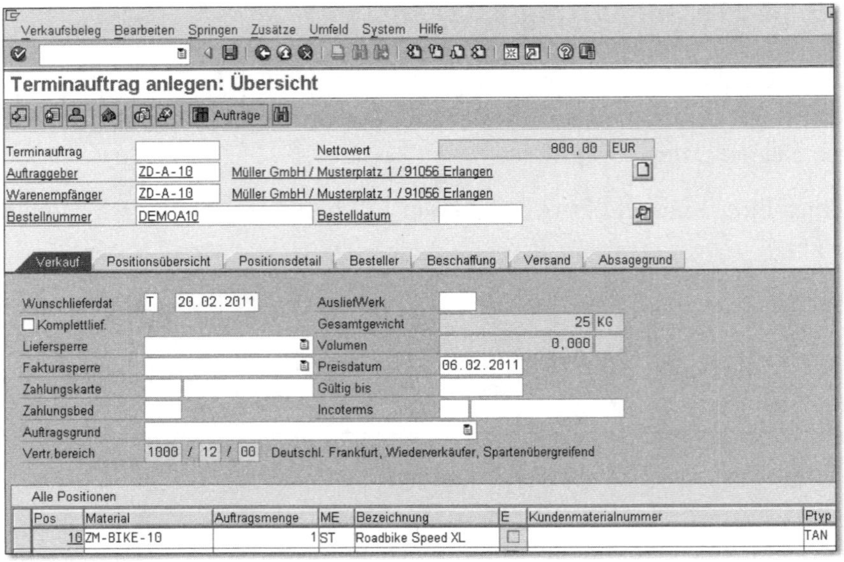

Terminauftrag (Transaktion VA01)

2 Speichern Sie den Terminauftrag ab, und notieren Sie sich die Belegnummer: ____________________

19.15 Auslieferung und Warenausgang durchführen

Mit Bezug auf den im vorhergehenden Abschnitt angelegten Kundenauftrag legen Sie die Auslieferung an. Danach buchen Sie den Warenausgang und beliefern den Kunden gemäß des Terminauftrags, den Sie zuvor angelegt haben.

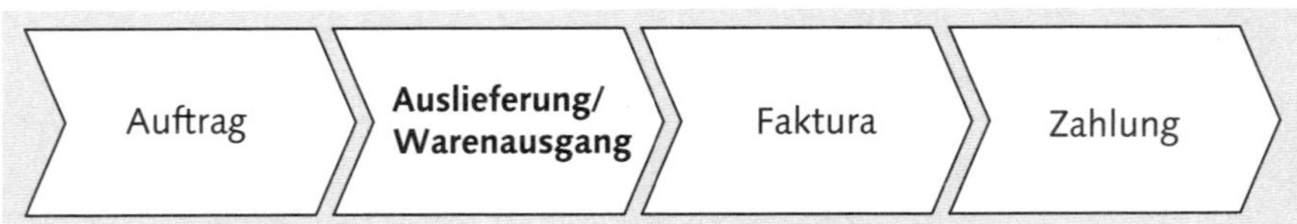

Zweiter Schritt im Vertriebsprozess: Auslieferung und Warenausgang

Lösen Sie folgende Aufgaben zum Warenausgang:

1 Legen Sie für den Terminauftrag die Auslieferung für den vorangegangenen Kundenauftrag an, und notieren Sie sich die Belegnummer:

____

Versandstelle	Hamburg
Selektionsdatum	heute in 2 Wochen
Auftragsnummer	

Beispieldaten für die Auslieferung

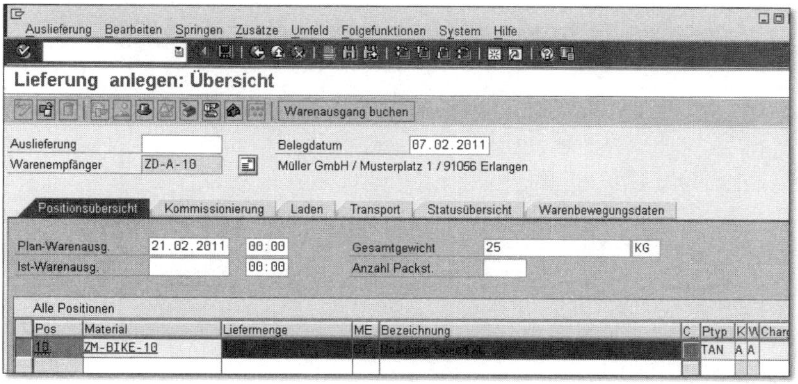

Auslieferung (Transaktion VL01N)

2 Buchen Sie nun den Warenausgang.

Warenausgang (Transaktion VL02)

19.16 Faktura erstellen

Nun können Sie dem Kunden Ihre gelieferten Räder in Rechnung stellen.

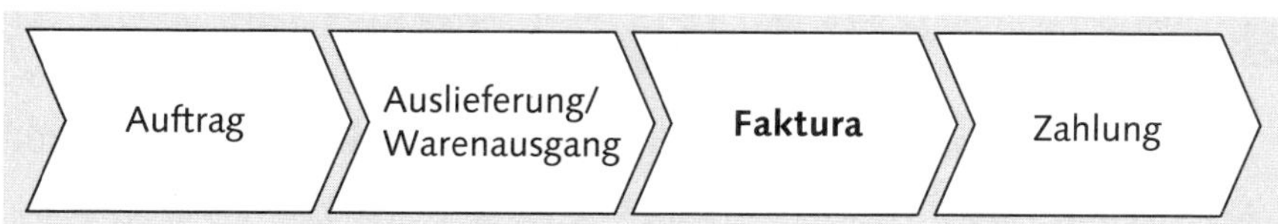

Dritter Schritt im Vertriebsprozess: Faktura

Lösen Sie folgende Aufgaben zur Fakturierung:

1. Fakturieren Sie den Kundenauftrag, und notieren Sie sich die Belegnummer: ____________________

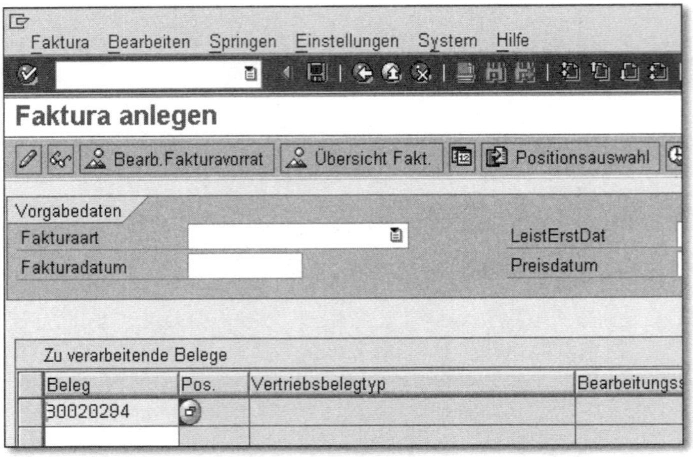

Faktura anlegen (Transaktion VF01)

Nachdem Sie Ihre Lieferung fakturiert haben, können Sie den Zahlungseingang buchen.

19.17 Zahlungseingang buchen

Der Kunde hat den Rechnungsbetrag, der dem bereits ausgeführten Kundenauftrag entspricht, vollständig überwiesen, und Sie können den Zahlungsausgang buchen.

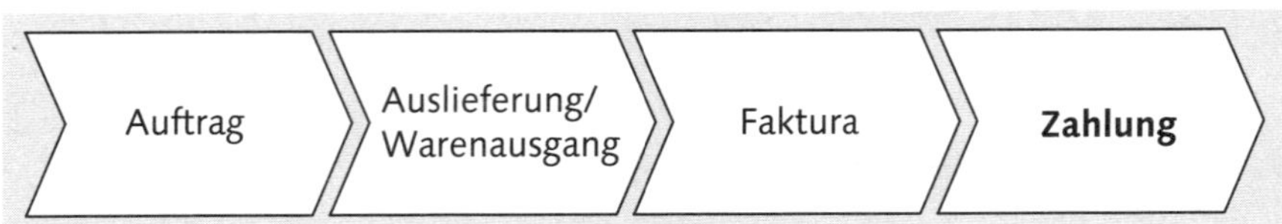

Vierter Schritt im Vertriebsprozess: Zahlungseingang

Lösen Sie folgende Aufgaben zum Zahlungseingang:

1. Buchen Sie die Zahlung des Debitors. Benutzen Sie die Daten aus der folgenden Tabelle, um den Zahlungsausgang durchzuführen.

Belegdatum	aktuelles Tagesdatum
Bankdaten	
Konto	113100
Betrag	920,00 EUR
Auswahl der offenen Posten	
Konto	ZD-A-10

Beispieldaten für den Zahlungseingang

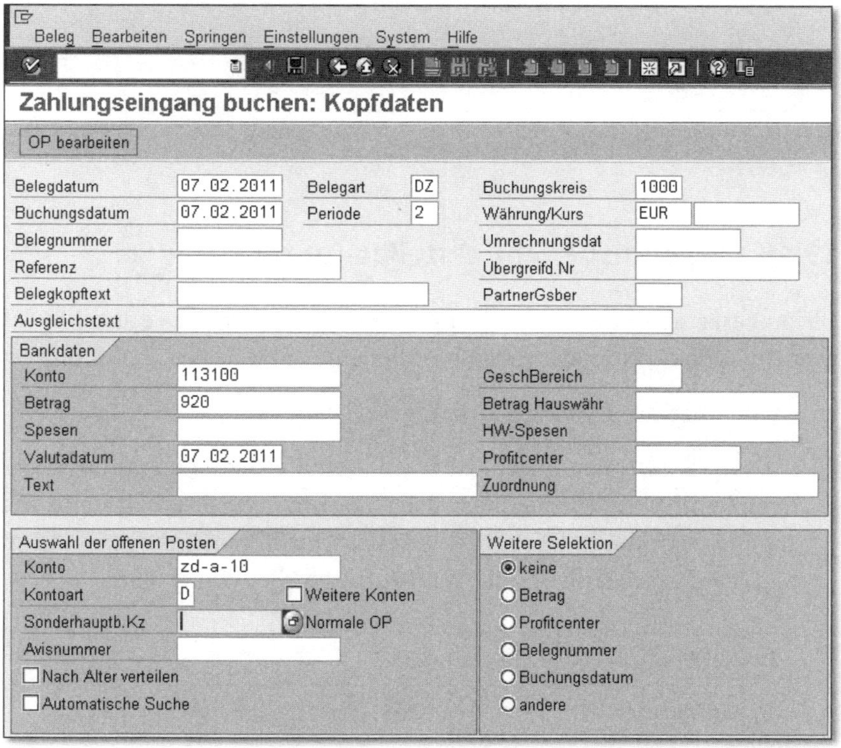

Zahlungseingang buchen (Transaktion F-28)

2 Prüfen Sie nun den aktuellen Bestand des Materials ZM-BIKE-10. Wie hoch ist Ihr Bestand?

19

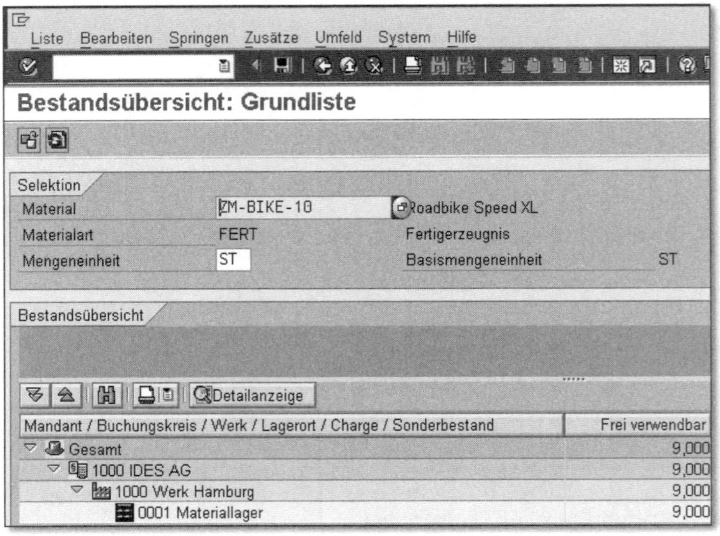

Bestandsübersicht (Transaktion MMBE)

19.18 Ergebnisbericht erstellen (optional)

Die Abverkäufe in der Warengruppe *Fahrräder* sollen im Controlling ausgewertet werden. Dies können Sie mithilfe eines Ergebnisberichtes umsetzen.

Lösen Sie folgende Aufgaben zum Ergebnisbericht:

1. Lassen Sie sich den Ergebnisbericht mithilfe der Transaktion KE30 aus dem Controlling (**Rechnungswesen Controlling ▸ Ergebnis- und Marktsegmentrechnung ▸ Infosystem ▸ Bericht ausführen**) anzeigen, und ermitteln Sie das Ergebnis für die Warengruppe 0202 Fahrräder.

Transaktion	KE30
Ergebnisbereich	IDES Global
Ergebnisbericht	SAP01-001
Geschäftsjahr	aktuelles Jahr
Von Periode	1
Bis Periode	12
Version	100

Beispieldaten für den Ergebnisbericht

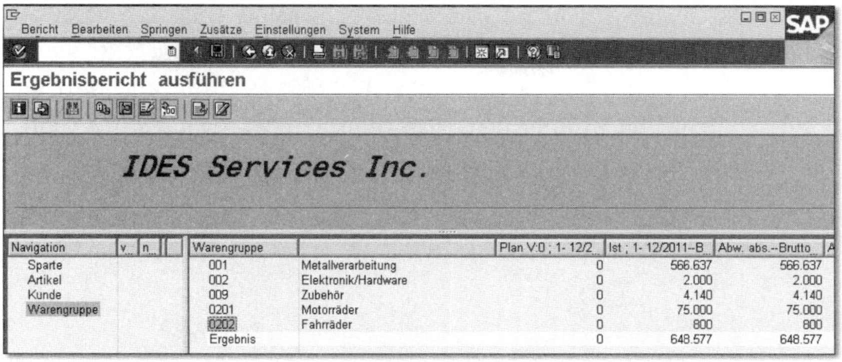

Ergebnisbericht (Transaktion S_AHR_KE30)

2 Wie hoch ist Ihr Ergebnis in der Warengruppe?

19.19 Telefonverzeichnis erstellen (optional)

Nicht alle Mitarbeiter verfügen bereits über einen SAP-Zugang. Deshalb werden Sie gebeten, ein Telefonverzeichnis zu erstellen, das allen Mitarbeitern im Intranet zur Verfügung gestellt wird. Sie sollen mithilfe der im SAP-System vorhandenen Mitarbeiterdaten ein Telefonverzeichnis erstellen.

Lösen Sie folgende Aufgabe zur Erstellung des Telefonverzeichnisses:

Lassen Sie sich ein Telefonverzeichnis anzeigen, und exportieren Sie dieses nach Microsoft Excel. Verwenden Sie die Transaktion aus der Abbildung.

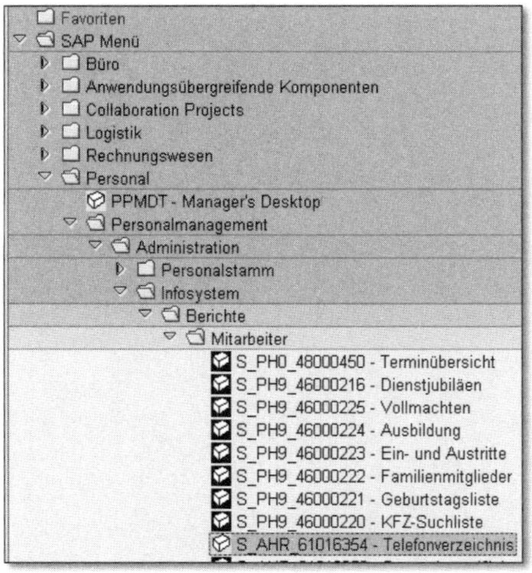

Telefonverzeichnis (Transaktion S_AHR_61016354)

Herzlichen Glückwunsch! Sie haben nun zahlreiche Abläufe im SAP-System umgesetzt. Sind Sie bei der Bearbeitung der Aufgaben zurechtgekommen? Lösungshinweise finden Sie auf der SAP PRESS-Website und dort auf der Bonusseite zum Buch unter *https://ssl.galileo-press.de/bonus-seite/*. Dort können Sie den vorne im Buch abgedruckten Zugangscode eingeben.

Teil IV

Anhang

A Abkürzungen

Abkürzung	Langform	Erklärung
ABAP	Advanced Business Application Programming	Programmiersprache von SAP; siehe Kapitel 3
AP	Accounts Payable (FI-AP)	Kreditorenbuchhaltung; siehe Kapitel 16
AR	Accounts Receivable (FI-AR)	Debitorenbuchhaltung; siehe Kapitel 16
BANF	Bestellanforderung	siehe Kapitel 14
BI	Business Intelligence	siehe Kapitel 3
CATS	Cross-Application Time Sheet	siehe Kapitel 18
CO	Controlling	Controlling-Komponente aus SAP ERP; siehe Kapitel 17
CRM	Customer Relationship Management	Kundenbeziehungsmanagement; siehe Kapitel 3
EC	Enterprise Controlling	Unternehmenscontrolling
EDI	Electronic Data Interchange	elektronischer Datenaustausch, siehe Kapitel 9
ERP	Enterprise Resource Planning	siehe Kapitel 3
ESS	Employee Self-Service	siehe Kapitel 18
FI	Financial Accounting	Finanzbuchhaltung; siehe Kapitel 16
FSCM	Financial Supply Chain Management	siehe Kapitel 3
GL	General Ledger (FI-GL)	Hauptbuchhaltung; siehe Kapitel 16

Abkürzung	Langform	Erklärung
GUI	Graphical User Interface	Anwendungsoberfläche; siehe Kapitel 5
GuV	Gewinn- und Verlustrechnung	siehe Kapitel 16
HCM	Human Capital Management	Personalwirtschaft; siehe Kapitel 18
HR	Human Resources	Personalwirtschaft
IDES	Internet Demonstration and Education System	siehe Einleitung
IMG	Implementation Guide	Einführungsleitfaden; siehe Kapitel 2
IS	Industry Solution	Branchenlösung; siehe Kapitel 3
IV	Invoice Verification (MM-IV)	Rechnungsprüfung; siehe Kapitel 14
LO	Logistics	Logistik (allgemein); siehe Kapitel 3
MDM	Master Data Management	Stammdatenmanagement; siehe Kapitel 3
MM	Materials Management	Materialwirtschaft; siehe Kapitel 14
OM	Overhead Management (CO-OM)	Gemeinkostencontrolling; siehe Kapitel 17
PA	Profitability Analysis (CO-PA)	Ergebnis- und Marktsegmentrechnung; siehe Kapitel 17
PA	Personnel Administration (HCM-PA)	Personaladministration; siehe Kapitel 18
PLM	Product Lifecycle Management	Management des Produktlebenszyklus; siehe Kapitel 3
PM	Plant Maintenance	Instandhaltung; siehe Kapitel 3

Abkürzung	Langform	Erklärung
PP	Production Planning	Produktionsplanung und -steuerung; siehe Kapitel 3
PT	Personnel Time Planning (HCM-PT)	Personalzeitwirtschaft; siehe Kapitel 18
PY	Payroll (HCM-PY)	Personalabrechnung; siehe Kapitel 18
SCM	Supply Chain Management	Management der Lieferkette; siehe Kapitel 14
SD	Sales and Distribution	Vertrieb; siehe Kapitel 15
SRM	Supplier Relationship Management	Management der Lieferantenbeziehungen; siehe Kapitel 3

B Glossar

ABAP Advanced Business Application Programming. Die SAP-eigene Programmiersprache.

Abstimmkonto Sachkonto, über das die Nebenbuchkonten parallel zum Hauptbuch fortgeschrieben werden können. Für jedes Nebenbuch wird ein Abstimmkonto geführt.

Anlagenbuchhaltung engl. Asset Accounting; zeichnet alle Geschäftsvorfälle auf, die die Anlagen eines Unternehmens betreffen. Die SAP-Komponente FI-AA dient der buchhalterischen Verwaltung von Anlagen, etwa ihrer Bewertung.

Authentifizierung Vorgang, bei dem die Identität eines Computerbenutzers überprüft wird, um den System- oder Datenzugriff zuzulassen.

Belegprinzip Prinzip aus der Finanzbuchhaltung, nach dem für jede Buchung ein Beleg existieren muss.

Berechtigung Ermächtigung eines Benutzers, eine bestimmte Aktion im SAP-System durchzuführen.

Bestandsführung engl. Inventory Management; beschäftigt sich mit der mengen- und wertmäßigen Führung der Materialbestände, der Verwaltung der Warenbewegungen sowie der Durchführung der Inventur. Im SAP-System wird die Bestandsführung von der Komponente MM-IM unterstützt.

Bestellanforderung kurz BANF; stößt den Beschaffungsvorgang an. Eine Bestellanforderung wird in der Fachabteilung aufgrund eines Bedarfs an Waren oder Dienstleistungen erstellt und an den Einkauf weitergegeben.

Bewegungsdaten veränderliche Daten, die für einen festgelegten Zeitraum und für einen bestimmten Geschäftsvorfall gültig sind. Sie fallen in Geschäftsabläufen an und werden in einem begrenzten Zeitraum von Anwendern oder dem SAP-System bearbeitet. → Stammdaten

Bilanz stellt Verbindlichkeiten (Fremdkapital) und Reinvermögen (Eigenkapital) eines Unternehmens zu einem bestimmten Zeitpunkt dar. → Gewinn- und Verlustrechnung

Branchenlösung engl. Industry Solution (kurz IS); auf eine bestimmte Branche zugeschnittene Softwarelösung von SAP, zum Beispiel für Energieversorger, Einzelhandel, Automobilindustrie, Banken etc. Insgesamt gibt es zurzeit 24 Branchenlösungen.

Buch engl. Ledger; in der Buchhaltung Rahmen für die Erfassung von Werte- oder Mengenbewegungen für einen bestimmten Teilbereich der Finanzbuchhaltung. → Hauptbuchhaltung

Buchungskreis Teil der Organisationsstruktur im SAP-System; kleinste organisatorische Einheit der Finanzbuchhaltung, für die eine vollständige, in sich abgeschlossene Buchhaltung abgebildet werden kann.

Business Add-in kurz BAdI; SAP-Erweiterungstechnologie.; von SAP vordefinierte Stellen, an die man Eigenentwicklungen (eigenen Programmcode) anknüpfen kann. → User-Exit

Business Application Programming Interface kurz BAPI; Schnittstelle im SAP-System, an die bestimmte Geschäftsregeln geknüpft sind.

Business Explorer kurz BEx; Teil von → SAP NetWeaver BW, enthält Reporting-Werkzeuge, mit denen man die Daten aus dem → Data Warehouse in verschiedenen Berichten darstellen kann.

Business Intelligence kurz BI; Sammelbegriff für Abläufe, die zur Auswertung von unternehmensweit verfügbaren Daten eingesetzt werden. Diese Auswertungen werden Benutzern für die Unterstützung von Entscheidungen bereitgestellt. Die BI-Daten werden häufig in einem → Data Warehouse gespeichert.

Business Workplace eine Arbeitsumgebung innerhalb des SAP-Systems, die den Anwender mit Funktionen für die Nachrichten-, Dokumenten- und Terminverwaltung bei der Arbeit unterstützt.

Client-Server-Architektur Systemarchitektur, die es ermöglicht, Aufgaben innerhalb eines Netzwerkes auf Clients und Server zu verteilen. Der Server bietet Dienste an, die die Clients (Anwender-PCs) nutzen. SAP R/3 und später SAP ERP liegt ein dreistufiges Konzept zugrunde: → Datenbank, Server und Client

Compliance Verfahren zur Einhaltung von Gesetzen und Richtlinien, zum Beispiel des Sarbanes-Oxley Acts oder von Arbeitsschutzgesetzen.

Conto pro Diverse kurz CpD; Sammelkonto für mehrere Kreditoren in der Finanzbuchhaltung, das für einmalige Rechnungen und Zahlungen genutzt wird.

Controlling internes Rechnungswesen. Die Controlling-Komponente CO in → SAP ERP Financials dient der Kontrolle, Planung und Steuerung von Kosten und Erlösen im Unternehmen.

Cross-Application Time Sheet kurz CATS; Self-Service-Anwendung von SAP für die Mitarbeiter und die externen Dienstleister, die über das »Arbeitszeitblatt« unter anderem eine Zeiterfassung erlaubt.

Customer Relationship Management → SAP Customer Relationship Management

Customer Service Kundenservice. Die Komponente CS in SAP ERP unterstützt die Abläufe in der Serviceabwicklung, zum Beispiel die Bearbeitung von Retouren, Ersatzteillieferungen, die Reparaturabwicklung und Installation von Geräten, die Verwaltung von Serviceverträgen sowie die Wartung.

Customizing engl. to customize = anpassen; Anpassung der SAP-Standardsoftware an die Bedürfnisse des Kunden. Im Customizing wird (im Gegensatz zu Eigenentwicklungen) die Software ohne Programmierung an die Prozesse des Unternehmens angepasst. → Implementation Guide

Data Warehouse »Datenlager«; eine zentralisierte Datenbank, deren Daten aus unterschiedlichen Quellen (zum Beispiel SAP ERP) stammen und für Analyse und Reporting bereitgestellt werden können. Auch historische Daten sind dort enthalten. Das Data Warehouse im SAP-System heißt → SAP NetWeaver BW.

Datenbank System zur elektronischen Datenverwaltung, in dem große Datenmengen gespeichert und benötigte Daten in der richtigen Darstellungsform für Benutzer und Anwendungsprogramme bereitgestellt werden. Die am weitesten verbreiteten Datenbanken für SAP-Systeme sind MaxDB von SAP, Oracle und DB2 von IBM.

Debitorenbuchhaltung engl. Accounts Receivable; zeichnet alle Geschäftsvorfälle auf, die Kunden betreffen. Sie erhält viele ihrer Informationen aus dem Vertrieb. Im SAP-System wird die Debitorenbuchhaltung von der Komponente FI-AR aus SAP ERP Financials unterstützt.

Disposition Oberbegriff für die Planung und Aufteilung von Aufträgen sowie für die Zuordnung/Bereitstellung von Ressourcen in der Auftragsabwicklung.

Doppelte Buchführung Verfahren in der Buchhaltung, nach dem Wertänderungen jeweils an zwei Stellen festgehalten: Im Buchungssatz wird jeweils → Soll und Haben gebucht.

Einkauf Erwerb von Waren und Dienstleistungen zu einem optimalen Preis-Leistungs-Verhältnis, die zur richtigen Zeit am richtigen Ort sind. Im Gegensatz zur Beschaffung, die eher strategische Aufgaben umfasst, ist der Einkauf weitgehend mit operativen Tätigkeiten beschäftigt. Der Einkauf wird im SAP-System mithilfe der Komponente Materials Management, MM, abgewickelt (→ Materialwirtschaft).

Einkäufergruppe Organisationseinheit in der SAP-Komponente MM, die für die Beschaffung bestimmter Materialien oder Dienstleister zuständig und Ansprechpartner für bestimmte Lieferanten ist.

Einkaufsorganisation Organisationsein heit in der SAP-Komponente MM, die für sämtliche Einkaufsvorgänge verantwortlich ist. Sie steht für die beschaffende Einheit im rechtlichen Sinn. Einkaufsorganisationen werden Buchungskreisen und Werken zugeordnet und legen die Art des Einkaufs fest (konzern-, firmen- oder werksbezogen).

Electronic Data Interchange kurz EDI; Verfahren zum elektronischen Datenaustausch.

Employee Self-Service kurz ESS; SAP-Funktion, die Mitarbeitern anhand ihrer Benutzerrollen den Datenzugriff und die Prozessausführung im Unternehmen ermöglicht, zum Beispiel Urlaubsanträge einzureichen oder sich in Mitarbeiterschulungen einzuschreiben (→ Manager Self-Service).

Enterprise Controlling kurz EC; Komponente in SAP ERP für das Unternehmenscontrolling; enthält Funktionen für Konsolidierung und Profitcenter-Rechnung.

Enterprise Resource Planning kurz ERP; Lösung für Personalwirtschaft, Logistik und Rechnungswesen, die alle Kerngeschäftsprozesse im Unternehmen unterstützt. → SAP ERP

Ergebnis- und Marktsegmentrechnung engl. Profitability Analysis; Ansatz im Controlling. Die Komponente CO-PA aus SAP ERP Financials setzt Erlöse aus dem Vertrieb mit Kosten aus → Gemeinkosten- und Produktkostencontrolling in Beziehung zueinander.

Ergebnisbereich zentrales Element in der Ergebnisrechnung.

ERP Central Component kurz ECC; technischer Kern von SAP ERP.

Financial Supply Chain Management kurz FSCM; befasst sich mit der Optimierung der Geldflüsse innerhalb des Unternehmens zur Verbesserung der Liquidität. Dies umfasst zum Beispiel das Forderungsmanagement. SAP FSCM ist Teil von SAP ERP Financials.

Finanzbuchhaltung externes Rechnungswesen. Die Komponente FI in SAP ERP Financials dient zur Verwaltung und Darstellung aller buchhalterischen Daten nach dem Belegprinzip. Es umfasst die Hauptbuchhaltung sowie Kreditoren-, Debitoren-, Anlagen- und Bankbuchhaltung.

Gemeinkostencontrolling engl. Overhead Management; kurz CO-OM in SAP ERP Financials, umfasst alle Tätigkeiten, die die Koordination, Überwachung und Optimierung indirekter Kosten unterstützen (der Kosten, die nicht direkt einem Produkt oder einer Dienstleistung zugeordnet werden können).

Geschäftsbereich Organisationseinheit im SAP-System; entspricht in der Finanzbuchhaltung einem abgegrenzten Verantwortungsbereich, dem die erfassten Wertebewegungen zugerechnet werden können.

Geschäftspartner natürliche oder legale Person oder eine Gruppe von Personen außerhalb des Unternehmens, mit der/denen das Unternehmen geschäftlich zusammenarbeitet.

Geschäftsprozess Reihe miteinander verbundener Schritte, die zu einem definierten Ergebnis führen sollen und in einer Geschäftsumgebung ausgeführt werden. SAP-Anwendungen unterstützen typische Geschäftsprozesse wie die Fakturierung.

Gewinn- und Verlustrechnung kurz GuV; Teil des Jahresabschlusses, der nach länderspezifischen gesetzlichen Anforderungen erstellt werden muss. Die GuV erfasst eine Aufstellung aller Aufwände und Erträge im Lauf eines Geschäftsjahres.

Governance, Risk, and Compliance kurz GRC; Handlungsmaximen für eine verantwortungsvolle und erfolgreiche Unternehmensführung, in der Risiken erkannt und vermieden sowie externe und interne Normen eingehalten werden.

Graphical User Interface kurz GUI; grafische Benutzeroberfläche, das heißt die Anwendungsoberfläche auf dem Computerbildschirm, über die der Anwender mit dem Rechner kommuniziert.

Hauptbuchhaltung engl. General Ledger; verzeichnet alle buchhalterisch relevanten Geschäftsvorfälle eines Unternehmens auf Sachkonten (Konten im Kontenplan). In SAP ERP Financials durch die Komponente FI-GL abgebildet.

Hintergrundjob Aufgabe, die im SAP-System in einer Hintergrundverarbeitung-ohne das Eingreifen des Benutzers abläuft.

Human Capital Management → SAP ERP Human Capital Management

Human Resources → SAP ERP Human Capital Management

IDES Internet Demonstration and Education System; Modellfirma, deren Geschäftsabläufe im SAP-System zu Trainingszwecken implementiert sind. Alle Unternehmensbereiche sind bereits vorkonfiguriert und integriert dargestellt.

Immobilienmanagement engl. Real Estate Management. Die SAP ERP-Komponente RE umfasst die Verwaltung von Immobilien, das Vertrags- und Flächenmanagement sowie die buchhalterische Abbildung (Kontrolle der Zahlungsströme, Buchungen und Auswertungen, Controlling etc.).

Implementation Guide kurz IMG; Einführungsleitfaden; Menü für das → Customizing des SAP-Systems. Der Leitfaden ist hierarchisch strukturiert und orientiert sich im Aufbau an der Hierarchie der SAP-Komponenten.

Infotyp Informationseinheit in SAP ERP HCM. Gruppen zusammengehöriger Datenfelder werden in Infotypen zusammengefasst, um Informationen zu strukturieren, die Eingabe zu erleichtern und eine zeitabhängige Datenspeicherung zu ermöglichen.

Innenauftrag ermöglicht die Planung, Sammlung und Überwachung von Kosten zu bestimmten Vorgängen und Aufgaben im SAP-System.

Instandhaltung engl. Plant Maintenance. Die SAP-Komponente PM in SAP ERP unterstützt die Planung, Abwicklung und Abrechnung von Instandhaltungsmaßnahmen. Die Komponente wird nun von SAP unter dem Namen SAP Enterprise Asset Management (EAM) vermarktet.

Integration Verknüpfung verschiedener Anwendungen und Zusammenführung von Daten in einer Softwareanwendung, mit dem Ziel effizientere Prozesse und höhere Datenqualität zu erreichen.

Investitionsmanagement engl. Investment Management. Die Komponente IM in SAP ERP unterstützt die Planung und Finanzierung von Sachanlagen, Investitionen in Forschung und Entwicklung, Weiterbildung, Instandhaltungsmaßnahmen etc. im eigenen Unternehmen. Für Finanzanlagen → Treasury.

Kennzahl engl. Key Performance Indicator, kurz KPI; quantitative (in Zahlen messbare) Informationen, die komprimiert (verdichtet) dargestellt werden und die unternehmerischen Erfolge oder Misserfolge widerspiegeln.

Knowledge Management Wissensmanagement; SAP-Lösung, mit der Informationen erstellt, klassifiziert und dargestellt sowie unternehmensweit verteilt werden können.

Konsolidierung im Rechnungswesen die Zusammenführung von Einzelabschlüssen verschiedener Konzerngesellschaften zu einem Konzernabschluss. Im allgemeinen Kontext: Zusammenführen von Daten, Informationen etc.

Kontenplan Verzeichnis aller Konten eines Unternehmens und elementarer Bestandteil der doppelten Buchführung, in der die Konten systematisch gegliedert sind. Er wird auf Basis eines Kontenrahmens im Unternehmen konkret umgesetzt.

Kostenart Kostenarten sind Sachkonten, die für das Controlling relevant sind. Primärkostenarten haben entsprechende Sachkonten in der Finanzbuchhaltung und werden als Ist-Kosten in das Controlling übernommen. Sekundärkostenarten werden ausschließlich für die Kostenabwicklung im Controlling verwendet und haben keine Auswirkungen auf die Finanzbuchhaltung.

Kostenrechnungskreis Organisationseinheit im SAP-System für das Controlling. Auf dieser Ebene werden Aufwendungen und Erlöse verwaltet und zugeordnet. Einem Kostenrechnungskreis können ein oder mehrere Buchungskreise zugeordnet werden.

Kostenstelle unternehmensinternes Kontierungsobjekt, auf das Kosten gebucht werden. Im SAP-System organisatorische Einheit innerhalb eines Kostenrechnungskreises, die einen eindeutig abgegrenzten Ort der Kostenentstehung darstellt.

Kreditorenbuchhaltung engl. Accounts Payable; verbucht alle Geschäftsvorfälle, die Lieferanten betreffen und bezieht ihre Daten im Wesentlichen aus dem Einkauf. Sie wird von der Komponente FI-AP von SAP ERP Financials unterstützt.

Lagerort Organisationseinheit der Logistik im SAP-System, die eine Differenzierung von Beständen innerhalb eines Werkes ermöglicht. Ein Werk kann mehrere Lagerorte haben. In einem komplexen Lager kann ein Lagerort weiter in Lagernummern, Lagertypen und Lagerplätze aufgeteilt werden.

Lagerverwaltung engl. Warehouse Management. Die Komponente WM in SAP ERP dient der Steuerung und Verwaltung innerbetrieblicher Warenbewegungen, dem Wareneingang und -ausgang sowie sämtlichen Prozessen im Lager.

Leistungsart unterteilt die Leistungen, die innerhalb eines Kostenrechnungskreises erbracht werden (in Zeit- oder Mengeneinheiten).

Logistics Execution System kurz LES; Komponente von SAP ERP, das Transport und Versand unterstützt. Dies umfasst die Beförderung von Gütern aller Art mithilfe unterschiedlicher Transportmittel.

Logistikinformationssystem kurz LIS, engl. Logistics Information System; Werkzeug in SAP ERP für die Auswertung von Daten aus Einkauf, Fertigung, Vertrieb, Lager, Instandhaltung, Qualitäts- und Transportmanagement.

Manager Self-Service ermöglicht Führungskräften den Datenzugriff und das Durchführen von Tätigkeiten im SAP-System anhand ihrer Rollen im Unternehmen, zum Beispiel Personal einstellen oder Budgets planen (→ Employee Self-Service).

Mandant oberste Organisationseinheit im SAP-System, ein gesamtes Unternehmen kann zum Beispiel durch einen Mandanten abgebildet werden. Alle innerhalb eines Mandanten aufgehängten Organisationseinheiten (etwa → Buchungskreis) folgen einem Kontenrahmen und werden gemeinsam gesteuert. Die Anmeldung an einem SAP-System geschieht immer in einem Mandanten.

Master Data Management → SAP NetWeaver Master Data Management

Materialwirtschaft engl. Materials Management. Die Komponente MM in SAP ERP unterstützt den gesamten → Einkauf von Einkaufsabwicklung über Bestandsführung bis hin zur → Rechnungsprüfung.

Mobile Anwendungen → SAP NetWeaver Mobile

Online Service System kurz OSS → SAP Service Marketplace

Organisationsstruktur Abbildung der Unternehmensstruktur im SAP-System, in der jeder Unternehmensbereich (zum Beispiel die Finanzbuchhaltung) über Organisationseinheiten strukturiert wird.

Personaladministration engl. Personnel Administration. Die Komponente von SAP ERP HCM (HCM-PA) unterstützt alle Tätigkeiten, die zur Verwaltung der Mitarbeiter im Unternehmen zu erledigen sind. Besonders wichtig ist das Anlegen, Pflegen und Zuordnen von Mitarbeiterdaten.

Personalabrechnung engl. Payroll; Komponente von SAP ERP HCM (HCM-PY), die das Entgelt für einen Mitarbeiter berechnet. Dies umfasst Vorbereitung, Abrechnung, Überweisung, Sozialversicherungsbeiträge sowie die Überleitung in die Finanzbuchhaltung. Bei Personalabrechnungen müssen zahlreiche gesetzliche Bestimmungen berücksichtigt werden (Steuern und Sozialabgaben).

Personalbeschaffung engl. Recruitment; Komponente von SAP ERP HCM (HCM-PR), mit deren Hilfe werden Bewerberdaten verwaltet und so die Suche und Auswahl passender Kandidaten ermöglicht.

Personalbereich Organisationseinheit in SAP ERP HCM; hilft, bei der Dateneingabe Vorschlagswerte zu generieren, dient als Selektionskriterium für Auswertungen und ist wichtig für die Berechtigungsprüfung.

Personalentwicklung Komponente in SAP ERP HCM, heute auch als Talent Management bezeichnet, für eine strategische Personalarbeit, die Weiterbildung und Motivation ermöglicht.

Personalzeitwirtschaft Komponente von SAP ERP HCM (HCM-PT), die zur Erfassung der Arbeitszeiten dient (Anwesenheits- und Pausenzeiten, Dienstreisen, Überstunden, Kurzarbeit, Fehlzeiten etc.).

Produktionsplanung und -steuerung engl. Production Planning and Control. Die Komponente PP aus SAP ERP umfasst die Planung und Steuerung der Logistikabläufe innerhalb der Fertigung. Damit sind die Bereitstellung der Roh-, Hilfs- und Betriebsstoffe, die Vorgänge in der Produktion sowie der Transport der entstehenden Erzeugnisse gemeint.

Produktkostencontrolling engl. Product Costing. Die Komponente CO-PC von → SAP ERP Financials unterstützt die Produktkalkulation und verwendet dazu im Wesentlichen Daten aus der Produktionsplanung (SAP ERP-Komponente PP) und dem Einkauf (SAP ERP- Komponente MM).

Profitcenter-Rechnung engl. Profit Center Accounting; für einen Teil eines Unternehmens, beispielsweise ein Tochterunternehmen oder eine Filiale, wird ein eigener Periodenerfolg ermittelt. Profitcenter sammeln Erlöse und Kosten für die Kostenstelle, für die sie verantwortlich sind, wie ein selbstständiges Unternehmen. Die Profitcenter-Rechnung wird im SAP-System von der Komponente CO-PCA unterstützt.

Qualitätsmanagement engl. Quality Management. Die SAP- Komponente QM dient dazu, die Qualitätsplanung, -prüfung und -lenkung sowie das Problemmanagement zu unterstützen und Qualitätszeugnisse auszustellen. Es erfüllt auch die Anforderungen an ein QM-System nach ISO 9000.

Rechnungsprüfung engl. Invoice Verification; Vergleich von Lieferantenrechnungen mit der Bestellung und dem Wareneingang. In der Komponente MM von SAP ERP dient die Komponente MM-IV zur Rechnungsprüfung.

Return on Investment kurz ROI; Kennzahl, die es ermöglicht, die Rendite des eingesetzten Kapitals zu messen.

Sachkonto Konto im Hauptbuch, das direkt in die Bilanz oder in die Gewinn- und Verlustrechnung eingeht.

SAP Advanced Planning & Optimization kurz SAP APO; Teil von SAP SCM; Software zur Abwicklung und Integration von Absatz-, Distributions- und Produktionsplanung, zur Produktionssteuerung und Fremdbeschaffung sowie zur Lieferantenkooperation.

SAP Business All-in-One integriertes Softwaresystem von SAP, das auf SAP Best Practices für kleine und mittelständische Unternehmen aufbaut.

SAP Business ByDesign On-Demand-Lösung für Kunden aus dem Mittelstand; eine komplett integrierte Lösung mit einfacher Konfiguration, die bei SAP gehostet wird.

SAP Business One SAP-Software für kleinere und mittelständische Unternehmen, die wie SAP ERP alle Kerngeschäftsanforderungen abdeckt.

SAP Business Suite umfassende Unternehmenslösung von SAP, die folgende Lösungen beinhaltet: → SAP ERP, → SAP Customer Relationship Management, → SAP Product Lifecycle Management, → SAP Supply Chain Management, → SAP Supplier Relationship Management.

SAP Business Workflow SAP-Komponente, die eingesetzt wird, um Geschäftsabläufe zu erleichtern. Ein Workflow steuert den Fluss von Dokumenten oder Belegen im SAP-System, an deren Bearbeitung in der Regel mehrere Personen beteiligt sind und die nach einem festgelegten Muster ablaufen müssen.

SAP Customer Relationship Management kurz SAP CRM; SAP-Lösung für die Verwaltung von Geschäftskontakten und Kundenbeziehungen; enthält Funktionen für Marketing, Vertrieb und Kundenservice.

SAP Easy Access Menü Benutzermenü im SAP-System, das nach der Anmeldung am System in Form einer Baumstruktur auf der linken Seite des Bildschirmbildes erscheint. Es dient zur benutzerspezifischen Navigation im SAP-System.

SAP ERP Softwarelösung, die die Kerngeschäftsanforderungen von mittelständischen und großen Unternehmen abdeckt, darunter die Bereiche Personalwirtschaft (SAP ERP HCM), Finanzwesen (SAP ERP Financials), Vertrieb und Logistik (SAP ERP Operations). → Enterprise Resource Planning

SAP ERP Financials Teil von SAP ERP, der Unterstützung für das interne und externe Rechnungswesen (→ Finanzbuchhaltung und → Controlling) sowie das Forderungsmanagement (→ SAP FSCM, → Treasury, → Konsolidierung etc.) bietet.

SAP ERP Human Capital Management kurz SAP ERP HCM; Teil von SAP ERP für die Verwaltung von Personalangelegenheiten wie Personaladministration, Zeitwirtschaft, Personalabrechnung, Reisemanagement.

SAP NetWeaver SAP-Technologieplattform; technische Basis für die meisten SAP-Lösungen.

SAP NetWeaver Application Server früher SAP Web Application Server; technische Basis für die meisten SAP-Produkte. Er besteht aus einem ABAP-Applikationsserver (früher SAP R/3-Basis) und einem Java-EE-Applikationsserver, die gemeinsam oder einzeln eingesetzt werden können.

SAP NetWeaver Business Warehouse kurz SAP NetWeaver BW. → Data Warehouse von SAP

SAP NetWeaver Exchange Infrastructure kurz SAP NetWeaver XI; alter Name für → SAP NetWeaver Process Integration.

SAP NetWeaver Master Data Management kurz SAP NetWeaver MDM; Komponente für das Stammdatenmanagement.

SAP NetWeaver Mobile SAP NetWeaver-Komponente, die es ermöglicht, von unterwegs auf Daten und Anwendung zuzugreifen (zum Beispiel über ein Mobiltelefon).

SAP NetWeaver Portal Komponente von SAP NetWeaver; dient dazu, Informationen und Anwendungen zentral in einem Unternehmensportal zusammenzuführen und einheitlich bereitzustellen.

SAP NetWeaver Process Integration kurz SAP NetWeaver PI; Komponente von SAP NetWeaver, die die Integration von Prozessen und somit die Kommunikation zwischen Anwendungen ermöglicht.

SAP Product Lifecycle Management kurz SAP PLM; SAP-Softwarelösung zur Unterstützung von Produktentwicklung, Projektmanagement, der Verwaltung von Produktplänen und des Qualitätsmanagements.

SAP Projektsystem engl. Project System. Die SAP-Komponente PS unterstützt sowohl die technische als auch die kaufmännische Seite eines Projektes und gewährleistet Projektstrukturierung, Ablaufplanung und Controlling eines komplexen Projektes.

SAP R/3 auf der Client-Server-Architektur von SAP basierende Software, die 1992 eingeführt wurde und Vorgänger von SAP ERP war.

SAP Service Marketplace Onlinehilfesystem von SAP, in dem (Fehler-)Meldungen von Kunden erfasst und von Mitarbeitern der SAP bearbeitet werden (*http://service.sap.com*, Anmeldung erforderlich). In SAP-Hinweisen (früher OSS-Hinweisen) wird Hilfestellung zu verschiedenen Themen gegeben.

SAP Solution Manager ein Support-Werkzeug von SAP, das SAP-Kunden bei der Implementierung und dem Betrieb von SAP-Software unterstützt.

SAP Strategic Enterprise Management kurz SAP SEM; Teil von SAP ERP Financials, der Funktionen zur Unternehmensplanung und Konsolidierung umfasst.

SAP Supplier Relationship Management kurz SAP SRM; SAP-Lösung aus dem Bereich der Logistik, die Unternehmen bei der Abwicklung des Beschaffungsprozesses und der Lieferantenkommunikation unterstützt.

SAP Supply Chain Management kurz SAP SCM; SAP-Lösung aus dem Bereich der Logistik; dient zur Koordination von Angebot und Nachfrage, zur Überwachung der Logistikkette, zur Verwaltung von Distribution, Transport und anderen Logistikbereichen sowie zur Bereitstellung von Collaboration- und Analysewerkzeugen.

Serviceorientierte Architektur kurz SOA; eine Softwarearchitektur, die die Nutzung von austauschbaren Webservices zum Erstellen von Geschäftsprozessen ermöglicht.

Skalierbarkeit die Eigenschaft eines Systems, problemlos erweitert und ausgebaut werden zu können.

Soll und Haben Grundprinzip der doppelten Buchhaltung, nach der Ausgaben (Soll = Mittelverwendung) und Einnahmen (Haben = Mittelherkunft) getrennt verzeichnet werden. Jeder Geschäftsvorfall wird im Soll und im Haben gebucht, jeweils auf verschiedenen Konten.

Solution Manager → SAP Solution Manager

Sparte Organisationseinheit im SAP-System, die vor allem für den Vertrieb genutzt wird. Die Produkte eines Unternehmens werden einer Sparte zugeordnet, um die Zuständigkeit im Vertrieb oder die Gewinnverantwortung für Produkte abzubilden.

Stammdaten engl. Master Data; Informationen, die über einen längeren Zeitraum unverändert bleiben und immer wieder in den Geschäftsabläufen benötigt werden. Name, Adresse und Geburtsdatum eines Mitarbeiters sind Stammdaten.

Supply Chain Management → SAP Supply Chain Management

Transaktionscode alphanumerischer Code, der im SAP-System zur Navigation über das Befehlsfeld dient. So können Sie die benötigten Funktionen direkt aufrufen.

Treasury verwaltet Finanztransaktionen am Geld- und Kapitalmarkt. Die Treasury-Funktionen von SAP ERP Financials unterstützen Unternehmen bei der Risikoanalyse und der Überwachung der finanziellen Risiken am Geld- und Kapitalmarkt.

User-Exit vorgefertigte Andockstellen im SAP-System für Eigenentwicklungen (eigenen Programmcode), ähnlich wie das → Business Add-in.

Veranstaltungsmanagement Komponente in SAP ERP HCM zur Planung, Durchführung und Verwaltung von Veranstaltungen wie Schulungen und Events.

Verkaufsorganisation Organisationseinheit im SAP-System, die das wichtigste Element im Vertrieb darstellt. Sie steht für eine verkaufende Einheit im rechtlichen Sinn und ist für Konditionen verantwortlich. Vollständige Geschäftsvorfälle im Vertrieb werden hier abgewickelt. Ein Buchungskreis kann mehrere Verkaufsorganisationen haben, eine Verkaufsorganisation gehört aber nur einem Buchungskreis an.

Vertrieb engl. Sales and Distribution; bezeichnet alle Prozesse, die notwendig sind, um ein Produkt oder eine Dienstleistung an den Kunden zu bringen. Die Komponente SD unterstützt den Verkauf sowie die Auslieferung und den Transport zum Kunden und ist Teil von SAP ERP.

Vertriebsweg Organisationseinheit im SAP-System, in der im Vertrieb verschiedene Absatzkanäle (zum Beispiel Großhandel) abgebildet werden. Einer Verkaufsorganisation können beliebig viele Vertriebswege zugeordnet werden.

Webservice Baustein aus Programmcode, der eine betriebswirtschaftliche Funktion zur Verfügung stellt und über das Internet bereitgestellt wird. Er ist meist mit anderen Webservices zu einem Geschäftsprozess verknüpft und kann, einmal erstellt, in anderen Geschäftsprozessen wiederverwendet werden.

Werk Organisationseinheit des SAP-Systems in der Logistik, die das Unternehmen aus Sicht der Produktion, Disposition und Instandhaltung gliedert. Ein Werk ist einem Buchungskreis zugeordnet, der jedoch mehrere Werke umfassen kann.

Zeitwirtschaft engl. Personnel Time Planning; dient zur Erfassung und Verwaltung von Zeitdaten in der Personalwirtschaft (Komponente PT in SAP ERP HCM).

C Menüpfade und Transaktionscodes

Allgemein

Batch-Input-System, Transaktion SM35

Benutzereigene Daten pflegen, Transaktion SU3

Business Workplace, Transaktion SBWP

Job definieren, Transaktion SM36

QuickViewer, Transaktion SQVI SAPMS38R

Rollenzuordnung, Transaktion SU01

SAP Query: Benutzergruppenpflege, Transaktion SQ03

SAP Query: InfoSet pflegen, Transaktion SQ02

SAP Query: Queries pflegen, Transaktion SQ01

Materialwirtschaft

Anfrage, Transaktion ME41, ME42, ME43: Logistik ▸ Materialwirtschaft ▸ Einkauf ▸ Anfrage/Angebot ▸ Anfrage ▸ anlegen/ändern/anzeigen

Angebot pflegen, Transaktion ME47: Logistik ▸ Materialwirtschaft ▸ Einkauf ▸ Anfrage/Angebot ▸ Angebot ▸ pflegen

Angebot anzeigen, Transaktion ME48: Logistik ▸ Materialwirtschaft ▸ Einkauf ▸ Anfrage/Angebot ▸ Angebot ▸ anzeigen

Bestandsübersicht, Transaktion MMBE: Logistik ▸ Materialwirtschaft ▸ Bestandsführung ▸ Umfeld ▸ Bestand ▸ Bestandsübersicht

Eingangsrechnung hinzufügen, Transaktion MIRO: Logistik ▸ Materialwirtschaft ▸ Logistik-Rechnungsprüfung ▸ Belegerfassung ▸ Eingangsrechnung hinzufügen

Einkaufsinfosatz, Transaktion ME11, ME12, ME13: Logistik ▸ Materialwirtschaft ▸ Einkauf ▸ Stammdaten ▸ Einkaufsinfosatz ▸ anlegen/ ändern/anzeigen

Enjoy-Bestellanforderung, Transaktion ME51N, ME52N, ME53N: Logistik ▸ Materialwirtschaft ▸ Einkauf ▸ Bestellanforderung ▸ anlegen/ändern/anzeigen

Enjoy-Bestellung, Transaktion ME21N, ME22N, ME23N: Logistik ▸ Materialwirtschaft ▸ Einkauf ▸ Bestellung ▸ Anlegen ▸ Lieferant/Lieferwerk bekannt

Erweiterbare Materialien, Transaktion MM50: Logistik ▸ Materialwirtschaft ▸ Materialstamm ▸ Sonstige ▸ Erweiterbare Materialien

Info-Bibliothek: Logistik ▸ Logistik-Controlling ▸ Logistikinfosystem ▸ Info-Bibliothek

Lagerorte erfassen, Transaktion MMSC: Logistik ▸ Materialwirtschaft ▸ Materialstamm ▸ Sonstige ▸ Lagerorte erfassen

Lieferantenstammsatz, Transaktion XK01, XK02, XK03: Logistik ▸ Materialwirtschaft ▸ Einkauf ▸ Stammdaten ▸ Lieferant ▸ anlegen/ ändern/anzeigen

Löschung eines einzelnen Einkaufsinfosatzes, Transaktion ME15: Logistik ▸ Materialwirtschaft ▸ Einkauf ▸ Stammdaten ▸ Infosatz ▸ Zum Löschen vormerken

Löschung mehrerer Einkaufsinfosätze: Logistik ▸ Materialwirtschaft ▸ Einkauf ▸ Stammdaten ▸ Infosatz ▸ Folgefunktionen ▸ Löschvorschläge

Massenpflege, Transaktion MASS: Logistik ▸ Zentrale Funktionen ▸ Massenpflege ▸ Massenpflege

Materialstammsatz, Transaktion MM01, MM02, MM03: Logistik ▸ Materialwirtschaft ▸ Stammdaten ▸ Materialstamm ▸ anlegen/ändern/anzeigen

Nachricht ausgeben – Anfrage/Angebot, Transaktion ME9A: Logistik ▸ Materialwirtschaft ▸ Einkauf ▸ Anfrage/Angebot ▸ Anfrage ▸ Nachrichten ▸ Nachrichten ausgeben

Nachricht ausgeben – Bestellung, Transaktion ME9F: Logistik ▸ Materialwirtschaft ▸ Einkauf ▸ Bestellung ▸ Nachrichten ▸ Nachrichten ausgeben

Preisspiegel, Transaktion ME49: Logistik ▸ Materialwirtschaft ▸ Einkauf ▸ Anfrage/Angebot ▸ Angebot ▸ Preisspiegel

Warenbewegung, Transaktion MIGO: Logistik ▸ Materialwirtschaft ▸ Bestandsführung ▸ Warenbewegung ▸ Wareneingang zur Bestellung ▸ Bestellnummer bekannt

Vertrieb

Angebot ändern, Transaktion VA21: Vertrieb ▸ Verkauf ▸ Angebot ▸ Ändern

Angebot anlegen, Transaktion VA21: Vertrieb ▸ Verkauf ▸ Angebot ▸ Anlegen

Angebot anzeigen, Transaktion VA21: Vertrieb ▸ Verkauf ▸ Angebot ▸ Anzeigen

Auslieferungsmonitor, Transaktion VL06O: Vertrieb ▸ Versand und Transport ▸ Auslieferung ▸ Listen und Protokolle ▸ Auslieferungsmonitor

Bestandsübersicht, Transaktion MMBE: Materialwirtschaft ▸ Bestandsführung ▸ Umfeld ▸ Bestand ▸ Bestandsübersicht

Debitor ändern, Transaktion VD02: Vertrieb ▸ Stammdaten ▸ Geschäftspartner ▸ Kunde ▸ Ändern (Vertrieb)

Debitor anlegen, Transaktion VD01: Vertrieb ▸ Stammdaten ▸ Geschäftspartner ▸ Kunde ▸ Anlegen (Vertrieb)

Debitor anzeigen, Transaktion VD03: Vertrieb ▸ Stammdaten ▸ Geschäftspartner ▸ Kunde ▸ Anzeigen (Vertrieb)

Faktura ändern, Transaktion VF02: Vertrieb ▸ Fakturierung ▸ Faktura ▸ Ändern

Faktura anlegen, Transaktion VF01: Vertrieb ▸ Fakturierung ▸ Faktura ▸ Anlegen

Faktura anzeigen, Transaktion VF03: Vertrieb ▸ Fakturierung ▸ Faktura ▸ Anzeigen

Faktura ausgeben, Transaktion VF31: Vertrieb ▸ Fakturierung ▸ Nachrichten ▸ Fakturen ausgeben

Fakturavorrat, Transaktion VF04: Vertrieb ▸ Fakturierung ▸ Faktura ▸ Fakturavorrat bearbeiten

Konditionssatz Preisfindung ändern, Transaktion VK12: Vertrieb ▸ Stammdaten ▸ Konditionen ▸ Selektion über Konditionsart ▸ Ändern

Konditionssatz Preisfindung anlegen, Transaktion VK11: Vertrieb ▸ Stammdaten ▸ Konditionen ▸ Selektion über Konditionsart ▸ Anlegen

Konditionssatz Preisfindung anzeigen, Transaktion VK13: Vertrieb ▸ Stammdaten ▸ Konditionen ▸ Selektion über Konditionsart ▸ Anzeigen

Kundenauftrag ändern, Transaktion VA02: Vertrieb ▸ Verkauf ▸ Auftrag ▸ Ändern

Kundenauftrag anlegen, Transaktion VA01: Vertrieb ▸ Verkauf ▸ Auftrag ▸ Anlegen

Kundenauftrag anzeigen, Transaktion VA03: Vertrieb ▸ Verkauf ▸ Auftrag ▸ Anzeigen

Lieferung ändern, Transaktion VL02N: Versand und Transport ▸ Auslieferung ▸ Ändern

Lieferung anlegen, Transaktion VL01N: Vertrieb ▸ Versand und Transport ▸ Auslieferung ▸ Anlegen ▸ Einzelbeleg

Lieferung anzeigen, Transaktion VL03N: Versand und Transport ▸ Auslieferung ▸ Anzeigen

Liste Angebote, Transaktion VA25: Vertrieb ▸ Verkauf ▸ Infosystem ▸ Angebote ▸ Liste Angebote

Liste Aufträge, Transaktion VA05: Vertrieb ▸ Verkauf ▸ Infosystem ▸ Aufträge ▸ Liste Aufträge

Liste Fakturen, Transaktion VF05: Vertrieb ▸ Fakturierung ▸ Infosystem ▸ Fakturen ▸ Liste Fakturen

Material ändern, Transaktion MM02: Vertrieb ▸ Stammdaten ▸ Produkte ▸ Sonstiges Material ▸ Ändern

Material anlegen, Transaktion MM01: Vertrieb ▸ Stammdaten ▸ Produkte ▸ Sonstiges Material ▸ Anlegen

Material anzeigen, Transaktion MM03: Vertrieb ▸ Stammdaten ▸ Produkte ▸ Sonstiges Material ▸ Anzeigen

Finanzwesen

Analyse OP-Fälligkeit, Transaktion S_ALR_87012078: Rechnungswesen ▸ Finanzwesen ▸ Kreditoren ▸ Infosystem ▸ Berichte zur Kreditorenbuchhaltung ▸ Kreditoren Posten ▸ OP Fälligkeitsanalyse

Dauerbuchungen, Transaktion F.14: Rechnungswesen ▸ Finanzwesen ▸ Hauptbuch (oder Debitoren/oder Kreditoren) ▸ Periodische Arbeiten ▸ Dauerbuchungen ▸ Ausführen

Debitor anlegen/ändern/anzeigen, Transaktion FD01/FD02 /FD03: Rechnungswesen ▸ Finanzwesen ▸ Debitoren ▸ Stammdaten ▸ Anlegen/Ändern/Anzeigen

Debitor sperren, Transaktion FD05: Rechnungswesen ▸ Finanzwesen ▸ Debitoren ▸ Stammdaten ▸ Sperren/Entsperren

Debitor zentral anlegen/ändern/anzeigen, Transaktion XD01/XD02/XD03: Rechnungswesen ▸ Finanzwesen ▸ Debitoren ▸ Stammdaten ▸ Zentrale Pflege ▸ Anlegen/Ändern/Anzeigen

Debitor zentral sperren, Transaktion XD05: Rechnungswesen ▸ Finanzwesen ▸ Debitoren ▸ Stammdaten ▸ Zentrale Pflege ▸ Sperren/Entsperren

Debitoren Einzelpostenliste, Transaktion FBL5N: Rechnungswesen ▸ Finanzwesen ▸ Debitoren ▸ Konto ▸ Posten anzeigen/ändern

Debitoren Konto ausgleichen, Transaktion F-32: Rechnungswesen ▸ Finanzwesen ▸ Debitoren ▸ Konto ▸ Ausgleichen

Debitorengutschrift Einbildtransaktion, Transaktion FB75: Rechnungswesen ▸ Finanzwesen ▸ Debitoren ▸ Buchung ▸ Gutschrift

Debitorengutschrift, Transaktion erfassen F-27: Rechnungswesen ▸ Finanzwesen ▸ Debitoren ▸ Buchung ▸ Gutschrift allgemein

Debitoren-Infosystem, Transaktion F.30: Rechnungswesen ▸ Finanzwesen ▸ Debitoren ▸ Infosystem ▸ Werkzeuge ▸ Auswert. Anzeigen

Debitorensalden, Transaktion S_ALR_87012172: Rechnungswesen ▸ Finanzwesen ▸ Debitoren ▸ Infosystem ▸ Berichte zur Debitorenbuchhaltung ▸ Debitorensalden ▸ Debitorensalden in Hauswährung

Debitorenverzeichnis, Transaktion S_ALR_87012179: Rechnungswesen ▸ Finanzwesen ▸ Debitoren ▸ Infosystem ▸ Berichte zur Debitorenbuchhaltung ▸ Stammdaten ▸ Debitorenverzeichnis

Eingangsrechnung hinzufügen, Transaktion MIRO: Logistik ▸ Materialwirtschaft ▸ Logistik-Rechnungsprüfung ▸ Belegerfassung ▸ Eingangsrechnung hinzufügen

Einzelposten Debitor (Kreditor oder Sachkonten), Transaktion FBL3N: Rechnungswesen ▸ Finanzwesen ▸ Hauptbuch ▸ Konto ▸ Posten anzeigen/ändern

Job definieren/Infosystem aktualisieren, Transaktion F.29: Rechnungswesen ▸ Finanzwesen ▸ Debitoren ▸ Infosystem ▸ Werkzeuge ▸ Einstellen ▸ Auswert. erstellen

Kassenbuch verwalten, Transaktion FBCJ: Rechnungswesen ▸ Finanzwesen ▸ Banken ▸ Eingänge ▸ Kassenbuch

Kreditor anlegen/ändern/anzeigen, Transaktion FK01/FK02/FK03: Rechnungswesen ▸ Finanzwesen ▸ Kreditoren ▸ Stammdaten ▸ Anlegen/Ändern/Anzeigen

Kreditor Einbildtransaktion, Transaktion FB60: Rechnungswesen ▸ Finanzwesen ▸ Kreditoren ▸ Buchung ▸ Rechnung

Kreditor zentral anlegen/ändern anzeigen, Transaktion XK01/XK02/XK03: Rechnungswesen ▸ Finanzwesen ▸ Kreditoren ▸ Stammdaten ▸ Zentrale Pflege ▸ Anlegen/Ändern/Anzeigen

Kreditor zentral sperren, Transaktion XK05: Rechnungswesen ▸ Finanzwesen ▸ Kreditoren ▸ Stammdaten ▸ Zentrale Pflege ▸ Sperren/Entsperren

Kreditoren Beleg buchen, Transaktion F-43: Rechnungswesen ▸ Finanzwesen ▸ Kreditoren ▸ Buchung ▸ Rechnung allgemein

Kreditoren Einzelpostenliste, Transaktion FBL1N: Rechnungswesen ▸ Finanzwesen ▸ Kreditoren ▸ Konto ▸ Posten anzeigen/ändern

Kreditoren-Infosystem, Transaktion F.46: Rechnungswesen ▸ Finanzwesen ▸ Kreditoren ▸ Infosystem ▸ Werkzeuge ▸ Auswertungen anzeigen

Löschvormerkung setzen, Transaktion FD06: Rechnungswesen ▸ Finanzwesen ▸ Debitoren ▸ Stammdaten ▸ Löschvormerk. Setzen

Mahnprogramm, Transaktion F150: Rechnungswesen ▸ Finanzwesen ▸ Debitoren ▸ Periodische Arbeiten ▸ Mahnen

Manueller Zahlungsausgang, Transaktion F-53: Rechnungswesen ▸ Finanzwesen ▸ Kreditoren ▸ Buchung ▸ Zahlungsausgang ▸ Buchen

Sachkontenbuchung, Transaktion F-02: Rechnungswesen ▸ Finanzwesen ▸ Hauptbuch ▸ Buchung ▸ Allgemeine Buchung

Zahlprogramm, Transaktion F110: Rechnungswesen ▸ Finanzwesen ▸ Kreditoren ▸ Periodische Arbeiten ▸ Zahlen

Zahlungsausgang mit Formulardruck, Transaktion F-58: Rechnungswesen ▸ Finanzwesen ▸ Kreditoren ▸ Buchung ▸ Zahlungsausgang ▸ Buchen + Formulardruck

Controlling

Anlegen Materialkalkulation, Transaktion CK11N: Rechnungswesen ▸ Controlling ▸ Produktkosten-Controlling ▸ Produktkostenplanung ▸ Materialkalkulation ▸ Kalkulation mit Mengengerüst

Debitorenumsätze, Transaktion S_ALR_87012186: Rechnungswesen ▸ Finanzwesen ▸ Debitoren ▸ Infosystem ▸ Berichte zur Debitorenbuchhaltung ▸ Debitorensalden

Direkte Leistungsver. erfassen, Transaktion KB21N: Rechnungswesen ▸ Controlling ▸ Kostenstellenrechnung ▸ Istbuchungen ▸ Leistungsverrechnung

Ergebnis- und Marktsegmentrechnung, Transaktion KE30: Rechnungswesen ▸ Controlling ▸ Ergebnis- und Marktsegmentrechnung ▸ Infosystem

Ergebnisrechnung, Transaktion KE30: Rechnungswesen ▸ Controlling ▸ Ergebnis- und Marktsegmentrechnung ▸ Infosystem ▸ Bericht ausführen

Innenauftrag anlegen, Transaktion KO01: Rechnungswesen ▸ Controlling ▸ Innenaufträge ▸ Stammdaten ▸ spezielle Funktionen ▸ Auftrag ▸ anlegen

Ist-Abrechnung: Auftrag, Transaktion KO88: Rechnungswesen ▸ Controlling ▸ Innenaufträge ▸ Periodenabschluss ▸ Einzelfunktionen ▸ Abrechnung

Kostenstelle anlegen, Transaktion KS01: Rechnungswesen ▸ Controlling ▸ Kostenstellenrechnung ▸ Stammdaten ▸ Kostenstelle ▸ Einzelbearbeitung

Kostenstellen: Planungsübersicht, Transaktion KSBL: Rechnungswesen ▸ Controlling ▸ Kostenstellenrechnung ▸ Infosystem ▸ Berichte zur Kostenstellenplanung ▸ Planungsberichte

Kostenstellengruppe anlegen, Transaktion KS01: Rechnungswesen ▸ Controlling ▸ Kostenstellenrechnung ▸ Stammdaten ▸ Kostenstellengruppe ▸ Anlegen / Ändern / Anzeigen

Kostenstellenplanung, Planerprofil setzen, Transaktion KP04: Rechnungswesen ▸ Controlling ▸ Kostenstellenrechnung ▸ Planung

Kostenstellenplanung, Planerprofil setzen, Transaktion KP46: Rechnungswesen ▸ Controlling ▸ Kostenstellenrechnung ▸ Planung ▸ Statistische Kennzahlen

Kostenstellenplanung, Statistische Kennzahlen, Transaktion KP46: Rechnungswesen ▸ Controlling ▸ Kostenstellenrechnung ▸ Planung ▸ Statistische Kennzahlen

Kreditoren Salden, Transaktion S_ALR_87012082: Rechnungswesen ▸ Finanzwesen ▸ Kreditoren ▸ Infosystem ▸ Berichte zur Kreditorenbuchhaltung ▸ Kreditorensalden

Kundenauftrag analysieren, Transaktion KKBC_ORD: Instandhaltung ▸ Instandhaltungsabwicklung ▸ Kapazitätsplanung ▸ Abgleich ▸ Allgemein ▸ Bedarf ▸ Fertigungsauftrag ▸ Infosystem ▸ Controllingberichte ▸ Auftragsbezogenes Produkt-Controlling ▸ Detailberichte ▸ zu Aufträgen

Leistungsarten Plandaten ändern, Transaktion KP26: Rechnungswesen ▸ Controlling ▸ Kostenstellenrechnung ▸ Planung ▸ Leistungserbringung/Tarife

Manuelle Umbuchung Kosten erfassen, Transaktion KB11N: Rechnungswesen ▸ Controlling ▸ Kostenstellenrechnung ▸ Istbuchungen ▸ Man. Umbuchung Kosten

Offene Debitorenposten, Transaktion S_ALR_87012173: Rechnungswesen ▸ Finanzwesen ▸ Debitoren ▸ Infosystem ▸ Berichte zur Debitorenbuchhaltung ▸ Debitoren Posten

Periodensperre pflegen, Transaktion OKP1: Rechnungswesen ▸ Controlling ▸ Kostenstellenrechnung ▸ Umfeld ▸ Periodensperre ▸ ändern

Planung Kostenart./Leistaufn. ändern, Transaktion KP06: Rechnungswesen ▸ Controlling ▸ Kostenstellenrechnung ▸ Planung ▸ Kosten/Leistungsaufnahmen/ändern

Planung Kostenart./Leistaufn. ändern, Transaktion KPF6: Rechnungswesen ▸ Controlling ▸ Innenaufträge ▸ Planung ▸ Kosten/Leistungsaufnahmen/ändern

Produktkalkulation mit Mengengerüst, Transaktion S_P99_41000111: Rechnungswesen ▸ Controlling ▸ Produktkosten-Controlling ▸ Produktkostenplanung ▸ Infosystem ▸ Objektliste ▸ zum Material

Standardhierarchie ändern, Transaktion OKEON: Rechnungswesen ▸ Controlling ▸ Kostenstellenrechnung ▸ Stammdaten ▸ Standardhierarchie ▸ ändern

Standardhierarchie anzeigen, Transaktion OKENN: Rechnungswesen ▸ Controlling ▸ Kostenstellenrechnung ▸ Stammdaten ▸ Standardhierarchie ▸ anzeigen

Vergleich des laufenden Jahres zum Vorjahr, Transaktion S_ALR_87010779: Infosysteme ▸ Allgemeine Berichtsauswahl ▸ Controlling ▸ Kalku. Ergebnisrechnung S001 ▸ Akt. Jahr-/Vorjahr-Berichte

Personalwirtschaft

Abrechnung starten, Transaktion PC00_M01_CALC: Personal ▸ Personalabrechnung ▸ Europa ▸ Deutschland ▸ Abrechnung

Abrechnungssimulation, Transaktion PC00_M01_CALC_SIMU: Personal ▸ Personalabrechnung ▸ Europa ▸ Deutschland ▸ Abrechnung

Abrechnungsstatus eines Mitarbeiters, Transaktion PU03: Personal ▸ Personalzeitwirtschaft ▸ Administration ▸ Werkzeuge ▸ Werkzeugauswahl ▸ Abrechnungsstatus

Abrechnungsverwaltungssatz pflegen, Transaktion PA03: Personal ▸ Personalabrechnung ▸ Europa ff.

Arbeitsplatz Personalzeitmanagement, Transaktion PTMW: Personal ▸ Personalzeitwirtschaft ▸ Administration

Arbeitsvorrat Zeitwirtschaft, Transaktion PT40: Personal ▸ Personalzeitwirtschaft ▸ Administration ▸ Zeitauswertung

Benutzerspezifische Einstellungen, Transaktion PSVI: Personal ▸ Veranstaltungsmanagement ▸ Einstellungen

Entgeltnachweis, Transaktion PC00_M01_CEDT: Personal ▸ Personalabrechnung ▸ Europa ▸ Deutschland ▸ Abrechnung

Genehmigung von Reiseanträgen und Reisekostenabrechnungen/Übersicht, Transaktion PRAP: Rechnungswesen ▸ Finanzwesen ▸ Reisemanagement ▸ Reisekostenabrechnung ▸ Periodische Arbeiten

Infosystem, Transaktion PSV3: Personal ▸ Veranstaltungsmanagement ▸ Ressourcen ▸ Infosystem

Organisationsobjekte pflegen, Transaktion PP01: Logistik ▸ Kundenservice ▸ Umfeld ▸ Organisation ▸ Expertenmodus

Organisationsstruktur anzeigen, Transaktion PPOSE: Logistik ▸ Kundenservice ▸ Serviceabwicklung ▸ Umfeld ▸ Organisation ▸ Aufbauorganisation ▸ Organisation und Besetzung

Organisationsstruktur pflegen, Transaktion PPOME: Collaboration Projects ▸ Stammdaten ▸ Organisationsmodell

Personalmaßnahmen durchführen, Transaktion PA40: Personal ▸ Personalmanagement ▸ Administration ▸ Personalstamm

Personalstammdaten anzeigen, Transaktion PA20: Personal ▸ Personalmanagement ▸ Administration ▸ Personalstamm

Personalstammdaten pflegen, Transaktion PA30: Personal ▸ Personalmanagement ▸ Administration ▸ Personalstamm

Planungsmanager, Transaktion TP01: Rechnungswesen ▸ Finanzwesen ▸ Reisemanagement ▸ Reiseplanung

Reisekostenformular (Standardformular), Transaktion PRF0: Rechnungswesen ▸ Finanzwesen ▸ Reisemanagement ▸ Reisekostenabrechnung ▸ Periodische Arbeiten ▸ Formulare drucken

Reisekostenmanager: Erfassen von Reiseabrechnungen, Abrechnen einzelner Reisen, Transaktion PR05: Rechnungswesen ▸ Finanzwesen ▸ Reisemanagement ▸ Reisekostenabrechnung

Reisemanager: Erfassen von Anträgen und Reiseabrechnungen, Transaktion TRIP: Rechnungswesen ▸ Finanzwesen ▸ Reisemanagement

Reisen abrechnen, Transaktion PREC: Rechnungswesen ▸ Finanzwesen ▸ Reisemanagement ▸ Reisekostenabrechnung ▸ Periodische Arbeiten

Ressourcenmenü, Transaktion PSVR: Personal ▸ Veranstaltungsmanagement ▸ Ressourcen

Schnellerfassung Zeitdaten, Transaktion PA71: Personal ▸ Personalzeitwirtschaft ▸ Administration ▸ Zeitdaten

Teilnahmemenü, Transaktion PSV1: Personal ▸ Veranstaltungsmanagement ▸ Teilnahmen

Veranstaltungsmenü, Transaktion PSV2: Personal ▸ Veranstaltungsmanagement ▸ Veranstaltungen

Zeitabrechnung, Transaktion PT60: Personal ▸ Personalzeitwirtschaft ▸ Administration ▸ Zeitauswertung

Zeitdaten anzeigen, Transaktion PA51: Personal ▸ Personalzeitwirtschaft ▸ Einsatzplanung ▸ Umfeld

Zeitdaten pflegen, Transaktion PA61: Personal ▸ Personalzeitwirtschaft ▸ Einsatzplanung ▸ Umfeld

Zeitnachweis, Transaktion PT61: Personal ▸ Personalzeitwirtschaft ▸ Administration ▸ Zeitauswertung

D Schaltflächen, Tastenkombinationen und Funktionstasten

Tastenkombinationen

Aktion	Tastenkombination
Aktionen Schritt für Schritt abbrechen	[Esc]
Alles markieren	[Strg]+[A]
Ausgewähltes Element aktivieren	[↵] oder [Leertaste]
Ausschneiden	[Strg]+[X]
Einfügen	[Strg]+[V]
Eintrag in der Liste aktivieren	[↵]
Ersetzen	[Strg]+[H]
In der Liste der auswählbaren Einträge navigieren	[←], [↓], [→], [↑]
Kopieren	[Strg]+[C]
Löschen	[Entf] (Nummernblock)
Suchen	[Strg]+[F]
Wiederholen	[Strg]+[Y]
Zeile ausschneiden	[Strg]+[⇧]+[X]
Zeile duplizieren	[Strg]+[D]
Zeile kopieren	[Strg]+[⇧]+[T]
Zeile löschen	[Strg]+[⇧]+[1]
Zeile nach oben verschieben	[Strg]+[Alt]+[8] (Nummernblock)
Zeile nach unten verschieben	[Strg]+[Alt]+[2] (Nummernblock)
Zeilen tauschen	[Strg]+[Alt]+[T]

Aktion	Tastenkombination
Zum Menü springen	[Alt]
Zum nächsten Element navigieren	[⭾]
Zum vorigen Element navigieren	[⇧]+[⭾]
Zur nächsten Gruppe navigieren	[Strg]+[⭾]
Zur vorigen Gruppe navigieren	[⇧]+[Strg]+[⭾]
Zurücknehmen	[Strg]+[Z]
SAP Easy Access Menü auffrischen	[Strg]+[F1]

Funktionstasten

Funktionstaste	Bedeutung
[F1]	Hilfe
[F3]	zurück
[F4]	Suchliste anzeigen
[F5]	Übersicht
[F6]	in persönliche Werteliste übernehmen
[F12]	Abbrechen

Schaltflächen

Systemfunktionsleiste

Schaltfläche	Tastenkombination	Funktion
	[↵]	Enter
	[Strg]+[S]	Speichern
	[F3]	zurück
	[⇧]+[F3]	Beenden

Schaltfläche	Tastenkombination	Funktion
	F12	Abbrechen
	Strg + P	Drucken
	–	neuer Modus
	F1	F1-Hilfe
	Strg + F	Suchen
	Strg + G	Weitersuchen
	Strg + Bild ↑	erste Seite
	Strg + Bild ↓	letzte Seite
	Bild ↑	Seite vor
	Bild ↓	Seite zurück
	–	Desktop-Verknüpfung
	Alt + F1	lokales Layout anpassen

Allgemeine Funktionen

Schaltfläche	Tastenkombination	Funktion
	F8	Ausführen
	F6	Anlegen
	–	Kopieren
	Strg + ⇧ + F3	Favoriten ändern
	Strg + F6	Anzeigen
	F7	Umschalten: Anzeigen/Ändern

Schaltfläche	Tastenkombination	Funktion
	F7	alle Zeilen markieren
	F8	Markierung aufheben
	–	Variante holen
	F5	Belegübersicht anzeigen
	⇧+F6	Hilfe zum Bild
	–	Mehrfachselektion
	–	Auffrischen
	⇧+F2	Löschen
	–	Sperren
	–	Entsperren
	Strg+⇧+F6	Freigabe
	F12	Abbrechen
	Strg+⇧+F6	Favoriten hinzufügen
	⇧+F2	Favoriten löschen
	–	Dienste zum Objekt
	⇧+F5	nächsten Beleg anzeigen
	F6	Belegkopf anzeigen
	–	Selektionsvariante

F4-Hilfe

Schaltfläche	Funktion
	Suche ausführen
	Schließen
	Mehrfachselektion
	Dokumentation
	Trefferliste drucken
	Wert in persönliche Trefferliste übernehmen
	Wert aus persönlicher Wertelist löschen
	Wechsel zur persönlichen Werteliste
	alle Werte anzeigen

Berichte

Schaltfläche	Tastenkombination	Funktion
	Strg + F4	aufsteigend sortieren
	Strg + ⇧ + F4	absteigend sortieren
	Strg + F5	Filter setzen
	Strg + F6	Summe
	Strg + ⇧ + F6	Zwischensummen
	Strg + F8	Layout ändern
	Strg + ⇧ + F11	Diagramm erstellen
	–	Massenänderung

Schaltfläche	Tastenkombination	Funktion
	Strg+F7	Nachricht versenden
	Strg+⇧+F9	lokale Datei
 	Strg+⇧+ F7/F8	Export nach Textverarbeitung/ Tabellenkalkulation
	Strg+F1	ABC-Analyse
	Strg+⇧+F3	Details anzeigen

E Literaturverzeichnis

- Bomann, Stefan; Hellberg Torsten: Rechnungsprüfung mit SAP MM. Galileo Press 2008
- Brück, Uwe: Praxishandbuch SAP-Controlling. 3., aktualisierte Auflage, Galileo Press 2009.
- Forsthuber, Heinz; Siebert, Jörg: Praxishandbuch SAP-Finanzwesen. 4., erweiterte Auflage, Galileo Press 2010.
- Hellberg, Torsten: Einkauf mit SAP MM. 2. aktualisierte und erweiterte Auflage, Galileo Press 2009.
- Junold, Anja; Buckowitz, Christian; Cuello, Nathalie; Möller, Sven-Olaf: Praxishandbuch SAP-Personalwirtschaft. Galileo Press 2011.
- Kappauf, Jens; Koch, Matthias; Lauterbach, Bernd: Discover Logistik mit SAP. Galileo Press 2010.
- Scheibler, Jochen; Maurer, Tanja: Praxishandbuch Vertrieb mit SAP. 3., aktualisierte und erweiterte Auflage, Galileo Press 2010.
- Then, Tobias: Einkauf mit SAP. Der Grundkurs für Einsteiger und Anwender. Galileo Press 2011.

F Der Autor

Olaf Schulz arbeitet als SAP-Berater für den Groß- und Einzelhandelsbereich (SAP for Retail) sowie als zertifizierter Trainer für bundesweite SAP-Bildungspartner. Er verfügt über 15 Jahre Berufserfahrung in der IT und Organisation mit den Schwerpunkten: Prozessberatung, Systementwicklung, CRM, Projektmanagement, Netzwerkadministration und Anwenderschulung. Zusammen mit den Fachabteilungen hat er deren Anforderungen analysiert, umgesetzt und in Unternehmen eingeführt. Mit seinem Buch möchte er Anwender und Seminarteilnehmer mit strukturierten und leicht verständlichen Anleitungen bei der Einarbeitung in das komplexe Thema SAP unterstützen. Seine Erfahrungen aus seiner Tätigkeit in der Anwenderbetreuung sowie aus zahlreichen Trainings, die er durchgeführt hat, fließen in dieses Buch ein.

Index

A

ABAP ... 51, 358
ABAP List Viewer → ALV
ABAP-Report-Generator ... 133
abbrechen ... 81, 98
Ablage ... 171
Abmelden ... 84
Abschlussarbeit ... 260, 273, 278
Abstimmkonto ... 254, 257, 358
Abweichungsanalyse ... 290
Accounts Payable → Kreditorenbuchhaltung
Accounts Receivable → Debitorenbuchhaltung
Aktionen Schritt für Schritt abbrechen ... 95
Aktiva ... 252
alles markieren ... 95
ALV ... 124
ALV Grid Control ... 124
  Navigationsmöglichkeit ... 126
am SAP-System anmelden ... 73
  Erstanmeldung ... 75
  nach der ersten Anmeldung ... 78
Angebot ... 230, 240
Ankreuzfeld ... 98
Anlagenbuchhaltung ... 255, 358
Anmeldename ... 73
Anmeldesprache ... 77
  ändern ... 105
  hinterlegen ... 77
Anmeldung ... 73
Anpassbarkeit ... 27
Anwender-PC ... 23
Anwendungsbasis ... 51
Anwendungsschicht ... 23, 32
Anzeigefeld ... 96
Applikationsserver ... 51
Arbeitsplan ... 295
Arbeitsumfeld ... 171
Arbeitsumgebung ... 165
Arbeitszeit ... 40, 321
Arbeitszeitplan ... 321
Artikel ... 204
Asset Accounting → Anlagenbuchhaltung
Aufbauorganisation ... 308
Auftrag → Kundenauftrag
Auftragsart ... 231
Aufzeichnungsübersicht ... 160
Ausgabeauftrag ... 136
Ausgabegerät ... 106
Ausgabesteuerung ... 154
Auslieferung ... 231, 242, 243, 274
  anlegen ... 242
  durchführen ... 346
Ausschneiden ... 95
Auswahlknopf ... 98
Auswertung ... 123, 226, 249, 279, 302, 325
Authentifizierung ... 358
Auto Reply einrichten ... 173
automatisches Tabbing ... 110
automatisches Zahlprogramm ... 273
Automatisierung ... 145

B

BAdI ... 359
BANF ... 198, 358
Bankbuchhaltung ... 255
BAPI ... 359
Basis ... 51
Batch-Input ... 157
Batch-Input-Mappe ... 157, 166
  abspielen ... 161
  Abspielmodus ... 162
  bearbeiten ... 162
  erstellen ... 157
  Mappenübersicht ... 161
Bedarfsermittlung ... 199
Befehlsfeld ... 82, 91
Beleg ... 220, 224, 231
Belegart ... 254
Belegnummer ... 244
Belegprinzip ... 252, 358
Benutzer ... 189
Benutzerdaten pflegen ... 104, 118
Benutzereinstellung ... 104
Benutzerkennwort → Kennwort

Benutzername 75
Benutzeroberfläche 23, 78, 108
Benutzeroberflächenfarbe ändern 111
Benutzervorgabe 118
Berechtigung 189, 358
Berechtigungskonzept 190, 308
Berechtigungsobjekt 191
Berechtigungsprofil 191
Bericht 123, 226, 249, 279, 300, 302
erstellen 123
exportieren 129
im SAP Easy Access Menü 129
Programmkatalog 128
suchen 127
Variante 128, 131
Beschaffung 198
Bestand
frei verwendbarer 218
gesperrter 218
Qualitätsprüfung 218
Bestandsart 218
Bestandsführung 41, 201, 218, 358
Bestandsübersicht 221
Bestellabwicklung 200
Bestellanforderung → BANF
Bestellüberwachung 200
Bestellung 198, 215, 261, 262
ändern 215
anlegen 215, 216, 334
anzeigen 215
Aufbau 216
Betriebsergebnis 299
Bewegungsart 218
Bewegungsdaten 62, 358
Bewerberauswahl 314
Bewerberdaten 40
Bewerberdaten verwalten 305, 311, 364
Bewerberkurzporträt 314
Bewerberportal 313
Bewerberstammsatz 313
BEx 134
Bezugsquellenermittlung 199
Bilanz 39, 252, 258, 358
Bildschirmabzug erstellen 143
Bildschirmbereich 96
Block-Cursor im Überschreibmodus 110
Bonitätsprüfung 274
Branchenlösung 27, 47, 358
Buch 358
Buchhaltung → Finanzbuchhaltung
Buchhaltungsbeleg 220, 224
Buchhaltungsdaten 234
Buchung 254
Buchungskreis .. 57, 58, 201, 255, 287, 358
Büroorganisation 173
Business Add-in → BAdI
Business Application Programming Interface → BAPI
Business Explorer 359
Business Explorer → BEx
Business Intelligence 50, 359
Business Workplace 165, 359
BusinessObjects 25
Button → Schaltfläche

C

CATS 322, 359
Checkbox → Ankreuzfeld
Client → Mandant
Client-Server-Architektur 23, 32, 359
CO 36, 225, 281, 359
CO-OM 287
CO-PA 297
CO-PC 294
Compliance 359
Conto pro Diverse → CpD-Konto
Controlling 38, 225, 281, 359
operatives 282
strategisches 282
Corporate Governance 38, 39
CpD-Konto 261
Cross-Application Time Sheet → CATS
CS 37, 359
Cursor
an Textende stellen 110
Breite 110
Eigenschaften ändern 109
in Listen 110
Position 110
Customer Relationship Management → SAP CRM
Customer Service 359
Customizing 28, 56, 359

D

Data Warehouse ... 50, 359
Daten
halten ... 120
löschen ... 120
setzen ... 120
Daten eingeben ... 94
Datenbank ... 23, 360
Datenbankschicht ... 23, 32
Datenschutz ... 190, 315
Datenträgeraustausch ... 323
Datumsdarstellung ... 106
Debitorenbuchhaltung ... 254, 273, 360
Debitorenkonto ... 245, 275
Debitorenstammdaten ... 273
Debitorenstammsatz ... 233
Deckungsbeitragsrechnung → Teilkostenrechnung
Desktop-Verknüpfung ... 71
Dezimaldarstellung ... 106
Dialogfenster ... 98
Dienstleistungsbranche ... 48
Disposition ... 199, 360
doppelte Buchführung ... 253, 360
Drei-Schichten-Konzept ... 23, 33
Druckausgabegerät ... 138
drucken ... 81, 106, 135
Druckereinrichtung ... 142
Druckfunktion → drucken
Druckvorschau einer Rechnung ... 244

E

EAM → PM
EC ... 37, 360
Echtzeit ... 22, 32, 257
Echtzeitverarbeitung ... 22, 27
EDI ... 137, 146, 360
EH&S ... 37
eigene Benutzerdaten
Abteilung ... 105
Adresse ... 104
Anrede ... 105
E-Mail-Adresse ... 105
Name ... 105
Telefonnummer ... 105
Eigenentwicklung ... 30
Einfügemodus ... 84
Einfügen ... 95
Einführungsleitfaden → IMG
Einführungsprojekt ... 22, 28
Eingabefeld ... 96
Eingabehilfe → Wertehilfe
Eingangszahlung ... 275
Einkauf ... 41, 44, 197, 201, 260, 261, 360
Einkäufergruppe ... 57, 59, 202, 360
Einkaufsinfosatz ... 212
Einkaufsinfosatz anlegen ... 333
Einkaufsorganisation ... 57, 59, 202, 360
Einzelfertigung ... 41
Einzelkosten ... 287
Electronic Data Interchange → EDI
elektronischer Kontoauszug ... 278
Empfänger suchen ... 168
Employee Self-Service → ESS
Enhancement Package → Erweiterungspaket
Enterprise Controlling ... 360
Enterprise Resource Planning ... 24, 360
Entgeltabrechnung → Personalabrechnung
Entwicklungssystem ... 72
Ergebnis- und Marktsegmentrechnung → Ergebnisrechnung
Ergebnisbereich ... 286, 299, 361
Ergebnisbericht ... 301
Ergebnisbericht erstellen ... 350
Ergebnisrechnung ... 285, 297
Erlös ... 282
ERP Central Component ... 361
ERP-System ... 24
Erstanmeldung ... 75
Erweiterbarkeit ... 27
Erweiterungspaket ... 25
ESS ... 40, 322, 360
externes Rechnungswesen → Finanzbuchhaltung

F

F1-Hilfe ... 98, 177, 380
F3-Taste ... 380
F4-Hilfe ... 96, 99, 178, 179, 380, 383
F5-Taste ... 380
F6-Taste ... 380
F12-Taste ... 380

Faktura → Rechnung
Fakturierung ... 231
Fallbeispiel ... 327
Beispielunternehmen ... 328
Organisationseinheit ... 329
Unternehmensstruktur ... 329
falsche Kennworteingabe ... 78
Farbeinstellung ... 111
Farbschema auswählen ... 111
Favoriten
am Ende der Liste anzeigen ... 88
Datei ... 116
im SAP Easy Access Menü anzeigen ... 88
löschen ... 116
nur Favoriten anzeigen ... 88
Programm ... 116
Transaktion ... 113
Webseite ... 115
Favoriten erstellen ... 112
Drag & Drop ... 113
über Menüzeile ... 113
über rechte Maustaste ... 114, 115
Feld ... 96
Feld vorbelegen ... 116
Feldgruppe → Bildschirmbereich
Feldhilfe ... 177
Feldwert ... 96
Fertigungsauftrag ... 41
Fertigungsindustrie ... 47
Festwert ... 105
FI ... 36, 225, 251, 361
FI-AP ... 260
FI-GL ... 257
Financial Supply Chain Management → FSCM
Finanzbuchhaltung ... 38, 225, 251, 252, 323, 361
Finanzdienstleister ... 48
Finanzwesen ... 38
fixe Kosten ... 284
Forderung ... 273
Forderungskonto ... 254
Forderungsmanagement ... 273
Fremdkapitalgeber ... 252
FSCM ... 37, 39, 361
Funktionstaste ... 81, 97, 380
Funktionstrennung ... 190

G

Gegenbuchung ... 263
Gemeinkosten ... 284, 287
echte ... 287
unechte ... 287
Gemeinkostencontrolling ... 285, 287, 361
General Ledger → Hauptbuch
Geschäftsbereich ... 255, 361
Geschäftsprozess ... 31, 361
Geschäftsvorfall ... 258
Gewinn ... 282, 297
Gewinn- und Verlustrechnung → GuV
gleitender Durchschnittspreis ... 208, 295
Glossar ... 182
Governance, Risk, and Compliance → GRC
grafische Benutzeroberfläche → SAP GUI
Graphical User Interface → SAP GUI
GRC ... 361
Größe ändern ... 80
Großrechenanlage ... 21
Grundliste ... 125
Gruppenrahmen → Bildschirmbereich
GuiXT ... 112
GuV ... 39, 252, 258, 361

H

Haben ... 367
Halten Daten ... 120
Handelsgesetzbuch → HGB
Hardcopy ... 143
Hauptbuch ... 253, 257
Hauptbuchhaltung ... 254, 256, 361
Hauptbuchkonto → Sachkonto
HCM
PA ... 37, 364
PD ... 37
PE ... 37
PT ... 364, 368
PY ... 364
RC ... 364
HGB ... 252
Hilfe ... 82, 177
Hilfe zur Anwendung ... 181
Hilfe-Einstellung ... 185
Hilfe-Menü ... 180

Hintergrundjob 145, 361
anlegen 146
starten 153
Hintergrundverarbeitung 145, 361
historische Daten 315
Human Resources → Personalwirtschaft

I

IBM DB2 23
Icon → Schaltfläche
IDES 16, 362
IM 362
IMG 28
Immobilienmanagement 362
Implementation Guide → IMG
in der Liste der auswählbaren Einträge navigieren 95
Industry Solution → Branchenlösung
Informationsfeld 96
Informationsintegration 50
InfoSet Query 133
Infosystem 279, 325
Infotyp 40, 309, 316, 362
Innenauftrag 290, 362
Instandhaltung 362
Integration 22, 23, 25, 27, 50, 362
internes Rechnungswesen → Controlling
Internet 24
Inventory Management → Bestandsführung
Inventur 218
Investitionsmanagement 362
Investitionsrechnung 39
Investment Management → Investitionsmanagement
Invoice Verification → Rechnungsprüfung
Ist-Kosten 283

J

Java 51
Job → Hintergrundjob
Job Wizard 146, 150
Jobklasse 150
Jobname 150

K

Kanban 41
Kannfeld 96
Kennwort 73, 75, 105
ändern 76
falsches 78
Regeln 75
Kennzahl 282, 362
Kennzeichen → Ankreuzfeld
Key Performance Indicator → Kennzahl
Knowledge Management 362
Knowledge Management → Wissensmanagement
Kommissionierung 231
Komponente 36
Kondition 232, 238
Kondition anlegen 344
Konditionsart 239
Konditionsstammsatz 238
Konsolidierung 362
Kontenplan 253, 256, 257, 362
Kopieren 95
Korrekturbuchung 273
Kosten 282
Kostenart 257, 291, 362
primäre 293
sekundäre 293
Kostenplanung 282
Kostenrechnung 39
Kostenrechnungskreis 286, 291, 363
Kostenstelle 288, 363
Kostenstellengruppe 289
Kostenstellenrechnung 288
Kostenträger 284
Kostenzuordnung 282
KPI → Kennzahl
Kreditor 209
Kreditorenbuchhaltung 254, 260, 363
Kreditoren-Einzelpostenliste 264
Kreditorenkonto 264
Kreditorenrechnung 222
Kreditorenrechnung erfassen 267
Kreditorenstamm 260
Kreditorenumsatz 271
Kunde 233, 273
Kundenanfrage 230, 240
Kundenauftrag 230, 241
Kundenauftrag erfassen 241

Kundenauftragsabwicklung ... 240
Kundenbeziehungsmanagement → SAP CRM
Kundenkonto → Debitorenkonto
Kundenservice ... 41, 42
Kundenstammsatz ... 233
Kundenstammsatz anlegen ... 341
Kurznachricht versenden ... 167

L

Lagermaterial ... 215
Lagerort ... 59, 202, 233, 287, 363
Lagerverwaltung ... 46, 363
Länderversion ... 323
Layout-Menü ... 108, 111
Ledger → Buch
Leistungsart ... 290, 363
Leistungsrechnung ... 39
LES ... 37, 363
Lieferant ... 44, 199
Lieferantenauswahl ... 200
Lieferantenbeziehung ... 44
Lieferantenrechnung ... 222
Lieferantenstamm ... 209
Lieferantenstammsatz anlegen ... 332
Lieferbeleg ... 274
Liefersperre ... 273
Liefertermin ... 246
Lieferung → Auslieferung
Liquidität ... 39
LIS ... 134, 363
Liste exportieren ... 129
Local Area Network → lokales Netzwerk
Logistics Execution System ... 363
Logistik ... 37, 41, 197
Logistikinformationssystem ... 363
Logistikinformationssystem → LIS
Logistikkette ... 41, 42
Lohn- und Gehaltsabrechnung ... 40
lokales Layout anpassen ... 82, 98, 108
lokales Netzwerk ... 33
Löschen Daten ... 120

M

Mahnstufe ... 273
Mahnung ... 273, 275
Manager Self-Service ... 363
Mandant ... 57, 58, 73, 75, 201, 363
Mappe → Batch-Input-Mappe
Mappenbaum ... 171
Mappeninhaltsliste ... 171
Mappenübersicht ... 161
Marketing ... 43
Massendatenübernahme ... 157
Master Data Management → Stammdatenmanagement
Master Data → Stammdaten
Material ... 204, 294
Materialart ... 204
Materialbeleg ... 220
Materialbewertung ... 41
Materialkalkulation ... 296
Materialnummer ... 204
Materials Management → Materialwirtschaft
Materialstamm ... 63, 203
Materialstammdaten ... 41
Materialstammsatz ... 236
  anlegen ... 330
  um Vertriebsdaten erweitern ... 342
Materialwirtschaft ... 41, 197, 260, 261, 274, 363
maximieren ... 80
Mengengerüst ... 296
Menüleiste ... 79, 80
Menüpunkt
  Hilfe ... 79
  System ... 79
Merkmal ... 298
Microsoft Excel ... 130
Microsoft SQL Server ... 23
Minimieren ... 80
Mitarbeiter einstellen ... 305
Mitarbeiterintegration ... 50
Mitbuchkonto → Abstimmkonto
Mittelstand ... 25, 48
MM ... 37, 197, 246, 260, 261, 274, 360, 363
  IM ... 218
  IV ... 222, 365
mobile Anwendung ... 43

mobiles Gerät ... 43, 50
Modul → Komponente
Modus ... 100
erlaubte Anzahl ... 101
erzeugen ... 80, 81, 100
schließen ... 102
Systemperformance ... 102
wechseln ... 101
Montageabwicklung ... 41
Mussfeld ... 96
mySAP ERP ... 25
mySQL ... 23

N

Nachricht
akustisches Signal ... 109
Dialogfenster ... 109
Nachricht versenden ... 167
Nachrichtensteuerung ... 231
Nachverfolgung ... 46
Navigation ... 82
Registerkarte ... 96
SAP Easy Access Menü ... 89
Transaktionscode ... 91
Nebenbuch ... 253
Nebenbuchhaltung ... 254
neues Hauptbuch ... 38
New General Ledger → neues Hauptbuch

O

offenen Posten anzeigen ... 338
öffentliche Verwaltung ... 48
OM ... 37
On-Demand-Lösung ... 49
Onlineverarbeitung ... 146
Oracle ... 23
Order to Cash ... 274
Ordner
öffnen ... 89
schließen ... 89
Organigramm ... 55, 308
Organisationseinheit ... 56, 201, 232, 286, 309
Organisationsmanagement ... 40, 305, 307, 308
Organisationsstruktur ... 55, 201, 232, 255, 286, 364
Overhead Management → Gemeinkostencontrolling

P

Parameter ... 92, 107, 116
Parameter-ID ... 118
Passiva ... 252
Passivkonto ... 264
Password → Kennwort
Payroll → Personalabrechnung
PDF erstellen ... 138
Performance Assistant ... 186
Person ... 309
Personalabrechnung ... 306, 307, 323, 364
Personalabteilung ... 305
Personaladministration ... 40, 305, 306, 314, 364
Personalbereich ... 364
Personalbeschaffung ... 40, 305, 306, 311, 364
Personalentwicklung → Personalplanung und -entwicklung
Personalmaßnahme ... 316
Personalmaßnahme Einstellung ... 316
Personalplanung und -entwicklung ... 40, 306, 307, 319, 364
Personalstammdaten ... 305, 315
Personalwirtschaft ... 37, 39, 305
Personalzeitwirtschaft ... 40, 307, 321, 364, 368
Personenkonto ... 260
Personnel Administration → Personaladministration
Personnel Time Planning → Zeitwirtschaft
Plankosten ... 284
Planstelle ... 305, 309
Plant Maintenance → Instandhaltung
Planvariante ... 308
Platzhalter ... 128
Plausibilitätsprüfung ... 317
PM ... 37, 362
Popup → Dialogfenster
PP ... 37, 41, 246, 294, 364
Präsentationsschicht ... 23, 32
Preisfindung ... 232

Product Costing → Produktkostencontrolling
Product Lifecycle Management → SAP PLM
Production Planning and Control → Produktionsplanung und -steuerung
Produktdokumentation ... 44
Produktentwicklung ... 41, 44
Produktion ... 41
Produktionsplanung und -steuerung ... 37, 41, 246, 294, 364
Produktivsystem ... 72
Produktkalkulation → Materialkalkulation
Produktkostencontrolling ... 285, 293, 294, 364
Produktlebenszyklus → SAP PLM
Produktportfoliomanagement ... 44
Profit Center Accounting → Profitcenter-Rechnung
Profitability Analysis → Ergebnisrechnung
Profitcenter-Rechnung ... 364
Programmierung ... 30
Programmkatalog ... 128
Projektmanagement ... 44
Prozessindustrie ... 48
Prozessintegration ... 50
PS ... 37, 366

Q

QM ... 37, 364
Qualifikation ... 320
Qualifikation auswählen ... 312
Qualifikationskatalog ... 320
Qualitätsmanagement ... 364
Qualitätsprüfbestand ... 218
Quality Management → Qualitätsmanagement
Quick-Info ... 80, 97
Quick-Info ein- und ausschalten ... 108, 109
QuickViewer ... 133

R

Radiobutton → Auswahlknopf
RC ... 37
RE ... 37, 362
Real Estate Management → Immobilienmanagement
Realtime Processing → Echtzeitverarbeitung
Realtime → Echtzeit
Recherche ... 134
Rechnung ... 244, 274
Rechnung stellen ... 244, 347
Rechnungsbeleg ... 224
Rechnungsprüfung ... 41, 198, 200, 201, 222, 262, 263, 365
bestellbezogene ... 222
durchführen ... 337
ohne Bestellbezug ... 222
wareneingangsbezogene ... 222
Rechnungswesen ... 36, 37, 251
Registerkarte ... 96
Reisemanagement ... 306, 307
Reiter → Registerkarte
Reklamation ... 231, 247
Reklamationsbearbeitung ... 247
relationale Datenbank ... 23
Release-Information ... 183
Report ... 145
Report Painter ... 133
Report Writer → Report Painter
Reporting → Bericht erstellen
Reportnamen suchen ... 147
Ressourcenmanagement ... 44
Retoure ... 231, 247
Return on Investment → ROI
RFID ... 46
ROI ... 365
Rolle ... 191
Rückrechnung ... 323

S

Sachkonto ... 257, 365
Sales and Distribution → Vertrieb
SAP
Gründer ... 21
Unternehmensgeschichte ... 21
SAP Advanced Planning & Optimization → SAP APO
SAP APO ... 46, 365
SAP Auto-ID Infrastructure ... 46
SAP Business All-in-One ... 48, 365

SAP Business ByDesign ... 49, 365
SAP Business One ... 48, 365
SAP Business Suite ... 35, 365
SAP Business Workflow ... 170, 365
SAP BusinessObjects ... 134
SAP Community Network ... 183
SAP CRM ... 35, 43, 359, 365
SAP Customer Relationship Management → SAP CRM
SAP Developer Network ... 183
SAP Easy Access Menü ... 79, 365
alle Ordner schließen ... 90
anpassen ... 88
Bericht ... 129
Navigation ... 89
Transaktionscodes anzeigen ... 88
SAP Enterprise Asset Management → Instandhaltung
SAP ERP ... 25, 35, 36, 365
SAP ERP 6.0 ... 25
SAP ERP Corporate Services ... 36
SAP ERP Financials ... 36, 38, 365
SAP ERP HCM ... 36, 39, 305, 366
SAP ERP Human Capital Management → SAP ERP HCM
SAP ERP Operations ... 36
SAP Event Management ... 46
SAP Extended Warehouse Management ... 46
SAP FSCM ... 38
SAP GUI ... 38, 78, 108
SAP Help Portal ... 181, 183
SAP HR → SAP ERP HCM
SAP List Viewer → ALV
SAP Logon ... 71
einrichten ... 71
SAP MaxDB ... 23
SAP NetWeaver ... 25, 50, 366
SAP NetWeaver Application Server ... 366
SAP NetWeaver Business Warehouse → SAP NetWeaver BW
SAP NetWeaver BW ... 50, 134, 366
SAP NetWeaver MDM ... 366
SAP NetWeaver Mobile ... 366
SAP NetWeaver PI ... 366
SAP NetWeaver Portal ... 50, 366
SAP NetWeaver Process Integration → SAP NetWeaver PI
SAP NetWeaver XI → SAP NetWeaver PI
SAP PLM ... 35, 44, 366
SAP Product Lifecycle Management → SAP PLM
SAP Projektsystem ... 366
SAP Query ... 133
SAP R/1 ... 22
SAP R/2 ... 23
SAP R/3 ... 366
SAP R/3 Enterprise ... 25
SAP RF ... 21
SAP SCM ... 35, 45, 367
SAP SEM ... 366
SAP Service Marketplace ... 183, 366
SAP Solution Manager ... 366
SAP SRM ... 35, 44, 367
SAP Strategic Enterprise Management → SAP SEM
SAP Supplier Relationship Management → SAP SRM
SAP Supply Chain Management → SAP SCM
SAP Supply Network Collaboration ... 46
SAP Support Portal ... 183
SAP Transportation Management ... 46
SAP Travel Management → Reisemanagement
SAP-Abkürzung ... 36
SAP-Akronym → SAP-Abkürzung
SAP-Bibliothek ... 181
SAP-Dokumentation → SAP-Bibliothek
SAP-Hilfe → SAP Help Portal
SAP-Logo ein- und ausblenden ... 88
saplogon.ini ... 73
Schaltfläche ... 97, 380
allgemeine Funktion ... 381
Bericht ... 383
F4-Hilfe ... 383
Systemfunktionsleiste ... 380
Schließen ... 80, 85
Schlüssel (Organisationseinheit) ... 58
Schriftgröße festlegen ... 112
Schulden ... 252
Screenshot erstellen ... 143
SD ... 37, 229, 273, 274, 368
Selektionskriterium ... 128, 131
Serienfertigung ... 41
Server ... 32
Service ... 43
Serviceorientierte Architektur → SOA

Setzen Daten ... 120
Sichern ... 81
Skalierbarkeit ... 367
SOA ... 367
Sofortdruck ... 135
Soll ... 367
Soll und Haben ... 253
Sozialabgabe ... 323
Sozialversicherungsbeitrag ... 323
Sparte ... 232, 367
Spool-Auftrag ... 136, 155
Spool-Datei ... 136
Spool-System ... 135
Stammdaten ... 61, 203, 233, 367
Stammdatenmanagement ... 50
Standardbericht → Bericht
Standarddrucker ändern ... 141
Standardisierung ... 27
Standardsoftware ... 22, 27
Stapelverarbeitung → Batch-Input
Statusleiste ... 83
  Bestandteile ... 83
  Transaktionscode ... 94
Stechkarte ... 321
Stelle ... 309
Steuern ... 323
Stückliste ... 295
Suche ... 179
Suchen ... 81, 95
Suchfenster ... 179
Suchmuster ... 100, 180
Supplier Relationship Management → SAP SRM
Supply Chain Management → SAP SCM
Support-Meldung erfassen ... 184
Sybase ... 25
Symbolleiste → Systemfunktionsleiste
Systemfunktionsleiste ... 80, 81
Systemmeldung ... 83
Systemstatus ... 83, 147
Systemverbindung ... 74

T

Tabbing Cursor-Position im Feld merken ... 110
Talent Management → Personalplanung und -entwicklung
Tastenkombination ... 95, 379
  Aktionen Schritt für Schritt abbrechen ... 379
  alles markieren ... 379
  ausgewähltes Element aktivieren ... 379
  Ausschneiden ... 379
  Einfügen ... 379
  Eintrag in der Liste aktivieren ... 379
  Ersetzen ... 379
  in der Liste der auswählbaren Einträge navigieren ... 379
  Kopieren ... 379
  Löschen ... 379
  SAP Easy Access Menü auffrischen ... 380
  Suchen ... 379
  Wiederholen ... 379
  Zeile ausschneiden ... 379
  Zeile duplizieren ... 379
  Zeile kopieren ... 379
  Zeile löschen ... 379
  Zeile nach oben verschieben ... 379
  Zeile nach unten verschieben ... 379
  Zeilen tauschen ... 379
  zum Menü springen ... 380
  zum nächsten Element navigieren ... 380
  zum vorigen Element navigieren ... 380
  zur nächsten Gruppe navigieren ... 380
  zur vorigen Gruppe navigieren ... 380
  zurücknehmen ... 380
Tastenkürzel → Tastenkombination
technische Namen anzeigen ... 88
Teilkosten ... 284
Teilkostenrechnung ... 284, 297
Telefonverzeichnis erstellen ... 351
Termin verwalten ... 174
Terminauftrag ... 231, 241, 345
Testsystem ... 72
Theme-Einstellung ... 111
Titelleiste ... 82
T-Konto ... 253
TM ... 37
TR ... 37, 367
Transaction Data → Bewegungsdaten
Transaktion
  abbrechen ... 98
  als Favorit speichern ... 113
  CK11N ... 296
  F-28 ... 277, 349
  F-53 ... 265, 269, 340

Transaktion (Forts.)
FB60 ... 267
FBL5N ... 275
FD01 ... 275
FK01 ... 260
FK10N ... 263, 339
KE30 ... 299
KKBC_ORD ... 302
Ko01 ... 291
KS01 ... 289
MCTA ... 249
MCTC ... 250
MCTE ... 250
ME11 ... 212
ME1L ... 334
ME21N ... 215, 216, 238, 335
ME22N ... 215
ME23N ... 215
ME2L ... 226
ME51N ... 199, 216
MIGO ... 219, 220, 238, 336
MIRO ... 223, 338
MM01 ... 204, 343
MMBE ... 243, 337, 350
MMDE ... 221
MMH1 ... 236
P00_M99_CALC_SIMU ... 324
PA20 ... 318
PA40 ... 316
PB20 ... 313
PBAP ... 312
PPOCE ... 310
S_AHR_61016354 ... 351
S_ALR_87012093 ... 271
S_ALR_87012186 ... 279
S_PLO_86000028 ... 259
SBWP ... 166
SM35 ... 157
SM36 ... 150
SU01 ... 192
SU3 ... 104, 178
VA01 ... 241, 246, 248, 346
VA11 ... 240
VA21 ... 240
VF01 ... 244, 348
VF03 ... 244
VF31 ... 245
VK11 ... 239
VK31 ... 344

Transaktion (Forts.)
VL01N ... 242, 347
VL02 ... 347
VL02N ... 243
VL03N ... 274
XD01 ... 234
XK01 ... 209
Transaktionscode ... 60, 82, 367
im SAP Easy Access Menü anzeigen ... 88
Navigation ... 91
Parameter ... 91
Statusleiste ... 94
Transaktionsrekorder ... 157
Transparenz ... 252
Transportauftrag ... 231
Transportmanagement ... 46
Transportschaden ... 248
Treasury ... 39, 367

U

Überleitung aus den Nebenbüchern ... 257
Überschreibmodus ... 84
Überweisungsbeleg ... 262
Umbuchung ... 218
Umlagerung ... 218, 220
Unternehmensführung ... 281
unternehmensspezifisches Bereichsmenü ... 106
Unternehmensstruktur ... 56
User → Anmeldename
User-Exit ... 367

V

Variante
erstellen ... 131, 148
laden ... 132
Variantenattribut ... 148
Variantenkatalog ... 133
Veranstaltungsmanagement ... 307, 319, 367
Verbindung zum SAP-System
überprüfen ... 73
verändern ... 73
Verbindungseinstellung ... 73
Verbrauchsmaterial ... 215

Verfügbarkeitsprüfung 230, 246
Verkaufsorganisation 232, 367
Verknüpfung
erstellen 81, 103
Transaktion 103
Verlassen 81
Vermögen 252
Versandstelle 233
Verschieben 80
Vertrieb 41, 43, 229, 273, 286, 368
Vertriebsbereich 232, 287
Vertriebsdaten 234
Vertriebsweg 232, 368
Virtual Private Network 49
Vollkosten 284
vom SAP-System abmelden 84
Vorschlagswert 107, 116
Vorverkaufsphase 230

W

Warehouse Management → Lagerverwaltung
Warenausgang 218, 231, 274
Warenausgang durchführen 346
Warenbewegung 218
Wareneingang 198, 200, 218, 261
buchen 219
durchführen 336
Warnmeldung 99
WE/RE-Konto 225, 263
Webservice 368
Weiter 81
Weiterbildungsmaßnahme 320
Werk 58, 202, 287, 368
Wertehilfe 96, 177
Wertfeld 298
Wiederherstellen 80
Windows Explorer 113
Windows-Desktop 103
Windows-Drucker 139
Wissensmanagement 50
WM 37, 363
Workitem 171
Worklist 171

Z

Zahlung 231
Zahlungsabwicklung 200
Zahlungsausgang 262, 265
Zahlungsausgang buchen 265, 269, 339
Zahlungsbedingung 211
Zahlungseingang 273, 275
Zahlungseingang buchen 348
Zahlungsfähigkeit 39
Zahlungsziel 273
Zeitbindung 318
Zeiterfassung 321
Negativerfassung 321
Positiverfassung 321
Zeiterfassungssystem 321
Zeitformat 106
Zeitwirtschaft → Personalzeitwirtschaft
Zugriff auf Daten und Funktionen 189
zum Menü springen 95
zum nächsten Bildschirmbereich navigieren 95
zum nächsten Element navigieren 95
zum vorigen Bildschirmbereich navigieren 95
zum vorigen Element navigieren 95
Zurück 81, 98
Zurücknehmen 95
Zwischenablage 97, 120